住房和城乡建设领域专业人员岗位培训考核系列用书

标准员专业管理实务

（第二版）

江苏省建设教育协会　组织编写

中国建筑工业出版社

图书在版编目(CIP)数据

标准员专业管理实务/江苏省建设教育协会组织编写. —2版. —北京:中国建筑工业出版社,2017.10
住房和城乡建设领域专业人员岗位培训考核系列用书
ISBN 978-7-112-21331-3

Ⅰ.①标… Ⅱ.①江… Ⅲ.①建筑工程-标准化管理-岗位培训-教材 Ⅳ.①TU711

中国版本图书馆 CIP 数据核字(2017)第 248809 号

本书作为《住房和城乡建设领域专业人员岗位培训考核系列用书》中的一本,依据《建筑与市政工程施工现场专业人员职业标准》JGJ/T 250—2011、《建筑与市政工程施工现场专业人员考核评价大纲》及全国住房和城乡建设领域专业人员岗位统一考核评价题库编写。全书共8章,内容包括:工程建设相关法律法规;工程建设标准体系;企业标准体系;工程建设标准化实施与评价;工程建设相关标准;工程质量控制与工程检测;工程安全管理与事故分析处理;标准化信息管理。本书既可作为标准员岗位培训考核的指导用书,又可作为施工现场相关专业人员的实用工具书,也可供职业院校师生和相关专业人员参考使用。

责任编辑:王华月 刘 江 岳建光 范业庶
责任校对:焦 乐 刘梦然

住房和城乡建设领域专业人员岗位培训考核系列用书
标准员专业管理实务 (第二版)
江苏省建设教育协会 组织编写
*
中国建筑工业出版社出版、发行(北京海淀三里河路9号)
各地新华书店、建筑书店经销
北京科地亚盟排版公司制版
北京市安泰 印刷厂印刷
*
开本:787×1092毫米 1/16 印张:20¼ 字数:488千字
2018年1月第二版 2018年1月第三次印刷
定价:53.00元
ISBN 978 - 7 - 112 - 21331 - 3
(31026)

住房和城乡建设领域专业人员岗位培训考核系列用书

编审委员会

主　任：宋如亚

副主任：章小刚　戴登军　陈　曦　曹达双

　　　　漆贯学　金少军　高　枫

委　员：王宇旻　成　宁　金孝权　张克纯

　　　　胡本国　陈从建　金广谦　郭清平

　　　　刘清泉　王建玉　汪　莹　马　记

　　　　魏傸燕　惠文荣　李如斌　杨建华

　　　　陈年和　金　强　王　飞

出版说明

为加强住房和城乡建设领域人才队伍建设，住房和城乡建设部组织编制并颁布实施了《建筑与市政工程施工现场专业人员职业标准》JGJ/T 250—2011（以下简称《职业标准》），随后组织编写了《建筑与市政工程施工现场专业人员考核评价大纲》（以下简称《考核评价大纲》），要求各地参照执行。为贯彻落实《职业标准》和《考核评价大纲》，受江苏省住房和城乡建设厅委托，江苏省建设教育协会组织了具有较高理论水平和丰富实践经验的专家和学者，编写了《住房和城乡建设领域专业人员岗位培训考核系列用书》（以下简称《考核系列用书》），并于2014年9月出版。《考核系列用书》以《职业标准》为指导，紧密结合一线专业人员岗位工作实际，出版后多次重印，受到业内专家和广大工程管理人员的好评，同时也收到了广大读者反馈的意见和建议。

根据住房和城乡建设部要求，2016年起将逐步启用全国住房和城乡建设领域专业人员岗位统一考核评价题库，为保证《考核系列用书》更加贴近部颁《职业标准》和《考核评价大纲》的要求，受江苏省住房和城乡建设厅委托，江苏省建设教育协会组织业内专家和培训老师，在第一版的基础上对《考核系列用书》进行了全面修订，编写了这套《住房和城乡建设领域专业人员岗位培训考核系列用书（第二版）》（以下简称《考核系列用书（第二版）》）。

《考核系列用书（第二版）》全面覆盖了施工员、质量员、资料员、机械员、材料员、劳务员、安全员、标准员等《职业标准》和《考核评价大纲》涉及的岗位（其中，施工员、质量员分为土建施工、装饰装修、设备安装和市政工程四个子专业）。每个岗位结合其职业特点以及培训考核的要求，包括《专业基础知识》、《专业管理实务》和《考试大纲·习题集》三个分册。

《考核系列用书（第二版）》汲取了第一版的优点，并综合考虑第一版使用中发现的问题及反馈的意见、建议，使其更适合培训教学和考生备考的需要。《考核系列用书（第二版）》系统性、针对性较强，通俗易懂，图文并茂，深入浅出，配以考试大纲和习题集，力求做到易学、易懂、易记、易操作。既是相关岗位培训考核的指导用书，又是一线专业岗位人员的实用工具书；既可供建设单位、施工单位及相关高职高专、中职中专学校教学培训使用，又可供相关专业人员自学参考使用。

《考核系列用书（第二版）》在编写过程中，虽然经多次推敲修改，但由于时间仓促，加之编著水平有限，如有疏漏之处，恳请广大读者批评指正（相关意见和建议请发送至JYXH05@163.com），以便我们认真加以修改，不断完善。

本书编写委员会

主　编：陈年和

副主编：曹洪吉　张贵良　张悠荣　郭　扬

第二版前言

根据住房和城乡建设部的要求，2016 年起将逐步启用全国住房和城乡建设领域专业人员岗位统一考核评价题库，为更好贯彻落实《建筑与市政工程施工现场专业人员职业标准》JGJ/T 250—2011，保证培训教材更加贴近部颁《建筑与市政工程施工现场专业人员考核评价大纲》的要求，受江苏省住房和城乡建设厅委托，江苏省建设教育协会组织业内专家和培训老师，在《住房和城乡建设领域专业人员岗位培训考核系列用书》第一版的基础上进行了全面修订，编写了这套《住房和城乡建设领域专业人员岗位培训考核系列用书（第二版）》（以下简称《考核系列用书（第二版）》），本书为该次修订新增加的专业，出版以后受到了读者的普遍关注。为了使书中的内容更好地贴合读者的需求，作者对该书进行了修订。

标准员培训考核用书包括《标准员专业基础知识》（第二版）、《标准员专业管理实务》（第二版）、《标准员考试大纲·习题集》（第二版）三本，反映了国家现行规范、规程、标准，并以国家标准和规范为主线，不仅涵盖了标准员应掌握的通用知识、基础知识、岗位知识和专业技能，还涉及新技术、新设备、新工艺、新材料等方面的知识。

本书为《标准员专业管理实务》（第二版）分册，全书共 8 章，内容包括：工程建设相关法律法规、工程建设标准体系、企业标准体系、工程建设标准化实施与评价、工程建设相关标准、工程质量控制与工程检测、工程安全管理与事故分析处理、标准化信息管理。

本书既可作为标准员岗位培训考核的指导用书，又可作为施工现场相关专业人员的实用工具书，也可供职业院校师生和相关专业人员参考使用。

第一版前言

根据住房和城乡建设部的要求，2016 年起将逐步启用全国住房和城乡建设领域专业人员岗位统一考核评价题库，为更好贯彻落实《建筑与市政工程施工现场专业人员职业标准》JGJ/T 250—2011，保证培训教材更加贴近部颁《建筑与市政工程施工现场专业人员考核评价大纲》的要求，受江苏省住房和城乡建设厅委托，江苏省建设教育协会组织业内专家和培训老师，在《住房和城乡建设领域专业人员岗位培训考核系列用书》第一版的基础上进行了全面修订，编写了这套《住房和城乡建设领域专业人员岗位培训考核系列用书（第二版）》（以下简称《考核系列用书（第二版）》），本书为其中的一本。

标准员培训考核用书包括《标准员专业基础知识》、《标准员专业管理实务》、《标准员考试大纲·习题集》三本，反映了国家现行规范、规程、标准，不仅涵盖了标准员应掌握的通用知识、基础知识、岗位知识和专业技能，还涉及新技术、新设备、新工艺、新材料等方面的知识。

本书为《标准员专业管理实务》分册，全书共 6 章，内容包括：工程建设标准体系；企业标准体系；工程建设标准化实施与评价；工程建设相关标准；工程安全、质量事故分析与处理；标准化信息管理。

本书既可作为标准员岗位培训考核的指导用书，又可作为施工现场相关专业人员的实用工具书，也可供职业院校师生和相关专业人员参考使用。

目　录

第1章 工程建设相关法律法规

1.1 市场准入

建设工程施工活动是一种专业性、技术性极强的特殊活动。对建设工程是否具备施工条件以及从事施工活动的单位和专业技术人员进行严格的管理和事前控制，实行市场准入。这对规范建设市场秩序，保证建设工程质量和施工安全生产，提高投资效益，保障公民生命财产安全和国家财产安全具有十分重要的意义。

1.1.1 施工企业从业资格制度

《建筑法》规定，从事建筑活动的建筑施工企业、勘察单位、设计单位和工程监理单位，应当具备下列条件：

(1) 有符合国家规定的注册资本；

(2) 有与其从事的建筑活动相适应的具有法定执业资格的专业技术人员；

(3) 有从事相关建筑活动所应有的技术装备；

(4) 法律、行政法规规定的其他条件。

该法还规定，本法关于施工许可、建筑施工企业资质审查和建筑工程发包、承包、禁止转包，以及建筑工程监理、建筑工程安全和质量管理的规定，适用于其他专业建筑工程的建筑活动，具体办法由国务院规定。

《建设工程质量管理条例》进一步规定，施工单位应当依法取得相应等级的资质证书，并在其资质等级许可的范围内承揽工程。本条例所称建设工程，是指土木工程、建筑工程、线路管道和设备安装工程及装修工程。

2015年1月住房城乡建设部经修改后发布的《建筑业企业资质管理规定》中规定，建筑业企业是指从事土木工程、建筑工程、线路管道设备安装工程的新建、扩建、改建等施工活动的企业。

1.1.1.1 企业资质的法定条件

工程建设活动不同于一般的经济活动，其从业单位所具备条件的高低直接影响到建设工程质量和安全生产。因此，从事工程建设活动的单位必须符合相应的资质条件。

根据《建筑法》、《行政许可法》、《建设工程质量管理条例》、《建设工程安全生产管理条例》等法律、行政法规，《建筑业企业资质管理规定》中规定，企业应当按照其拥有的资产、主要人员、已完成的工程业绩和技术装备等条件申请建筑业企业资质，经审查合格，取得建筑业企业资质证书后，方可在资质许可的范围内从事建筑施工活动。

(1) 有符合规定的净资产

企业资产是指企业拥有或控制的能以货币计量的经济资源，包括各种财产、债权和其他权利。企业净资产是指企业的资产总额减去负债以后的净额。净资产是属于企业所有并可以自由支配的资产，即所有者权益。相对于注册资本而言，它能够更准确地体现企业的经济实力。所有建筑业企业都必须具备基本的责任承担能力。这是法律上权利与义务相一致、利益与风险相一致原则的体现，是维护债权人利益的需要。显然，对净资产要求的全面提高意味着对企业资信要求的提高。

以建筑工程施工总承包企业为例，2014 年 11 月住房和城乡建设部经修改后发布的《建筑业企业资质标准》中规定，一级企业净资产 1 亿元以上；二级企业净资产 4000 万元以上；三级企业净资产 800 万元以上。

(2) 有符合规定的主要人员

工程建设施工活动是一种专业性、技术性很强的活动。因此，建筑业企业必须拥有注册建造师及其他注册人员、工程技术人员、施工现场管理人员和技术工人。

以建筑工程施工总承包企业为例，《建筑业企业资质标准》中规定：

1) 一级企业：

① 建筑工程、机电工程专业一级注册建造师合计不少于 12 人，其中建筑工程专业一级注册建造师不少于 9 人。

② 技术负责人具有 10 年以上从事工程施工技术管理工作经历，且具有结构专业高级职称；建筑工程相关专业中级以上职称人员不少于 30 人，且结构、给排水、暖通、电气等专业齐全。

③ 持有岗位证书的施工现场管理人员不少于 50 人，且施工员、质量员、安全员、机械员、造价员、劳务员等人员齐全。

④ 经考核或培训合格的中级工以上技术工人不少于 150 人。

2) 二级企业：

① 建筑工程、机电工程专业注册建造师合计不少于 12 人，其中建筑工程专业注册建造师不少于 9 人。

② 技术负责人具有 8 年以上从事工程施工技术管理工作经历，且具有结构专业高级职称或建筑工程专业一级注册建造师执业资格；建筑工程相关专业中级以上职称人员不少于 15 人，且结构、给排水、暖通、电气等专业齐全。

③ 持有岗位证书的施工现场管理人员不少于 30 人，且施工员、质量员、安全员、机械员、造价员、劳务员等人员齐全。

④ 经考核或培训合格的中级工以上技术工人不少于 75 人。

3) 三级企业：

① 建筑工程、机电工程专业注册建造师合计不少于 5 人，其中建筑工程专业注册建造师不少于 4 人。

② 技术负责人具有 5 年以上从事工程施工技术管理工作经历，且具有结构专业中级以上职称或建筑工程专业注册建造师执业资格；建筑工程相关专业中级以上职称人员不少于 6 人，且结构、给排水、电气等专业齐全。

③ 持有岗位证书的施工现场管理人员不少于 15 人，且施工员、质量员、安全员、机械员、造价员、劳务员等人员齐全。

④ 经考核或培训合格的中级工以上技术工人不少于 30 人。

⑤ 技术负责人（或注册建造师）主持完成过本类别资质二级以上标准要求的工程业绩不少于2项。

（3）有符合规定的已完成工程业绩

工程建设施工活动是一项重要的实践活动。有无承担过相应工程的经验及其业绩好坏，是衡量其实际能力和水平的一项重要标准。

以建筑工程施工总承包企业为例。

1）一级企业：近5年承担过下列4类中的2类工程的施工，总承包或主体工程承包，工程质量合格。

① 地上25层以上的民用建筑工程1项或地上18～24层的民用建筑工程2项。

② 高度100m以上的构筑物工程1项或高度80～100m（不含）的构筑物工程2项。

③ 建筑面积3万 m² 以上的单体工业、民用建筑工程1项或建筑面积2万～3万 m²（不含）的单体工业、民用建筑工程2项。

④ 钢筋混凝土结构单跨30m以上（或钢结构单跨36m以上）的建筑工程1项或钢筋混凝土结构单跨27～30m（不含）[或钢结构单跨30～36m（不含）]的建筑工程2项。

2）二级企业：近5年承担过下列4类中的2类工程的施工总承包或主体工程承包，工程质量合格。

① 地上12层以上的民用建筑工程1项或地上8～11层的民用建筑工程2项。

② 高度50m以上的构筑物工程1项或高度35～50m（不含）的构筑物工程2项。

③ 建筑面积1万 m² 以上的单体工业、民用建筑工程1项或建筑面积0.6万～1万 m²（不含）的单体工业、民用建筑工程2项。

④ 钢筋混凝土结构单跨21m以上（或钢结构单跨24m以上）的建筑工程1项或钢筋混凝土结构单跨18～21m（不含）[或钢结构单跨21～24m（不含）]的建筑工程2项。

三级企业不再要求已完成的工程业绩。

（4）有符合规定的技术装备

随着工程建设机械化程度的不断提高，大跨度、超高层、结构复杂的建设工程越来越多，施工单位必须拥有与其从事施工活动相适应的技术装备。同时，为提高机械设备的使用率和降低施工成本，我国的机械租赁市场发展也很快，许多大中型机械设备都可以采用租赁或融资租赁的方式取得。因此，目前的企业资质标准对技术装备的要求并不多，主要是企业应具有与承包工程范围相适应的施工机械和质量检测设备。

1.1.1.2　施工企业的资质序列、类别和等级

（1）施工企业的资质序列

《建筑业企业资质管理规定》规定，建筑业企业资质分为施工总承包资质、专业承包资质、施工劳务资质三个序列。

（2）施工企业的资质类别和等级

施工总承包资质、专业承包资质按照工程性质和技术特点分别划分为若干资质类别，各资质类别按照规定的条件划分为若干资质等级。施工劳务资质不分类别与等级。

按照《建筑业企业资质标准》的规定，施工总承包资质序列设有12个类别，分别是：建筑工程施工总承包、公路工程施工总承包、铁路工程施工总承包、港口与航道工程施工总承包、水利水电工程施工总承包、电力工程施工总承包、矿山工程施工总承包、冶金工程施工总承包、石油化工工程施工总承包、市政公用工程施工总承包、通信工程施工总承包、机电工程施工总承包。施工总承包资质一般分为4个等级，即特级、一级、二级和三级。

专业承包序列设有36个类别，分别是：地基基础工程专业承包、起重设备安装工程专业承包、预拌混凝土专业承包、电子与智能化工程专业承包、消防设施工程专业承包、防水防腐保温工程专业承包、桥梁工程专业承包、隧道工程专业承包、钢结构工程专业承包、模板脚手架专业承包、建筑装修装饰工程专业承包、建筑机电安装工程专业承包、建筑幕墙工程专业承包、古建筑工程专业承包、城市及道路照明工程专业承包、公路路面工程专业承包、公路路基工程专业承包、公路交通工程专业承包、铁路电务工程专业承包、铁路铺轨架梁工程专业承包、铁路电气化工程专业承包、机场场道工程专业承包、民航空管工程及机场弱电系统工程专业承包、机场目视助航工程专业承包、港口与海岸工程专业承包、航道工程专业承包、通航建筑物工程专业承包、港航设备安装及水上交管工程专业承包、水工金属结构制作与安装工程专业承包、水利水电机电安装工程专业承包、河湖整治工程专业承包、输变电工程专业承包、核工程专业承包、海洋石油工程专业承包、环保工程专业承包、特种工程专业承包。

1.1.1.3 施工企业的资质许可

我国对建筑业企业的资质管理，实行分级实施与有关部门相配合的管理模式。

（1）施工企业资质管理体制

《建筑业企业资质管理规定》中规定，国务院住房城乡建设主管部门负责全国建筑业企业资质的统一监督管理。国务院交通运输、水利、工业信息化等有关部门配合国务院住房城乡建设主管部门实施相关资质类别建筑业企业资质的管理工作。

省、自治区、直辖市人民政府住房城乡建设主管部门负责本行政区域内建筑业企业资质的统一监督管理。省、自治区、直辖市人民政府交通运输、水利、通信等有关部门配合同级住房城乡建设主管部门实施本行政区域内相关资质类别建筑业企业资质的管理工作。

企业违法从事建筑活动的，违法行为发生地的县级以上地方人民政府住房城乡建设主管部门或者其他有关部门应当依法查处，并将违法事实、处理结果或者处理建议及时告知该建筑业企业资质的许可机关。

（2）施工企业资质的许可权限

1）下列建筑业企业资质，由国务院住房城乡建设主管部门许可：

① 施工总承包资质序列特级资质、一级资质及铁路工程施工总承包二级资质；

② 专业承包资质序列公路、水运、水利、铁路、民航方面的专业承包一级资质及铁路、民航方面的专业承包二级资质；涉及多个专业的专业承包一级资质。

2）下列建筑业企业资质，由企业工商注册所在地省、自治区、直辖市人民政府住房城乡建设主管部门许可：

① 施工总承包资质序列二级资质及铁路、通信工程施工总承包三级资质；

② 专业承包资质序列一级资质（不含公路、水运、水利、铁路、民航方面的专业承包一级资质及涉及多个专业的专业承包一级资质）；

③ 专业承包资质序列二级资质（不含铁路、民航方面的专业承包二级资质）；铁路方面专业承包三级资质；特种工程专业承包资质。

3）下列建筑业企业资质，由企业工商注册所在地设区的市人民政府住房城乡建设主管部门许可：

① 施工总承包资质序列三级资质（不含铁路、通信工程施工总承包三级资质）；

② 专业承包资质序列三级资质（不含铁路方面专业承包资质）及预拌混凝土、模板脚手架专业承包资质；

③ 施工劳务资质；

④ 燃气燃烧器具安装、维修企业资质。

1.1.1.4 施工企业资质证书的申请、延续和变更

（1）企业资质的申请

《建筑业企业资质管理规定》中规定，企业可以申请一项或多项建筑业企业资质。企业首次申请或增项申请资质，应当申请最低等级资质。

企业申请建筑业企业资质，应当提交以下材料：

① 建筑业企业资质申请表及相应的电子文档；

② 企业营业执照正副本复印件；

③ 企业章程复印件；

④ 企业资产证明文件复印件；

⑤ 企业主要人员证明文件复印件；

⑥ 企业资质标准要求的技术装备的相应证明文件复印件；

⑦ 企业安全生产条件有关材料复印件；

⑧ 按照国家有关规定应提交的其他材料。

（2）企业资质证书的延续

资质证书有效期为5年。建筑业企业资质证书有效期届满，企业继续从事建筑施工活动的，应当于资质证书有效期届满3个月前，向原资质许可机关提出延续申请。

资质许可机关应当在建筑业企业资质证书有效期届满前作出是否准予延续的决定；逾期未作出决定的，视为准予延续。

（3）企业资质证书的变更

1）办理企业资质证书变更的程序

企业在建筑业资质证书有效期内名称、地址、注册资本、法定代表人等发生变更的，应当在工商部门办理变更手续后1个月内办理资质证书变更手续。

由国务院住房城乡建设主管部门颁发的建筑业企业资质证书的变更，企业应当向企业工商注册所在地省、自治区、直辖市人民政府住房城乡建设主管部门提出变更申请，省、自治区、直辖市人民政府住房城乡建设主管部门应当自受理申请之日起2日内将有关变更证明材料报国务院住房城乡建设主管部门，由国务院住房城乡建设主管部门在2日内办理变更手续。

前款规定以外的资质证书的变更，由企业工商注册所在地的省、自治区、直辖市人民政府住房城乡建设主管部门或者设区的市人民政府住房城乡建设主管部门依法另行规定。变更结果应当在资质证书变更后15日内，报国务院住房城乡建设主管部门备案。

涉及公路、水运、水利、通信、铁路、民航等方面的建筑业企业资质证书的变更，办理变更手续的住房城乡建设主管部门应当将建筑业企业资质证书变更情况告知同级有关部门。

2）企业更换、遗失补办建筑业企业资质证书

企业需更换、遗失补办建筑业企业资质证书的，应当持建筑业企业资质证书更换、遗失补办申请等材料向资质许可机关申请办理。资质许可机关应当在2个工作日内办理完毕。

企业遗失建筑业企业资质证书的，在申请补办前应当在公众媒体上刊登遗失声明。

3）企业发生合并、分立、改制的资质办理

企业发生合并、分立、重组以及改制等事项，需承继原建筑业企业资质的，应当申请重新核定建筑业企业资质等级。

（4）不予批准企业资质升级申请和增项申请的规定

企业申请建筑业企业资质升级、资质增项，在申请之日起前1年至资质许可决定作出前，有下列情形之一的，资质许可机关不予批准其建筑业企业资质升级申请和增项申请：

1）超越本企业资质等级或以其他企业的名义承揽工程，或允许其他企业或个人以本企业的名义承揽工程的；

2）与建设单位或企业之间相互串通投标，或以行贿等不正当手段谋取中标的；

3）未取得施工许可证擅自施工的；

4）将承包的工程转包或违法分包的；

5）违反国家工程建设强制性标准施工的；

6）恶意拖欠分包企业工程款或者劳务人员工资的；

7）隐瞒或谎报、拖延报告工程质量安全事故，破坏事故现场、阻碍对事故调查的；

8）按照国家法律、法规和标准规定需要持证上岗的现场管理人员和技术工种作业人员未取得证书上岗的；

9）未依法履行工程质量保修义务或拖延履行保修义务的；

10）伪造、变造、倒卖、出租、出借或者以其他形式非法转让建筑业企业资质证书的；

11）发生过较大以上质量安全事故或者发生过两起以上一般质量安全事故的；

12）其他违反法律、法规的行为。

（5）企业资质证书的撤回、撤销和注销

1）撤回

取得建筑业企业资质证书的企业，应当保持资产、主要人员、技术装备等方面满足相应建筑业企业资质标准要求的条件。企业不再符合相应建筑业企业资质标准要求条件的，县级以上地方人民政府住房城乡建设主管部门、其他有关部门，应当责令其限期改正并向社会公告，整改期限最长不超过3个月；企业整改期间不得申请建筑业企业资质的升级、增项，不能承揽新的工程；逾期仍未达到建筑业企业资质标准要求条件的，资质许可机关可以撤回其建筑业企业资质证书。

被撤回建筑业企业资质证书的企业，可以在资质被撤回后3个月内，向资质许可机关提出核定低于原等级同类别资质的申请。

2）撤销

有下列情形之一的，资质许可机关应当撤销建筑业企业资质：

① 资质许可机关工作人员滥用职权、玩忽职守准予资质许可的；

② 超越法定职权准予资质许可的；

③ 违反法定程序准予资质许可的；

④ 对不符合资质标准条件的申请企业准予资质许可的；

⑤ 依法可以撤销资质许可的其他情形。

以欺骗、贿赂等不正当手段取得资质许可的，应当予以撤销。

3）注销

有下列情形之一的，资质许可机关应当依法注销建筑业企业资质，并向社会公布其建筑业企业资质证书作废，企业应当及时将建筑业企业资质证书交回资质许可机关：

① 资质证书有效期届满，未依法申请延续的；

② 企业依法终止的；

③ 资质证书依法被撤回、撤销或吊销的；

④ 企业提出注销申请的；

⑤ 法律、法规规定的应当注销建筑业企业资质的其他情形。

1.1.1.5 外商投资建筑业企业的规定

外商投资建筑业企业，是指根据中国法律、法规的规定，在中华人民共和国境内投资设立的外资建筑业企业、中外合资经营建筑业企业以及中外合作经营建筑业企业。

2002 年 9 月，建设部、对外贸易经济合作部在发布的《外商投资建筑业企业管理规定》中规定，在中华人民共和国境内设立外商投资建筑业企业，申请建筑业企业资质，并从事建筑活动，应当依法取得对外贸易经济行政主管部门颁发的外商投资企业批准证书，在国家工商行政管理总局或者其授权的地方工商行政管理局注册登记，并取得建设行政主管部门颁发的建筑业企业资质证书。

（1）外商投资建筑业企业设立与资质的审批权限

外商投资建筑业企业设立与资质的申请和审批，实行分级、分类管理。

1）分级管理

申请设立施工总承包序列特级和一级、专业承包序列一级资质外商投资建筑业企业的，其设立由国务院对外贸易经济行政主管部门审批，其资质由国务院建设行政主管部门审批。

申请设立施工总承包序列和专业承包序列二级及二级以下、劳务分包序列资质的，其设立由省、自治区、直辖市人民政府对外贸易经济行政主管部门审批，其资质由省、自治区、直辖市人民政府建设行政主管部门审批。

2）分类管理

中外合资经营建筑业企业、中外合作经营建筑业企业的中方投资者为中央管理企业的，其设立由国务院对外贸易经济行政主管部门审批，其资质由国务院建设行政主管部门审批。

外商投资建筑业企业申请晋升资质等级或者增加主项以外资质的，应当依照有关规定到建设行政主管部门办理相关手续。

（2）申请设立外商投资建筑业企业应当提交的资料

1）申请设立外商投资建筑业企业应当向对外贸易经济行政主管部门提交下列资料：

① 投资方法定代表人签署的外商投资建筑业企业设立申请书；

② 投资方编制或者认可的可行性研究报告；

③ 投资方法定代表人签署的外商投资建筑业企业合同和章程（其中，设立外资建筑

业企业的只需提供章程）；

④ 企业名称预先核准通知书；

⑤ 投资方法人登记注册证明、投资方银行资信证明；

⑥ 投资方拟派出的董事长、董事会成员、经理、工程技术负责人等任职文件及证明文件；

⑦ 经注册会计师或者会计事务所审计的投资方最近 3 年的资产负债表和损益表。

2）申请外商投资建筑业企业资质应当向建设行政主管部门提交下列资料：

① 外商投资建筑业企业资质申请表；

② 外商投资企业批准证书；

③ 企业法人营业执照；

④ 投资方的银行资信证明；

⑤ 投资方拟派出的董事长、董事会成员、企业财务负责人、经营负责人、工程技术负责人等任职文件及证明文件；

⑥ 经注册会计师或者会计师事务所审计的投资方最近三年的资产负债表和损益表；

⑦ 建筑业企业资质管理规定要求提交的资料。

中外合资经营建筑业企业、中外合作经营建筑业企业中方合营者的出资总额不得低于注册资本的 25％。

（3）外商投资建筑业企业的工程承包范围

外资建筑业企业只允许在其资质等级许可的范围内承包下列工程：

① 全部由外国投资、外国赠款、外国投资及赠款建设的工程；

② 由国际金融机构资助并通过根据贷款条款进行的国际招标授予的建设项目；

③ 外资等于或者超过 50％的中外联合建设项目，以及外资少于 50％，但因技术困难而不能由中国建筑企业独立实施，经省、自治区、直辖市人民政府建设行政主管部门批准的中外联合建设项目；

④ 由中国投资，但因技术困难而不能由中国建筑企业独立实施的建设项目，经省、自治区、直辖市人民政府建设行政主管部门批准，可以由中外建筑企业联合承揽。

中外合资经营建筑业企业、中外合作经营建筑业企业应当在其资质等级许可的范围内承包工程。

香港特别行政区、澳门特别行政区和台湾地区投资者在其他省、自治区、直辖市投资设立建筑业企业，从事建筑活动的，参照《外商投资建筑业企业管理规定》规定执行。法律、法规、国务院另有规定的除外。

（4）外商投资建筑业企业的监督管理

外商投资建筑业企业的资质等级标准执行国务院建设行政主管部门颁发的建筑业企业资质等级标准。

承揽施工总承包工程的外商投资建筑业企业，建筑工程主体结构的施工必须由其自行完成。外商投资建筑业企业与其他建筑业企业联合承包，应当按照资质等级低的企业的业务许可范围承包工程。

外商投资建筑业企业从事建筑活动，违反《建筑法》、《招标投标法》、《建设工程质量管理条例》、《建筑业企业资质管理规定》等有关法律、法规、规章的，依照有关规定处罚。

1.1.1.6 禁止无资质或越级承揽工程的规定

施工单位的资质等级，是施工单位人员素质、资金数量、技术装备、管理水平、工程业绩等综合能力的体现，反映了该施工单位从事某项施工活动的资格和能力，是国家对建设市场准入管理的重要手段。为此，我国的法律规定施工单位除应具备企业法人、营业执照外，还应取得相应的资质证书，并严格在其资质等级许可的经营范围内从事施工活动。

（1）禁止无资质承揽工程

《建筑法》规定，承包建筑工程的单位应当持有依法取得的资质证书，并在其资质等级许可的业务范围内承揽工程。

《建设工程质量管理条例》也规定，施工单位应当依法取得相应等级的资质证书，并在其资质等级许可的范围内承揽工程。《建设工程安全生产管理条例》进一步规定，施工单位从事建设工程的新建、扩建、改建和拆除等活动，应当具备国家规定的注册资本、专业技术人员、技术装备和安全生产等条件，依法取得相应等级的资质证书，并在其资质等级许可的范围内承揽工程。

近些年来，随着工程建设法规体系的不断完善和建设市场的整顿规范，公然以无资质的方式承揽建设工程特别是大中型建设工程的行为已极为罕见，往往是采取比较隐蔽的"挂靠"形式。《建筑法》明确规定，禁止总承包单位将工程分包给不具备相应资质条件的单位。2014年8月住房和城乡建设部经修改后发布的《房屋建筑和市政基础设施工程施工分包管理办法》进一步规定，"分包工程承包人必须具有相应的资质，并在其资质等级许可的范围内承揽业务。严禁个人承揽分包工程业务"。但是，在专业工程分包或者劳务作业分包中仍存在着无资质承揽工程的现象。无资质承揽劳务分包工程，常见的是作为自然人的"包工头"，带领一部分农民工组成的施工队，与总承包企业或者专业承包企业签订劳务合同，或者是通过层层转包、层层分包"垫底"获签劳务合同。

需要指出的是，无资质承包主体签订的专业分包合同或者劳务分包合同都是无效合同。但是，当作为无资质的"实际施工人"的利益受到侵害时，其可以向合同相对方（即转包方或违法分包方）主张权利，甚至可以向建设工程项目的发包方主张权利。

2004年10月发布的《最高人民法院关于审理建设工程施工合同纠纷案件施工法律问题的解释》第26条规定，"实际施工人以转包人、违法分包人为被告起诉的，人民法院应当依法受理。实际施工人以发包人为被告主张权利的，人民法院可以追加转包人或者违法分包人为本案当事人，发包人只在欠付工程价款的范围内对实际施工人承担责任"。这样规定是在依法查处违法承揽工程的同时，也能使实际施工人的合法权益得到保障。

（2）禁止越级承揽工程

《建筑法》和《建设工程质量管理条例》均规定，禁止施工单位超越本单位资质等级许可的业务范围承揽工程。

同无资质承揽工程一样，随着法制的不断健全和建设市场秩序的整顿规范，以及市场竞争的加剧，建设单位对施工单位的要求也在不断提高，所以在施工总承包活动中超越资质承揽工程的现象已不多见。但是，在联合共同承包和分包工程活动中依然存在着超越资质等级承揽工程的问题。

1) 联合共同承包对资质的有关法律规定

《建筑法》规定，两个以上不同资质等级的单位实行联合共同承包的，应当按照资质等级低的单位的业务许可范围承揽工程。

联合共同承包是国际工程承包的一种通行的做法，一般适用于大型或技术复杂的建设工程项目。采用联合承包的方式，可以优势互补，增加中标机会，并可降低承包风险。但是，施工单位应当在资质等级范围内承包工程，同样适用于联合共同承包。就是说，联合承包各方都必须具有与其承包工程相符合的资质条件，不能超越资质等级去联合承包。如果几个联合承包方的资质等级不一样，则须以低资质等级的承包方为联合承包方的业务许可范围。这样的规定，可以有效地避免在实践中以联合承包为借口进行"资质挂靠"的不规范行为。

2) 分包工程对资质的有关法律规定

《建筑法》规定，禁止总承包单位将工程分包给不具备相应资质条件的单位。《房屋建筑和市政基础设施工程施工分包管理办法》进一步规定，分包工程承包人必须具有相应的资质，并在其资质等级许可的范围内承揽业务。

《建设工程质量管理条例》规定了违法分包的第一种情形就是："本条例所称违法分包，是指下列行为：总承包单位将建设工程分包给不具备相应资质条件的单位的；……。"《房屋建筑和市政基础设施工程施工分包管理办法》也规定，"禁止将承包的工程进行违法分包。下列行为，属于违法分包：分包工程发包人将专业工程或者劳务作业分包给不具备相应资质条件的分包工程承包人的；……。"

1.1.1.7 【案例分析】

1. 背景

某村镇企业（以下简称甲方）与本村一具有维修和承建小型非生产性建筑工程资质证书的工程队（以下简称乙方）订立了建筑工程承包合同。合同中规定：乙方为甲方建设框架结构的厂房，总造价为 98.9 万元；承包方式为包工包料；开、竣工日期为 2008 年 11 月 2 日至 2010 年 3 月 10 日。自开工至 2010 年底，甲方付给乙方工程款共 101.6 万元，到合同规定的竣工期限仍未能完工，并且部分工程质量不符合要求。为此，双方发生纠纷。

2. 问题

（1）本案中的乙方有何违法行为？

（2）本案中的违法行为应当承担哪些法律责任？

3. 分析

（1）《建筑法》和《建设工程质量管理条例》均明确规定，禁止施工单位超越本单位资质等级许可的业务范围承揽工程。本案中乙方资质证书的经营范围仅为维修和承建小型非生产性建筑工程，其违法行为是超越资质等级许可的业务范围承揽框架结构的生产性厂房工程。同时，甲方将工程发包给不具有相应资质条件的承包单位，也构成了违法行为。

（2）《建筑法》第 65 条规定："发包单位将工程发包给不具有相应资质条件的承包单位的，……责令改正，处以罚款。超越本单位资质等级承揽工程的，责令停止违法行为，处以罚款，可以责令停业整顿，降低资质等级；情节严重的，吊销资质证书；有违法所得的，予以没收。"《建设工程质量管理条例》第 54 条规定："建设单位将建设工程发包给不具有相应资质等级的……施工单位……的，责令改正，处 50 万元以上 100 万元以下的罚款。"第60条规定："……施工……超越本单位资质等级承揽工程的，责令停止违法行为，……对施工单位处工程合同价款2％以上4％以下的罚款，可以责令停业整顿，降低资质等级；情节严重的，吊销资质证书；有违法所得的，予以没收。"据此，本案中的甲方、乙方应当分别受到相应的处罚。至于本案中的工程质量纠纷，则应当依据《合同法》、《建设工程质量管理条例》、《最高人民法院关于审理建设工程施工合同纠纷案件适用法律问题的解释》等有关规定办理。

1.1.2 建设工程专业人员执业资格的准入管理

1.1.2.1 执业资格制度

执业资格制度是指对具有一定专业学历和资历并从事特定专业技术活动的专业技术人员，通过考试和注册确定其执业的技术资格，获得相应文件签字权的一种制度。

《建筑法》规定，从事建筑活动的专业技术人员，应当依法取得相应的执业资格证书，并在执业资格证书许可的范围内从事建筑活动。因为，建设工程的技术要求比较复杂，建设工程的质量和安全生产直接关系到人身安全及公共财产安全，责任极为重大。因此，对从事建设工程活动的专业技术人员，应当建立起必要的个人执业资格制度；只有依法取得相应执业资格证书的专业技术人员，方可在其执业资格证书许可的范围内从事建设工程活动。

我国对从事建设工程活动的单位实行资质管理制度比较早，较好地从整体上把住了单位的建设市场准入关，但对建设工程专业技术人员（即在勘察、设计、施工、监理等专业技术岗位上工作的人员）的个人执业资格的准入制度起步较晚，导致出现了一些高资质的单位承接建设工程，却由低水平人员甚至非专业技术人员来完成的现象，不仅影响了建设工程质量和安全，还影响到投资效益的发挥。因此，实行专业技术人员的执业资格制度，严格执行建设工程相关活动的准入与清出，有利于避免出现上述种种问题，并明确专业技术人员的责、权、利，保证建设工程确实由具有相应资格的专业技术人员主持完成设计、施工、监理等任务。

世界上发达国家大多对从事涉及公众生命和财产安全的建设工程活动的专业技术人员，实行了严格的执业资格制度，如美国、英国、日本、加拿大等。建造师执业资格制度1834年起源于英国，迄今已有近180余年的历史。许多发达国家不仅早已建立这项制度，1997年还成立了建造师的国际组织——国际建造师协会。我国在工程建设领域实行专业技术人员的执业资格制度，有利于促进与国际接轨，适应对外开放的需要，并可以同有关国家谈判执业资格对等互认，使我国的专业技术人员更好地进入国际建设市场。

我国工程建设领域最早建立的执业资格制度是注册建筑师制度，1995年9月国务院颁布了《注册建筑师条例》；之后又相继建立了注册监理工程师、结构工程师、造价工程师等制度。2002年12月9日人事部、建设部（即现在的人力资源和社会保障部、住房和城乡建设部，下同）联合颁发了《建造师执业资格制度暂行规定》，标志着我国建造师制度的建立和建造师工作的正式启动。目前，我国通过考试或考核取得一级、二级建造师资格的已有200万人左右。

注册建造师是指通过考核认定或考试合格取得中华人民共和国建造师资格证书，并按照规定注册，取得中华人民共和国建造师注册证书和执业印章，担任施工单位项目负责人及从事相关活动的专业技术人员。未取得注册证书和执业印章的，不得担任大中型建设工程项目的施工单位项目负责人，不得以注册建造师的名义从事相关活动。

《建造师执业资格制度暂行规定》中规定，建造师分为一级建造师和二级建造师。经国务院有关部门同意，获准在中华人民共和国境内从事建设工程项目施工管理的外籍及港、澳、台地区的专业人员，符合本规定要求的，也可报名参加建造师执业资格考试以及申请注册。

1.1.2.2 二级建造师的考试

《建造师执业资格制度暂行规定》和《建造师执业资格考试实施办法》中规定，建设部负责拟定二级建造师执业资格考试大纲，人事部负责审定考试大纲。二级建造师执业资格实行全国统一大纲，各省、自治区、直辖市命题并组织考试的制度。各省、自治区、直辖市人事厅（局），建设厅（委）按照国家确定的考试大纲和有关规定，在本地区组织实施二级建造师执业资格考试。人事部、建设部负责指导和监督。

凡遵纪守法并具备工程类或工程经济类中等专科以上学历并从事建设工程项目施工管理工作满2年，可报名参加二级建造师执业资格考试。二级建造师执业资格考试设《建设工程施工管理》、《建设工程法规及相关知识》、《专业工程管理与实务》3个科目。

二级建造师执业资格考试合格者，由省、自治区、直辖市人事部门颁发由人事部、建设部统一格式的《中华人民共和国二级建造师执业资格证书》。按照人事部办公厅、建设部办公厅《关于建造师考试专业类别调整的通知》的规定，二级建造师资格考试《专业工程管理与实务》科目设置6个专业类别：建筑工程、公路工程、水利水电工程、市政公用工程、矿业工程和机电工程。

1.1.2.3 二级建造师的注册

建设部《注册建造师管理规定》中规定，取得二级建造师资格证书的人员申请注册，由省、自治区、直辖市人民政府建设主管部门负责受理和审批，具体审批程序由省、自治区、直辖市人民政府建设主管部门依法确定。对批准注册的，核发由国务院建设主管部门统一样式的《中华人民共和国二级建造师注册证书》和执业印章，一并在核发证书后30日内送国务院建设主管部门备案。

（1）申请初始注册和延续注册

申请初始注册时应当具备以下条件：

1）经考核认定或考试合格取得资格证书；

2）受聘于一个相关单位；

3）达到继续教育要求；

4）没有《注册建造师管理规定》中规定不予注册的情形。

初始注册者，可自资格证书签发之日起3年内提出申请。逾期未申请者，须符合本专业继续教育的要求后方可申请初始注册。

申请初始注册需要提交下列材料：

1）注册建造师初始注册申请表；

2）资格证书、学历证书和身份证明复印件；

3）申请人与聘用单位签订的聘用劳动合同复印件或其他有效证明文件；

4）逾期申请初始注册的，应当提供达到继续教育要求的证明材料。

注册证书和执业印章是注册建造师的执业凭证，由注册建造师本人保管、使用。注册证书与执业印章有效期为 3 年。注册有效期满需继续执业的，应当在注册有效期届满 30 日前，按照规定申请延续注册。延续注册的，有效期为 3 年。

申请延续注册的，应当提交下列材料：

1) 注册建造师延续注册申请表；

2) 原注册证书；

3) 申请人与聘用单位签订的聘用劳动合同复印件或其他有效证明文件；

4) 申请人注册有效期内达到继续教育要求的证明材料。

建设部《注册建造师执业管理办法（试行）》规定，注册建造师应当通过企业按规定及时申请办理变更注册、续期注册等相关手续。多专业注册的注册建造师，其中一个专业注册期满仍需以该专业继续执业和以其他专业执业的，应当及时办理续期注册。

（2）变更注册和增加执业专业

《注册建造师管理规定》中规定，在注册有效期内，注册建造师变更执业单位，应当与原聘用单位解除劳动关系，并按照规定办理变更注册手续，变更注册后仍延续原注册有效期。

申请变更注册的，应当提交下列材料：

1) 注册建造师变更注册申请表；

2) 注册证书和执业印章；

3) 申请人与新聘用单位签订的聘用合同复印件或有效证明文件；

4) 工作调动证明（与原聘用单位解除聘用合同或聘用合同到期的证明文件、退休人员的退休证明）。

注册建造师需要增加执业专业的，应当按照规定申请专业增项注册，并提供相应的资格证明。

《注册建造师执业管理办法（试行）》规定，注册建造师变更聘用企业的，应当在与新聘用企业签订聘用合同后的 1 个月内，通过新聘用企业申请办理变更手续。因变更注册申报不及时影响注册建造师执业、导致工程项目出现损失的，由注册建造师所在聘用企业承担责任，并作为不良行为记入企业信用档案。

聘用企业与注册建造师解除劳动关系的，应当及时申请办理注销注册或变更注册。聘用企业与注册建造师解除劳动合同关系后无故不办理注销注册或变更注册的，注册建造师可向省级建设主管部门申请注销注册证书和执业印章。注册建造师要求注销注册或变更注册的，应当提供与原聘用企业解除劳动关系的有效证明材料。建设主管部门经向原聘用企业核实，聘用企业在 7 日内没有提供书面反对意见和相关证明材料的，应予办理注销注册或变更注册。

（3）不予注册和注册证书、执业印章失效及注销

《注册建造师管理规定》中规定，申请人有下列情形之一的，不予注册：

1) 不具有完全民事行为能力的；

2) 申请在两个或者两个以上单位注册的；

3) 未达到注册建造师继续教育要求的；

4) 受到刑事处罚，刑事处罚尚未执行完毕的；

5) 因执业活动受到刑事处罚，自刑事处罚执行完毕之日起至申请注册之日止不满 5

年的;

6）因前项规定以外的原因受到刑事处罚，自处罚决定之日起至申请注册之日止不满3年的;

7）被吊销注册证书，自处罚决定之日起至申请注册之日止不满2年的;

8）在申请注册之日前3年内担任项目经理期间，所负责项目发生过重大质量和安全事故的;

9）申请人的聘用单位不符合注册单位要求的;

10）年龄超过65周岁的;

11）法律、法规规定不予注册的其他情形。

注册建造师有下列情形之一的，其注册证书和执业印章失效:

1）聘用单位破产的;

2）聘用单位被吊销营业执照的;

3）聘用单位被吊销或者撤回资质证书的;

4）已与聘用单位解除聘用合同关系的;

5）注册有效期满且未延续注册的;

6）年龄超过65周岁的;

7）死亡或不具有完全民事行为能力的;

8）其他导致注册失效的情形。

注册建造师有下列情形之一的，由注册机关办理注销手续，收回注册证书和执业印章或者公告其注册证书和执业印章作废:

1）有以上规定的注册证书和执业印章失效情形发生的;

2）依法被撤销注册的;

3）依法被吊销注册证书的;

4）受到刑事处罚的;

5）法律、法规规定应当注销注册的其他情形。

1.1.2.4 二级建造师的继续教育

住房城乡建设部《注册建造师继续教育暂行规定》中规定，各省级住房城乡建设主管部门组织二级注册建造师参加继续教育。

注册建造师应通过继续教育，掌握工程建设有关法律法规、标准规范，增强职业道德和诚信守法意识，熟悉工程建设项目管理新方法、新技术，总结工作中的经验教训，不断提高综合素质和执业能力。注册建造师按规定参加继续教育，是申请初始注册、延续注册、增项注册和重新注册（以下统称注册）的必要条件。

（1）必修课、选修课的学时和内容

注册一个专业的建造师在每一注册有效期内应参加继续教育不少于120学时，其中必修课60学时，选修课60学时。注册两个及以上专业的，每增加一个专业还应参加所增加专业60学时的继续教育，其中必修课30学时，选修课30学时。

必修课内容包括:

1）工程建设相关的法律法规和有关政策。

2）注册建造师职业道德和诚信制度。

3）建设工程项目管理的新理论、新方法、新技术和新工艺。

4）建设工程项目管理案例分析。选修课内容包括：各省级住房城乡建设主管部门认为二级建造师需要补充的与建设工程项目管理有关的知识。

（2）继续教育的培训单位选择与测试

注册建造师应在企业注册所在地选择中国建造师网公布的培训单位接受继续教育。注册建造师在每一注册有效期内可根据工作需要集中或分年度安排继续教育的学时。

培训单位必须确保教学质量，并负责记录学习情况，对学习情况进行测试。测试可采取考试、考核、案例分析、撰写论文、提交报告或参加实际操作等方式。对于完成规定学时并测试合格的，培训单位报各省级住房城乡建设主管部门确认后，发放统一式样的《注册建造师继续教育证书》，加盖培训单位印章。完成规定学时并测试合格后取得的《注册建造师继续教育证书》，是建造师申请注册的重要依据。

（3）可充抵继续教育选修课部分学时的规定

注册建造师在每一注册有效期内从事以下工作并取得相应证明的，可充抵继续教育选修课部分学时：

1）参加全国建造师执业资格考试大纲编写及命题工作，每次计 20 学时。

2）从事注册建造师继续教育教材编写工作，每次计 20 学时。

3）在公开发行的省部级期刊上发表有关建设工程项目管理的学术论文的，第一作者每篇计 10 学时；公开出版 5 万字以上专著、教材的，第一、二作者每人计 20 学时。

4）参加建造师继续教育授课工作的按授课学时计算。

每一注册有效期内，充抵继续教育选修课学时累计不得超过 60 学时。二级注册建造师继续教育学时的充抵认定，由各省级住房城乡建设主管部门负责。

（4）继续教育的方式及参加继续教育的保障

注册建造师继续教育以集中面授为主，同时探索网络教育方式。

注册建造师在参加继续教育期间享有国家规定的工资、保险、福利待遇。建筑业企业及勘察、设计、监理、招标代理、造价咨询等用人单位应重视注册建造师继续教育工作，督促其按期接受继续教育。其中，建筑业企业应为从事在建工程项目管理工作的注册建造师提供经费和时间支持。

1.1.3 建造师的受聘单位和执业岗位范围

1.1.3.1 建造师的受聘单位

《注册建造师管理规定》中规定，取得资格证书的人员应当受聘于一个具有建设工程勘察、设计、施工、监理、招标代理、造价咨询等一项或者多项资质的单位，经注册后方可从事相应的执业活动。担任施工单位项目负责人的，应当受聘并注册于一个具有施工资质的企业。

据此，建造师不仅可以在施工单位担任建设工程施工项目的项目经理，也可以在勘察、设计、监理、招标代理、造价咨询等单位或具有多项上述资质的单位执业。

1.1.3.2 二级建造师执业岗位范围

《建造师执业资格制度暂行规定》中规定，建造师的执业范围包括：

（1）担任建设工程项目施工的项目经理。

（2）从事其他施工活动的管理工作。

（3）法律、行政法规或国务院建设行政主管部门规定的其他业务。二级建造师可以担任二级及以下建筑业企业资质的建设工程项目施工的项目经理。

《注册建造师管理规定》中规定，注册建造师可以从事建设工程项目总承包管理或施工管理，建设工程项目管理服务，建设工程技术经济咨询，以及法律、行政法规和国务院建设主管部门规定的其他业务。

《注册建造师执业管理办法（试行）》规定，二级注册建造师可以承担中、小型工程施工项目负责人。各专业大、中、小型工程分类标准按《注册建造师执业工程规模标准》（建市［2007］171号）执行。注册建造师不得同时担任两个及以上建设工程施工项目负责人。发生下列情形之一的除外：

（1）同一工程相邻分段发包或分期施工的；

（2）合同约定的工程验收合格的；

（3）因非承包方原因致使工程项目停工超过120天（含），经建设单位同意的。

注册建造师担任施工项目负责人期间原则上不得更换。如发生下列情形之一的，应当办理书面交接手续后更换施工项目负责人：

（1）发包方与注册建造师受聘企业已解除承包合同的；

（2）发包方同意更换项目负责人的；

（3）因不可抗力等特殊情况必须更换项目负责人的。建设工程合同履行期间变更项目负责人的，企业应当于项目负责人变更5个工作日内报建设行政主管部门和有关部门及时进行网上变更。

注册建造师担任施工项目负责人，在其承建的建设工程项目竣工验收或移交项目手续办结前，除以上规定的情形外，不得变更注册至另一企业。

1.1.4　建造师的基本权利和义务

1.1.4.1　建造师的基本权利

《建造师执业资格制度暂行规定》中规定，建造师经注册后，有权以建造师名义担任建设工程项目施工的项目经理及从事其他施工活动的管理。

《注册建造师管理规定》进一步规定，注册建造师享有下列权利：

（1）使用注册建造师名称；

（2）在规定范围内从事执业活动；

（3）在本人执业活动中形成的文件上签字并加盖执业印章；

（4）保管和使用本人注册证书、执业印章；

（5）对本人执业活动进行解释和辩护；

（6）接受继续教育；

（7）获得相应的劳动报酬；

（8）对侵犯本人权利的行为进行申述。

建设工程施工活动中形成的有关工程施工管理文件，应当由注册建造师签字并加盖执业印章。施工单位签署质量合格的文件上，必须有注册建造师的签字盖章。

《注册建造师管理规定》中规定，担任建设工程施工项目负责人的注册建造师，应当按建设部《关于印发〈注册建造师施工管理签章文件目录〉（试行）的通知》和配套表格要求，在建设工程施工管理相关文件上签字并加盖执业印章，签章文件作为工程竣工备案的依据。注册建造师签章完整的工程施工管理文件方为有效。注册建造师有权拒绝在不合格或者有弄虚作假内容的建设工程施工管理文件上签字并加盖执业印章。

建设工程合同包含多个专业工程的，担任施工项目负责人的注册建造师，负责该工程施工管理文件签章。专业工程独立发包时，注册建造师执业范围涵盖该专业工程的，可担任该专业工程施工项目负责人。分包工程施工管理文件应当由分包企业注册建造师签章。分包企业签署质量合格的文件上，必须由担任总包项目负责人的注册建造师签章。

修改注册建造师签字并加盖执业印章的工程施工管理文件，应当征得所在企业同意后，由注册建造师本人进行修改；注册建造师本人不能进行修改的，应当由企业指定同等资格条件的注册建造师修改，并由其签字并加盖执业印章。

《注册建造师执业管理办法（试行）》规定，注册建造师注册证书和执业印章由本人保管，任何单位（发证机关除外）和个人不得扣押注册建造师注册证书或执业印章。

1.1.4.2　建造师的基本义务

《建造师执业资格制度暂行规定》中规定，建造师在工作中，必须严格遵守法律、法规和行业管理的各项规定，恪守职业道德。建造师必须接受继续教育，更新知识，不断提高业务水平。

《注册建造师管理规定》进一步规定，注册建造师应当履行下列义务：

（1）遵守法律、法规和有关管理规定，恪守职业道德；

（2）执行技术标准、规范和规程；

（3）保证执业成果的质量，并承担相应责任；

（4）接受继续教育，努力提高执业水准；

（5）保守在执业中知悉的国家秘密和他人的商业、技术等秘密；

（6）与当事人有利害关系的，应当主动回避；

（7）协助注册管理机关完成相关工作。

注册建造师不得有下列行为：

（1）不履行注册建造师义务；

（2）在执业过程中，索贿、受贿或者谋取合同约定费用外的其他利益；

（3）在执业过程中实施商业贿赂；

（4）签署有虚假记载等不合格的文件；

（5）允许他人以自己的名义从事执业活动；

（6）同时在两个或者两个以上单位受聘或者执业；

（7）涂改、倒卖、出租、出借、复制或以其他形式非法转让资格证书、注册证书和执业印章；

（8）超出执业范围和聘用单位业务范围内从事执业活动；

（9）法律、法规、规章禁止的其他行为。

《注册建造师执业管理办法（试行）》还规定，注册建造师不得有下列行为：

（1）不按设计图纸施工；

（2）使用不合格建筑材料；

（3）使用不合格设备、建筑构配件；

（4）违反工程质量、安全、环保和用工方面的规定；

（5）在执业过程中，索贿、行贿、受贿或者谋取合同约定费用外的其他不法利益；

（6）签署弄虚作假或在不合格文件上签章的；

（7）以他人名义或允许他人以自己的名义从事执业活动；

（8）同时在两个或者两个以上企业受聘并执业；

（9）超出执业范围和聘用企业业务范围从事执业活动；

（10）未变更注册单位，而在另一家企业从事执业活动；

（11）所负责工程未办理竣工验收或移交手续前，变更注册到另一企业；

（12）伪造、涂改、倒卖、出租、出借或以其他形式非法转让资格证书、注册证书和执业印章；

（13）不履行注册建造师义务和法律、法规、规章禁止的其他行为。

担任建设工程施工项目负责人的注册建造师在执业过程中，应当及时、独立完成建设工程施工管理文件签章，无正当理由不得拒绝在文件上签字并加盖执业印章。担任施工项目负责人的注册建造师应当按照国家法律法规、工程建设强制性标准组织施工，保证工程施工符合国家有关质量、安全、环保、节能等有关规定。担任施工项目负责人的注册建造师，应当按照国家劳动用工有关规定，规范项目劳动用工管理，切实保障劳务人员合法权益。担任建设工程施工项目负责人的注册建造师对其签署的工程管理文件承担相应责任。

建设工程发生质量、安全、环境事故时，担任该施工项目负责人的注册建造师应当按照有关法律法规规定的事故处理程序及时向企业报告，并保护事故现场，不得隐瞒。

1.1.4.3　注册机关的监督管理

《注册建造师管理规定》中规定，县级以上人民政府建设主管部门和有关部门履行监督检查职责时，有权采取下列措施：

（1）要求被检查人员出示注册证书；

（2）要求被检查人员所在聘用单位提供有关人员签署的文件及相关业务文档；

（3）就有关问题询问签署文件的人员；

（4）纠正违反有关法律、法规、本规定及工程标准规范的行为。

有下列情形之一的，注册机关依据职权或者根据利害关系人的请求，可以撤销注册建造师的注册：

（1）注册机关工作人员滥用职权、玩忽职守作出准予注册许可的；

（2）超越法定职权作出准予注册许可的；

（3）违反法定程序作出准予注册许可的；

（4）对不符合法定条件的申请人颁发注册证书和执业印章的；

（5）依法可以撤销注册的其他情形。申请人以欺骗、贿赂等不正当手段获准注册的，应当予以撤销。

《注册建造师执业管理办法（试行）》规定，注册建造师违法从事相关活动的，违法行为发生地县级以上地方人民政府建设主管部门或有关部门应当依法查处，并将违法事实、处理结果告知注册机关；依法应当撤销注册的，应当将违法事实、处理建议及有关材料报注册机关，注册机关或有关部门应当在7个工作日内作出处理，并告知行为发生地人民政府建设行政主管部门或有关部门。

注册建造师异地执业的，工程所在地省级人民政府建设主管部门应当将处理建议转交注册建造师注册所在地省级人民政府建设主管部门，注册所在地省级人民政府建设主管部门应当在 14 个工作日内作出处理，并告知工程所在地省级人民政府建设行政主管部门。

1.2　劳动合同及劳动关系制度

劳动合同是在市场经济体制下，用人单位与劳动者进行双向选择、确定劳动关系、明确双方权利与义务的协议，是保护劳动者合法权益的基本依据。

所谓劳动关系，是指劳动者与用人单位在实现劳动过程中建立的社会经济关系。由于存在着劳动关系，劳动者和用人单位都要受劳动法律的约束与规范。

1.2.1　劳动合同订立

1.2.1.1　订立劳动合同应当遵守的原则

2012 年 12 月经修改后公布的《中华人民共和国劳动合同法》（以下简称《劳动合同法》）规定，订立劳动合同，应当遵循合法、公平、平等自愿、协商一致、诚实信用的原则。

用人单位招用劳动者，不得要求劳动者提供担保或者以其他名义向劳动者收取财物；不得扣押劳动者的居民身份证或者其他证件。

1.2.1.2　劳动合同的种类

《劳动合同法》规定，劳动合同分为固定期限劳动合同、无固定期限劳动合同和以完成一定工作任务为期限的劳动合同。

（1）劳动合同期限

劳动合同的期限是指劳动合同的有效时间，是劳动关系当事人双方享有权利和履行义务的时间。它一般始于劳动合同的生效之日，终于劳动合同的终止之时。

劳动合同期限由用人单位和劳动者协商确定，是劳动合同的一项重要内容。无论劳动者与用人单位建立何种期限的劳动关系，都需要双方将该期限用合同的方式确认下来，否则就不能保证劳动合同内容的实现，劳动关系将会处于一个不确定状态。劳动合同期限是劳动合同存在的前提条件。

（2）固定期限劳动合同

固定期限劳动合同，是指用人单位与劳动者约定合同终止时间的劳动合同，即劳动合同双方当事人在劳动合同中明确规定了合同效力的起始和终止的时间。劳动合同期限届满，劳动关系即告终止。固定期限劳动合同可以是 1 年、2 年，也可以是 5 年、10 年，甚至更长时间。但是，超过两次签订固定期限的劳动合同，在劳动者没有《劳动合同法》第39 条和第 40 条第 1 项、第 2 项规定的情形，且劳动者本人又没有提出订立固定期限劳动合同的，用人单位就应当与劳动者签订无固定期限劳动合同。

（3）无固定期限劳动合同

无固定期限劳动合同，是指用人单位与劳动者约定无确定终止时间的劳动合同。无确定终止时间的劳动合同并不是没有终止时间，一旦出现了法定的解除情形（如到了法定退休年龄）或者双方协商一致解除的，无固定期限劳动合同同样可以解除。

用人单位与劳动者协商一致，可以订立无固定期限劳动合同。有下列情形之一，劳动者提出或者同意续订、订立劳动合同的，除劳动者提出订立固定期限劳动合同外，应当订立无固定期限劳动合同：

1）劳动者在该用人单位连续工作满 10 年的；

2）用人单位初次实行劳动合同制度或者国有企业改制重新订立劳动合同时，劳动者在该用人单位连续工作满 10 年且距法定退休年龄不足 10 年的；

3）连续订立 2 次固定期限劳动合同，且劳动者没有《劳动合同法》第 39 条和第 40 条第 1 项、第 2 项规定的情形，续订劳动合同的。需要注意的是，用人单位自用工之日起满 1 年不与劳动者订立书面劳动合同的，则视为用人单位与劳动者已订立无固定期限劳动合同。

（4）以完成一定工作任务为期限的劳动合同

以完成一定工作任务为期限的劳动合同，是指用人单位与劳动者约定以某项工作的完成为合同期限的劳动合同。

1.2.1.3　劳动合同的基本条款

劳动合同应当具备以下条款：

（1）用人单位的名称、住所和法定代表人或者主要负责人；

（2）劳动者的姓名、住址和居民身份证或者其他有效身份证件号码；

（3）劳动合同期限；

（4）工作内容和工作地点；

（5）工作时间和休息休假；

（6）劳动报酬；

（7）社会保险；

（8）劳动保护、劳动条件和职业危害防护；

（9）法律、法规规定应当纳入劳动合同的其他事项。

劳动合同除上述规定的必备条款外，用人单位与劳动者可以约定试用期、培训、保守秘密、补充保险和福利待遇等其他事项。

1.2.1.4　订立劳动合同应当注意的事项

（1）建立劳动关系即应订立劳动合同

用人单位自用工之日起即与劳动者建立劳动关系。《劳动合同法》规定，建立劳动关系，应当订立书面劳动合同。已建立劳动关系，未同时订立书面劳动合同的，应当自用工之日起 1 个月内订立书面劳动合同。用人单位未在用工的同时订立书面劳动合同，与劳动者约定的劳动报酬不明确的，新招用的劳动者的劳动报酬应当按照企业的或者同行业的集体合同规定的标准执行；没有集体合同的，用人单位应当对劳动者实行同工同酬。用人单位与劳动者在用工前订立劳动合同的，劳动关系自用工之日起建立。

合同有书面形式、口头形式和其他形式。按照《劳动合同法》的规定，除了非全日制用工（即以小时计酬为主，劳动者在同一用人单位一般平均每日工作时间不超过 4 小时，每周工作时间累计不超过 24 小时的用工形式）可以订立口头协议外，建立劳动关系应当订立书面劳动合同。如果没有订立书面合同，不订立书面合同的一方将要承担相应的法律后果。劳动合同文本由用人单位和劳动者各执一份。

（2）劳动报酬和试用期

劳动合同对劳动报酬和劳动条件等标准约定不明确，引发争议的，用人单位与劳动者可以重新协商；协商不成的，适用集体合同规定；没有集体合同或者集体合同未规定劳动报酬的，实行同工同酬；没有集体合同或者集体合同未规定劳动条件等标准的，适用国家有关规定。

劳动合同期限3个月以上不满1年的，试用期不得超过1个月；劳动合同期限1年以上不满3年的，试用期不得超过2个月；3年以上固定期限和无固定期限的劳动合同，试用期不得超过6个月。同一用人单位与同一劳动者只能约定1次试用期。以完成一定工作任务为期限的劳动合同或者劳动合同期限不满3个月的，不得约定试用期。试用期包含在劳动合同期限内。劳动合同仅约定试用期的，试用期不成立，该期限为劳动合同期限。

劳动者在试用期的工资不得低于本单位相同岗位最低档工资或者劳动合同约定工资的80％，并不得低于用人单位所在地的最低工资标准。在试用期中，除劳动者有《劳动合同法》第39条和第40条第1项、第2项规定的情形外，用人单位不得解除劳动合同。用人单位在试用期解除劳动合同的，应当向劳动者说明理由。

（3）劳动合同的生效与无效

劳动合同由用人单位与劳动者协商一致，并经用人单位与劳动者在劳动合同文本上签字或者盖章生效。双方当事人签字或者盖章时间不一致的，以最后一方签字或者盖章的时间为准；如果一方没有写签字时间，则另一方写明的签字时间就是合同生效时间。

下列劳动合同无效或者部分无效：

1）以欺诈、胁迫的手段或者乘人之危，使对方在违背真实意思的情况下订立或者变更劳动合同的；

2）用人单位免除自己的法定责任、排除劳动者权利的；

3）违反法律、行政法规强制性规定的。对于部分无效的劳动合同，只要不影响其他部分效力的，其他部分仍然有效。劳动合同被确认无效，劳动者已付出劳动的，用人单位应当向劳动者支付劳动报酬。劳动报酬的数额，参照本单位相同或者相近岗位劳动者的劳动报酬确定。

对劳动合同的无效或者部分无效有争议的，由劳动争议仲裁机构或者人民法院确认。

1. 2. 1. 5　集体合同

企业职工一方与用人单位通过平等协商，可以就劳动报酬、工作时间、休息休假、劳动安全卫生、保险福利等事项订立集体合同。集体合同草案应当提交职工代表大会或者全体职工讨论通过。集体合同由工会代表企业职工一方与用人单位订立；尚未建立工会的用人单位，由上级工会指导劳动者推举的代表与用人单位订立。企业职工一方与用人单位还可订立劳动安全卫生、女职工权益保护、工资调整机制等专项集体合同。集体合同中劳动报酬和劳动条件等标准不得低于当地人民政府规定的最低标准；用人单位与劳动者订立的劳动合同中劳动报酬和劳动条件等标准不得低于集体合同规定的标准。

集体合同订立后，应当报送劳动行政部门；劳动行政部门自收到集体合同文本之日起15日内未提出异议的，集体合同即行生效。依法订立的集体合同对用人单位和劳动者具有约束力。

用人单位违反集体合同，侵犯职工劳动权益的，工会可以依法要求用人单位承担责任；因履行集体合同发生争议，经协商解决不成的，工会可以依法申请仲裁、提起诉讼。

1.2.1.6 【案例分析】

1. 背景

某建筑公司的一位会计因故离职，该建筑公司聘请徐女士于2012年9月15日接替了原会计的工作，并自该日起，徐女士开始接手财务工作。9月30日，徐女士与该建筑公司签订了劳动合同。由于徐女士的会计职称级别与原会计相同，双方在商签劳动合同时对工资数额发生分歧，便在劳动合同中约定徐女士工资暂定每月3000元，待年底视公司效益情况，再酌情给予一定的奖励。2012年年底，徐女士要求公司按照约定向其发放奖金，但公司说效益不好，不能发放徐女士的奖金。后徐女士提出，劳动合同中对其工资的约定不明确，应当按照同样工作岗位的员工工资补齐其差额部分，并应补发其劳动合同签订前自9月15日至9月29日的工资。

2. 问题

（1）徐女士的要求是否合法？

（2）该建筑公司今后应当注意或者改进哪些做法？

3. 分析

（1）徐女士的要求是合法的。

《劳动合同法》第11条规定："用人单位未在用工的同时订立书面劳动合同，与劳动者约定的劳动报酬不明确的，新招用的劳动者的劳动报酬按照集体合同规定的标准执行；没有集体合同或者集体合同未规定的，实行同工同酬。"据此，由于徐女士与该公司在劳动合同中关于工资待遇的规定不明确，作为同会计职称级别的徐女士，应当享受原会计或者该公司同岗位人员的工资报酬待遇。

《劳动合同法》第7条规定："用人单位自用工之日起即与劳动者建立劳动关系"。徐女士在9月15日虽然还没有和公司签订书面劳动合同，但从这一天起，徐女士就已经同该公司建立了劳动关系，用人单位应当以建立劳动关系的时间为工资发放的起始时间，即向徐女士发放劳动合同签订前自9月15日至9月29日的工资。

（2）该建筑公司应当认真学习和严格执行《劳动合同法》的相关规定，在聘用员工后应立即签订书面劳动合同，并在劳动合同中将各项条款规定明确具体；在劳动合同履行过程中，不得少付甚至克扣劳动者的任何工资和福利待遇，否则将可能招致劳动争议或纠纷，甚至成为被告。

1.2.2 劳动合同的履行

1.2.2.1 法律规定

劳动合同一经依法订立便具有法律效力。用人单位与劳动者应当按照劳动合同的约定，全面履行各自的义务。当事人双方既不能只履行部分义务，也不能擅自变更合同，更不能任意不履行合同或者解除合同，否则将承担相应的法律责任。

（1）用人单位应当履行向劳动者支付劳动报酬的义务

用人单位应当按照劳动合同约定和国家规定，向劳动者及时足额支付劳动报酬。劳动报酬是指劳动者为用人单位提供劳动而获得的各种报酬，通常包括三个部分：

1）货币工资，包括各种工资、奖金、津贴、补贴等；

2）实物报酬，即用人单位以免费或低于成本价提供给劳动者的各种物品和服务等；

3）社会保险，即用人单位为劳动者支付的医疗、失业、养老、工伤等保险金。

用人单位和劳动者可以在法律允许的范围内对劳动报酬的金额、支付时间、支付方式等进行平等协商。劳动报酬的支付要遵守国家的有关规定：

1）用人单位支付劳动者的工资不得低于当地的最低工资标准；

2）工资应当以货币形式按月支付劳动者本人，即不得以实物或有价证券等形式代替货币支付；

3）用人单位应当依法向劳动者支付加班费；

4）劳动者在法定休假日、婚丧假期间、探亲假期间、产假期间和依法参加社会活动期间以及非因劳动者原因停工期间，用人单位应当依法支付工资。

用人单位拖欠或者未足额支付劳动报酬的，劳动者可以依法向当地人民法院申请支付令，人民法院应当依法发出支付令。

（2）依法限制用人单位安排劳动者的加班

用人单位应当严格执行劳动定额标准，不得强迫或者变相强迫劳动者加班。用人单位安排加班的，应当按照国家有关规定向劳动者支付加班费。

（3）劳动者有权拒绝违章指挥、冒险作业

《劳动合同法》规定，劳动者对危害生命安全和身体健康的劳动条件，有权对用人单位提出批评、检举和控告。

劳动者拒绝用人单位管理人员违章指挥、强令冒险作业的，不视为违反劳动合同。

（4）用人单位发生变动不影响劳动合同的履行

用人单位如果变更名称、法定代表人、主要负责人或者投资人等事项，不影响劳动合同的履行。

用人单位发生合并或者分立等情况，原劳动合同继续有效，劳动合同由承继其权利和义务的用人单位继续履行。

1.2.2.2 案例分析

1. 背景

某中外合资公司与王某签订了为期 3 年的劳动合同。合同中约定，在合同的履行期间，如果本合同订立时所依据的客观情况发生变化，致使合同无法履行，经双方协商不能就本合同达成协议的，公司可以提前 30 天以书面形式通知王某解除劳动合同。两年后，该公司由一家中外合资企业变更为外商独资企业，公司的法定代表人也作了变更。该公司由于重组进行大规模的裁员，王某也在被裁人员名单中。随后，公司以企业名称、性质和法定代表人变更，属于合同订立时所依据的客观情况发生重大变化为由，书面通知王某解除劳动合同。王某不同意，认为自己的劳动合同没有到期，不能以企业法定代表人变更等为由随意解除劳动合同。

2. 问题

（1）该公司上述理由是否可以作为解除与王某劳动合同的依据？

（2）该公司与王某的合同是否继续有效？

3. 分析

（1）《劳动合同法》第 33 条规定，"用人单位变更名称、法定代表人、主要负责人或者投资人等事项，不影响劳动合同的履行。"本案中，该公司虽然企业的名称、性质和法定代表人发生了变更，但并非属于法律上认定的"客观情况发生重大变化"，企业的正常经营并未因此而受到影响。因此，该公司以上述理由解除与王某的劳动合同是没有法律依据的。

（2）王某与该公司的劳动合同还没有到期，该合同依然有效。所以，双方应该继续履行劳动合同。

1.2.3　劳动合同的变更

用人单位与劳动者协商一致，可以变更劳动合同约定的内容。变更劳动合同，应当采用书面形式。变更后的劳动合同文本由用人单位和劳动者各执一份。

变更劳动合同时应当注意：

（1）必须在劳动合同依法订立之后，在合同没有履行或者尚未履行完毕之前的有效时间内进行；

（2）必须坚持平等自愿、协商一致的原则，即须经用人单位和劳动者双方当事人的同意；

（3）不得违反法律法规的强制性规定；

（4）劳动合同的变更须采用书面形式。

1.2.4　劳动合同的解除

劳动合同的解除，是指当事人双方提前终止劳动合同、解除双方权利义务关系的法律行为，可分为协商解除、法定解除和约定解除三种情况。劳动合同的终止，是指劳动合同期满或者出现法定情形以及当事人约定的情形而导致劳动合同的效力消灭，劳动合同即行终止。

1.2.4.1　劳动者可以单方解除劳动合同的规定

劳动者提前 30 日以书面形式通知用人单位，可以解除劳动合同。劳动者在试用期内提前 3 日通知用人单位，可以解除劳动合同。

《劳动合同法》第 38 条规定，用人单位有下列情形之一的，劳动者可以解除劳动合同：

（1）未按照劳动合同约定提供劳动保护或者劳动条件的；

（2）未及时足额支付劳动报酬的；

（3）未依法为劳动者缴纳社会保险费的；

（4）用人单位的规章制度违反法律、法规的规定，损害劳动者权益的；

（5）因《劳动合同法》第 26 条第 1 款规定的情形致使劳动合同无效的；

（6）法律、行政法规规定劳动者可以解除劳动合同的其他情形。

用人单位以暴力、威胁或者非法限制人身自由的手段强迫劳动者劳动的，或者用人单位违章指挥、强令冒险作业危及劳动者人身安全的，劳动者可以立即解除劳动合同，不需事先告知用人单位。

1.2.4.2　用人单位可以单方解除劳动合同的规定

《劳动合同法》在赋予劳动者单方解除权的同时，也赋予用人单位对劳动合同的单方解除权，以保障用人单位的用工自主权。

《劳动合同法》第 39 条规定，劳动者有下列情形之一的，用人单位可以解除劳动合同：

（1）在试用期间被证明不符合录用条件的；

（2）严重违反用人单位的规章制度的；

（3）严重失职，营私舞弊，给用人单位造成重大损害的；

（4）劳动者同时与其他用人单位建立劳动关系，对完成本单位的工作任务造成严重影响，或者经用人单位提出，拒不改正的；

（5）因《劳动合同法》第 26 条第 1 款第 1 项规定的情形致使劳动合同无效的；

（6）被依法追究刑事责任的。

《劳动合同法》第 40 条规定，有下列情形之一的，用人单位提前 30 日以书面形式通知劳动者本人或者额外支付劳动者 1 个月工资后，可以解除劳动合同：

（1）劳动者患病或者非因工负伤，在规定的医疗期满后不能从事原工作，也不能从事由用人单位另行安排的工作的；

（2）劳动者不能胜任工作，经过培训或者调整工作岗位，仍不能胜任工作的；

（3）劳动合同订立时所依据的客观情况发生重大变化，致使劳动合同无法履行，经用人单位与劳动者协商，未能就变更劳动合同内容达成协议的。

1.2.4.3　用人单位经济性裁员的规定

经济性裁员是指用人单位由于经营不善等经济原因，一次性辞退部分劳动者的情形。经济性裁员仍属用人单位单方解除劳动合同。

有下列情形之一，需要裁减人员 20 人以上或者裁减不足 20 人但占企业职工总数 10% 以上的，用人单位提前 30 日向工会或者全体职工说明情况，听取工会或者职工的意见后，裁减人员方案经向劳动行政部门报告，可以裁减人员：

（1）依照企业破产法规定进行重整的；

（2）生产经营发生严重困难的；

（3）企业转产、重大技术革新或者经营方式调整，经变更劳动合同后，仍需裁减人员的；

（4）其他因劳动合同订立时所依据的客观经济情况发生重大变化，致使劳动合同无法履行的。

裁减人员时，应当优先留用下列三种人员：

（1）与本单位订立较长期限的固定期限劳动合同的；

（2）与本单位订立无固定期限劳动合同的；

（3）家庭无其他就业人员，有需要扶养的老人或者未成年人的。

用人单位在 6 个月内重新招用人员的，应当通知被裁减的人员，并在同等条件下优先招用被裁减人员。

1.2.4.4　用人单位不得解除劳动合同的规定

为了保护一些特殊群体劳动者的权益，《劳动合同法》第 42 条规定，劳动者有下列情形之一的，用人单位不得依照该法第 40 条、第 41 条的规定解除劳动合同：

（1）从事接触职业病危害作业的劳动者未进行离岗前职业健康检查，或者疑似职业病病人在诊断或者医学观察期间的；

(2) 在本单位患职业病或者因工负伤并被确认丧失或者部分丧失劳动能力的；

(3) 患病或者非因工负伤，在规定的医疗期内的；

(4) 女职工在孕期、产期、哺乳期的；

(5) 在本单位连续工作满 15 年，且距法定退休年龄不足 5 年的；

(6) 法律、行政法规规定的其他情形。

用人单位违反《劳动合同法》规定解除或者终止劳动合同，劳动者要求继续履行劳动合同的，用人单位应当继续履行；劳动者不要求继续履行劳动合同或者劳动合同已经不能继续履行的，用人单位应当依法向劳动者支付赔偿金。赔偿金标准为经济补偿标准的 2 倍。

1.2.4.5 案例分析

1. 背景

2008 年 5 月，小张大学毕业后，通过人才市场被一家设备公司聘用。小张所从事的工作技术含量较高，经过一段时间的实践仍不能胜任所从事的工作，于是公司决定解除与小张的劳动合同。但是，小张不同意解除合同。公司便不再分派小张任何工作，也停发了小张的工资，单方解除了与小张的劳动合同。

2. 问题

(1) 该设备公司是否违反了《劳动合同法》的有关规定？

(2) 该设备公司应当承担哪些责任？

3. 分析

(1) 该设备公司违反了《劳动合同法》第 40 条的规定。《劳动合同法》第 40 条规定，"有下列情形之一的，用人单位提前 30 日以书面形式通知劳动者本人或者额外支付劳动者 1 个月工资后，可以解除劳动合同：……（2）劳动者不能胜任工作，经过培训或者调整工作岗位，仍不能胜任工作的；……。"据此，该公司认为小张不能胜任本职工作，应当对他进行培训或者调整工作岗位，如还不能胜任工作的，方可在提前 30 日以书面形式通知小张本人或者额外支付劳动者 1 个月工资后，才能解除劳动合同。此外，该公司单方解除劳动合同，还应当按照《劳动合同法》第 43 条的规定，事先将理由通知工会。

(2) 该设备公司应当承担向小张支付经济补偿的责任。《劳动合同法》第 46 条规定，用人单位依照《劳动合同法》第 40 条的规定解除劳动合同的，用人单位应当向劳动者支付经济补偿。第 47 条规定，经济补偿按劳动者在本单位工作的年限，每满一年支付一个月工资的标准向劳动者支付。六个月以上不满一年的，按一年计算；不满六个月的，向劳动者支付半个月工资的经济补偿。

1.2.5 劳动合同的终止

(1)《劳动合同法》第 44 条规定，有下列情形之一的，劳动合同终止：

1) 劳动合同期满的；

2) 劳动者开始依法享受基本养老保险待遇的；

3) 劳动者死亡，或者被人民法院宣告死亡或者宣告失踪的；

4) 用人单位被依法宣告破产的；

5）用人单位被吊销营业执照、责令关闭、撤销或者用人单位决定提前解散的；

6）法律、行政法规规定的其他情形。

但是，在劳动合同期满时，有《劳动合同法》第42条规定的情形之一的，劳动合同应当继续延续至相应的情形消失时才能终止。但是，在本单位患有职业病或者因工负伤并被确认丧失或者部分丧失劳动能力的劳动者的劳动合同的终止，按照国家有关工伤保险的规定执行。

（2）2010年12月经修改后发布的《工伤保险条例》规定：

1）劳动者因工致残被鉴定为1级至4级伤残的，即丧失劳动能力的，保留劳动关系，退出工作岗位，用人单位不得终止劳动合同；

2）劳动者因工致残被鉴定为5级、6级伤残的，即大部分丧失劳动能力的，经工伤职工本人提出，该职工可以与用人单位解除或者终止劳动关系，否则，用人单位不得终止劳动合同；

3）职工因工致残被鉴定为7级至10级伤残的，即部分丧失劳动能力的，劳动合同期满终止。

（3）终止劳动合同的经济补偿：

有下列情形之一的，用人单位应当向劳动者支付经济补偿：

1）劳动者依照《劳动合同法》第38条规定解除劳动合同的；

2）用人单位向劳动者提出解除劳动合同并与劳动者协商一致解除劳动合同的；

3）用人单位依照《劳动合同法》第40条规定解除劳动合同的；

4）用人单位依照《劳动合同法》第41条第1款规定解除劳动合同的；

5）除用人单位维持或者提高劳动合同约定条件续订劳动合同，劳动者不同意续订的情形外，依照《劳动合同法》第44条第1项规定终止固定期限劳动合同的；

6）依照《劳动合同法》第44条第4项、第5项规定终止劳动合同的；

7）法律、行政法规规定的其他情形。

经济补偿的标准，按劳动者在本单位工作的年限，每满1年支付1个月工资的标准向劳动者支付。6个月以上不满1年的，按1年计算；不满6个月的，向劳动者支付半个月工资的经济补偿。劳动者月工资高于用人单位所在直辖市、设区的市级人民政府公布的本地区上年度职工月平均工资3倍的，向其支付经济补偿的标准按职工月平均工资3倍的数额支付，向其支付经济补偿的年限最高不超过12年。月工资是指劳动者在劳动合同解除或者终止前12个月的平均工资。

1.3　建设用工管理相关规定

据有关资料，我国建筑业的农民工占建筑业从业总人数的80%以上，约占农民工总人数的25%。因此，实施合法用工方式不仅有利于保证建设工程质量安全，还可以更好地保障农民工的合法权益。

1.3.1　"包工头"用工模式

我国建筑业仍属于劳动密集型行业。20世纪80年代以来，随着建设规模不断扩大，建筑业的发展需要大量务工人员，而农村富余劳动力又迫切要求找到适当工作，"包工头"用工模式便应运而生了。因此，我国建筑行业一度大量出现"包工头"是有其历史原因的。可以说，"包工头"用工模式是在特殊历史条件下的特殊产物。

"包工头"作为自然人的民事主体，一方面为解决农村富余劳动力就业提供了一个渠道，另一方面也往往扮演了损害农民工利益的重要角色，在建设领域和劳动领域产生了很大的负面影响。许多"包工头"原有的身份就是农民工。他们凭借灵活的头脑和较广的人脉关系而慢慢演变成"包工头"。其所辖的"务工人员"也逐步由最初的亲戚朋友变成了老乡乃至于老乡的老乡。这种社会关系最初受亲戚朋友、乡里乡亲的约束还显得比较和谐，但用工范围变得越来越宽后，这个没有任何契约凭据而组成的"组织"很多会因为唯利是图而失去道德底线。"包工头"非法人的用工模式，容易导致大量农民工未经安全和职业技能培训就进入建筑工地，给工程质量和安全带来隐患；非法用工现象较为严重，损害农民工合法权益事件时有发生，特别是违法合同无效的规定，极易造成清欠农民工工资债务链的法律关系"断层"，严重扰乱了建筑市场的正常秩序。

《建筑法》明确规定，禁止建筑施工企业以任何形式允许其他单位或者个人使用本企业的资质证书、营业执照，以本企业的名义承揽工程。禁止总承包单位将工程分包给不具备相应资质条件的单位。禁止分包单位将其承包的工程再分包。2005年8月原建设部颁发了《关于建立和完善劳务分包制度发展建筑劳务企业的意见》，要求逐步在全国建立基本规范的建筑劳务分包制度，农民工基本被劳务企业或其他用工企业直接吸纳，"包工头"承揽分包业务基本被禁止。2014年7月住房和城乡建设部又颁发了《关于进一步加强和完善建筑劳务管理工作的指导意见》。

1.3.2 劳务派遣

劳务派遣（又称劳动力派遣、劳动派遣或人才租赁），是指依法设立的劳务派遣单位与劳动者订立劳动合同，依据与接受劳务派遣单位（即实际用工单位）订立的劳务派遣协议，将劳动者派遣到实际用工单位工作，由派遣单位向劳动者支付工资、福利及社会保险费用，实际用工单位提供劳动条件并按照劳务派遣协议支付用工费用的新型用工方式。其显著特征是劳动者的聘用与使用分离。

1.3.2.1 劳务派遣单位

《劳动合同法》规定，劳务派遣单位经营劳务派遣业务应当具备下列条件：

（1）注册资本不得少于人民币200万元；

（2）有与开展业务相适应的固定的经营场所和设施；

（3）有符合法律、行政法规规定的劳务派遣管理制度；

（4）法律、行政法规规定的其他条件。经营劳务派遣业务，应当向劳动行政部门依法申请行政许可；经许可的，依法办理相应的公司登记。未经许可，任何单位和个人不得经营劳务派遣业务。劳务派遣用工是补充形式，只能在临时性、辅助性或者替代性的工作岗位上实施。

2014年1月人力资源社会保障部发布的《劳务派遣暂行规定》进一步规定，临时性工作岗位是指存续时间不超过6个月的岗位；辅助性工作岗位是指为主营业务岗位提供服务的非主营业务岗位；替代性工作岗位是指用工单位的劳动者因脱产学习、休假等原因无法工作的一定期间内，可以由其他劳动者替代工作的岗位。

1.3.2.2　劳动合同与劳务派遣协议

劳务派遣单位与被派遣劳动者应当订立劳动合同。《劳动合同法》规定，劳务派遣单位是本法所称用人单位，应当履行用人单位对劳动者的义务。劳务派遣单位与被派遣劳动者订立的劳动合同，除应当载明本法第17条规定的事项外，还应当载明被派遣劳动者的用工单位以及派遣期限、工作岗位等情况。劳务派遣单位应当与被派遣劳动者订立2年以上的固定期限劳动合同，按月支付劳动报酬；被派遣劳动者在无工作期间，劳务派遣单位应当按照所在地人民政府规定的最低工资标准，向其按月支付报酬。

劳务派遣单位派遣劳动者应当与接受以劳务派遣形式用工的单位（以下称用工单位）订立劳务派遣协议。劳务派遣单位应当将劳务派遣协议的内容告知被派遣劳动者。劳务派遣单位不得克扣用工单位按照劳务派遣协议支付给被派遣劳动者的劳动报酬。劳务派遣单位和用工单位不得向被派遣劳动者收取费用。

《劳务派遣暂行规定》进一步规定，劳务派遣协议应当载明下列内容：

（1）派遣的工作岗位名称和岗位性质；

（2）工作地点；

（3）派遣人员数量和派遣期限；

（4）按照同工同酬原则确定的劳动报酬数额和支付方式；

（5）社会保险费的数额和支付方式；

（6）工作时间和休息休假事项；

（7）被派遣劳动者工伤、生育或者患病期间的相关待遇；

（8）劳动安全卫生以及培训事项；

（9）经济补偿等费用；

（10）劳务派遣协议期限；

（11）劳务派遣服务费的支付方式和标准；

（12）违反劳务派遣协议的责任；

（13）法律、法规、规章规定应当纳入劳务派遣协议的其他事项。

1.3.2.3　被派遣劳动者

《劳动合同法》规定，被派遣劳动者享有与用工单位的劳动者同工同酬的权利。用工单位应当按照同工同酬原则，对被派遣劳动者与本单位同类岗位的劳动者实行相同的劳动报酬分配办法。用工单位无同类岗位劳动者的，参照用工单位所在地相同或者相近岗位劳动者的劳动报酬确定。劳务派遣单位与被派遣劳动者订立的劳动合同和与用工单位订立的劳务派遣协议，载明或者约定的向被派遣劳动者支付的劳动报酬应当符合前款规定。

被派遣劳动者有权在劳务派遣单位或者用工单位依法参加或者组织工会，维护自身的合法权益。被派遣劳动者可以依照《劳动合同法》第36条、第38条的规定与劳务派遣单位解除劳动合同。

1.3.2.4　用工单位

《劳动合同法》规定，用工单位应当履行下列义务：

（1）执行国家劳动标准，提供相应的劳动条件和劳动保护；

（2）告知被派遣劳动者的工作要求和劳动报酬；

（3）支付加班费、绩效奖金，提供与工作岗位相关的福利待遇；

（4）对在岗被派遣劳动者进行工作岗位所必需的培训；

（5）连续用工的，实行正常的工资调整机制。用工单位不得将被派遣劳动者再派遣到其他用人单位。

被派遣劳动者有该法第 39 条和第 40 条第 1 项、第 2 项规定情形的，用工单位可以将劳动者退回劳务派遣单位，劳务派遣单位依照该法有关规定，可以与劳动者解除劳动合同。

《劳务派遣暂行规定》进一步规定，用工单位应当按照劳动合同法第 62 条规定，向被派遣劳动者提供与工作岗位相关的福利待遇，不得歧视被派遣劳动者。被派遣劳动者在用工单位因工作遭受事故伤害的，劳务派遣单位应当依法申请工伤认定，用工单位应当协助工伤认定的调查核实工作。劳务派遣单位承担工伤保险责任，但可以与用工单位约定补偿办法。被派遣劳动者在申请进行职业病诊断、鉴定时，用工单位应当负责处理职业病诊断、鉴定事宜，并如实提供职业病诊断、鉴定所需的劳动者职业史和职业危害接触史、工作场所职业病危害因素检测结果等资料，劳务派遣单位应当提供被派遣劳动者职业病诊断、鉴定所需的其他材料。

有下列情形之一的，用工单位可以将被派遣劳动者退回劳务派遣单位：①用工单位有劳动合同法第 40 条第 3 项、第 41 条规定情形的；②用工单位被依法宣告破产、吊销营业执照、责令关闭、撤销、决定提前解散或者经营期限届满不再继续经营的；③劳务派遣协议期满终止的。被派遣劳动者退回后在无工作期间，劳务派遣单位应当按照不低于所在地人民政府规定的最低工资标准，向其按月支付报酬。被派遣劳动者有劳动合同法第 142 条规定情形的，在派遣期限届满前，用工单位不得依据上述第①项规定将被派遣劳动者退回劳务派遣单位；派遣期限届满的，应当延续至相应情形消失时方可退回。

1.3.2.5 案例分析

1. 背景

老李是某劳务派遣公司派遣到某建筑公司工作的劳动者。一天，老李与和他同岗位并在一起工作的小王聊天时得知，老李的月工资比小王低了好几百块钱，便找到该建筑公司人事行政部门询问，为什么小王很年轻，每天和他工作在同一岗位，但工资待遇却差别如此之大。该公司人事行政部门回答，你不是我们公司的员工，当然同小王的工资待遇不一样。

2. 问题

（1）该公司人事行政部门的回答是否合法？

（2）老李的工资待遇问题应当由谁来解决？

3. 分析

（1）该公司人事行政部门的回答是错误的。我国新修正的《劳动合同法》第 63 条规定："被派遣劳动者享有与用工单位的劳动者同工同酬的权利。用工单位应当按照同工同酬原则，对被派遣劳动者与本单位同类岗位的劳动者实行相同的劳动报酬分配办法。""劳务派遣单位与被派遣劳动者订立的劳动合同和与用工单位订立的劳务派遣协议，载明或者约定的向被派遣劳动者支付的劳动报酬应当符合前款规定。"据此，虽然老李不是该公司的员工，但也应当与该公司员工享有同工同酬的权利。老李的工资待遇应当与小王相同。

（2）老李的工资待遇问题应当由劳务派遣单位来解决。我国《劳动合同法》第 58 条规定："劳务派遣单位是本法所称用人单位，应当履行用人单位对劳动者的义务。"据此，老李的工资待遇问题，应当由老李所属的劳务派遣单位解决。

1.3.3 加强和完善建筑劳务管理

住房和城乡建设部《关于进一步加强和完善建筑劳务管理工作的指导意见》提出，加强建筑劳务用工管理，进一步落实建筑施工企业在队伍培育、权益保护、质量安全等方面的责任，保障劳务人员合法权益，构建起有利于形成建筑产业工人队伍的长效机制，提高工程质量水平，促进建筑业健康发展。

（1）倡导多元化建筑用工方式，推行实名制管理

施工总承包、专业承包企业可通过自有劳务人员或劳务分包、劳务派遣等多种方式完成劳务作业。施工总承包、专业承包企业应拥有一定数量的与其建立稳定劳动关系的骨干技术工人，或拥有独资或控股的施工劳务企业，组织自有劳务人员完成劳务作业；也可以将劳务作业分包给具有施工劳务资质的企业；还可以将部分临时性、辅助性或者替代性的工作使用劳务派遣人员完成作业。

施工劳务企业应组织自有劳务人员完成劳务分包作业。施工劳务企业应依法承接施工总承包、专业承包企业发包的劳务作业，并组织自有劳务人员完成作业，不得将劳务作业再次分包或转包。

推行劳务人员实名制管理。施工总承包、专业承包和施工劳务等建筑施工企业要严格落实劳务人员实名制，加强对自有劳务人员的管理，在施工现场配备专职或兼职劳务用工管理人员，负责登记劳务人员的基本身份信息、培训和技能状况、从业经历、考勤记录、诚信信息、工资结算及支付等情况，加强劳务人员动态监管和劳务纠纷调解处理。实行劳务分包的工程项目，施工劳务企业除严格落实实名制管理外，还应将现场劳务人员的相关资料报施工总承包企业核实、备查；施工总承包企业也应配备现场专职劳务用工管理人员监督施工劳务企业落实实名制管理，确保工资支付到位，并留存相关资料。

（2）落实企业责任，保障劳务人员合法权益与工程质量安全

建筑施工企业对自有劳务人员承担用工主体责任。建筑施工企业应对自有劳务人员的施工现场用工管理、持证上岗作业和工资发放承担直接责任。建筑施工企业应与自有劳务人员依法签订书面劳动合同，办理工伤、医疗或综合保险等社会保险，并按劳动合同约定及时将工资直接发放给劳务人员本人；应不断提高和改善劳务人员的工作条件和生活环境，保障其合法权益。

施工总承包、专业承包企业承担相应的劳务用工管理责任。按照"谁承包、谁负责"的原则，施工总承包企业应对所承包工程的劳务管理全面负责。施工总承包、专业承包企业将劳务作业分包时，应对劳务费结算支付负责，对劳务分包企业的日常管理、劳务作业和用工情况、工资支付负监督管理责任；对因转包、违法分包、拖欠工程款等行为导致拖欠劳务人员工资的，负相应责任。

建筑施工企业承担劳务人员的教育培训责任。建筑施工企业应通过积极创建农民工业余学校、建立培训基地、师傅带徒弟、现场培训等多种方式，提高劳务人员职业素质和技能水平，使其满足工作岗位需求。建筑施工企业应对自有劳务人员的技能和岗位培训负责，建立劳务人员分类培训制度，实施全员培训、持证上岗。对新进入建筑市场的劳务人

员，应组织相应的上岗培训，考核合格后方可上岗；对因岗位调整或需要转岗的劳务人员，应重新组织培训，考核合格后方可上岗；对从事建筑电工、建筑架子工、建筑起重信号司索工等岗位的劳务人员，应组织培训并取得住房城乡建设主管部门颁发的证书后方可上岗。施工总承包、专业承包企业应对所承包工程项目施工现场劳务人员的岗前培训负责，对施工现场劳务人员持证上岗作业负监督管理责任。

建筑施工企业承担相应的质量安全责任。施工总承包企业对所承包工程项目的施工现场质量安全负总责，专业承包企业对承包的专业工程质量安全负责，施工总承包企业对分包工程的质量安全承担连带责任。施工劳务企业应服从施工总承包或专业承包企业的质量安全管理、组织合格的劳务人员完成施工作业。

（3）加大监管力度，规范劳务用工管理

落实劳务人员实名制管理各项要求。积极推行信息化管理方式，将劳务人员的基本身份信息、培训和技能状况、从业经历和诚信信息等内容纳入信息化管理范畴，逐步实现不同项目、企业、地域劳务人员信息的共享和互通。有条件的地区，可探索推进劳务人员的诚信信息管理，对发生违法违规行为以及引发群体性事件的责任人，记录其不良行为并予以通报。

加大企业违法违规行为的查处力度。各地住房城乡建设主管部门应加大对转包、违法分包等违法违规行为以及不执行实名制管理和持证上岗制度、拖欠劳务费或劳务人员工资、引发群体性讨薪事件等不良行为的查处力度，并将查处结果予以通报，记入企业信用档案。有条件的地区可加快施工劳务企业信用体系建设，将其不良行为统一纳入全国建筑市场监管与诚信信息发布平台，向社会公布。

（4）加强政策引导与扶持，夯实行业发展基础

加强劳务分包计价管理。各地工程造价管理机构应根据本地市场实际情况，动态发布定额人工单价调整信息，使人工费用的变化在工程造价中得到及时反映；实时跟踪劳务市场价格信息，做好建筑工种和实物工程量人工成本信息的测算发布工作，引导建筑施工企业合理确定劳务分包费用，避免因盲目低价竞争和计费方式不合理引发合同纠纷。

推进建筑劳务基地化建设。鼓励大型建筑施工企业在劳务输出地建立独资或控股的施工劳务企业，或与劳务输出地有关单位建立长期稳定的合作关系，支持企业参与劳务输出地劳务人员的技能培训，建立双方定向培训机制。

做好引导和服务工作。鼓励施工总承包企业与长期合作、市场信誉好的施工劳务企业建立稳定的合作关系，鼓励和扶持实力较强的施工劳务企业向施工总承包或专业承包企业发展；加强培训工作指导，整合培训资源，推动各类培训机构建设，引导有实力的建筑施工企业按相关规定开办技工职业学校，培养技能人才，鼓励建筑施工企业加强校企合作，对自有劳务人员开展定向教育，加大高技能人才的培养力度。

1.4 工程建设质量管理的相关规定

建设工程作为一种特殊产品，是人们日常生活和生产、经营、工作等的主要场所，是人类赖以生存和发展的重要物质基础。因此，"百年大计，质量第一"，必须进一步提高建设工程质量水平，确保建设工程的安全可靠。

1.4.1 施工单位的质量责任和义务

施工单位是工程建设的重要责任主体之一。由于施工阶段影响质量稳定的因素和涉及的责任主体均较多，协调管理的难度较大，施工阶段的质量责任制度尤为重要。

2014年8月住房城乡建设部发布的《建筑工程五方责任主体项目负责人质量终身责任追究暂行办法》规定，建筑工程开工建设前，建设、勘察、设计、施工、监理单位法定代表人应当签署授权书，明确本单位项目负责人。建筑工程五方责任主体项目负责人质量终身责任，是指参与新建、扩建、改建的建筑工程项目负责人按照国家法律法规和有关规定，在工程设计使用年限内对工程质量承担相应责任。工程质量终身责任实行书面承诺和竣工后永久性标牌等制度。

1.4.1.1 对施工质量负责和总分包单位的质量责任

（1）施工单位对施工质量负责

《建筑法》规定，建筑施工企业对工程的施工质量负责。《建设工程质量管理条例》进一步规定，施工单位对建设工程的施工质量负责。施工单位应当建立质量责任制，确定工程项目的项目经理、技术负责人和施工管理负责人。

需要指出的是，建设工程质量责任与施工质量责任的责任主体不尽相同。在工程建设的全过程中，由于参与主体多元化，所以建设工程质量的责任主体也势必多元化。建设工程各方主体依法各司其职、各负其责。每个参与主体仅就自己的工作内容对建设工程承担相应的质量责任。施工单位是建设工程质量的重要责任主体，但不是唯一的责任主体。对施工质量负责是施工单位法定的质量责任。

施工单位的质量责任制，是其质量保证体系的一个重要组成部分，也是施工质量目标得以实现的重要保证。建立质量责任制，主要包括制定质量目标计划，建立考核标准，并层层分解落实到具体的责任单位和责任人，特别是工程项目的项目经理、技术负责人和施工管理负责人。落实质量责任制，不仅是为了在出现质量问题时可以追究责任，更重要的是通过层层落实质量责任制，做到事事有人管、人人有职责，加强对施工过程的全面质量控制，保证建设工程的施工质量。

《建筑工程五方责任主体项目负责人质量终身责任追究暂行办法》规定，施工单位项目经理应当按照经审查合格的施工图设计文件和施工技术标准进行施工，对施工导致的工程质量事故或质量问题承担责任。

（2）总分包单位的质量责任

《建筑法》规定，建筑工程实行总承包的，工程质量由工程总承包单位负责，总承包单位将建筑工程分包给其他单位的，应当对分包工程的质量与分包单位承担连带责任。分包单位应当接受总承包单位的质量管理。

《建设工程质量管理条例》进一步规定，建设工程实行总承包的，总承包单位应当对全部建设工程质量负责；建设工程勘察、设计、施工、设备采购的一项或者多项实行总承包的，总承包单位应当对其承包的建设工程或者采购的设备的质量负责。总承包单位依法将建设工程分包给其他单位的，分包单位应当按照分包合同的约定对其分包工程的质量向总承包单位负责，总承包单位与分包单位对分包工程的质量承担连带责任。

在总分包的情况下存在着总包、分包两种合同，总承包单位和分包单位各自向合同中的对方主体负责。同时，总承包单位与分包单位对分包工程的质量还要依法承担连带责任，即分包工程发生质量问题时，建设单位或其他受害人既可以向分包单位请求赔偿，也可以向总承包单位请求赔偿；进行赔偿的一方，有权依据分包合同的约定，对不属于自己责任的那部分赔偿向对方追偿。因此，分包单位还应当接受总承包单位的质量管理。

1.4.1.2 按照工程设计图纸和施工技术标准施工的规定

《建筑法》规定，建筑施工企业必须按照工程设计图纸和施工技术标准施工，不得偷工减料。工程设计的修改由原设计单位负责，建筑施工企业不得擅自修改工程设计。

《建设工程质量管理条例》进一步规定，施工单位必须按照工程设计图纸和施工技术标准施工，不得擅自修改工程设计，不得偷工减料。施工单位在施工过程中发现设计文件和图纸有差错的，应当及时提出意见和建议。

2012年7月公安部经修改后发布的《建设工程消防监督管理规定》要求，施工单位必须按照国家工程建设消防技术标准和经消防设计审核合格或者备案的消防设计文件组织施工，不得擅自改变消防设计进行施工，降低消防施工质量。

（1）按图施工，遵守标准

按工程设计图纸施工，是保证工程实现设计意图的前提，也是明确划分设计、施工单位质量责任的前提。施工技术标准则是工程建设过程中规范施工行为的技术依据。施工单位只有按照施工技术标准，特别是强制性标准的要求施工，才能保证工程的施工质量。此外，从法律的角度来看，工程设计图纸和施工技术标准都属于合同文件的组成部分，如果施工单位不按照工程设计图纸和施工技术标准施工，则属于违约行为，应该对建设单位承担违约责任。

（2）防止设计文件和图纸出现差错

工程项目的设计涉及多个专业，需要同有关方面进行协调，设计文件和图纸也有可能会出现差错。施工人员特别是施工管理负责人、技术负责人以及项目经理等，都是有着丰富实践经验的专业人员。如果施工单位在施工过程中发现设计文件和图纸中确实存在差错，其有义务及时向设计或建设单位提出来，以避免造成不必要的损失和质量问题。这也是施工单位履行合同应尽的基本义务。

1.4.1.3 对建筑材料、设备等进行检验检测的规定

建设工程属于特殊产品，其质量隐蔽性强、终检局限性大，在施工全过程质量控制中，必须严格执行法定的检验、检测制度，否则将造成质量隐患甚至导致质量事故。

《建筑法》规定，建筑施工企业必须按照工程设计要求、施工技术标准和合同的约定，对建筑材料、建筑构配件和设备进行检验，不合格的不得使用。《建设工程质量管理条例》进一步规定，施工单位必须按照工程设计要求、施工技术标准和合同约定，对建筑材料、建筑构配件、设备和商品混凝土进行检验，检验应当有书面记录和专人签字；未经检验或者检验不合格的，不得使用。《建设工程消防监督管理规定》要求，施工单位必须查验消防产品和具有防火性能要求的建筑构件、建筑材料及装修材料的质量，使用合格产品，保证消防施工质量。

（1）建筑材料、构配件、设备和商品混凝土的检验制度

施工单位对进入施工现场的建筑材料、建筑构配件、设备和商品混凝土实行检验制度，是施工单位质量保证体系的重要组成部分，也是保证施工质量的重要前提。

施工单位的检验要依据工程设计要求、施工技术标准和合同约定。检验对象是将在工程施工中使用的建筑材料、建筑构配件、设备和商品混凝土。合同若有其他约定的，检验工作还应满足合同相应条款的要求。检验结果要按规定的格式形成书面记录，并由相关的专业人员签字。对于未经检验或检验不合格的，不得在施工中用于工程上。

（2）施工检测的见证取样和送检制度

《建设工程质量管理条例》规定，施工人员对涉及结构安全的试块、试件以及有关材料，应当在建设单位或者工程监理单位监督下现场取样，并送具有相应资质等级的质量检测单位进行检测。

1）见证取样和送检

所谓见证取样和送检，是指在建设单位或工程监理单位人员的见证下，由施工单位的现场试验人员对工程中涉及结构安全的试块、试件和材料在现场取样，并送至具有法定资格的质量检测单位进行检测的活动。

2000年9月建设部发布的《房屋建筑工程和市政基础设施工程实行见证取样和送检的规定》中规定，涉及结构安全的试块、试件和材料见证取样和送检的比例不得低于有关技术标准中规定应取样数量的30％。下列试块、试件和材料必须实施见证取样和送检：

① 用于承重结构的混凝土试块；

② 用于承重墙体的砌筑砂浆试块；

③ 用于承重结构的钢筋及连接接头试件；

④ 用于承重墙的砖和混凝土小型砌块；

⑤ 用于拌制混凝土和砌筑砂浆的水泥；

⑥ 用于承重结构的混凝土中使用的掺加剂；

⑦ 地下、屋面、厕浴间使用的防水材料；

⑧ 国家规定必须实行见证取样和送检的其他试块、试件和材料。

见证人员应由建设单位或该工程的监理单位中具备施工试验知识的专业技术人员担任，并由建设单位或该工程的监理单位书面通知施工单位、检测单位和负责该项工程的质量监督机构。

在施工过程中，见证人员应按照见证取样和送检计划，对施工现场的取样和送检进行见证。取样人员应在试样或其包装上作出标识、封志。标识和封志应标明工程名称、取样部位、取样日期、样品名称和样品数量，并由见证人员和取样人员签字。见证人员和取样人员应对试样的代表性和真实性负责。

2）工程质量检测机构的资质和检测规定

2012年5月住房和城乡建设部经修改后发布的《建设工程质量检测管理办法》规定，工程质量检测机构是具有独立法人资格的中介机构。检测机构资质按照其承担的检测业务内容分为专项检测机构资质和见证取样检测机构资质。检测机构未取得相应的资质证书，不得承担本办法规定的质量检测业务。

质量检测业务由工程项目建设单位委托具有相应资质的检测机构进行检测。委托方与被委托方应当签订书面合同。检测机构完成检测业务后，应当及时出具检测报告。检测报告经检测人员签字、检测机构法定代表人或者其授权的签字人签署，并加盖检测机构公章或者检测专用章后方可生效。检测报告经建设单位或者工程监理单位确认后，由施工单位归档。任何单位和个人不得明示或者暗示检测机构出具虚假检测报告，不得篡改或者伪造检测报告。如果检测结果利害关系人对检测结果发生争议的，由双方共同认可的检测机构复检，复检结果由提出复检方报当地建设主管部门备案。

检测机构应当将检测过程中发现的建设单位、监理单位、施工单位违反有关法律、法规和工程建设强制性标准的情况，以及涉及结构安全检测结果的不合格情况，及时报告工程所在地建设主管部门。检测机构应当建立档案管理制度，并应当单独建立检测结果不合格项目台账。

检测人员不得同时受聘于两个或者两个以上的检测机构。检测机构和检测人员不得推荐或者监制建筑材料、构配件和设备。检测机构不得与行政机关，法律、法规授权的具有管理公共事务职能的组织以及所检测工程项目相关的设计单位、施工单位、监理单位有隶属关系或者其他利害关系。

检测机构不得转包检测业务。检测机构应当对其检测数据和检测报告的真实性和准确性负责。检测机构违反法律、法规和工程建设强制性标准，给他人造成损失的，应当依法承担相应的赔偿责任。

1.4.1.4 施工质量检验和返修的规定

（1）施工质量检验制度

施工质量检验，通常是指工程施工过程中工序质量检验（或称为过程检验），包括预检、自检、交接检、专职检、分部工程中间检验以及隐蔽工程检验等。

《建设工程质量管理条例》规定，施工单位必须建立、健全施工质量的检验制度，严格工序管理，作好隐蔽工程的质量检查和记录。隐蔽工程在隐蔽前，施工单位应当通知建设单位和建设工程质量监督机构。

1）严格工序质量检验和管理

任何一项工程的施工，都是通过一个由许多工序或过程组成的工序（或过程）网络来实现的。施工单位要加强对施工工序或过程的质量控制，特别是要加强影响结构安全的地基和结构等关键施工过程的质量控制。

完善的检验制度和严格的工序管理是保证工序或过程质量的前提。只有工序或过程网络上的所有工序或过程的质量都受到严格控制，整个工程的质量才能得到保证。

2）强化隐蔽工程质量检查

隐蔽工程，是指在施工过程中某一道工序所完成的工程实物，被后一工序形成的工程实物所隐蔽，而且不可以逆向作业的那部分工程。例如，钢筋混凝土工程施工中，钢筋为混凝土所覆盖，前者即为隐蔽工程。

由于隐蔽工程被后续工序隐蔽后，其施工质量就很难检验及认定。所以，隐蔽工程在隐蔽前，施工单位除了要做好检查、检验并做好记录外，还应当及时通知建设单位（实施监理的工程为监理单位）和建设工程质量监督机构，以接受政府监督和向建设单位提供质量保证。

按照 2013 年 4 月住房和城乡建设部、工商总局经修改后发布的《建设工程施工合同（示范文本）》要求，承包人应当对工程隐蔽部位进行自检，并经自检确认是否具备覆盖条件。除专用合同条款另有约定外，工程隐蔽部位经承包人自检确认具备覆盖条件的，承包人应在共同检查前 48 小时书面通知监理人检查，通知中应载明隐蔽检查的内容、时间和地点，并应附有自检记录和必要的检查资料。

监理人应按时到场并对隐蔽工程及其施工工艺、材料和工程设备进行检查。经监理人检查确认质量符合隐蔽要求，并在验收记录上签字后，承包人才能进行覆盖。经监理人检查质量不合格的，承包人应在监理人指示的时间内完成修复，并由监理人重新检查，由此增加的费用和（或）延误的工期由承包人承担。除专用合同条款另有约定外，监理人不能按时进行检查的，应在检查前24小时向承包人提交书面延期要求，但延期不能超过48小时，由此导致工期延误的，工期应予以顺延。监理人未按时进行检查，也未提出延期要求的，视为隐蔽工程检查合格，承包人可自行完成覆盖工作，并作相应记录报送监理人，监理人应签字确认。监理人事后对检查记录有疑问的，可按约定重新检查。

承包人覆盖工程隐蔽部位后，发包人或监理人对质量有疑问的，可要求承包人对已覆盖的部位进行钻孔探测或揭开重新检查，承包人应遵照执行，并在检查后重新覆盖恢复原状。经检查证明工程质量符合合同要求的，由发包人承担由此增加的费用和（或）延误的工期，并支付承包人合理的利润；经检查证明工程质量不符合合同要求的，由此增加的费用和（或）延误的工期由承包人承担。

承包人未通知监理人到场检查，私自将工程隐蔽部位覆盖的，监理人有权指示承包人钻孔探测或揭开检查，无论工程隐蔽部位质量是否合格，由此增加的费用和（或）延误的工期均由承包人承担。

（2）建设工程的返修

《建筑法》规定，对已发现的质量缺陷，建筑施工企业应当修复。《建设工程质量管理条例》进一步规定，施工单位对施工中出现质量问题的建设工程或者竣工验收不合格的建设工程，应当负责返修。

1993年3月颁布的《合同法》也作了相应规定，因施工人的原因致使建设工程质量不符合约定的，发包人有权要求施工人在合理期限内无偿修理或者返工、改建。

返修作为施工单位的法定义务，其返修包括施工过程中出现质量问题的建设工程和竣工验收不合格的建设工程两种情形。不论是施工过程中出现质量问题的建设工程，还是竣工验收时发现质量问题的工程，施工单位都要负责返修。

对于非施工单位原因造成的质量问题，施工单位也应当负责返修，但是因此而造成的损失及返修费用由责任方负责。

1.4.1.5　建立健全职工教育培训制度的规定

《建设工程质量管理条例》规定，施工单位应当建立、健全教育培训制度，加强对职工的教育培训；未经教育培训或者考核不合格的人员，不得上岗作业。

施工单位的教育培训通常包括各类质量教育和岗位技能培训等。先培训、后上岗，是对施工单位的职工教育的基本要求。特别是与质量工作有关的人员，如总工程师、项目经理、质量体系内审员、质量检查员、施工人员、材料试验及检测人员；关键技术工种如焊工、钢筋工、混凝土工等，未经培训或者培训考核不合格的人员，不得上岗工作或作业。

1.4.1.6　施工单位违法行为应承担的法律责任

施工单位质量违法行为应承担的主要法律责任如下：

（1）违反资质管理规定和转包、违法分包造成质量问题应承担的法律责任

《建筑法》规定，建筑施工企业转让、出借资质证书或者以其他方式允许他人以本企

业的名义承揽工程的，……对因该项承揽工程不符合规定的质量标准造成的损失，建筑施工企业与使用本企业名义的单位或者个人承担连带赔偿责任。

承包单位将承包的工程转包的，或者违反本法规定进行分包的，……对因转包工程或者违法分包的工程不符合规定的质量标准造成的损失，与接受转包或者分包的单位承担连带赔偿责任。

（2）偷工减料等违法行为应承担的法律责任

《建筑法》规定，建筑施工企业在施工中偷工减料的，使用不合格的建筑材料、建筑构配件和设备的，或者有其他不按照工程设计图纸或者施工技术标准施工的行为的，责令改正，处以罚款；情节严重的，责令停业整顿，降低资质等级或者吊销资质证书；造成建筑工程质量不符合规定的质量标准的，负责返工、修理，并赔偿因此造成的损失；构成犯罪的，依法追究刑事责任。

《建设工程质量管理条例》规定，施工单位在施工中偷工减料的，使用不合格的建筑材料、建筑构配件和设备的，或者有不按照工程设计图纸或者施工技术标准施工的其他行为的，责令改正，处工程合同价款 2％以上 4％以下的罚款；造成建设工程质量不符合规定的质量标准的，负责返工、修理，并赔偿因此造成的损失；情节严重的，责令停业整顿，降低资质等级或者吊销资质证书。

《建筑工程五方责任主体项目负责人质量终身责任追究暂行办法》第 6 条规定符合下列情形之一的，县级以上地方人民政府住房城乡建设主管部门应当依法追究项目负责人的质量终身责任：1）发生工程质量事故；2）发生投诉、举报、群体性事件、媒体报道并造成恶劣社会影响的严重工程质量问题；3）由于勘察、设计或施工原因造成尚在设计使用年限内的建筑工程不能正常使用；4）存在其他需追究责任的违法违规行为。

对施工单位项目经理按以下方式进行责任追究：1）项目经理为相关注册执业人员的，责令停止执业 1 年；造成重大质量事故的，吊销执业资格证书，5 年以内不予注册；情节特别恶劣的，终身不予注册；2）构成犯罪的，移送司法机关依法追究刑事责任；3）处单位罚款数额 5％以上 10％以下的罚款；4）向社会公布曝光。

（3）检验检测违法行为应承担的法律责任

《建设工程质量管理条例》规定，施工单位未对建筑材料、建筑构配件、设备和商品混凝土进行检验，或者未对涉及结构安全的试块、试件以及有关材料取样检测的，责令改正，处 10 万元以上 20 万元以下的罚款；情节严重的，责令停业整顿，降低资质等级或者吊销资质证书；造成损失的，依法承担赔偿责任。

（4）构成犯罪的追究刑事责任

《建设工程质量管理条例》规定，建设单位、设计单位、施工单位、工程监理单位违反国家规定，降低工程质量标准，造成重大安全事故，构成犯罪的，对直接责任人员依法追究刑事责任。

建设、勘察、设计、施工、工程监理单位的工作人员因调动工作、退休等原因离开该单位后，被发现在该单位工作期间违反国家有关建设工程质量管理规定，造成重大工程质量事故的，仍应当依法追究法律责任。

《刑法》第 137 条规定，建设单位、设计单位、施工单位、工程监理单位违反国家规定，降低工程质量标准，造成重大安全事故的，对直接责任人员处 5 年以下有期徒刑或者拘役，并处罚金；后果特别严重的，处 5 年以上 10 年以下有期徒刑，并处罚金。

1.4.1.7 案例分析

案例一

1. 背景

某城市建设开发集团在该市南三环建设拆迁居民安置区。甲建筑公司通过投标获得了该工程项目，经建设单位同意，甲建筑公司将该工程中的 A、B、C、D 等 4 栋多层住宅楼分包给乙公司，并签订了分包合同。在工程交付使用后，发现 A 号楼因偷工减料存在严重质量问题，城市建设开发集团便要求甲建筑公司承担责任。甲建筑公司认为工程 A 号楼是由分包商公司完成的，应由乙公司承担相关责任，并以乙公司早已结账撤出而失去联系为由，不予配合问题的处理。

2. 问题

甲建筑公司是否应该对 A 号楼的质量问题承担责任？为什么？

3. 分析

应承担责任。《建筑法》第 29 条第 2 款规定："建筑工程实行总承包的，工程质量由工程总承包单位负责，总承包单位将建筑工程分包给其他单位的，应当对分包工程的质量与分包单位承担连带责任。分包单位应当接受总承包单位的质量管理。"本案中存在着总分包两个合同。在总包合同中，甲建筑公司应该向建设单位即城市建设开发集团负责；在分包合同中，分包商乙公司应该向总承包单位即甲建筑公司负责。同时，甲建筑公司与乙公司还要对分包工程的质量承担连带责任。因此，建设单位有权要求甲建筑公司或乙公司对 A 号楼的质量问题承担责任，任何一方都无权拒绝。在乙公司早已失去联系的情况下，建设单位要求甲建筑公司承担质量责任是符合法律规定的。至于甲建筑公司如何再去追偿乙公司的质量责任，则完全是由甲建筑公司自行负责。

案例二

1. 背景

某房地产开发公司与某建筑公司签订了一份建筑工程承包合同。合同规定，建筑公司为房地产开发公司建造一栋写字楼，开工时间为 2007 年 5 月 10 日，竣工时间为 2008 年 11 月 10 日。在施工过程中，建筑公司以工期紧为由，在一些隐蔽工程隐蔽前没有通知房地产开发公司、监理工程师和建设工程质量监督机构，就进行了下一道程序的施工。在竣工验收时，发现该工程存在多处质量缺陷。房地产开发公司要求该建筑公司返修，但建筑公司以下一个工程项目马上要开工为由，拒绝返修。

2. 问题

（1）该建筑公司有何过错？

（2）该写字楼工程的质量问题应该如何解决？

3. 分析

（1）《建设工程质量管理条例》第 30 条规定："施工单位必须建立、健全施工质量的检验制度，严格工序管理，作好隐蔽工程的质量检查和记录。隐蔽工程在隐蔽前，施工单位应当通知建设单位和建设工程质量监督机构。"在本案中，建筑公司没有通知有关单位验收就将隐蔽工程进行隐蔽并继续施工，严重违反了《建设工程质量管理条例》的上述规定，应该承担相应的法律责任。

（2）《建筑法》第 61 条第 2 款规定："建筑工程竣工经验收合格后，方可交付使用；未经验收或者验收不合格的，不得交付使用。"《建设工程质量管理条例》第 32 条规定，"施工单位对施工中出现质量问题的建设工程或者竣工验收不合格的建设工程，应当负责返修。"第 64 条规定："违反本条例规定，施工单位……造成建设工程质量不符合规定的质量标准的，负责返工、修理，并赔偿因此造成的损失；情节严重的，责令停业整顿，降低资质等级或者吊销资质证书。"本案中，建筑公司应该对存在的工程质量缺陷进行修复，并赔偿因此造成的损失；情节严重的，政府主管部门应责令停业整顿，降低资质等级或者吊销资质证书。

案例三

1. 背景

某市政建设工程公司承揽了某县城一桥梁建设工程，合同总价 394 万元。该公司为了减低成本，在施工过程中聘用多名不具备相应条件的无证人员上岗，造成该桥梁 3 个桥墩的钻孔灌注桩配筋不足、桩身高度不够、混凝土强度不够，桥梁的实际承载力与设计承载力误差达 38%。在竣工前夕，该桥梁突然下沉坍塌，现场多人受伤严重，直接经济损失超过 500 万元。

2. 问题

该市政建设工程公司存在哪些违法行为？应该如何处理？

3. 分析

《建设工程质量管理条例》第 33 条规定："施工单位应当建立、健全教育培训制度，加强对职工的教育培训；未经教育培训或者考核不合格的人员，不得上岗作业。"第 28 条第 1 款规定："施工单位必须按照工程设计图纸和施工技术标准施工，不得擅自修改工程设计，不得偷工减料。"本案中的市政建设工程公司为了减低成本，擅自聘用多名无证人员上岗，偷工减料、不按图纸要求施工，导致该桥梁工程尚未竣工就下沉坍塌，损失惨重，是严重的违法行为。

《建设工程质量管理条例》第 64 条规定："违反本条例规定，施工单位在施工中偷工减料的，使用不合格的建筑材料、建筑构配件和设备的，或者有不按照工程设计图纸或者施工技术标准施工的其他行为的，责令改正，处工程合同价款 2% 以上 4% 以下的罚款；造成建设工程质量不符合规定的质量标准的，负责返工、修理，并赔偿因此造成的损失；情节严重的，责令停业整顿，降低资质等级或者吊销资质证书。"据此，该市政建设工程公司应该承担工程合同价款 2% 以上 4% 以下的罚款，负有返工、修理，并赔偿因此造成损失；情节严重的，还应责令停业整顿，降低资质等级或者吊销资质证书。

1.4.2 建设单位相关的质量责任和义务

建设单位作为建设工程的投资人，是建设工程的重要责任主体。建设单位有权选择承包单位，有权对建设过程进行检查、控制，对建设工程进行验收，并要按时支付工程款和费用等，在整个建设活动中居于主导地位。因此，要确保建设工程的质量，首先就要对建设单位的行为进行规范，对其质量责任予以明确。

1.4.2.1 依法发包工程

《建设工程质量管理条例》规定，建设单位应当将工程发包给具有相应资质等级的单位。建设单位不得将建设工程肢解发包。建设单位应当依法对工程建设项目的勘察、设计、施工、监理以及与工程建设有关的重要设备、材料等的采购进行招标。

《建筑工程五方责任主体项目负责人质量终身责任追究暂行办法》进一步规定，建设单位项目负责人对工程质量承担全面责任，不得违法发包、肢解发包，不得以任何理由要求勘察、设计、施工、监理单位违反法律法规和工程建设标准，降低工程质量，其违法违规或不当行为造成工程质量事故或质量问题应当承担责任。

建设单位将工程发包给具有相应资质等级的单位来承担，是保证建设工程质量的基本前提。《建设工程勘察设计资质管理规定》、《建筑业企业资质管理规定》、《工程监理企业资质管理规定》等，均对工程勘察单位、工程设计单位、施工企业和工程监理单位的资质等级、资质标准、业务范围等作出了明确规定。如果建设单位选择不具备相应资质等级的承包人，一方面极易造成工程质量低劣，甚至使工程项目半途而废；另一方面也扰乱了建设市场秩序，助长了不正当竞争。

建设单位发包工程时，应该根据工程特点，以有利于工程的质量、进度、成本控制为原则，合理划分标段，而不能肢解发包工程。如果将应当由一个承包单位完成的工程肢解成若干部分，分别发包给不同的承包单位，将使整个工程建设在管理和技术上缺乏应有的统筹协调，从而造成施工现场秩序的混乱，责任不清，严重影响建设工程质量，一旦出现问题也很难找到责任方。

1.4.2.2 依法提供原始资料

《建设工程质量管理条例》规定，建设单位必须向有关的勘察、设计、施工、工程监理等单位提供与建设工程有关的原始资料。原始资料必须真实、准确、齐全。

原始资料是工程勘察、设计、施工、监理等单位赖以进行相关工程建设的基础性材料。建设单位作为建设活动的总负责方，向有关单位提供原始资料，以及施工地段地下管线现状资料，并保证这些资料的真实、准确、齐全，是其基本的质量责任和义务。

1.4.2.3 限制不合理的干预行为

《建筑法》规定，建设单位不得以任何理由，要求建筑设计单位或者建筑施工企业在工程设计或者施工作业中，违反法律、行政法规和建筑工程质量、安全标准，降低工程质量。

《建设工程质量管理条例》进一步规定，建设工程发包单位，不得迫使承包方以低于成本的价格竞标，不得任意压缩合理工期。建设单位不得明示或者暗示设计单位或者施工单位违反工程建设强制性标准，降低建设工程质量。

成本是构成价格的主要部分，是承包方估算投标价格的依据和最低的经济底线。如果建设单位迫使承包方以低于成本的价格中标，势必会导致中标单位在承包工程后，为了减少开支、降低成本而采取偷工减料、以次充好、粗制滥造等手段，最终导致建设工程出现质量问题，影响投资效益的发挥。

建设单位也不得任意压缩合理工期。因为，合理工期是指在正常建设条件下，采取科学合理的施工工艺和管理方法，以现行的工期定额为基础，结合工程项目建设的实际，经合理测算和平等协商而确定的使参与各方均获满意的经济效益的工期。如果盲目要求赶工期，势必会简化工序，不按规程操作，从而导致建设工程出现质量等诸多问题。

建设单位更不得以任何理由，诸如建设资金不足、工期紧等，违反强制性标准的规定，要求设计单位降低设计标准，或者要求施工单位采用建设单位采购的不合格材料设备等。因为，强制性标准是保证建设工程结构安全可靠的基础性要求，违反了这类标准，必然会给建设工程带来重大质量隐患。

1.4.2.4 依法报审施工图设计文件

《建设工程质量管理条例》规定，建设单位应当将施工图设计文件报县级以上人民政府建设行政主管部门或者其他有关部门审查。施工图设计文件未经审查批准的，不得使用。

施工图设计文件是编制施工图预算、安排材料、设备订货和非标准设备制作，进行施工、安装和工程验收等工作的依据。因此，施工图设计文件的质量直接影响建设工程的质量。

建立和实施施工图设计文件审查制度，是许多发达国家确保建设工程质量的成功做法。我国于1998年开始进行建筑工程项目施工图设计文件审查试点工作，在节约投资、发现设计质量隐患和避免违法违规行为等方面都有明显的成效。通过开展对施工图设计文件的审查，既可以对设计单位的成果进行质量控制，也能纠正参与建设活动各方特别是建设单位的不规范行为。

1.4.2.5 依法实行工程监理

《建设工程质量管理条例》规定，实行监理的建设工程，建设单位应当委托具有相应资质等级的工程监理单位进行监理，也可以委托具有工程监理相应资质等级并与被监理工程的施工承包单位没有隶属关系或者其他利害关系的该工程的设计单位进行监理。

工程监理单位的资质反映了该单位从事某项监理工作的资格和能力。为了保证监理工作的质量，建设单位必须将需要监理的工程委托给具有相应资质等级的工程监理单位进行监理。目前，我国的工程监理主要是对工程的施工过程进行监督，而该工程的设计人员对设计意图比较理解，对设计中各专业如结构、设备等在施工中可能发生的问题也比较清楚，由具有监理资质的设计单位对自己设计的工程进行监理，对保证工程质量是有利的。但是，设计单位与承包该工程的施工单位不得有行政隶属关系，也不得存在可能直接影响设计单位实施监理公正性的非常明显的经济或其他利益关系。

《建设工程质量管理条例》还规定，下列建设工程必须实行监理：

（1）国家重点建设工程；

（2）大中型公用事业工程；

（3）成片开发建设的住宅小区工程；

（4）利用外国政府或者国际组织贷款、援助资金的工程；

（5）国家规定必须实行监理的其他工程。

1.4.2.6 依法办理工程质量监督手续

《建设工程质量管理条例》规定，建设单位在领取施工许可证或者开工报告前，应当按照国家有关规定办理工程质量监督手续。因此，建设单位在领取施工许可证或者开工报告之前，应当依法到建设行政主管部门或铁路、交通、水利等有关管理部门，或其委托的工程质量监督机构办理工程质量监督手续，接受政府主管部门的工程质量监督。

1.4.2.7 依法保证建筑材料等符合要求

《建设工程质量管理条例》规定，按照合同约定，由建设单位采购建筑材料、建筑构配件和设备的，建设单位应当保证建筑材料、建筑构配件和设备符合设计文件和合同要求。建设单位不得明示或者暗示施工单位使用不合格的建筑材料、建筑构配件和设备。

在工程实践中，常由建设单位采购建筑材料、构配件和设备，在合同中应当明确约定采购责任，即谁采购、谁负责。对于建设单位负责供应的材料设备，在使用前施工单位应当按照规定对其进行检验和试验，如果不合格，不得在工程上使用，并应通知建设单位予以退换。

1.4.2.8 依法进行装修工程

《建设工程质量管理条例》规定，涉及建筑主体和承重结构变动的装修工程，建设单位应当在施工前委托原设计单位或者具有相应资质等级的设计单位提出设计方案；没有设计方案的，不得施工。房屋建筑使用者在装修过程中，不得擅自变动房屋建筑主体和承重结构。

随意拆改建筑主体结构和承重结构等，会危及建设工程安全和人民生命财产安全。因此，建设单位应当委托该建筑工程的原设计单位或者具有相应资质条件的设计单位提出装修工程的设计方案。如果没有设计方案就擅自施工，将留下质量隐患甚至造成质量事故，后果严重。至于房屋使用者，在装修过程中也不得擅自变动房屋建筑主体和承重结构，如拆除隔墙、窗洞改门洞等，否则很有可能会酿成房倒屋塌的灾难。

1.4.2.9 建设单位质量违法行为应承担的法律责任

《建筑法》规定，建设单位违反本法规定，要求建筑设计单位或者建筑施工企业违反建筑工程质量、安全标准，降低工程质量的，责令改正，可以处以罚款；构成犯罪的，依法追究刑事责任。

《建设工程质量管理条例》规定，建设单位有下列行为之一的，责令改正，处 20 万元以上 50 万元以下的罚款：

（1）迫使承包方以低于成本的价格竞标的；

（2）任意压缩合理工期的；

（3）明示或者暗示设计单位或者施工单位违反工程建设强制性标准，降低工程质量的；

（4）施工图设计文件未经审查或者审查不合格，擅自施工的；

（5）建设项目必须实行工程监理而未实行工程监理的；

（6）未按照国家规定办理工程质量监督手续的；

（7）明示或者暗示施工单位使用不合格的建筑材料、建筑构配件和设备的；

（8）未按照国家规定将竣工验收报告、有关认可文件或者准许使用文件报送备案的。

《建筑工程五方责任主体项目负责人质量终身责任追究暂行办法》规定，发生本办法第 6 条所列情形之一的，对建设单位项目负责人按以下方式进行责任追究：

（1）项目负责人为国家公职人员的，将其违法违规行为告知其上级主管部门及纪检监察部门，并建议对项目负责人给予相应的行政、纪律处分；

（2）构成犯罪的，移送司法机关依法追究刑事责任；

（3）处单位罚款数额 5% 以上 10% 以下的罚款；

（4）向社会公布曝光。

1.4.2.10 案例分析

案例一

1. 背景

某化工厂在同一厂区建设第 2 个大型厂房时，为了节省投资，决定不做勘察，便将 4 年前为第 1 个大型厂房做的勘察成果提供给设计院作为设计依据，让其设计新厂房。设计院先是不同意，但在该化工厂的一再坚持下最终妥协，同意使用旧的勘察成果。该厂房建成后使用 1 年多就发现墙体多处开裂。该化工厂一纸诉状将施工单位告上法庭，请求判定施工单位承担工程质量责任。

2. 问题

（1）本案中的质量责任应当由谁承担？

（2）工程中设计方是否有过错，违反了什么规定？

3. 分析

（1）经检测，墙体开裂系设计中对地基处理不当引起厂房不均匀沉陷所致。《建筑法》第 54 条规定："建设单位不得以任何理由，要求建筑设计单位或者建筑施工企业在工程设计或者施工作业中，违反法律、行政法规和建筑工程质量、安全标准，降低工程质量。"本案中的化工厂为节省投资，坚持不委托勘察，只向设计单位提供旧的勘察成果，违反了法律规定，对该工程的质量问题应该承担主要责任。

（2）设计方也有过错。《建筑法》第 54 条还规定，建筑设计单位和建筑施工企业对建设单位违反规定提出的降低工程质量的要求，应当予以拒绝。《建设工程质量管理条例》第 21 条规定："设计单位应当根据勘察成果文件进行建设工程设计。"因此，设计单位尽管开始不同意建设单位的做法，但后来没有坚持原则作了妥协，也应该对工程设计承担质量责任。

（3）法庭经审理，认定该工程的质量责任由该化工厂承担主要责任，由设计方承担次要责任。

案例二

1. 背景

某纺织厂要新建一个厂房，通过招标分别与某设计院和某建筑公司签订了设计合同、施工合同。工程竣工后，在厂房投入使用后正常使用不满 8 个月，纺织厂发现新建厂房的墙体发生了不同程度的开裂。为此，该纺织厂起诉了该建筑公司要求其承担法律责任。建筑公司辩称施工质量不存在任何问题。经法院委托的工程质量司法鉴定结论表明，厂房墙体开裂是由于地基不均匀沉降引起，未发现有施工质量问题。后经对设计文件作分析测算发现，该厂房的结构设计符合国家的设计规范，并且与纺织厂提供的地质资料匹配。但是，该设计文件却与该厂房的地质情况不符合。经法院调查得知，纺织厂提供的地质资料并非是本厂房的地质资料，而是该纺织厂同一厂区另外一个办公楼的地质资料。

2. 问题

本案中厂房的质量责任应当由谁承担，为什么？

3. 分析

本案中，根据工程质量鉴定结论，并未发现施工质量问题，所以建筑公司没有过错，不承担厂房的质量责任。设计方的结构设计虽然符合国家的设计规范，并且与纺织厂提供的地质资料匹配，但却与该厂房的实际地质情况不符。由于设计图纸所依据的资料不准，造地基不均匀沉降，最终导致墙壁开裂。因此，该事故的责任应该定位于设计合同主体双方。

《建设工程质量管理条例》第9条规定："建设单位必须向有关的勘察、设计、施工、工程监理等单位提供与建设工程有关的原始资料。原始资料必须真实、准确、齐全。"但是，纺织厂作为建设单位却提供了与建设工程不符的原始资料，严重违反了法定的质量责任义务，应该对厂房质量承担责任。同时，《建设工程质量管理条例》第21条第1款还规定："设计单位应当根据勘察成果文件进行建设工程设计。"该设计院确实是根据勘察成果文件设计了该厂房。但是，作为专业技术人员，不仅应该具有关注原始资料瑕疵或真假的意识，也应该对自己设计所依据的资料拥有一定的鉴别水平与能力，一旦发现原始资料有问题就应该拒绝作为设计依据。这既是对工程质量的有效保证，也是对自己的法律保护。本案中，设计方没有尽到此项义务，也应该承担相应的质量责任。鉴于本案中的纺织厂是故意违反法律规定，而设计院属于疏忽大意，纺织厂应该对厂房质量问题负主要责任，设计院则应承担次要责任。

1.4.3　勘察、设计单位相关的质量责任和义务

《建筑法》规定，建筑工程的勘察、设计单位必须对其勘察、设计的质量负责。勘察、设计文件应当符合有关法律、行政法规的规定和建筑工程质量、安全标准、建筑工程勘察、设计技术规范以及合同的约定。

《建设工程质量管理条例》进一步规定，勘察、设计单位必须按照工程建设强制性标准进行勘察、设计，并对其勘察、设计的质量负责。注册建筑师、注册结构工程师等注册执业人员应当在设计文件上签字，对设计文件负责。

谁勘察设计谁负责，谁施工谁负责，这是国际上通行的做法。勘察、设计单位和执业注册人员是勘察设计质量的责任主体，也是整个工程质量的责任主体之一。勘察、设计质量实行单位与执业注册人员双重责任，即勘察、设计单位对其勘察、设计的质量负责，注册建筑师、注册结构工程师等专业人士对其签字的设计文件负责。

1.4.3.1　依法承揽勘察、设计业务

《建设工程质量管理条例》规定，从事建设工程勘察、设计的单位应当依法取得相应等级的资质证书，并在其资质等级许可的范围内承揽工程。禁止勘察、设计单位超越其资质等级许可的范围或者以其他勘察、设计单位的名义承揽工程。禁止勘察、设计单位允许其他单位或者个人以本单位的名义承揽工程。勘察、设计单位不得转包或者违法分包所承揽的工程。

勘察、设计作为一个特殊行业，与施工单位一样，也有着严格的市场准入条件，有着从业资格制度，同样禁止无资质或者越级承揽工程，禁止以其他勘察、设计单位的名义承揽工程或者允许其他单位、个人以本单位的名义承揽工程，禁止转包或者违法分包所承揽的工程。

1.4.3.2　勘察、设计必须执行强制性标准

《建设工程质量管理条例》规定，勘察、设计单位必须按照工程建设强制性标准进行勘察、设计，并对其勘察、设计的质量负责。

《建筑工程五方责任主体项目负责人质量终身责任追究暂行办法》进一步规定，勘察、设计单位项目负责人应当保证勘察设计文件符合法律法规和工程建设强制性标准的要求，对因勘察、设计导致的工程质量事故或质量问题承担责任。

多年的实践证明，强制性标准是工程建设技术和经验的积累，是勘察、设计工作的技术依据。只有满足工程建设强制性标准才能保证质量，才能满足工程对安全、卫生、环保等多方面的质量要求。

1.4.3.3　勘察单位提供的勘察成果必须真实、准确

《建设工程质量管理条例》规定，勘察单位提供的地质、测量、水文等勘察成果必须真实、准确。

工程勘察工作是建设工作的基础工作，工程勘察成果文件是设计和施工的基础资料和重要依据。其真实准确与否直接影响到设计、施工质量，因而工程勘察成果必须真实准确、安全可靠。

1.4.3.4　设计依据和设计深度

《建设工程质量管理条例》规定，设计单位应当根据勘察成果文件进行建设工程设计。设计文件应当符合国家规定的设计深度要求，注明工程合理使用年限。

勘察成果文件是设计的基础资料，是设计的依据。我国对各类设计文件的编制深度都有规定，在实践中应当贯彻执行。工程合理使用年限是指从工程竣工验收合格之日起，工程的地基基础、主体结构能保证在正常情况下安全使用的年限。它与《建筑法》中的"建筑物合理寿命年限"、《合同法》中的"工程合理使用期限"等在概念上是一致的。

1.4.3.5　依法规范设计单位对建筑材料等的选用

《建筑法》、《建设工程质量管理条例》均规定，设计单位在设计文件中选用的建筑材料、建筑构配件和设备，应当注明规格、型号、性能等技术指标，其质量要求必须符合国家规定的标准。除有特殊要求的建筑材料、专用设备、工艺生产线等外，设计单位不得指定生产厂、供应商。

为了使施工能准确满足设计意图，设计文件中必须注明所选用的建筑材料、建筑构配件和设备的规格、型号、性能等技术指标。这也是设计文件编制深度的要求。但是，在通用产品能保证工程质量的前提下，设计单位就不应选用特殊要求的产品，也不能滥用权力指定生产厂、供应商，以免限制建设单位或者施工单位在材料等采购上的自主权，导致垄断或者变相垄断现象的发生。

1.4.3.6　依法对设计文件进行技术交底

《建设工程质量管理条例》规定，设计单位应当就审查合格的施工图设计文件向施工单位作出详细说明。

设计文件的技术交底，是指设计单位将设计意图、特殊工艺要求，以及建筑、结构、设备等各专业在施工中的难点、疑点和容易发生的问题等向施工单位作详细说明，并负责解释施工单位对设计图纸的疑问。

对设计文件进行技术交底是设计单位的重要义务，对确保工程质量有重要的意义。

1.4.3.7　依法参与建设工程质量事故分析

《建设工程质量管理条例》规定，设计单位应当参与建设工程质量事故分析，并对因设计造成的质量事故，提出相应的技术处理方案。

工程质量的好坏，在一定程度上就是工程建设是否准确贯彻了设计意图。因此，一旦发生了质量事故，该工程的设计单位最有可能在短时间内发现存在的问题，对事故的分析具有权威性。这对及时进行事故处理十分有利。对因设计造成的质量事故，原设计单位必须提出相应的技术处理方案，这是设计单位的法定义务。

1.4.3.8　勘察、设计单位质量违法行为应承担的法律责任

《建筑法》规定，建筑设计单位不按照建筑工程质量、安全标准进行设计的，责令改正，处以罚款；造成工程质量事故的，责令停业整顿，降低资质等级或者吊销资质证书，没收违法所得，并处罚款；造成损失的，承担赔偿责任；构成犯罪的，依法追究刑事责任。

《建设工程质量管理条例》规定，有下列行为之一的，责令改正，处10万元以上30万元以下的罚款：

（1）勘察单位未按照工程建设强制性标准进行勘察的；

（2）设计单位未根据勘察成果文件进行工程设计的；

（3）设计单位指定建筑材料、建筑构配件的生产厂、供应商的；

（4）设计单位未按照工程建设强制性标准进行设计的。

有以上所列行为，造成工程质量事故的，责令停业整顿，降低资质等级；情节严重的，吊销资质证书；造成损失的，依法承担赔偿责任。

《建筑工程五方责任主体项目负责人质量终身责任追究暂行办法》规定，发生本办法第6条所列情形之一的，对勘察单位项目负责人、设计单位项目负责人按以下方式进行责任追究：

（1）项目负责人为注册建筑师、勘察设计注册工程师的，责令停止执业1年；造成重大质量事故的，吊销执业资格证书，5年以内不予注册；情节特别恶劣的，终身不予注册；

（2）构成犯罪的，移送司法机关依法追究刑事责任；

（3）处单位罚款数额5%以上10%以下的罚款；

（4）向社会公布曝光。

1.4.3.9　案例分析

案例一

1. 背景

某企业建设一所附属小学。某设计院为其设计了5层砖混结构的教学楼、运动场等。教学楼的楼梯梯井净宽为0.3m，为防止学生攀滑，梯井采用工程玻璃隔离防护，楼梯采用垂直杆件做栏杆，杆件净距为0.15m；运动场与街道之间采用透景墙，墙体采用垂直杆件做栏杆，杆件净距为0.15m。在建设过程中，有人对该设计提出异议。

2. 问题

该工程中设计方是否有过错？违反了什么法规的规定？

3. 分析

设计方有明显的过错，违反了《建设工程质量管理条例》第19条的规定："勘察、设计单位必须按照工程建设强制性标准进行勘察、设计，并对其勘察、设计的质量负责。"

《工程建设标准强制性条文》中房屋建筑设计基本规定6.6.3中第4条规定："住宅、托儿所、幼儿园、中小学及少年儿童专用活动场所的栏杆必须采用防止少年儿童攀登的构造，当采用垂直杆件做栏杆时，其杆件净距不应大于0.11m"；"6.7.9 托儿所、幼儿园、

中小学及少年儿童专用活动场所的楼梯，梯井净宽大于 0.20m 时，必须采取防止少年儿童攀滑的措施，楼梯栏杆应采取不易攀登的构造，当采用垂直杆件做栏杆时，其栏杆净距不应大于 0.11m"。

显然，本案中该教学楼设计的楼梯杆件净距、运动场透景墙的栏杆净距都超过了规定的 0.11m，违反了国家强制性标准的规定，也违反了《建设工程质量管理条例》的规定。该设计院应当依法尽快予以纠正，否则一旦在使用时发生了相关事故，设计院必须承担其质量责任。

案例二

1. 背景

某写字楼项目的整体结构属"筒中筒"，中间"筒"高 18 层，四周裙楼 3 层，地基设计是"满堂红"布桩，素混凝土排土灌桩。施工到 12 层时，地下筏板剪切破坏，地下水上冲。经鉴定发现，此地基土属于饱和土，地基中素混凝土排土桩被破坏。

经调查得知：该工程的地质勘察报告已经载明，此地基土属于饱和土；在打桩过程中曾出现跳土现象。

2. 问题

本案中设计方有何过错？违反了什么规定？

3. 分析

本案中涉及多方面的结构技术问题，较为复杂，地下筏板剪切破坏的可能原因并不唯一，需要作进一步的结构计算分析才能够下结论。但是，设计单位对桩型选择是有失误的。因为，该工程的地质勘察报告已经载明了地基土属于饱和土。饱和土的湿软特性决定了设计单位不应该选择采用排土灌桩，此失误导致了在打桩过程中出现跳土现象。

设计单位没有根据勘察成果文件提供的信息进行设计，违反了《建设工程质量管理条例》第 21 条规定："设计单位应当根据勘察成果文件进行建设工程设计。"设计单位应该对该工程设计承担质量责任。

1.4.4　工程监理单位相关的质量责任和义务

工程监理单位接受建设单位的委托，代表建设单位，对建设工程进行管理。因此，工程监理单位也是建设工程质量的责任主体之一。

1.4.4.1　依法承担工程监理业务

《建筑法》规定，工程监理单位应当在其资质等级许可的监理范围内，承担工程监理业务。工程监理单位不得转让工程监理业务。

《建设工程质量管理条例》进一步规定，工程监理单位应当依法取得相应等级的资质证书，并在其资质等级许可的范围内承担工程监理业务。禁止工程监理单位超越本单位资质等级许可的范围或者以其他工程监理单位的名义承担工程监理业务。禁止工程监理单位允许其他单位或者个人以本单位的名义承担工程监理业务。工程监理单位不得转让工程监理业务。

监理单位必须按照资质等级承担工程监理业务。越级监理、允许其他单位或者个人以本单位的名义承担监理业务等，都将使工程监理变得有名无实，最终将对工程质量造成危害。监理单位转让工程监理业务，与施工单位转包工程有着同样的危害性。

1.4.4.2 对有隶属关系或其他利害关系的回避

《建筑法》、《建设工程质量管理条例》都规定，工程监理单位与被监理工程的施工承包单位以及建筑材料、建筑构配件和设备供应单位有隶属关系或者其他利害关系的，不得承担该项建设工程的监理业务。

由于工程监理单位与被监理工程的承包单位以及建筑材料、建筑构配件和设备供应单位之间，是一种监督与被监督的关系，为了保证客观、公正执行监理任务，工程监理单位与上述单位不能有隶属关系或者其他利害关系。如果有这种关系，工程监理单位在接受监理委托前，应当自行回避；对于没有回避而被发现的，建设单位可以依法解除委托关系。

1.4.4.3 监理工作的依据和监理责任

《建设工程质量管理条例》规定，工程监理单位应当依照法律、法规以及有关技术标准、设计文件和建设工程承包合同，代表建设单位对施工质量实施监理，并对施工质量承担监理责任。

《建筑工程五方责任主体项目负责人质量终身责任追究暂行办法》进一步规定，监理单位总监理工程师应当按照法律法规、有关技术标准、设计文件和工程承包合同进行监理，对施工质量承担监理责任。

(1) 监理工作的主要依据是：

1) 法律、法规，如《建筑法》、《合同法》、《建设工程质量管理条例》等；

2) 有关技术标准，如《工程建设标准强制性条文》以及建设工程承包合同中确认采用的推荐性标准等；

3) 设计文件，施工图设计等设计文件既是施工的依据，也是监理单位对施工活动进行监督管理的依据；

4) 建设工程承包合同，监理单位据此监督施工单位是否全面履行合同约定的义务。

(2) 监理单位对施工质量承担监理责任，包括违约责任和违法责任两个方面：

1) 违约责任。如果监理单位不按照监理合同约定履行监理义务，给建设单位或其他单位造成损失的，应当承担相应的赔偿责任。

2) 违法责任。如果监理单位违法监理，或者降低工程质量标准，造成质量事故的，要承担相应的法律责任。

1.4.4.4 工程监理的职责和权限

《建设工程质量管理条例》规定，工程监理单位应当选派具备相应资格的总监理工程师和监理工程师进驻施工现场。未经监理工程师签字，建筑材料、建筑构配件和设备不得在工程上使用或者安装，施工单位不得进行下一道工序的施工。未经总监理工程师签字，建设单位不拨付工程款，不进行竣工验收。

监理单位应根据所承担的监理任务，组建驻工地监理机构。监理机构一般由总监理工程师、监理工程师和其他监理人员组成。工程监理实行总监理工程师负责制。总监理工程师依法在授权范围内可以发布有关指令，全面负责受委托的监理工程。监理工程师拥有对建筑材料、建筑构配件和设备以及每道施工工序的检查权，对检查不合格的，有权决定是否允许在工程上使用或进行下一道工序的施工。

1.4.4.5 工程监理的形式

《建设工程质量管理条例》规定，监理工程师应当按照工程监理规范的要求，采取旁站、巡视和平行检验等形式，对建设工程实施监理。

所谓旁站，是指对工程中有关地基和结构安全的关键工序和关键施工过程，进行连续不断地监督检查或检验的监理活动，有时甚至要连续跟班监理。所谓巡视，主要是强调除了关键点的质量控制外，监理工程师还应对施工现场进行面上的巡查监理。所谓平行检验，主要是强调监理单位对施工单位已经检验的工程应及时进行检验。对于关键性、较大体量的工程实物，采取分段后平行检验的方式，有利于及时发现质量问题，及时采取措施予以纠正。

1.4.4.6 工程监理单位质量违法行为应承担的法律责任

《建筑法》规定，工程监理单位与建设单位或者建筑施工企业串通，弄虚作假、降低工程质量的，责令改正，处以罚款，降低资质等级或者吊销资质证书；有违法所得的，予以没收；造成损失的，承担连带赔偿责任；构成犯罪的，依法追究刑事责任。

《建设工程质量管理条例》规定，工程监理单位有下列行为之一的，责令改正，处 50 万元以上 100 万元以下的罚款，降低资质等级或者吊销资质证书；有违法所得的，予以没收；造成损失的，承担连带赔偿责任：

(1) 与建设单位或者施工单位串通、弄虚作假、降低工程质量的；

(2) 将不合格的建设工程、建筑材料、建筑构配件和设备按照合格签字的。

《建筑工程五方责任主体项目负责人质量终身责任追究暂行办法》规定，发生本办法第 6 条所列情形之一的，对监理单位总监理工程师按以下方式进行责任追究：

(1) 责令停止注册监理工程师执业 1 年；造成重大质量事故的，吊销执业资格证书，5 年以内不予注册；情节特别恶劣的，终身不予注册；

(2) 构成犯罪的，移送司法机关依法追究刑事责任；

(3) 处单位罚款数额 5% 以上 10% 以下的罚款；

(4) 向社会公布曝光。

1.4.5 政府部门工程质量监督管理的相关规定

为了确保建设工程质量，保障公共安全和人民生命财产安全，政府必须加强对建设工程质量的监督管理。因此，《建设工程质量管理条例》规定，国家实行建设工程质量监督管理制度。

1.4.5.1 我国的建设工程质量监督管理体制

《建设工程质量管理条例》规定，国务院建设行政主管部门对全国的建设工程质量实施统一监督管理。国务院铁路、交通、水利等有关部门按照国务院规定的职责分工，负责对全国的有关专业建设工程质量的监督管理。

国务院发展计划部门按照国务院规定的职责，组织稽查特派员，对国家出资的重大建设项目实施监督检查。国务院经济贸易主管部门按照国务院规定的职责，对国家重大技术改造项目实施监督检查。

县级以上地方人民政府建设行政主管部门对本行政区域内的建设工程质量实施监督管理。县级以上地方人民政府交通、水利等有关部门在各自的职责范围内，负责对本行政区域内的专业建设工程质量的监督管理。建设工程质量监督管理，可以由建设行政主管部门或者其他有关部门委托的建设工程质量监督机构具体实施。

从事房屋建筑工程和市政基础设施工程质量监督的机构，必须按照国家有关规定经国务院建设行政主管部门或者省、自治区、直辖市人民政府建设行政主管部门考核；从事专业建设工程质量监督的机构，必须按照国家有关规定经国务院有关部门或者省、自治区、直辖市人民政府有关部门考核。经考核合格后，方可实施质量监督。

在政府加强监督的同时，还要发挥社会监督的巨大作用，即任何单位和个人对建设工程的质量事故、质量缺陷都有权检举、控告、投诉。

1.4.5.2　政府监督检查的内容和有权采取的措施

《建设工程质量管理条例》规定，国务院建设行政主管部门和国务院铁路、交通、水利等有关部门以及县级以上地方人民政府建设行政主管部门和其他有关部门，应当加强对有关建设工程质量的法律、法规和强制性标准执行情况的监督检查。

县级以上人民政府建设行政主管部门和其他有关部门履行监督检查职责时，有权采取下列措施：

(1) 要求被检查的单位提供有关工程质量的文件和资料；

(2) 进入被检查单位的施工现场进行检查；

(3) 发现有影响工程质量的问题时，责令改正。

有关单位和个人对县级以上人民政府建设行政主管部门和其他有关部门进行的监督检查应当支持与配合，不得拒绝或者阻碍建设工程质量监督检查人员依法执行职务。

1.4.5.3　禁止滥用权力的行为

《建设工程质量管理条例》规定，供水、供电、供气、公安消防等部门或者单位不得明示或者暗示建设单位、施工单位购买其指定的生产供应单位的建筑材料、建筑构配件和设备。

在实践中，一些部门或单位利用其管理职能或者垄断地位指定生产厂家或产品的现象较多，如果建设单位或者施工单位不采用，就在竣工验收时故意刁难或不予验收，不准投入使用。这种非法滥用职权的行为，是法律所禁止的。

1.4.5.4　建设工程质量事故报告制度

《建设工程质量管理条例》规定，建设工程发生质量事故，有关单位应当在24小时内向当地建设行政主管部门和其他有关部门报告。对重大质量事故，事故发生地的建设行政主管部门和其他有关部门应当按照事故类别和等级向当地人民政府和上级建设行政主管部门和其他有关部门报告。特别重大质量事故的调查程序按照国务院有关规定办理。

根据国务院《生产安全事故报告和调查处理条例》的规定，特别重大事故，是指造成30人以上死亡，或者100人以上重伤，或者1亿元以上直接经济损失的事故。特别重大事故、重大事故逐级上报至国务院安全生产监督管理部门和负有安全生产监督管理职责的有关部门。每级上报的时间不得超过2小时。必要时，安全生产监督管理部门和负有安全生产监督管理职责的有关部门可以越级上报事故情况。

1.4.5.5　有关质量违法行为应承担的法律责任

《建设工程质量管理条例》规定，发生重大工程质量事故隐瞒不报、谎报或者拖延报告期限的，对直接负责的主管人员和其他责任人员依法给予行政处分。

供水、供电、供气、公安消防等部门或者单位明示或者暗示建设单位或者施工单位购买其指定的生产供应单位的建筑材料、建筑构配件和设备的，责令改正。

国家机关工作人员在建设工程质量监督管理工作中玩忽职守、滥用职权、徇私舞弊，构成犯罪的，依法追究刑事责任；尚不构成犯罪的，依法给予行政处分。

1.4.6 建设工程竣工验收制度

建设工程竣工验收是建设投资成果转入生产或使用的标志，也是全面考核投资效益、检验设计和施工质量的重要环节。

1.4.6.1 竣工验收的主体和法定条件

（1）建设工程竣工验收的主体

《建设工程质量管理条例》规定，建设单位收到建设工程竣工报告后，应当组织设计、施工、工程监理等有关单位进行竣工验收。

对工程进行竣工检查和验收，是建设单位法定的权利和义务。在建设工程完工后，承包单位应当向建设单位提供完整的竣工资料和竣工验收报告，提请建设单位组织竣工验收。建设单位收到竣工验收报告后，应及时组织有设计、施工、工程监理等有关单位参加的竣工验收，检查整个工程项目是否已按照设计要求和合同约定全部建设完成，并符合竣工验收条件。

（2）竣工验收应当具备的法定条件

《建筑法》规定，交付竣工验收的建筑工程，必须符合规定的建筑工程质量标准，有完整的工程技术经济资料和经签署的工程保修书，并具备国家规定的其他竣工条件。建筑工程竣工经验收合格后，方可交付使用；未经验收或者验收不合格的，不得交付使用。

《建设工程质量管理条例》进一步规定，建设工程竣工验收应当具备下列条件：

1）完成建设工程设计和合同约定的各项内容。

建设工程设计和合同约定的内容，主要是指设计文件所确定的以及承包合同"承包人承揽工程项目一览表"中载明的工作范围，也包括监理工程师签发的变更通知单中所确定的工作内容。

2）有完整的技术档案和施工管理资料。

工程技术档案和施工管理资料是工程竣工验收和质量保证的重要依据之一，主要包括以下档案和资料：

① 工程项目竣工验收报告；

② 分项、分部工程和单位工程技术人员名单；

③ 图纸会审和技术交底记录；

④ 设计变更通知单，技术变更核实单；

⑤ 工程质量事故发生后调查和处理资料；

⑥ 隐蔽验收记录及施工日志；

⑦ 竣工图；

⑧ 质量检验评定资料等；

⑨ 合同约定的其他资料。

3）有工程使用的主要建筑材料、建筑构配件和设备的进场试验报告。

对建设工程使用的主要建筑材料、建筑构配件和设备，除须具有质量合格证明资料外，还应当有进场试验、检验报告，其质量要求必须符合国家规定的标准。

4）有勘察、设计、施工、工程监理等单位分别签署的质量合格文件。

勘察、设计、施工、工程监理等有关单位要依据工程设计文件及承包合同所要求的质量标准，对竣工工程进行检查评定；符合规定的，应当签署合格文件。

5）有施工单位签署的工程保修书。建设工程经验收合格的，方可交付使用。

施工单位同建设单位签署的工程保修书，也是交付竣工验收的条件之一。

凡是没有经过竣工验收或者经过竣工验收确定为不合格的建设工程，不得交付使用。如果建设单位为提前获得投资效益，在工程未经验收就提前投产或使用，由此而发生的质量等问题，建设单位要承担责任。

1.4.6.2 施工单位应提交的档案资料

《建设工程质量管理条例》规定，建设单位应当严格按照国家有关档案管理的规定，及时收集、整理建设项目各环节的文件资料，建立健全建设项目档案，并在建设工程竣工验收后，及时向建设行政主管部门或者其他有关部门移交建设项目档案。

建设工程是百年大计。一般的建筑物设计年限都在50～70年，重要的建筑物达百年以上。在建设工程投入使用之后，还要进行检查、维修、管理，还可能会遇到改建、扩建或拆除活动，以及在其周围进行建设活动。这些都需要参考原始的勘察、设计、施工等资料。建设单位是工程建设活动的总负责方，应当在合同中明确要求勘察、设计、施工、监理等单位分别提供工程建设各环节的文件资料，及时收集整理，建立健全建设项目档案。

2001年7月建设部经修改后发布的《城市建设档案管理规定》中规定，建设单位应当在工程竣工验收后3个月内，向城建档案馆报送一套符合规定的建设工程档案。凡建设工程档案不齐全的，应当限期补充。对改建、扩建和重要部位维修的工程，建设单位应当组织设计、施工单位据实修改、补充和完善原建设工程档案。

施工单位应当按照归档要求制定统一目录，有专业分包工程的，分包单位要按照总承包单位的总体安排做好各项资料整理工作，最后再由总承包单位进行审核、汇总。施工单位一般应当提交的档案资料是：

（1）工程技术档案资料；

（2）工程质量保证资料；

（3）工程检验评定资料；

（4）竣工图等。

1.4.7 规划、消防、节能、环保等验收的规定

《建设工程质量管理条例》规定，建设单位应当自建设工程竣工验收合格之日起15日内，将建设工程竣工验收报告和规划、公安消防、环保等部门出具的认可文件或者准许使用文件报建设行政主管部门或者其他有关部门备案。

1.4.7.1 建设工程竣工规划验收

2015年4月经修改后发布的《城乡规划法》规定，县级以上地方人民政府城乡规划主管部门按照国务院规定对建设工程是否符合规划条件予以核实。未经核实或者经核实不符规划条件的，建设单位不得组织竣工验收。建设单位应当在竣工验收后6个月内向城乡规划主管部门报送有关竣工验收资料。

建设工程竣工后，建设单位应当依法向城乡规划行政主管部门提出竣工规划验收申请，由城乡规划行政主管部门按照选址意见书、建设用地规划许可证、建设工程规划许可证、乡村建设规划许可证及其有关规划的要求，对建设工程进行规划验收，包括对建设用地范围内的各项工程建设情况、建筑物的使用性质、位置、间距、层数、标高、平面、立面、外墙装饰材料和色彩、各类配套服务设施、临时施工用房、施工场地等进行全面核查，并作出验收记录。对于验收合格的，由城乡规划行政主管部门出具规划认可文件或核发建设工程竣工规划验收合格证。

《城乡规划法》还规定，建设单位未在建设工程竣工验收后 6 个月内向城乡规划主管部门报送有关竣工验收资料的，由所在地城市、县人民政府城乡规划主管部门责令限期补报；逾期不补报的，处 1 万元以上 5 万元以下的罚款。

1.4.7.2　建设工程竣工消防验收

2008 年 10 月经修改后发布的《消防法》规定，按照国家工程建设消防技术标准需要进行消防设计的建设工程竣工，依照下列规定进行消防验收、备案：

（1）国务院公安部门规定的大型的人员密集场所和其他特殊建设工程，建设单位应当向公安机关消防机构申请消防验收；

（2）其他建设工程，建设单位在验收后应当报公安机关消防机构备案，公安机关消防机构应当进行抽查。依法应当进行消防验收的建设工程，未经消防验收或者消防验收不合格的，禁止投入使用；其他建设工程经依法抽查不合格的，应当停止使用。

《建设工程消防监督管理规定》进一步规定，建设单位申请消防验收应当提供下列材料：

（1）建设工程消防验收申报表；

（2）工程竣工验收报告和有关消防设施的工程竣工图纸；

（3）消防产品质量合格证明文件；

（4）具有防火性能要求的建筑构件、建筑材料、装修材料符合国家标准或者行业标准的证明文件、出厂合格证；

（5）消防设施检测合格证明文件；

（6）施工、工程监理、检测单位的合法身份证明和资质等级证明文件；

（7）建设单位的工商营业执照等合法身份证明文件；

（8）法律、行政法规规定的其他材料。

施工单位应当承担下列消防施工的质量和安全责任：

（1）按照国家工程建设消防技术标准和经消防设计审核合格或者备案的消防设计文件组织施工，不得擅自改变消防设计进行施工，降低消防施工质量；

（2）查验消防产品和具有防火性能要求的建筑构件、建筑材料及装修材料的质量，使用合格产品，保证消防施工质量；

（3）建立施工现场消防安全责任制度，确定消防安全负责人。加强对施工人员的消防教育培训，落实动火、用电、易燃可燃材料等消防管理制度和操作规程。保证在建工程竣工验收前消防通道、消防水源、消防设施和器材、消防安全标志等完好有效。

公安机关消防机构应当自受理消防验收申请之日起 20 日内组织消防验收，并出具消防验收意见。公安机关消防机构对申报消防验收的建设工程，应当依照建设工程消防验收评定标准对已经消防设计审核合格的内容组织消防验收。对综合评定结论为合格的建设工程，公安机关消防机构应当出具消防验收合格意见；对综合评定结论为不合格的，应当出具消防验收不合格意见，并说明理由。

对于依法应当进行消防验收的建设工程，未经消防验收或者消防验收不合格，擅自投入使用的，《消防法》规定，由公安机关消防机构责令停止施工、停止使用或者停产停业，并处3万元以上30万元以下罚款。

1.4.7.3 建设工程竣工环保验收

1998年11月国务院发布的《建设项目环境保护管理条例》规定，建设项目竣工后，建设单位应当向审批该建设项目环境影响报告书、环境影响报告表或者环境影响登记表的环境保护行政主管部门，申请该建设项目需要配套建设的环境保护设施竣工验收。

环境保护设施竣工验收，应当与主体工程竣工验收同时进行。需要进行试生产的建设项目，建设单位应当自建设项目投入试生产之日起3个月内，向审批该建设项目环境影响报告书、环境影响报告表或者环境影响登记表的环境保护行政主管部门，申请该建设项目需要配套建设的环境保护设施竣工验收。分期建设、分期投入生产或者使用的建设项目，其相应的环境保护设施应当分期验收。

环境保护行政主管部门应当自收到环境保护设施竣工验收申请之日起30日内，完成验收。建设项目需要配套建设的环境保护设施经验收合格，该建设项目方可正式投入生产或者使用。

《建设项目环境保护管理条例》还规定，建设项目投入试生产超过3个月，建设单位未申请环境保护设施竣工验收的，由审批该建设项目环境影响报告书、环境影响报告表或者环境影响登记表的环境保护行政主管部门责令限期办理环境保护设施竣工验收手续；逾期未办理的，责令停止试生产，可以处5万元以下的罚款。

建设项目需要配套建设的环境保护设施未建成、未经验收或者经验收不合格，主体工程正式投入生产或者使用的，由审批该建设项目环境影响报告书、环境影响报告表或者环境影响登记表的环境保护行政主管部门责令停止生产或者使用，可以处10万元以下的罚款。

1.4.7.4 建筑工程节能验收

2007年10月经修改后发布的《节约能源法》规定，不符合建筑节能标准的建筑工程，建设主管部门不得批准开工建设；已经开工建设的，应当责令停止施工、限期改正；已经建成的，不得销售或者使用。

2008年8月国务院发布的《民用建筑节能条例》进一步规定，建设单位组织竣工验收，应当对民用建筑是否符合民用建筑节能强制性标准进行查验；对不符合民用建筑节能强制性标准的，不得出具竣工验收合格报告。

建筑节能工程施工质量的验收，主要应按照国家标准《建筑节能工程施工质量验收规范》GB 50411—2007以及《建筑工程施工质量验收统一标准》GB 50300—2013、各专业工程施工质量验收规范等执行。单位工程竣工验收应在建筑节能分部工程验收合格后进行。

建筑节能工程为单位建筑工程的一个分部工程，并按规定划分为分项工程和检验批。建筑节能工程应按照分项工程进行验收，如墙体节能工程、幕墙节能工程、门窗节能工程、屋面节能工程、地面节能工程、供暖节能工程、通风与空气调节节能工程、配电与照明节能工程等。当建筑节能分项工程的工程量较大时，可以将分项工程划分为若干个检验批进行验收。当建筑节能工程验收无法按照要求划分分项工程或检验批时，可由建设、施工、监理等各方协商进行划分。但验收项目、验收内容、验收标准和验收记录均应遵守《建筑节能工程施工质量验收规范》的规定。

（1）建筑节能分部工程进行质量验收的条件

建筑节能分部工程的质量验收，应在检验批、分项工程全部合格的基础上，进行建筑围护结构的外墙节能构造实体检验，严寒、寒冷和夏热冬冷地区的外窗气密性现场检测，以及系统节能性能检测和系统联合试运转与调试，确认建筑节能工程质量达到验收的条件后方可进行。

（2）建筑节能分部工程验收的组织

建筑节能工程验收的程序和组织应遵守《建筑节能工程施工质量验收规范》GB 50411—2007 的要求，并符合下列规定：

1）节能工程的检验批验收和隐蔽工程验收应由监理工程师主持，施工单位相关专业的质量检查员与施工员参加；

2）节能分项工程验收应由监理工程师主持，施工单位项目技术负责人和相关专业的质量检查员、施工员参加，必要时可邀请设计单位相关专业的人员参加；

3）节能分部工程验收应由总监理工程师（建设单位项目负责人）主持，施工单位项目经理、项目技术负责人和相关专业的质量检查员、施工员参加，施工单位的质量或技术负责人应参加，设计单位节能设计人员应参加。

（3）建筑节能工程专项验收应注意事项

1）建筑节能工程验收重点是检查建筑节能工程效果是否满足设计及规范要求，监理和施工单位应加强和重视节能验收工作，对验收中发现的工程实物质量问题及时解决。

2）工程项目存在以下问题之一的，监理单位不得组织节能工程验收：

① 未完成建筑节能工程设计内容的；

② 隐蔽验收记录等技术档案和施工管理资料不完整的；

③ 工程使用的主要建筑材料、建筑构配件和设备未提供进场检验报告的，未提供相关的节能性检测报告的；

④ 工程存在违反强制性条文的质量问题而未整改完毕的；

⑤ 对监督机构发出的责令整改内容未整改完毕的；

⑥ 存在其他违反法律、法规行为而未处理完毕的。

3）工程项目验收存在以下问题之一的，应重新组织建筑节能工程验收：

① 验收组织机构不符合法规及规范要求的；

② 参加验收人员不具备相应资格的；

③ 参加验收各方主体验收意见不一致的；

④ 验收程序和执行标准不符合要求的；

⑤ 各方提出的问题未整改完毕的。

4）单位工程在办理竣工备案时应提交建筑节能相关资料，不符合要求的不予备案。

（4）建筑工程节能验收违法行为应承担的法律责任

《民用建筑节能条例》规定，建设单位对不符合民用建筑节能强制性标准的民用建筑项目出具竣工验收合格报告的，由县级以上地方人民政府建设主管部门责令改正，处民用建筑项目合同价款 2% 以上 4% 以下的罚款；造成损失的，依法承担赔偿责任。

1.4.8 竣工验收报告备案的规定

《建设工程质量管理条例》规定，建设单位应当自建设工程竣工验收合格之日起15日内，将建设工程竣工验收报告和规划、公安消防、环保等部门出具的认可文件或者准许使用文件报建设行政主管部门或者其他有关部门备案。建设行政主管部门或者其他有关部门发现建设单位在竣工验收过程中有违反国家有关建设工程质量管理规定行为的，责令停止使用，重新组织竣工验收。

1.4.8.1 竣工验收备案的时间及须提交的文件

2009年10月住房和城乡建设部经修改后发布的《房屋建筑和市政基础设施工程竣工验收备案管理办法》规定，建设单位应当自工程竣工验收合格之日起15日内，依照本办法规定，向工程所在地的县级以上地方人民政府建设主管部门（以下简称备案机关）备案。

建设单位办理工程竣工验收备案应当提交下列文件：

（1）工程竣工验收备案表；

（2）工程竣工验收报告。竣工验收报告应当包括工程报建日期，施工许可证号，施工图设计文件审查意见，勘察、设计、施工、工程监理等单位分别签署的质量合格文件及验收人员签署的竣工验收原始文件，市政基础设施的有关质量检测和功能性试验资料以及备案机关认为需要提供的有关资料；

（3）法律、行政法规规定应当由规划、环保等部门出具的认可文件或者准许使用文件；

（4）法律规定应当由公安消防部门出具的对大型的人员密集场所和其他特殊建设工程验收合格的证明文件；

（5）施工单位签署的工程质量保修书；

（6）法规、规章规定必须提供的其他文件。住宅工程还应当提交《住宅质量保证书》和《住宅使用说明书》。

2011年1月住房和城乡建设部经修改后发布的《城市地下管线工程档案管理办法》还规定，建设单位在地下管线工程竣工验收备案前，应当向城建档案管理机构移交下列档案资料：

（1）地下管线工程项目准备阶段文件、监理文件、施工文件、竣工验收文件和竣工图；

（2）地下管线竣工测量成果；

（3）其他应当归档的文件资料（电子文件、工程照片、录像等）。建设单位向城建档案管理机构移交的档案资料应当符合《建设工程文件归档整理规范》GB/T 50328—2014的要求。

1.4.8.2 竣工验收备案文件的签收和处理

《房屋建筑和市政基础设施工程竣工验收备案管理办法》规定，备案机关收到建设单位报送的竣工验收备案文件，验证文件齐全后，应当在工程竣工验收备案表上签署文件收讫。工程竣工验收备案表一式两份，1份由建设单位保存，1份留备案机关存档。

工程质量监督机构应当在工程竣工验收之日起5日内，向备案机关提交工程质量监督报告。

备案机关发现建设单位在竣工验收过程中有违反国家有关建设工程质量管理规定行为的，应当在收讫竣工验收备案文件15日内，责令停止使用，重新组织竣工验收。

1.4.8.3　竣工验收备案违反规定的处罚

《房屋建筑和市政基础设施工程竣工验收备案管理办法》规定，建设单位在工程竣工验收合格之日起 15 日内未办理工程竣工验收备案的，备案机关责令限期改正，处 20 万元以上 50 万元以下罚款。

建设单位将备案机关决定重新组织竣工验收的工程，在重新组织竣工验收前，擅自使用的，备案机关责令停止使用，处工程合同价款 2% 以上 4% 以下罚款。

建设单位采用虚假证明文件办理工程竣工验收备案的，工程竣工验收无效，备案机关责令停止使用，重新组织竣工验收，处 20 万元以上 50 万元以下罚款；构成犯罪的，依法追究刑事责任。

备案机关决定重新组织竣工验收并责令停止使用的工程，建设单位在备案之前已投入使用或者建设单位擅自继续使用造成使用人损失的，由建设单位依法承担赔偿责任。

《城市地下管线工程档案管理办法》规定，建设单位违反本办法规定，未移交地下管线工程档案的，由建设主管部门责令改正，处 1 万元以上 10 万元以下的罚款；对单位直接负责的主管人员和其他直接责任人员，处单位罚款数额 5% 以上 10% 以下的罚款；因建设单位未移交地下管线工程档案，造成施工单位在施工中损坏地下管线的，建设单位依法承担相应的责任。

1.4.9　建设工程质量保修制度

《建筑法》、《建设工程质量管理条例》均规定，建设工程实行质量保修制度。

建设工程质量保修制度，是指建设工程竣工经验收后，在规定的保修期限内，因勘察、设计、施工、材料等原因造成的质量缺陷，应当由施工承包单位负责维修、返工或更换，由责任单位负责赔偿损失的法律制度。

1.4.9.1　建设工程质量保修书

《建设工程质量管理条例》规定，建设工程承包单位在向建设单位提交工程竣工验收报告时，应当向建设单位出具质量保修书。质量保修书中应当明确建设工程的保修范围、保修期限和保修责任等。

（1）质量保修范围

《建筑法》规定，建筑工程的保修范围应当包括地基基础工程、主体结构工程、屋面防水工程和其他土建工程，以及电气管线、上下水管线的安装工程，供热、供冷系统工程等项目。

当然，不同类型的建设工程，其保修范围是有所不同的。

（2）质量保修期限

《建筑法》规定，保修的期限应当按照保证建筑物合理寿命年限内正常使用，维护使用者合法权益的原则确定。

具体的保修范围和最低保修期限，国务院在《建设工程质量管理条例》中作了明确规定。

（3）质量保修责任

施工单位在质量保修书中，应当向建设单位承诺保修范围、保修期限和有关具体实施保修的措施，如保修的方法、人员及联络办法，保修答复和处理时限，不履行保修责任的罚则等。

需要注意的是，施工单位在建设工程质量保修书中，应当对建设单位合理使用建设工程有所提示。如果是因建设单位或者用户使用不当或擅自改动结构、设备位置以及不当装修等造成质量问题的，施工单位不承担保修责任；由此而造成的质量受损或者其他用户损失，应当由责任人承担相应的责任。

1.4.9.2 建设工程质量的最低保修期限

《建设工程质量管理条例》规定，在正常使用条件下，建设工程的最低保修期限为：

（1）基础设施工程、房屋建筑的地基基础工程和主体结构工程，为设计文件规定的该工程的合理使用年限；

基础设施工程、房屋建筑的地基基础工程和主体结构工程的质量，直接关系到基础设施工程和房屋建筑的整体安全可靠，必须在该工程的合理使用年限内予以保修，即实行终身负责制。因此，工程合理使用年限就是该工程勘察、设计、施工等单位的质量责任年限。

（2）屋面防水工程、有防水要求的卫生间、房间和外墙面的防渗漏，为5年；

（3）供热与供冷系统，为2个供暖期、供冷期；

（4）电气管线、给排水管道、设备安装和装修工程，为2年。其他项目的保修期限由发包方与承包方约定。

在《建设工程质量管理条例》中，对屋面防水工程、供热与供冷系统、电气管线、给排水管道、设备安装和装修工程等的最低保修期限分别作出了规定。如果建设单位与施工单位经平等协商另行签订保修合同的，其保修期限可以高于法定的最低保修期限，但不能低于最低保修期限，否则视作无效。

建设工程保修期的起始日是竣工验收合格之日。《建设工程质量管理条例》规定，建设行政主管部门或者其他有关部门发现建设单位在竣工验收过程中有违反国家有关建设工程质量管理规定行为的，责令停止使用，重新组织竣工验收。

对于重新组织竣工验收的工程，其保修期为各方都认可的重新组织竣工验收的日期。

《建设工程质量管理条例》规定，建设工程在超过合理使用年限后需要继续使用的，产权所有人应当委托具有相应资质等级的勘察、设计单位鉴定，并根据鉴定结果采取加固、维修等措施，重新界定使用期。

应该讲，各类工程根据其重要程度、结构类型、质量要求和使用性能等所确定的使用年限是不同的。确定建设工程的合理使用年限，并不意味着超过合理使用年限后，建设工程就一定要报废、拆除。经过具有相应资质等级的勘察、设计单位鉴定，制订技术加固措施，在设计文件中重新界定使用期，并经有相应资质等级的施工单位进行加固、维修和补强，该建设工程能达到继续使用条件的就可以继续使用。但是，如果不经鉴定、加固等而违法继续使用的，所产生的后果由产权所有人自负。

1.4.9.3 质量责任的损失赔偿

《建设工程质量管理条例》规定，建设工程在保修范围和保修期限内发生质量问题的，施工单位应当履行保修义务，并对造成的损失承担赔偿责任。

（1）保修义务的责任落实与损失赔偿责任的承担

《最高人民法院关于审理建设工程施工合同纠纷案件适用法律问题的解释》规定，因保修人未及时履行保修义务，导致建筑物损毁或者造成人身、财产损害的，保修人应当承担赔偿责任。保修人与建筑物所有人或者发包人对建筑物毁损均有过错的，各自承担相应的责任。

建设工程保修的质量问题是指在保修范围和保修期限内的质量问题。对于保修义务的承担和维修的经济责任承担应当按下述原则处理：

1）施工单位未按照国家有关标准规范和设计要求施工所造成的质量缺陷，由施工单位负责返修并承担经济责任。

2）由于设计问题造成的质量缺陷，先由施工单位负责维修，其经济责任按有关规定通过建设单位向设计单位索赔。

3）因建筑材料、构配件和设备质量不合格引起的质量缺陷，先由施工单位负责维修，其经济责任属于施工单位采购的或经其验收同意的，由施工单位承担经济责任；属于建设单位采购的，由建设单位承担经济责任。

4）因建设单位（含监理单位）错误管理而造成的质量缺陷，先由施工单位负责维修，其经济责任由建设单位承担；如属监理单位责任，则由建设单位向监理单位索赔。

5）因使用单位使用不当造成的损坏问题，先由施工单位负责维修，其经济责任由使用单位自行负责。

6）因地震、台风、洪水等自然灾害或其他不可抗拒原因造成的损坏问题，先由施工单位负责维修，建设参与各方再根据国家具体政策分担经济责任。

（2）设工程质量保证金

2005 年 1 月建设部、财政部发布的《建设工程质量保证金管理暂行办法》规定，建设工程质量保证金（保修金）（以下简称保证金）是指发包人与承包人在建设工程承包合同中约定，从应付的工程款中预留，用以保证承包人在缺陷责任期内对建设工程出现的缺陷进行维修的资金。

1）缺陷责任期的确定

所谓缺陷，是指建设工程质量不符合工程建设强制性标准、设计文件，以及承包合同的约定。缺陷责任期一般为 6 个月、12 个月或 24 个月，具体可由发承包双方在合同中约定。

缺陷责任期从工程通过竣（交）工验收之日起计。由于承包人原因导致工程无法按规定期限进行竣（交）工验收的，缺陷责任期从实际通过竣（交）工验收之日起计。由于发包人原因导致工程无法按规定期限进行竣（交）工验收的，在承包人提交竣（交）工验收报告 90 天后，工程自动进入缺陷责任期。

2）预留保证金的比例

全部或者部分使用政府投资的建设项目，按工程价款结算总额 5％左右的比例预留保证金。社会投资项目采用预留保证金方式的，预留保证金的比例可参照执行。

缺陷责任期内，由承包人原因造成的缺陷，承包人应负责维修，并承担鉴定及维修费用。如承包人不维修也不承担费用，发包人可按合同约定扣除保证金，并由承包人承担违约责任。承包人维修并承担相应费用后，不免除对工程的一般损失赔偿责任。由他人原因造成的缺陷，发包人负责组织维修，承包人不承担费用，且发包人不得从保证金中扣除费用。

3）质量保证金的返还

缺陷责任期内，承包人认真履行合同约定的责任，到期后，承包人向发包人申请返还保证金。

发包人在接到承包人返还保证金申请后，应于 14 日内会同承包人按照合同约定的内容进行核实。如无异议，发包人应当在核实后 14 日内将保证金返还给承包人，逾期支付的，从逾期之日起，按照同期银行贷款利率计付利息，并承担违约责任。发包人在接到承包人返还保证金申请后 14 日内不予答复，经催告后 14 日内仍不予答复，视同认可承包人的返还保证金申请。

发包人和承包人对保证金预留、返还以及工程维修质量、费用有争议，按承包合同约定的争议和纠纷解决程序处理。

1.5 劳动保护

1.5.1 劳动保护的规定

2009 年 8 月经修改后颁布的《中华人民共和国劳动合同法》（以下简称《劳动法》）对劳动者的工作时间、休息休假、工资、劳动安全卫生、女职工和未成年工特殊保护、社会保险和福利等作了法律规定。

1.5.1.1 劳动者的工作时间和休息休假

工作时间（又称劳动时间），是指法律规定的劳动者在一昼夜和一周内从事生产、劳动或工作的时间。休息休假（又称休息时间），是指劳动者在国家规定的法定工作时间外，不从事生产、劳动或工作而由自己自行支配的时间，包括劳动者每天休息的时数、每周休息的天数、节假日、年休假、探亲假等。

（1）工作时间

《劳动法》第 36 条、第 38 条规定，国家实行劳动者每日工作时间不超过 8 小时、平均每周工作时间不超过 44 小时的工时制度。用人单位应当保证劳动者每周至少休息 1 日。1995 年 3 月经修改后颁布的《国务院关于职工工作时间的规定》中规定，自 1995 年 5 月 1 日起，职工每日工作 8 小时，每周工作 40 小时。《劳动法》还规定，企业因生产特点不能实行本法第 36 条、第 38 条规定的，经劳动行政部门批准，可以实行其他工作和休息办法。

1）缩短工作日。《国务院关于职工工作时间的规定》中规定："在特殊条件下从事劳动和有特殊情况，需要适当缩短工作时间的，按照国家有关规定执行"。目前，我国实行缩短工作时间的主要是：从事矿山、高山、有毒、有害、特别繁重和过度紧张的体力劳动职工，以及纺织、化工、建筑冶炼、地质勘探、森林采伐、装卸搬运等行业或岗位的职工；从事夜班工作的劳动者；在哺乳期工作的女职工；16 至 18 岁的未成年劳动者等。

2）不定时工作日。1994 年 12 月原劳动部《关于企业实行不定时工作制和综合计算工时工作制的审批办法》中规定，企业对符合下列条件之一的职工，可以实行不定时工作日制：①企业中的高级管理人员、外勤人员、推销人员、部分值班人员和其他因工作无法按标准工作时间衡量的职工；②企业中的长途运输人员、出租汽车司机和铁路、港口、仓库的部分装卸人员以及因工作性质特殊，需机动作业的职工；③其他因生产特点、工作特殊需要或职责范围的关系，适合实行不定时工时制的职工。

3）综合计算工作日，即分别以周、月、季、年等为周期综合计算工作时间，但其平均日工作时间和平均周工作时间应与法定标准工作时间基本相同。按规定，企业对交通、铁路等行业中因工作性质特殊需连续作业的职工，地质及资源勘探、建筑等受季节和自然条件限制的行业的部分职工等，可实行综合计算工作日。

4）计件工资时间。对实行计件工作的劳动者，用人单位应当根据《劳动法》第36条规定的工时制度合理确定其劳动定额和计件报酬标准。

（2）休息休假

《劳动法》规定，用人单位在下列节日期间应当依法安排劳动者休假：①元旦；②春节；③国际劳动节；④国庆节；⑤法律、法规规定的其他休假节日。目前，法律、法规规定的其他休假节日有：全体公民放假的节日是清明节、端午节和中秋节；部分公民放假的节日及纪念日是妇女节、青年节、儿童节、中国人民解放军建军纪念日。

劳动者连续工作1年以上的，享受带薪年休假。此外，劳动者按有关规定还可以享受探亲假、婚丧假、生育（产）假、节育手术假等。

用人单位由于生产经营需要，经与工会和劳动者协商可以延长工作时间，一般每日不得超过1小时；因特殊原因需要延长工作时间的，在保障劳动者身体健康的条件下延长工作时间每日不得超过3小时，但是每月不得超过36小时。在发生自然灾害、事故等需要紧急处理，或者生产设备、交通运输线路、公共设施发生故障必须及时抢修等法律、行政法规规定的特殊情况的，延长工作时间不受上述限制。

用人单位应当按照下列标准支付高于劳动者正常工作时间工资的工资报酬：安排劳动者延长工作时间的，支付不低于工资150％的工资报酬；休息日安排劳动者工作又不能安排补休的，支付不低于工资200％的工资报酬；法定休假日安排劳动者工作的，支付不低于工资300％的工资报酬。

1.5.1.2 劳动者的工资

工资，是指用人单位依据国家有关规定和劳动关系双方的约定，以货币形式支付给劳动者的劳动报酬，如计时工资、计件工资、奖金、津贴和补贴等。

（1）工资基本规定

《劳动法》规定，工资分配应当遵循按劳分配原则，实行同工同酬。工资水平在经济发展的基础上逐步提高。国家对工资总量实行宏观调控。用人单位根据本单位的生产经营特点和经济效益，依法自主确定本单位的工资分配方式和工资水平。

工资应当以货币形式按月支付给劳动者本人。不得克扣或者无故拖欠劳动者的工资。劳动者在法定休假日和婚丧假期间以及依法参加社会活动期间，用人单位应当依法支付工资。

在我国，企业、机关（包括社会团体）、事业单位实行不同的基本工资制度。企业基本工资制度主要有等级工资制、岗位技能工资制、岗位工资制、结构工资制、经营者年薪制等。

（2）最低工资保障制度

最低工资标准，是指劳动者在法定工作时间或依法签订的劳动合同约定的工作时间内提供了正常劳动的前提下，用人单位依法应支付的最低劳动报酬。所谓正常劳动，是指劳动者按依法签订的劳动合同约定，在法定工作时间或劳动合同约定的工作时间内从事的劳动。劳动者依法享受带薪年休假、探亲假、婚丧假、生育（产）假、节育手术假等国家规定的假期间，以及法定工作时间内依法参加社会活动期间，视为提供了正常劳动。

《劳动法》规定，国家实行最低工资保障制度。最低工资的具体标准由省、自治区、直辖市人民政府规定，报国务院备案。用人单位支付劳动者的工资不得低于当地最低工资标准。

根据 2014 年 1 月原劳动和社会保障部颁布的《最低工资规定》，在劳动者提供正常劳动的情况下，用人单位应支付给劳动者的工资在剔除下列各项以后，不得低于当地最低工资标准：①延长工作时间工资；②中班、夜班、高温、低温、井下、有毒有害等特殊工作环境、条件下的津贴；③法律、法规和国家规定的劳动者福利待遇等。实行计件工资或提成工资等工资形式的用人单位，在科学合理的劳动定额基础上，其支付劳动者的工资不得低于相应的最低工资标准。

1.5.1.3 劳动安全卫生制度

《劳动法》规定，用人单位必须建立、健全劳动安全卫生制度，严格执行国家劳动安全卫生规程和标准，对劳动者进行劳动安全卫生教育，防止劳动过程中的事故，减少职业危害。

劳动安全卫生设施必须符合国家规定的标准。新建、改建、扩建工程的劳动安全卫生设施必须与主体工程同时设计、同时施工、同时投入生产和使用。用人单位必须为劳动者提供符合国家规定的劳动安全卫生条件和必要的劳动防护用品，对从事有职业危害作业的劳动者应当定期进行健康检查。

从事特种作业的劳动者必须经过专门培训并取得特种作业资格。劳动者在劳动过程中必须严格遵守安全操作规程，对用人单位管理人员违章指挥、强令冒险作业，有权拒绝执行；对危害生命安全和身体健康的行为，有权提出批评、检举和控告。

1.5.1.4 女职工和未成年工的特殊保护

国家对女职工和未成年工实行特殊劳动保护。

（1）女职工的特殊保护

《劳动法》规定，禁止安排女职工从事矿山井下、国家规定的第 4 级体力劳动强度的劳动和其他禁忌从事的劳动。不得安排女职工在经期从事高处、低温、冷水作业和国家规定的第 3 级体力劳动强度的劳动。不得安排女职工在怀孕期间从事国家规定的第 3 级体力劳动强度的劳动和孕期禁忌从事的活动。对怀孕 7 个月以上的女职工，不得安排其延长工作时间和夜班劳动。女职工生育享受不少于 90 天的产假。不得安排女职工在哺乳未满 1 周岁的婴儿期间从事国家规定的第 3 级体力劳动强度的劳动和哺乳期禁忌从事的其他劳动，不得安排其延长工作时间和夜班劳动。

按照《体力劳动强度分级》GB 3869—1997，体力劳动强度按劳动强度指数大小分为 4 级。

2012 年 4 月国务院颁布的《女职工劳动保护特别规定》还规定，用人单位应当遵守女职工禁忌从事的劳动范围（详见《女职工劳动保护特别规定》附录）的规定。用人单位应当将本单位属于女职工禁忌从事的劳动范围的岗位书面告知女职工。用人单位不得因女职工怀孕、生育、哺乳降低其工资、予以辞退、与其解除劳动或者聘用合同。女职工生育享受 98 天产假，其中产前可以休假 15 天；难产的，增加产假 15 天；生育多胞胎的，每多生育 1 个婴儿，增加产假 15 天。女职工怀孕未满 4 个月流产的，享受 15 天产假；怀孕满

4个月流产的，享受42天产假。用人单位违反本规定，侵害女职工合法权益的，女职工可以依法投诉、举报、申诉，依法向劳动人事争议调解仲裁机构申请调解仲裁，对仲裁裁决不服的，依法向人民法院提起诉讼。

（2）未成年工的特殊保护

未成年工的特殊保护是针对未成年工处于生长发育期的特点，以及接受义务教育的需要，采取的特殊劳动保护措施。未成年工是指年满16周岁未满18周岁的劳动者。

《劳动法》规定，禁止用人单位招用未满16周岁的未成年人。不得安排未成年工从事矿山井下、有毒有害、国家规定的第4级体力劳动强度的劳动和其他禁忌从事的劳动。用人单位应对未成年工定期进行健康检查。

1994年12月原劳动部颁布的《未成年工特殊保护规定》中规定，用人单位应根据未成年工的健康检查结果安排其从事适合的劳动，对不能胜任原劳动岗位的，应根据医务部门的证明，予以减轻劳动量或安排其他劳动。对未成年工的使用和特殊保护实行登记制度。用人单位招收未成年工除符合一般用工要求外，还须向所在地的县级以上劳动行政部门办理登记。未成年工上岗前用人单位应对其进行有关的职业安全卫生教育、培训。

1.5.1.5 案例分析

1. 背景

2011年1月小马应聘到A公司就职，但工作8个月后就与A公司解除了劳动合同，于2011年9月又被B公司聘用。2012年3月小马在B公司工作了6个月后，因家中有事，向B公司提出要求休带薪年假，但B公司说现在公司工作很忙，人手很缺，没有批准小马的休假申请，并回答说小马到B公司工作还没有满一年，不能享受带薪年假。

2. 问题

（1）小马在B公司是否可以享受带薪年假？

（2）公司是否可以不批准小马的休假申请？

（3）如果小马全年未能享受带薪年假，B公司将按照何标准向小马支付工资？

3. 分析

（1）小马在B公司虽然只工作了6个月，但仍可享受带薪年假待遇。2007年12月国务院颁布的《职工带薪年休假条例》第2条规定："机关、团体、企业、事业单位、民办非企业单位、有雇工的个体工商户等单位的职工连续工作1年以上的，享受带薪年休假（以下简称年休假）。单位应当保证职工享受年休假。职工在年休假期间享受与正常工作期间相同的工资收入。"本案中的小马虽然在B公司工作了6个月，但是在A公司还作了8个月，其连续工作已超过一年，应当享受带薪年休假。

（2）《职工带薪年休假条例》第5条规定："单位根据生产、工作的具体情况，并考虑职工本人意愿，统筹安排职工年休假。年休假在1个年度内可以集中安排，也可以分段安排，一般不跨年度安排。单位因生产、工作特点确有必要跨年度安排职工年休假的，可以跨1个年度安排。单位确因工作需要不能安排职工休年休假的，经职工本人同意，可以不安排职工休年休假。对职工应休未休的年休假天数，单位应当按照该职工日工资收入的300％支付年休假工资报酬。"据此，虽然享受带薪年休假是劳动者的法定权利，但如何安排年休假却是用人单位的权利。在一般情况下，公司安排员工年休假应当统筹兼顾工作需要和员工个人意愿，但如果员工未经公司同意擅自休年假，严重的可能会导致劳动合同的解除。

（3）《职工带薪年休假条例》第 5 条第 3 款规定："单位确因工作需要不能安排职工休年休假的，经职工本人同意，可以不安排职工休年休假。对职工应休未休的年休假天数，单位应当按照该职工日工资收入的 300％支付年休假工资报酬。"需要注意的是，这里的"日工资收入的 300％"，已经包含了用人单位支付职工正常工作期间的工资收入。就是说，除正常工作期间的工资外，应休未休的带薪年休假折算工资＝应休未休的天数×日工资×2 倍。

1.5.2 劳动者的社会保险与福利

2010 年 10 月颁布的《中华人民共和国社会保险法》（以下简称《社会保险法》）规定，国家建立基本养老保险、基本医疗保险、工伤保险、失业保险、生育保险等社会保险制度，保障公民在年老、疾病、工伤、失业、生育等情况下依法从国家和社会获得物质帮助的权利。

1.5.2.1 基本养老保险

职工应当参加基本养老保险，由用人单位和职工共同缴纳基本养老保险费。用人单位应当按照国家规定的本单位职工工资总额的比例缴纳基本养老保险费，记入基本养老保险统筹基金。职工应当按照国家规定的本人工资的比例缴纳基本养老保险费，记入个人账户。

（1）基本养老金的组成

基本养老金由统筹养老金和个人账户养老金组成。基本养老金根据个人累计缴费年限、缴费工资、当地职工平均工资、个人账户金额、城镇人口平均预期寿命等因素确定。

（2）基本养老金的领取

参加基本养老保险的个人，达到法定退休年龄时累计缴费满 15 年的，按月领取基本养老金。参加基本养老保险的个人，达到法定退休年龄时累计缴费不足 15 年的，可以缴费至满 15 年，按月领取基本养老金；也可以转入新型农村社会养老保险或者城镇居民社会养老保险，按照国务院规定享受相应的养老保险待遇。

参加基本养老保险的个人，因病或者非因工死亡的，其遗属可以领取丧葬补助金和抚恤金；在未达到法定退休年龄时因病或者非因工致残完全丧失劳动能力的，可以领取病残津贴。所需资金从基本养老保险基金中支付。

个人跨统筹地区就业的，其基本养老保险关系随本人转移，缴费年限累计计算。个人达到法定退休年龄时，基本养老金分段计算、统一支付。

1.5.2.2 基本医疗保险

职工应当参加职工基本医疗保险，由用人单位和职工按照国家规定共同缴纳基本医疗保险费。医疗机构应当为参保人员提供合理、必要的医疗服务。

参加职工基本医疗保险的个人，达到法定退休年龄时累计缴费达到国家规定年限的，退休后不再缴纳基本医疗保险费，按照国家规定享受基本医疗保险待遇；未达到国家规定年限的，可以缴费至国家规定年限。

符合基本医疗保险药品目录、诊疗项目、医疗服务设施标准以及急诊、抢救的医疗费用，按照国家规定从基本医疗保险基金中支付。下列医疗费用不纳入基本医疗保险基金支付范围：

(1) 应当从工伤保险基金中支付的；

(2) 应当由第三人负担的；

(3) 应当由公共卫生负担的；

(4) 在境外就医的。医疗费用依法应当由第二人负担，第三人不支付或者无法确定第三人的，由基本医疗保险基金先行支付。基本医疗保险基金先行支付后，有权向第三人追偿。

个人跨统筹地区就业的，其基本医疗保险关系随本人转移，缴费年限累计计算。

1.5.2.3 失业保险

《社会保险法》规定，职工应当参加失业保险，由用人单位和职工按照国家规定共同缴纳失业保险费。职工跨统筹地区就业的，其失业保险关系随本人转移，缴费年限累计计算。

(1) 失业保险金的领取

失业人员符合下列条件的，从失业保险基金中领取失业保险金：

1) 失业前用人单位和本人已经缴纳失业保险费满 1 年的；

2) 非因本人意愿中断就业的；

3) 已经进行失业登记，并有求职要求的。

失业人员失业前用人单位和本人累计缴费满 1 年不足 5 年的，领取失业保险金的期限最长为 12 个月；累计缴费满 5 年不足 10 年的，领取失业保险金的期限最长为 18 个月；累计缴费 10 年以上的，领取失业保险金的期限最长为 24 个月。重新就业后，再次失业的，缴费时间重新计算，领取失业保险金的期限与前次失业应当领取而尚未领取的失业保险金的期限合并计算，最长不超过 24 个月。

失业保险金的标准，由省、自治区、直辖市人民政府确定，但不得低于城市居民最低生活保障标准。

(2) 领取失业保险金期间的有关规定

失业人员在领取失业保险金期间，参加职工基本医疗保险，享受基本医疗保险待遇。失业人员应当缴纳的基本医疗保险费从失业保险基金中支付，个人不缴纳基本医疗保险费。

失业人员在领取失业保险金期间死亡的，参照当地对在职职工死亡的规定，向其遗属发给一次性丧葬补助金和抚恤金。所需资金从失业保险基金中支付。个人死亡同时符合领取基本养老保险丧葬补助金、工伤保险丧葬补助金和失业保险丧葬补助金条件的，其遗属只能选择领取其中的一项。

(3) 办理领取失业保险金的程序

用人单位应当及时为失业人员出具终止或者解除劳动关系的证明，并将失业人员的名单自终止或者解除劳动关系之日起 15 日内告知社会保险经办机构。

失业人员应当持本单位为其出具的终止或者解除劳动关系的证明，及时到指定的公共就业服务机构办理失业登记。失业人员凭失业登记证明和个人身份证明，到社会保险经办机构办理领取失业保险金的手续。失业保险金领取期限自办理失业登记之日起计算。

(4) 停止享受失业保险待遇的规定

失业人员在领取失业保险金期间有下列情形之一的，停止领取失业保险金，并同时停止享受其他失业保险待遇：①重新就业的；②应征服兵役的；③移居境外的；④享受基本养老保险待遇的；⑤无正当理由，拒不接受当地人民政府指定部门或者机构介绍的适当工作或者提供的培训的。

1.5.2.4 生育保险

《社会保险法》规定，职工应当参加生育保险，由用人单位按照国家规定缴纳生育保险费，职工不缴纳生育保险费。用人单位已经缴纳生育保险费的，其职工享受生育保险待遇；职工未就业配偶按照国家规定享受生育医疗费用待遇。所需资金从生育保险基金中支付。

生育保险待遇包括生育医疗费用和生育津贴。生育医疗费用包括下列各项：

（1）生育的医疗费用；

（2）计划生育的医疗费用；

（3）法律、法规规定的其他项目费用。

职工有下列情形之一的，可以按照国家规定享受生育津贴：

（1）女职工生育享受产假；

（2）享受计划生育手术休假；

（3）法律、法规规定的其他情形。生育津贴按照职工所在用人单位上年度职工月平均工资计发。

1.5.2.5 福利

《劳动法》规定，国家发展社会福利事业，兴建公共福利设施，为劳动者休息、休养和疗养提供条件。

用人单位应当创造条件，改善集体福利，提高劳动者的福利待遇。

1.5.3 工伤保险的规定

2010年12月经修订后颁布的《工伤保险条例》规定，中华人民共和国境内的企业、事业单位、社会团体、民办非企业单位、基金会、律师事务所、会计师事务所等组织和有雇工的个体工商户（以下称用人单位）应当依照本条例规定参加工伤保险，为本单位全部职工或者雇工（以下称职工）缴纳工伤保险费。

1.5.3.1 工伤保险基金

工伤保险基金由用人单位缴纳的工伤保险费、工伤保险基金的利息和依法纳入工伤保险基金的其他资金构成。工伤保险费根据以支定收、收支平衡的原则，确定费率。

工伤保险基金存入社会保障基金财政专户，用于《工伤保险条例》规定的工伤保险待遇，劳动能力鉴定，工伤预防的宣传、培训等费用，以及法律、法规规定的用于工伤保险的其他费用的支付。任何单位或者个人不得将工伤保险基金用于投资运营、兴建或者改建办公场所、发放奖金，或者挪作其他用途。

1.5.3.2 工伤认定

职工有下列情形之一的，应当认定为工伤：

（1）在工作时间和工作场所内，因工作原因受到事故伤害的；

（2）工作时间前后在工作场所内，从事与工作有关的预备性或者收尾性工作受到事故伤害的；

（3）在工作时间和工作场所内，因履行工作职责受到暴力等意外伤害的；

（4）患职业病的；

（5）因工外出期间，由于工作原因受到伤害或者发生事故下落不明的；

（6）在上下班途中，受到非本人主要责任的交通事故或者城市轨道交通、客运轮渡、火车事故伤害的；

（7）法律、行政法规规定应当认定为工伤的其他情形。

职工有下列情形之一的，视同工伤：

（1）在工作时间和工作岗位，突发疾病死亡或者在48小时之内经抢救无效死亡的；

（2）在抢险救灾等维护国家利益、公共利益活动中受到伤害的；

（3）职工原在军队服役，因战、因公负伤致残，已取得革命伤残军人证，到用人单位后旧伤复发的。职工有以上第（1）项、第（2）项情形的，按照《工伤保险条例》的有关规定享受工伤保险待遇；职工有以上第（3）项情形的，按照《工伤保险条例》的有关规定享受除一次性伤残补助金以外的工伤保险待遇。

职工符合以上的规定，但是有下列情形之一的，不得认定为工伤或者视同工伤：

（1）故意犯罪的；

（2）醉酒或者吸毒的；

（3）自残或者自杀的。

职工发生事故伤害或者按照职业病防治法规定被诊断、鉴定为职业病，所在单位应当自事故伤害发生之日或者被诊断、鉴定为职业病之日起30日内，向统筹地区社会保险行政部门提出工伤认定申请。遇有特殊情况，经报社会保险行政部门同意，申请时限可以适当延长。用人单位未按以上规定提出工伤认定申请的，工伤职工或者其近亲属、工会组织在事故伤害发生之日或者被诊断、鉴定为职业病之日起1年内，可以直接向用人单位所在地统筹地区社会保险行政部门提出工伤认定申请。按照以上规定应当由省级社会保险行政部门进行工伤认定的事项，根据属地原则由用人单位所在地的设区的市级社会保险行政部门办理。用人单位未在以上规定的时限内提交工伤认定申请，在此期间发生符合《工伤保险条例》规定的工伤待遇等有关费用由该用人单位负担。

提出工伤认定申请应当提交下列材料：①工伤认定申请表；②与用人单位存在劳动关系（包括事实劳动关系）的证明材料；③医疗诊断证明或者职业病诊断证明书（或者职业病诊断鉴定书）。工伤认定申请表应当包括事故发生的时间、地点、原因以及职工伤害程度等基本情况。

社会保险行政部门受理工伤认定申请后，根据审核需要可以对事故伤害进行调查核实，用人单位、职工、工会组织、医疗机构以及有关部门应当予以协助。对依法取得职业病诊断证明书或者职业病诊断鉴定书的，社会保险行政部门不再进行调查核实。职工或者其近亲属认为是工伤，用人单位不认为是工伤的，由用人单位承担举证责任。

社会保险行政部门应当自受理工伤认定申请之日起60日内作出工伤认定的决定，并书面通知申请工伤认定的职工或者其近亲属和该职工所在单位。社会保险行政部门对受理的事实清楚、权利义务明确的工伤认定申请，应当在15日内作出工伤认定的决定。作出工伤认定决定需要以司法机关或者有关行政主管部门的结论为依据的，在司法机关或者有关行政主管部门尚未作出结论期间，作出工伤认定决定的时限中止。社会保险行政部门工作人员与工伤认定申请人有利害关系的，应当回避。

1.5.3.3 劳动能力鉴定

职工发生工伤，经治疗伤情相对稳定后存在残疾、影响劳动能力的，应当进行劳动能力鉴定。劳动能力鉴定是指劳动功能障碍程度和生活自理障碍程度的等级鉴定。劳动功能障碍分为 10 个伤残等级，最重的为 1 级，最轻的为 10 级。生活自理障碍分为 3 个等级：生活完全不能自理、生活大部分不能自理和生活部分不能自理。

劳动能力鉴定由用人单位、工伤职工或者其近亲属向设区的市级劳动能力鉴定委员会提出申请，并提供工伤认定决定和职工工伤医疗的有关资料。

设区的市级劳动能力鉴定委员会收到劳动能力鉴定申请后，应当从其建立的医疗卫生专家库中随机抽取 3 名或者 5 名相关专家组成专家组，由专家组提出鉴定意见。设区的市级劳动能力鉴定委员会根据专家组的鉴定意见作出工伤职工劳动能力鉴定结论；必要时，可以委托具备资格的医疗机构协助进行有关的诊断。设区的市级劳动能力鉴定委员会应当自收到劳动能力鉴定申请之日起 60 日内作出劳动能力鉴定结论，必要时，作出劳动能力鉴定结论的期限可以延长 30 日。劳动能力鉴定结论应当及时送达申请鉴定的单位和个人。

申请鉴定的单位或者个人对设区的市级劳动能力鉴定委员会作出的鉴定结论不服的，可以在收到该鉴定结论之日起 15 日内向省、自治区、直辖市劳动能力鉴定委员会提出再次鉴定申请。省、自治区、直辖市劳动能力鉴定委员会作出的劳动能力鉴定结论为最终结论。

自劳动能力鉴定结论作出之日起 1 年后，工伤职工或者其近亲属、所在单位或者经办机构认为伤残情况发生变化的，可以申请劳动能力复查鉴定。

1.5.3.4 工伤保险待遇

职工因工作遭受事故伤害或者患职业病进行治疗，享受工伤医疗待遇。

（1）工伤的治疗

职工治疗工伤应当在签订服务协议的医疗机构就医，情况紧急时可以先到就近的医疗机构急救。治疗工伤所需费用符合工伤保险诊疗项目目录、工伤保险药品目录、工伤保险住院服务标准的，从工伤保险基金支付。职工住院治疗工伤的伙食补助费，以及经医疗机构出具证明，报经办机构同意，工伤职工到统筹地区以外就医所需的交通、食宿费用从工伤保险基金支付，基金支付的具体标准由统筹地区人民政府规定。工伤职工到签订服务协议的医疗机构进行工伤康复的费用，符合规定的，从工伤保险基金支付。

工伤职工治疗非工伤引发的疾病，不享受工伤医疗待遇，按照基本医疗保险办法处理。社会保险行政部门作出认定为工伤的决定后发生行政复议、行政诉讼的，行政复议和行政诉讼期间不停止支付工伤职工治疗工伤的医疗费用。

工伤职工因日常生活或者就业需要，经劳动能力鉴定委员会确认，可以安装假肢、矫形器、假眼、假牙和配置轮椅等辅助器具，所需费用按照国家规定的标准从工伤保险基金支付。

（2）工伤医疗的停工留薪期

职工因工作遭受事故伤害或者患职业病需要暂停工作接受工伤医疗的，在停工留薪期内，原工资福利待遇不变，由所在单位按月支付。停工留薪期一般不超过 12 个月。伤情严重或者情况特殊，经设区的市级劳动能力鉴定委员会确认，可以适当延长，但延长不得超过 12 个月。

工伤职工评定伤残等级后，停发原待遇，按照有关规定享受伤残待遇。工伤职工在停工留薪期满后仍需治疗的，继续享受工伤医疗待遇。

（3）工伤职工的护理

生活不能自理的工伤职工在停工留薪期需要护理的，由所在单位负责。

工伤职工已经评定伤残等级并经劳动能力鉴定委员会确认需要生活护理的，从工伤保险基金按月支付生活护理费。生活护理费按照生活完全不能自理、生活大部分不能自理或者生活部分不能自理3个不同等级支付，其标准分别为统筹地区上年度职工月平均工资的50％、40％或者30％。

（4）职工因工致残的待遇

职工因工致残被鉴定为1级至4级伤残的，保留劳动关系，退出工作岗位，享受以下待遇：

1）从工伤保险基金按伤残等级支付一次性伤残补助金，标准为：1级伤残为27个月的本人工资，2级伤残为25个月的本人工资，3级伤残为23个月的本人工资，4级伤残为21个月的本人工资；

2）从工伤保险基金按月支付伤残津贴，标准为：1级伤残为本人工资的90％，2级伤残为本人工资的85％，3级伤残为本人工资的80％，4级伤残为本人工资的75％。伤残津贴实际金额低于当地最低工资标准的，由工伤保险基金补足差额；

3）工伤职工达到退休年龄并办理退休手续后，停发伤残津贴，按照国家有关规定享受基本养老保险待遇。基本养老保险待遇低于伤残津贴的，由工伤保险基金补足差额。职因工致残被鉴定为1级至4级伤残的，由用人单位和职工个人以伤残津贴为基数，缴纳基本医疗保险费。

职工因工致残被鉴定为5级、6级伤残的，享受以下待遇：

1）从工伤保险基金按伤残等级支付一次性伤残补助金，标准为：5级伤残为18个月的本人工资，6级伤残为16个月的本人工资；

2）保留与用人单位的劳动关系，由用人单位安排适当工作。难以安排工作的，由用人单位按月发给伤残津贴，标准为：5级伤残为本人工资的70％，6级伤残为本人工资的60％，并由用人单位按照规定为其缴纳应缴纳的各项社会保险费。伤残津贴实际金额低于当地最低工资标准的，由用人单位补足差额。经工伤职工本人提出，该职工可以与用人单位解除或者终止劳动关系，由工伤保险基金支付一次性工伤医疗补助金，由用人单位支付一次性伤残就业补助金。

职工因工致残被鉴定为7级至10级伤残的，享受以下待遇：①从工伤保险基金按伤残等级支付一次性伤残补助金，标准为：7级伤残为13个月的本人工资，8级伤残为11个月的本人工资，9级伤残为9个月的本人工资，10级伤残为7个月的本人工资；②劳动、聘用合同期满终止，或者职工本人提出解除劳动、聘用合同的，由工伤保险基金支付一次性工伤医疗补助金，由用人单位支付一次性伤残就业补助金。

（5）职工因工死亡的丧葬补助金、抚恤金和一次性工亡补助金

职工因工死亡，其近亲属按照下列规定从工伤保险基金领取丧葬补助金、供养亲属抚恤金和一次性工亡补助金：

1）丧葬补助金为6个月的统筹地区上年度职工月平均工资；

2）供养亲属抚恤金按照职工本人工资的一定比例发给由因工死亡职工生前提供主要

生活来源、无劳动能力的亲属。标准为：配偶每月 40%，其他亲属每人每月 30%，孤寡老人或者孤儿每人每月在上述标准的基础上增加 10%。核定的各供养亲属的抚恤金之和不应高于因工死亡职工生前的工资。

3）一次性工亡补助金标准为上一年度全国城镇居民人均可支配收入的 20 倍。伤残职工在停工留薪期内因工伤导致死亡的，其近亲属享受以上规定的待遇。1 级至 4 级伤残职工在停工留薪期满后死亡的，其近亲属可以享受以上第 1）项、第 2）项规定的待遇。

（6）其他规定

职工因工外出期间发生事故或者在抢险救灾中下落不明的，从事故发生当月起 3 个月内照发工资，从第 4 个月起停发工资，由工伤保险基金向其供养亲属按月支付供养亲属抚恤金。生活有困难的，可以预支一次性工亡补助金的 50%。职工被人民法院宣告死亡的，按照职工因工死亡的规定处理。

工伤职工有下列情形之一的，停止享受工伤保险待遇：

1）丧失享受待遇条件的；

2）拒不接受劳动能力鉴定的；

3）拒绝治疗的。

用人单位分立、合并、转让的，承继单位应当承担原用人单位的工伤保险责任；原用人单位已经参加工伤保险的，承继单位应当到当地经办机构办理工伤保险变更登记。用人单位实行承包经营的，工伤保险责任由职工劳动关系所在单位承担。职工被借调期间受到工伤事故伤害的，由原用人单位承担工伤保险责任，但原用人单位与借调单位可以约定补偿办法。企业破产的，在破产清算时依法拨付应当由单位支付的工伤保险待遇费用。

职工被派遣出境工作，依据前往国家或者地区的法律应当参加当地工伤保险的，参加当地工伤保险，其国内工伤保险关系中止；不能参加当地工伤保险的，其国内工伤保险关系不中止。

职工再次发生工伤，根据规定应当享受伤残津贴的，按照新认定的伤残等级享受伤残津贴待遇。

2014 年 6 月公布的《最高人民法院关于审理工伤保险行政案件若干问题的规定》中规定，社会保险行政部门认定下列单位为承担工伤保险责任单位的，人民法院应予支持：①职工与两个或两个以上单位建立劳动关系，工伤事故发生时，职工为之工作的单位为承担工伤保险责任的单位；②劳务派遣单位派遣的职工在用工单位工作期间因工伤亡的，派遣单位为承担工伤保险责任的单位；③单位指派到其他单位工作的职工因工伤亡的，指派单位为承担工伤保险责任的单位；④用工单位违反法律、法规规定将承包业务转包给不具备用工主体资格的组织或者自然人，该组织或者自然人聘用的职工从事承包业务时因工伤亡的，用工单位为承担工伤保险责任的单位；⑤个人挂靠其他单位对外经营，其聘用的人员因工伤亡的，被挂靠单位为承担工伤保险责任的单位。前款第④、⑤项明确的承担工伤保险责任的单位承担赔偿责任或者社会保险经办机构从工伤保险基金支付工伤保险待遇后，有权向相关组织、单位和个人追偿。

1.5.3.5 监督管理

任何组织和个人对有关工伤保险的违法行为，有权举报。社会保险行政部门对举报应当及时调查，按照规定处理，并为举报人保密。

工会组织依法维护工伤职工的合法权益，对用人单位的工伤保险工作实行监督。职工与用人单位发生工伤待遇方面的争议，按照处理劳动争议的有关规定处理。

有下列情形之一的，有关单位或者个人可以依法申请行政复议，也可以依法向人民法院提起行政诉讼：

（1）申请工伤认定的职工或者其近亲属、该职工所在单位对工伤认定申请不予受理的决定不服的；

（2）申请工伤认定的职工或者其近亲属、该职工所在单位对工伤认定结论不服的；

（3）用人单位对经办机构确定的单位缴费费率不服的；

（4）签订服务协议的医疗机构、辅助器具配置机构认为经办机构未履行有关协议或者规定的；

（5）工伤职工或者其近亲属对经办机构核定的工伤保险待遇有异议的。

1.5.3.6 针对建筑行业特点的工伤保险制度

2014年12月人力资源社会保障部、住房城乡建设部、安全监管总局、全国总工会颁发的《关于进一步做好建筑业工伤保险工作的意见》提出，针对建筑行业的特点，建筑施工企业对相对固定的职工，应按用人单位参加工伤保险；对不能按用人单位参保、建筑项目使用的建筑业职工特别是农民工，按项目参加工伤保险。

按用人单位参保的建筑施工企业应以工资总额为基数依法缴纳工伤保险费。以建设项目为单位参保的，可以按照项目工程总造价的一定比例计算缴纳工伤保险费。要充分运用工伤保险浮动费率机制，根据各建筑企业工伤事故发生率、工伤保险基金使用等情况适时适当调整费率，促进企业加强安全生产，预防和减少工伤事故。

建设单位要在工程概算中将工伤保险费用单独列支，作为不可竞争费，不参与竞标；并在项目开工前由施工总承包单位一次性代缴本项目工伤保险费，覆盖项目使用的所有职工，包括专业承包单位、劳务分包单位使用的农民工。

施工总承包单位应当在工程项目施工期内督促专业承包单位、劳务分包单位建立职工花名册、考勤记录、工资发放表等台账，对项目施工期内全部施工人员实行动态实名制管理。施工人员发生工伤后，以劳动合同为基础确认劳动关系。对未签订劳动合同的，由人力资源社会保障部门参照工资支付凭证或记录、工作证、招工登记表、考勤记录及其他劳动者证言等证据，确认事实劳动关系。

职工发生工伤事故，应当由其所在用人单位在30日内提出工伤认定申请，施工总承包单位应当密切配合并提供参保证明等相关材料。用人单位未在规定时限内提出工伤认定申请的，职工本人或其近亲属、工会组织可以在1年内提出工伤认定申请，经社会保险行政部门调查确认工伤的，在此期间发生的工伤待遇等有关费用由其所在用人单位负担。对于事实清楚、权利义务关系明确的工伤认定申请，应当自受理工伤认定申请之日起15日内作出工伤认定决定。

对认定为工伤的建筑业职工，各级社会保险经办机构和用人单位应依法按时足额支付各项工伤保险待遇。对在参保项目施工期间发生工伤、项目竣工时尚未完成工伤认定或劳动能力鉴定的建筑业职工，其所在用人单位要继续保证其医疗救治和停工期间的法定待遇，待完成工伤认定及劳动能力鉴定后，依法享受参保职工的各项工伤保险待遇；其中应由用人单位支付的待遇，工伤职工所在用人单位要按时足额支付，也可根据其意愿一次性支付。针对建筑业工资收入分配的特点，对相关工伤保险待遇中难以按本人工资作为计发基数的，可以参照统筹地区上年度职工平均工资作为计发基数。

未参加工伤保险的建设项目，职工发生工伤事故，依法由职工所在用人单位支付工伤保险待遇，施工总承包单位、建设单位承担连带责任；用人单位和承担连带责任的施工总承包单位、建设单位不支付的，由工伤保险基金先行支付，用人单位和承担连带责任的施工总承包单位、建设单位应当偿还；不偿还的，由社会保险经办机构依法追偿。

建设单位、施工总承包单位或具有用工主体资格的分包单位将工程（业务）发包给不具备用工主体资格的组织或个人，该组织或个人招用的劳动者发生工伤的，发包单位与不具备用工主体资格的组织或个人承担连带赔偿责任。

施工总承包单位应当按照项目所在地人力资源社会保障部门统一规定的式样，制作项目参加工伤保险情况公示牌，在施工现场显著位置予以公示，并安排有关工伤预防及工伤保险政策讲解的培训课程，保障广大建筑业职工特别是农民工的知情权，增强其依法维权意识。

开展工伤预防试点的地区可以从工伤保险基金提取一定比例用于工伤预防。

1.5.4 建筑意外伤害保险的规定

《建筑法》规定，建筑施工企业应当依法为职工参加工伤保险缴纳工伤保险费。鼓励企业为从事危险作业的职工办理意外伤害保险，支付保险费。

说明，工伤保险是面向施工企业全体员工的强制性保险。意外伤害保险则是针对施工现场从事危险作业特殊群体的职工，其适用范围是在施工现场从事高处作业、深基坑作业、爆破作业等危险性较大的施工人员，法律鼓励施工企业再为他们办理意外伤害保险，使这部分人员能够比其他职工依法获得更多的权益保障。

《建设工程安全生产管理条例》则规定，施工单位应当为施工现场从事危险作业的人员办理意外伤害保险。意外伤害保险费由施工单位支付。实行施工总承包的，由总承包单位支付意外伤害保险费。意外伤害保险期限自建设工程开工之日起至竣工验收合格止。

（1）建筑意外伤害保险的范围、保险期限和最低保险金额

2003年5月建设部发布的《关于加强建筑意外伤害保险工作的指导意见》中指出，建筑施工企业应当为施工现场从事施工作业和管理的人员，在施工活动过程中发生的人身意外伤亡事故提供保障，办理建筑意外伤害保险、支付保险费。范围应当覆盖工程项目。已在企业所在地参加工伤保险的人员，从事现场施工时仍可参加建筑意外伤害保险。

保险期限应涵盖工程项目开工之日到工程竣工验收合格日。提前竣工的，保险责任自行终止。因延长工期的，应当办理保险顺延手续。

（2）建筑意外伤害保险的保险费和费率

保险费应当列入建筑安装工程费用。保险费由施工企业支付，施工企业不得向职工摊派。

施工企业和保险公司双方应本着平等协商的原则，根据各类风险因素商定建筑意外伤害保险费率，提倡差别费率和浮动费率。差别费率可与工程规模、类型、工程项目风险程度和施工现场环境等因素挂钩。浮动费率可与施工企业安全生产业绩、安全生产管理状况等因素挂钩。

（3）建筑意外伤害保险的投保

施工企业应在工程项目开工前，办理完投保手续。鉴于工程建设项目施工工艺流程中各工种调动频繁、用工流动性大，投保应实行不记名和不计人数的方式。工程项目中有分包单位的由总承包施工企业统一办理，分包单位合理承担投保费用。

（4）建筑意外伤害保险的索赔

建筑意外伤害保险应规范和简化索赔程序，搞好索赔服务。各地建设行政主管部门要积极创造条件，引导投保企业在发生意外事故后即向保险公司提出索赔，使施工伤亡人员能够得到及时、足额的赔付。

（5）建筑意外伤害保险的安全服务

施工企业应当选择能提供建筑安全生产风险管理、事故防范等安全服务和有保险能力的保险公司，以保证事故后能及时补偿与事故前能主动防范。目前还不能提供安全风险管理和事故预防的保险公司，应通过建筑安全服务中介组织向施工企业提供与建筑意外伤害保险相关的安全服务。

1.6 安全政策与安全管理制度

1.6.1 施工安全生产管理的方针

《安全生产法》第三条规定，"安全生产工作应当以人为本，坚持安全发展，坚持安全第一、预防为主、综合治理的方针，强化和落实生产经营单位的主体责任，建立生产经营单位负责、职工参与、政府监管、行业自律和社会监督的机制。"明确提出了国家安全生产工作的基本政策。

安全第一，就是要在建设工程施工过程中把安全放在第一重要的位置，贯彻以人为本的科学发展观，切实保护劳动者的生命安全和身体健康。预防为主，是要把建设工程施工安全生产工作的关口前移，建立预教、预警、预防的施工事故隐患预防体系，改善施工安全生产状况，预防施工安全事故。综合治理，则是要自觉遵循施工安全生产规律，把握施工安全生产工作中的主要矛盾和关键环节，综合运用经济、法律、行政等手段，人管、法治、技防多管齐下，并充分发挥社会、职工、舆论的监督作用，有效解决建设工程施工安全生产的问题。

"安全第一、预防为主、综合治理"方针是一个有机整体。如果没有安全第一的指导思想，预防为主就失去了思想支撑，综合治理将失去整治依据；预防为主是实现安全第一的根本途径，只有把施工安全生产的重点放在建立和落实事故隐患预防体系上，才能有效减少施工伤亡事故的发生；综合治理则是落实安全第一、预防为主的手段和方法。

1.6.2 安全生产许可证制度

1.6.2.1 法律依据

《建筑法》规定，项目施工前，建设单位必须向项目所在地建设行政主管部门申请领取"施工许可证"。施工企业承揽该项目施工，必须具备招标文件所规定的资质证书及相应的施工生产能力。

2014 年 7 月经修改后发布的《安全生产许可证条例》规定，国家对矿山企业、建筑施工企业和危险化学品、烟花爆竹、民用爆炸物品生产企业（以下统称企业）实行安全生产许可制度。企业未取得安全生产许可证的，不得从事生产活动。省、自治区、直辖市人民政府建设主管部门负责建筑施工企业安全生产许可证的颁发和管理，并接受国务院建设主管部门的指导和监督。

建筑施工企业未取得安全生产许可证的，不得从事建筑施工活动。

企业进行生产前，应当依照《安全生产许可证条例》的规定向安全生产许可证颁发管理机关申请领取安全生产许可证，并提供该条例第六条规定的相关文件、资料。

1.6.2.2　申请领取安全生产许可证的条件

《安全生产许可证条例》规定，企业取得安全生产许可证，应当具备 13 项安全生产条件。

（1）建立、健全安全生产责任制，制定完备的安全生产规章制度和操作规程；

（2）安全投入符合安全生产要求；

（3）设置安全生产管理机构，配备专职安全生产管理人员；

（4）主要负责人和安全生产管理人员经考核合格；

（5）特种作业人员经有关业务主管部门考核合格，取得特种作业操作资格证书；

（6）从业人员经安全生产教育和培训合格；

（7）依法参加工伤保险，为从业人员缴纳保险费；

（8）厂房、作业场所和安全设施、设备、工艺符合有关安全生产法律、法规、标准和规程的要求；

（9）有职业危害防治措施，并为从业人员配备符合国家标准或者行业标准的劳动防护用品；

（10）依法进行安全评价；

（11）有重大危险源检测、评估、监控措施和应急预案；

（12）有生产安全事故应急救援预案、应急救援组织或者应急救援人员，配备必要的应急救援器材、设备；

（13）法律、法规规定的其他条件。

1.6.2.3　安全生产许可证的有效期

安全生产许可证的有效期为 3 年。安全生产许可证有效期满需要延期的，企业应当于期满前 3 个月向原安全生产许可证颁发管理机关办理延期手续。企业在安全生产许可证有效期内，严格遵守有关安全生产的法律法规，未发生死亡事故的，安全生产许可证有效期届满时，经原安全生产许可证颁发管理机关同意，不再审查，安全生产许可证有效期延期 3 年。

建筑施工企业变更名称、地址、法定代表人等，应当在变更后 10 日内，到原安全生产许可证颁发管理机关办理安全生产许可证变更手续。建筑施工企业破产、倒闭、撤销的，应当将安全生产许可证交回原安全生产许可证颁发管理机关予以注销。建筑施工企业遗失安全生产许可证，应当立即向原安全生产许可证颁发管理机关报告，并在公众媒体上声明作废后，方可申请补办。

1.6.2.4　政府监管

住房城乡建设主管部门在审核发放施工许可证时，应当对已经确定的建筑施工企业是否有安全生产许可证进行审查，对没有取得安全生产许可证的，不得颁发施工许可证。企业取得安全生产许可证后，不得降低安全生产条件，并应当加强日常安全生产管理，接受安全生产许可证颁发管理机关的监督检查。安全生产许可证颁发管理机关发现企业不再具备安全生产条件的，应当暂扣或者吊销安全生产许可证。企业不得转让、冒用安全生产许可证或者使用伪造的安全生产许可证。

安全生产许可证颁发管理机关或者其上级行政机关发现有下列情形之一的，可以撤销已经颁发的安全生产许可证：

（1）安全生产许可证颁发管理机关工作人员滥用职权、玩忽职守颁发安全生产许可证的；

（2）超越法定职权颁发安全生产许可证的；

（3）违反法定程序颁发安全生产许可证的；

（4）对不具备安全生产条件的建筑施工企业颁发安全生产许可证的；

（5）依法可以撤销已经颁发的安全生产许可证的其他情形。

常见的违法行为主要有：

建筑施工企业未取得安全生产许可证或转让安全生产许可证的，责令其在建项目停止施工，没收违法所得，并处 10 万元以上 50 万元以下的罚款；造成重大安全事故或者其他严重后果，构成犯罪的，依法追究刑事责任。

有效期满未办理延期手续，继续从事建筑施工活动的，责令其在建项目停止施工，限期补办延期手续，没收违法所得，并处 5 万元以上 10 万元以下的罚款；逾期仍不办理延期手续，继续从事建筑施工活动的，依照未取得安全生产许可证擅自从事建筑施工活动的规定处罚。

建筑施工企业隐瞒有关情况或者提供虚假材料申请安全生产许可证的，不予受理或者不予颁发安全生产许可证，并给予警告，1 年内不得申请安全生产许可证。

以欺骗、贿赂等不正当手段取得安全生产许可证的，撤销安全生产许可证，3 年内不得再次申请安全生产许可证；构成犯罪的，依法追究刑事责任。

取得安全生产许可证的建筑施工企业，发生重大安全事故的，暂扣安全生产许可证并限期整改。

1.6.3 企业安全生产责任

《安全生产法》第 4 条：生产经营单位必须遵守本法和其他安全生产法律法规，加强安全生产管理，建立健全安全生产责任制和安全生产规章制度，改善安全生产条件，推进安全生产标准化建设，提高安全生产水平。

施工单位是建设工程施工活动的主体，必须加强对施工安全生产的管理，落实施工安全生产的主体责任。

1.6.3.1 总承包单位应当承担的法定安全生产责任

《建筑法》规定，施工现场安全由建筑施工企业负责。实行施工总承包的，由总承包单位负责。分包单位向总承包单位负责，服从总承包单位对施工现场的安全生产管理。

《安全生产法》也规定，两个以上生产经营单位在同一作业区域内进行生产经营活动，可能危及对方生产安全的，应当签订安全生产管理协议。明确各自的安全生产管理职责和应当采取的安全措施，并指定专职安全生产管理人员进行安全检查与协调。

施工总承包是由一个施工单位对建设工程施工全面负责。该总承包单位不仅要负责建设工程的施工质量、合同工期、成本控制，还要对施工现场组织和安全生产进行统一协调管理。

（1）分包合同应当明确总分包双方的安全生产责任

《建设工程安全生产管理条例》规定，总承包单位依法将建设工程分包给其他单位的，分包合同中应当明确各自的安全生产方面的权利、义务。

施工总承包单位与分包单位的安全生产责任，可分为法定责任和约定责任。所谓法定责任，即法律法规中明确规定的总承包单位、分包单位各自的安全生产责任。所谓约定责任，即总承包单位与分包单位通过协商，在分包合同中约定各自应当承担的安全生产责任。但是，安全生产的约定责任不能与法定责任相抵触。

（2）统一组织编制建设工程生产安全应急救援预案

《建设工程安全生产管理条例》规定，施工单位应当根据建设工程施工的特点、范围，对施工现场易发生重大事故的部位、环节进行监控，制定施工现场生产安全事故应急救援预案。实行施工总承包的，由总承包单位统一组织编制建设工程生产安全事故应急救援预案，工程总承包单位和分包单位按照应急救援预案，各自建立应急救援组织或者配备应急救援人员，配备救援器材、设备，并定期组织演练。

建设工程的施工属高风险作业，极易发生安全事故。为了加强对施工安全突发事故的处理，提高应急救援快速反应能力，必须重视并编制施工安全事故应急救援预案。由于实行施工总承包的，是由总承包单位对施工现场的安全生产负总责，所以总承包单位要统一组织编制建设工程生产安全事故应急救援预案。

（3）负责上报施工生产安全事故

《建设工程安全生产管理条例》规定，实行施工总承包的建设工程，由总承包单位负责上报事故。

据此，一旦发生施工生产安全事故，施工总承包单位应当依法向有关主管部门报告事故及基本情况。

（4）自行完成建设工程主体结构的施工

《建设工程安全生产管理条例》规定，总承包单位应当自行完成建设工程主体结构的施工。

这是为了落实施工总承包单位的安全生产责任，防止因转包和违法分包等行为导致施工生产安全事故的发生。

（5）承担连带责任

《建设工程安全生产管理条例》规定，总承包单位和分包单位对分包工程的安全生产承担连带责任。

该项规定既强化了总承包单位和分包单位双方的安全生产责任意识，也有利于保护受损害者的合法权益。

1.6.3.2 分包单位应当承担的法定安全生产责任

《建筑法》规定，分包单位向总承包单位负责，服从总承包单位对施工现场的安全生产管理。《建设工程安全生产管理条例》进一步规定，分包单位应当服从总承包单位的安全生产管理，分包单位不服从管理导致生产安全事故的，由分包单位承担主要责任。

　　总承包单位依法对施工现场的安全生产负总责，这就要求分包单位必须服从总承包单位的安全生产管理。在许多工地上，往往有若干分包单位同时在施工，如果缺乏统一的组织管理，很容易发生安全事故。因此，分包单位要服从总承包单位对施工现场的安全生产规章制度、岗位操作要求等安全生产管理。否则，一旦发生施工安全生产事故，分包单位要承担主要责任。

1.6.4　全面安全管理、分级负责

　　《安全生产法》规定，生产经营单位的安全生产责任制应当明确各岗位的责任人员、责任范围和考核标准等内容。生产经营单位应当建立相应的机制，加强对安全生产责任制落实情况的监督考核，保证安全生产责任制的落实。《建筑法》还规定，建筑施工企业必须依法加强对建筑安全生产的管理，执行安全生产责任制度，采取有效措施，防止伤亡和其他安全生产事故的发生。

1.6.4.1　施工单位主要负责人对安全生产工作全面负责

　　2015年4月国务院办公厅颁发的《关于加强安全生产监管执法的通知》规定，国有大中型企业和规模以上企业要建立安全生产委员会，主任由董事长或总经理担任，董事长、党委书记、总经理对安全生产工作均负有领导责任，企业领导班子成员和管理人员实行安全生产"一岗双责"。所有企业都要建立生产安全风险警示和预防应急公告制度，完善风险排查、评估、预警和防控机制，加强风险预控管理，按规定将本单位重大危险源及相关安全措施、应急措施报有关地方人民政府安全生产监督管理部门和有关部门备案。

　　《建筑法》规定，建筑施工企业的法定代表人对本企业的安全生产负责。《建设工程安全生产管理条例》也规定，施工单位主要负责人依法对本单位的安全生产工作全面负责。

　　施工项目负责人的安全生产责任：

　　《安全生产法》规定，生产经营单位的主要负责人对本单位的安全生产工作全面负责。生产经营单位的主要负责人对本单位安全生产工作负有下列职责：

　　（1）建立、健全本单位安全生产责任制；

　　（2）组织制定本单位安全生产规章制度和操作规程；

　　（3）保证本单位安全生产投入的有效实施；

　　（4）督促、检查本单位的安全生产工作，及时消除生产安全事故隐患；

　　（5）组织制定并实施本单位的生产安全事故应急救援预案；

　　（6）及时、如实报告生产安全事故；

　　（7）组织制定并实施本单位安全生产教育和培训计划。

1.6.4.2　施工项目负责人的安全生产责任

　　施工项目负责人是指建设工程项目的项目经理。施工项目负责人经施工单位法定代表人的授权，要选配技术、生产、材料、成本等管理人员组成项目管理班子，代表施工单位在本建设工程项目上履行管理职责。施工单位不同于一般的生产经营单位，通常会同时承建若干建设工程项目，且异地承建施工的现象很普遍。为了加强对施工现场的管理，施工单位都要对每个建设工程项目委派一名项目负责人即项目经理，由他对该项目的施工管理全面负责。

《建设工程安全生产管理条例》规定，施工单位的项目负责人应当由取得相应执业资格的人员担任，对建设工程项目的安全施工负责，落实安全生产责任制度、安全生产规章制度和操作规程，确保安全生产费用的有效使用，并根据工程的特点组织制定安全施工措施，消除安全事故隐患，及时、如实报告生产安全事故。

施工项目负责人的安全生产责任主要是：

（1）对建设工程项目的安全施工负责；

（2）落实安全生产责任制度、安全生产规章制度和操作规程；

（3）确保安全生产费用的有效使用；

（4）根据工程的特点组织制定安全施工措施，消除安全事故隐患；

（5）及时、如实报告生产安全事故情况。

1.6.4.3　施工现场带班制度

（1）企业负责人现场带班

2010年7月颁布的《国务院关于进一步加强企业安全生产工作的通知》（国发〔2010〕23号）规定，强化生产过程管理的领导责任。企业主要负责人和领导班子成员要轮流现场带班。

2011年7月住房和城乡建设部发布的《建筑施工企业负责人及项目负责人施工现场带班暂行办法》进一步规定，企业负责人带班检查是指由建筑施工企业负责人带队实施对工程项目质量安全生产状况及项目负责人带班生产情况的检查。建筑施工企业负责人，是指企业的法定代表人、总经理、主管质量安全和生产工作的副总经理、总工程师和副总工程师。

建筑施工企业负责人要定期带班检查，每月检查时间不少于其工作日的25％。建筑施工企业负责人带班检查时，应认真做好检查记录，并分别在企业和工程项目存档备查。工程项目进行超过一定规模的危险性较大的分部分项工程施工时，建筑施工企业负责人应到施工现场进行带班检查。工程项目出现险情或发现重大隐患时，建筑施工企业负责人应到施工现场带班检查，督促工程项目进行整改，及时消除险情和隐患。

对于有分公司（非独立法人）的企业集团，集团负责人因故不能到现场的，可书面委托工程所在地的分公司负责人对施工现场进行带班检查。

（2）项目负责人施工现场带班

《建筑施工企业负责人及项目负责人施工现场带班暂行办法》规定，项目负责人是工程项目质量安全管理的第一责任人，应对工程项目落实带班制度负责。项目负责人带班生产是指项目负责人在施工现场组织协调工程项目的质量安全生产活动。

项目负责人在同一时期只能承担一个工程项目的管理工作。项目负责人带班生产时，要全面掌握工程项目质量安全生产状况，加强对重点部位、关键环节的控制，及时消除隐患。要认真做好带班生产记录并签字存档备查。项目负责人每月带班生产时间不得少于本月施工时间的80％。因其他事务需离开施工现场时，应向工程项目的建设单位请假，经批准后方可离开。离开期间应委托项目相关负责人负责其外出时的日常工作。

1.6.4.4　重大事故隐患治理督办制度

在施工活动中可能导致事故发生的物的不安全状态、人的不安全行为和管理上的缺陷，都是事故隐患。

《安全生产法》规定，生产经营单位应当建立健全生产安全事故隐患排查治理制度，采取技术、管理措施，及时发现并消除事故隐患。事故隐患排查治理情况应当如实记录，并向从业人员通报。县级以上地方各级人民政府负有安全生产监督管理职责的部门应当建立健全重大事故隐患治理督办制度，督促生产经营单位消除重大事故隐患。

生产经营单位的安全生产管理人员应当根据本单位的生产经营特点，对安全生产状况进行经常性检查；对检查中发现的安全问题，应当立即处理；不能处理的，应当及时报告本单位有关负责人，有关负责人应当及时处理。检查及处理情况应当如实记录在案。

生产经营单位的安全生产管理人员在检查中发现重大事故隐患，依照前款规定向本单位有关负责人报告，有关负责人不及时处理的，安全生产管理人员可以向主管的负有安全生产监督管理职责的部门报告，接到报告的部门应当依法及时处理。

2011年10月住房和城乡建设部发布的《房屋市政工程生产安全重大隐患排查治理挂牌督办暂行办法》（建质〔2011〕158号）进一步规定，重大隐患是指在房屋建筑和市政工程施工过程中，存在的危害程度较大、可能导致群死群伤或造成重大经济损失的生产安全隐患。

企业及工程项目的主要负责人对重大隐患排查治理工作全面负责。建筑施工企业应当定期组织安全生产管理人员、工程技术人员和其他相关人员排查每一个工程项目的重大隐患，特别是对深基坑、高支模、地铁隧道等技术难度大、风险大的重要工程应重点定期排查。对排查出的重大隐患，应及时实施治理消除，并将相关情况进行登记存档。

住房城乡建设主管部门接到工程项目重大隐患举报，应立即组织核实，属实的由工程所在地住房城乡建设主管部门及时向承建工程的建筑施工企业下达《房屋市政工程生产安全重大隐患治理挂牌督办通知书》，并公开有关信息，接受社会监督。

1.6.4.5 建立健全群防群治制度

群防群治制度，是《建筑法》中所规定的建筑工程安全生产管理的一项重要法律制度。它是施工企业进行民主管理的重要内容，也是群众路线在安全生产管理工作中的具体体现。广大职工群众在施工生产活动中既要遵守有关法律、法规和规章制度，不得违章作业，还拥有对于危及生命安全和身体健康的行为提出批评、检举和控告的权利。

1.6.5 施工单位安全生产管理机构和专职安全生产管理

1.6.5.1 机构设置和人员配备

《安全生产法》规定，矿山、金属冶炼、建筑施工、道路运输单位和危险物品的生产、经营、储存单位，应当设置安全生产管理机构或者配备专职安全生产管理人员。

建筑施工企业安全生产管理机构专职安全生产管理人员的配备应满足下列要求，并应根据企业经营规模、设备管理和生产需要予以增加：

（1）建筑施工总承包资质序列企业：特级资质不少于6人；一级资质不少于4人；二级和二级以下资质企业不少于3人。

（2）建筑施工专业承包资质序列企业：一级资质不少于3人；二级和二级以下资质企业不少于2人。

（3）建筑施工劳务分包资质序列企业：不少于2人。

（4）建筑施工企业的分公司、区域公司等较大的分支机构应依据实际生产情况配备不

80

少于 2 人的专职安全生产管理人员。

总承包单位配备项目专职安全生产管理人员应当满足下列要求：

（1）建筑工程、装修工程按照建筑面积配备：①1 万平方米以下的工程不少于 1 人；②1 万～5 万 m^2 的工程不少于 2 人；③5 万平方米及以上的工程不少于 3 人，且按专业配备专职安全生产管理人员。

（2）土木工程、线路管道、设备安装工程按照工程合同价配备：①5000 万元以下的工程不少于 1 人；②5000 万～1 亿元的工程不少于 2 人；③1 亿元及以上的工程不少于 3 人，且按专业配备专职安全生产管理人员。

分包单位配备项目专职安全生产管理人员应当满足下列要求：

（1）专业承包单位应当配置至少 1 人，并根据所承担的分部分项工程的工程量和施工危险程度增加。

（2）劳务分包单位施工人员在 50 人以下的，应当配备 1 名专职安全生产管理人员；50～200 人的，应当配备 2 名专职安全生产管理人员；200 人及以上的，应当配备 3 名及以上专职安全生产管理人员，并根据所承担的分部分项工程施工危险实际情况增加，不得少于工程施工人员总人数的 5‰。

1.6.5.2　安全生产职责

生产经营单位的安全生产管理机构以及安全生产管理人员履行下列职责：

（1）组织或者参与拟订本单位安全生产规章制度、操作规程和生产安全事故应急救援预案；

（2）组织或者参与本单位安全生产教育和培训，如实记录安全生产教育和培训情况；

（3）督促落实本单位重大危险源的安全管理措施；

（4）组织或者参与本单位应急救援演练；

（5）检查本单位的安全生产状况，及时排查生产安全事故隐患，提出改进安全生产管理的建议；

（6）制止和纠正违章指挥、强令冒险作业、违反操作规程的行为；

（7）督促落实本单位安全生产整改措施。

生产经营单位的安全生产管理机构以及安全生产管理人员应当恪尽职守，依法履行职责。生产经营单位作出涉及安全生产的经营决策，应当听取安全生产管理机构以及安全生产管理人员的意见。生产经营单位不得因安全生产管理人员依法履行职责而降低其工资、福利等待遇或者解除与其订立的劳动合同。

1.6.5.3　安全生产管理人员的施工现场检查

《安全生产法》规定，生产经营单位的安全生产管理人员应当根据本单位的生产经营特点，对安全生产状况进行经常性检查；对检查中发现的安全问题，应当立即处理；不能处理的，应当及时报告本单位有关负责人，有关负责人应当及时处理。检查及处理情况应当如实记录在案。

生产经营单位的安全生产管理人员在检查中发现重大事故隐患，依照前款规定向本单位有关负责人报告，有关负责人不及时处理的，安全生产管理人员可以向主管的负有安全生产监督管理职责的部门报告，接到报告的部门应当依法及时处理。

《建设工程安全生产管理条例》还规定，施工单位应当设立安全生产管理机构，配备专职安全生产管理人员。专职安全生产管理人员负责对安全生产进行现场监督检查。发现安全事故隐患，应当及时向项目负责人和安全生产管理机构报告；对违章指挥、违章操作的，应当立即制止。

2008年5月住房和城乡建设部发布的《建筑施工企业安全生产管理机构设置及专职安全生产管理人员配备办法》进一步规定，建筑施工企业应当实行建设工程项目专职安全生产管理人员委派制度。建设工程项目的专职安全生产管理人员应当定期将项目安全生产管理情况报告企业安全生产管理机构。

采用新技术、新工艺、新材料或致害因素多、施工作业难度大的工程项目，项目专职安全生产管理人员的数量应当根据施工实际情况，在以上规定的配备标准上增加。

施工作业班组可以设置兼职安全巡查员，对本班组的作业场所进行安全监督检查。建筑施工企业应当定期对兼职安全巡查员进行安全教育培训。

项目专职安全生产管理人员具有以下主要职责：

(1) 负责施工现场安全生产日常检查并做好检查记录；

(2) 现场监督危险性较大工程安全专项施工方案实施情况；

(3) 对作业人员违规违章行为有权予以纠正或查处；

(4) 对施工现场存在的安全隐患有权责令立即整改；

(5) 对于发现的重大安全隐患，有权向企业安全生产管理机构报告；

(6) 依法报告生产安全事故情况。

1.6.6 施工作业人员安全生产的权利和义务

《安全生产法》规定，生产经营单位的从业人员有依法获得安全生产保障的权利，并应当依法履行安全生产方面的义务。

生产经营单位与从业人员订立的劳动合同，应当载明有关保障从业人员劳动安全、防止职业危害的事项，以及依法为从业人员办理工伤保险的事项。生产经营单位不得以任何形式与从业人员订立协议，免除或者减轻其对从业人员因生产安全事故伤亡依法应承担的责任。

1.6.6.1 施工作业人员依法享有的安全生产保障权利

按照《建筑法》、《安全生产法》、《建设工程安全生产管理条例》等法律、行政法规的规定，施工作业人员主要享有如下的安全生产权利：

(1) 施工安全生产的知情权和建议权

施工作业人员是施工单位运行和施工生产活动的主体。充分发挥施工作业人员在企业中的主人翁作用，是搞好施工安全生产的重要保障。因此，施工作业人员对施工安全生产拥有知情权，并享有改进安全生产工作的建议权。

《安全生产法》规定，生产经营单位的从业人员有权了解其作业场所和工作岗位存在的危险因素、防范措施及事故应急措施，有权对本单位的安全生产工作提出建议。《建筑法》还规定，作业人员有权对影响人身健康的作业程序和作业条件提出改进意见。

(2) 施工安全防护用品的获得权

施工安全防护用品是保护施工作业人员安全健康所必需的防御性装备，可有效地预防或减少伤亡事故的发生，一般包括安全帽、安全带、安全网、安全绳及其他个人防护用品

（如防护鞋、防护服装、防尘口罩）等。

《安全生产法》规定，生产经营单位必须为从业人员提供符合国家标准或者行业标准的劳动防护用品，并监督、教育从业人员按照使用规则佩戴、使用。《建设工程安全生产管理条例》进一步规定，施工单位应当向作业人员提供安全防护用具和安全防护服装，并书面告知危险岗位的操作规程和违章操作的危害。

（3）批评、检举、控告权及拒绝违章指挥权

《建筑法》规定，作业人员对危及生命安全和人身健康的行为有权提出批评、检举和控告。《建设工程安全生产管理条例》进一步规定，作业人员有权对施工现场的作业条件、作业程序和作业方式中存在的安全问题提出批评、检举和控告，有权拒绝违章指挥和强令冒险作业。

违章指挥是强迫施工作业人员违反法律、法规或者规章制度、操作规程进行作业的行为。法律赋予施工从业人员有拒绝违章指挥和强令冒险作业的权利，是为了保护施工作业人员的人身安全，也是警示施工单位负责人和现场管理人员须按照有关规章制度和操作规程进行指挥。《安全生产法》明确规定，生产经营单位不得因从业人员对本单位安全生产工作提出批评、检举、控告或者拒绝违章指挥、强令冒险作业而降低其工资、福利等待遇或者解除与其订立的劳动合同。

（4）紧急避险权

为了保证施工作业人员的安全，在施工中遇有直接危及人身安全的紧急情况时，施工作业人员享有停止作业和紧急撤离的权利。

《安全生产法》规定，从业人员发现直接危及人身安全的紧急情况时，有权停止作业或者在采取可能的应急措施后撤离作业场所。生产经营单位不得因从业人员在前款紧急情况下停止作业或者采取紧急撤离措施而降低其工资、福利等待遇或者解除与其订立的劳动合同。《建设工程安全生产管理条例》也规定，在施工中发生危及人身安全的紧急情况时，作业人员有权立即停止作业或者在采取必要的应急措施后撤离危险区域。

（5）获得工伤保险和意外伤害保险赔偿的权利

《建筑法》规定，建筑施工企业应当依法为职工参加工伤保险缴纳工伤保险费。鼓励企业为从事危险作业的职工办理意外伤害保险，支付保险费。

据此，施工作业人员除依法享有工伤保险的各项权利外，从事危险作业的施工人员还可以依法享有意外伤害保险的权利。

（6）请求民事赔偿权

《安全生产法》规定，因生产安全事故受到损害的从业人员，除依法享有工伤保险外，依照有关民事法律尚有获得赔偿的权利的，有权向本单位提出赔偿要求。

（7）依靠工会维权和被派遣劳动者的权利

《安全生产法》规定，生产经营单位的工会依法组织职工参加本单位安全生产工作的民主管理和民主监督，维护职工在安全生产方面的合法权益。生产经营单位制定或者修改有关安全生产的规章制度，应当听取工会的意见。

工会对生产经营单位违反安全生产法律、法规，侵犯从业人员合法权益的行为，有权要求纠正；发现生产经营单位违章指挥、强令冒险作业或者发现事故隐患时，有权提出解决的建议，生产经营单位应当及时研究答复；发现危及从业人员生命安全的情况时，有权

向生产经营单位建议组织从业人员撤离危险场所，生产经营单位必须立即作出处理。工会有权依法参加事故调查，向有关部门提出处理意见，并要求追究有关人员的责任。

生产经营单位使用被派遣劳动者的，被派遣劳动者享有本法规定的从业人员的权利。

1.6.6.2 施工作业人员应当履行的安全生产义务

按照《建筑法》、《安全生产法》、《建设工程安全生产管理条例》等法律、行政法规的规定，施工作业人员主要应当履行如下安全生产义务：

（1）守法遵章和正确使用安全防护用具等的义务

施工单位要依法保障施工作业人员的安全，施工作业人员也必须依法遵守有关的规章制度，做到不违章作业。

《建筑法》规定，建筑施工企业和作业人员在施工过程中，应当遵守有关安全生产的法律、法规和建筑行业安全规章、规程，不得违章指挥或者违章作业。《安全生产法》规定，从业人员在作业过程中，应当严格遵守本单位的安全生产规章制度和操作规程，服从管理，正确佩戴和使用劳动防护用品。《建设工程安全生产管理条例》进一步规定，作业人员应当遵守安全施工的强制性标准、规章制度和操作规程，正确使用安全防护用具、机械设备等。

（2）接受安全生产教育培训的义务

施工单位加强安全教育培训，使作业人员具备必要的施工安全生产知识，熟悉有关的规章制度和安全操作规程，掌握本岗位安全操作技能，是控制和减少施工安全事故的重要措施。

《安全生产法》规定，从业人员应当接受安全生产教育和培训，掌握本职工作所需的安全生产知识，提高安全生产技能，增强事故预防和应急处理能力。《建设工程安全生产管理条例》也规定，作业人员进入新的岗位或者新的施工现场前，应当接受安全生产教育培训。未经教育培训或者教育培训考核不合格的人员，不得上岗作业。

（3）施工安全事故隐患报告的义务

施工安全事故通常都是由事故隐患或者其他不安全因素所酿成。因此，施工作业人员一旦发现事故隐患或者其他不安全因素，应当立即报告，以便及时采取措施，防患于未然。

《安全生产法》规定，从业人员发现事故隐患或者其他不安全因素，应当立即向现场安全生产管理人员或者本单位负责人报告，接到报告的人员应当及时予以处理。

（4）被派遣劳动者的义务

《安全生产法》规定，生产经营单位使用被派遣劳动者的，被派遣劳动者应当履行本法规定的从业人员的义务。

1.6.7 施工单位安全生产教育培训的规定

《安全生产法》第二十五条规定，生产经营单位应当对从业人员进行安全生产教育和培训，保证从业人员具备必要的安全生产知识，熟悉有关的安全生产规章制度和安全操作规程，掌握本岗位的安全操作技能，了解事故应急处理措施，知悉自身在安全生产方面的权利和义务。未经安全生产教育和培训合格的从业人员，不得上岗作业。

一些施工单位安全生产教育培训投入不足，许多新入场职工特别是农民工未经培训即上岗作业，造成一线作业人员安全意识和操作技能不足，违章作业、冒险蛮干等问题突出，《建筑法》明确规定，建筑施工企业应当建立健全劳动安全生产教育培训制度，加强对职工安全生产的教育培训；未经安全生产教育培训的人员，不得上岗作业。

《安全生产法》还规定，生产经营单位应当教育和督促从业人员严格执行本单位的安全生产规章制度和安全操作规程；并向从业人员如实告知作业场所和工作岗位存在的危险因素、防范措施以及事故应急措施。生产经营单位应当安排用于配备劳动防护用品和进行安全生产培训的经费。

1.6.7.1 施工单位三类管理人员和特种作业人员的培训考核

（1）三类管理人员的考核

《安全生产法》规定，生产经营单位的主要负责人和安全生产管理人员必须具备与本单位所从事的生产经营活动相应的安全生产知识和管理能力。……建筑施工、道路运输单位的主要负责人和安全生产管理人员，应当由主管的负有安全生产监督管理职责的部门对其安全生产知识和管理能力考核合格。考核不得收费。

《建设工程安全生产管理条例》进一步规定，施工单位的主要负责人、项目负责人、专职安全生产管理人员应当经建设行政主管部门或者其他部门考核合格后方可任职。

这是因为，施工单位的主要负责人要对本单位的安全生产工作全面负责，项目负责人对所负责的建设工程项目的安全生产工作全面负责，安全生产管理人员更是要具体承担本单位日常的安全生产管理工作。这三类人员的施工安全知识水平和管理能力直接关系到本单位、本项目的安全生产管理水平。如果这三类人员缺乏基本的施工安全生产知识，施工安全生产管理和组织能力不强，甚至违章指挥，将很可能会导致施工生产安全事故的发生。

（2）特种作业人员的培训考核

《安全生产法》规定，生产经营单位的特种作业人员必须按照国家有关规定经专门的安全作业培训，取得相应资格，方可上岗作业。《建设工程安全生产管理条例》进一步规定，垂直运输机械作业人员、安装拆卸工、爆破作业人员、起重信号工、登高架设作业人员等特种作业人员，必须按照国家有关规定经过专门的安全作业培训，并取得特种作业操作资格证书后，方可上岗作业。

2008年4月住房和城乡建设部发布的《建筑施工特种作业人员管理规定》规定，建筑施工特种作业包括：1）建筑电工；2）建筑架子工；3）建筑起重信号司索工；4）建筑起重机械司机；5）建筑起重机械安装拆卸工；6）高处作业吊篮安装拆卸工；7）经省级以上人民政府建设主管部门认定的其他特种作业。

1.6.7.2 施工单位全员的安全生产教育培训

《安全生产法》规定，生产经营单位应当对从业人员进行安全生产教育和培训，保证从业人员具备必要的安全生产知识，熟悉有关的安全生产规章制度和安全操作规程，掌握本岗位的安全操作技能，了解事故应急处理措施，知悉自身在安全生产方面的权利和义务。未经安全生产教育和培训合格的从业人员，不得上岗作业。

生产经营单位使用被派遣劳动者的，应当将被派遣劳动者纳入本单位从业人员统一管理，对被派遣劳动者进行岗位安全操作规程和安全操作技能的教育和培训。劳务派遣单位应当对被派遣劳动者进行必要的安全生产教育和培训。

生产经营单位应当建立安全生产教育和培训档案，如实记录安全生产教育和培训的时间、内容、参加人员以及考核结果等情况。

《建设工程安全生产管理条例》进一步规定，施工单位应当对管理人员和作业人员每年至少进行一次安全生产教育培训，其教育培训情况记入个人工作档案。安全生产教育培训考核不合格的人员，不得上岗。

1.6.7.3 进入新岗位或者新施工现场前的安全生产教育培训

由于新岗位、新工地往往各有特殊性，施工单位须对新录用或转场的职工进行安全教育培训，包括施工安全生产法律法规、施工工地危险源识别、安全技术操作规程、机械设备电气及高处作业安全知识、防火防毒防尘防爆知识、紧急情况安全处置与安全疏散知识、安全防护用品使用知识以及发生事故时自救排险、抢救伤员、保护现场和及时报告等。

《建设工程安全生产管理条例》规定，作业人员进入新的岗位或者新的施工现场前，应当接受安全生产教育培训。未经教育培训或者教育培训考核不合格的人员，不得上岗作业。2012年11月颁布的《国务院安委会关于进一步加强安全培训工作的决定》中指出，严格落实企业职工先培训后上岗制度。建筑企业要对新职工进行至少32学时的安全培训，每年进行至少20学时的再培训。

强化现场安全培训。高危企业要严格班前安全培训制度，有针对性地讲述岗位安全生产与应急救援知识、安全隐患和注意事项等，使班前安全培训成为安全生产第一道防线。要大力推广"手指口述"等安全确认法，帮助员工通过心想、眼看、手指、口述，确保按规程作业。要加强班组长培训，提高班组长现场安全管理水平和现场安全风险管控能力。

1.6.7.4 采用新技术、新工艺、新设备、新材料前的安全生产教育培训

《安全生产法》规定，生产经营单位采用新工艺、新技术、新材料或者使用新设备，必须了解、掌握其安全技术特性，采取有效的安全防护措施，并对从业人员进行专门的安全生产教育和培训。《建设工程安全生产管理条例》规定，施工单位在采用新技术、新工艺、新设备、新材料时，应当对作业人员进行相应的安全生产教育培训。

随着我国工程建设和科学技术的迅速发展，越来越多的新技术、新工艺、新设备、新材料被广泛应用于施工生产活动中，大大促进了施工生产效率和工程质量的提高，同时也对施工作业人员的素质提出了更高要求。如果施工单位对所采用的新技术、新工艺、新设备、新材料的了解与认识不足，对其安全技术性能掌握不充分，或是没有采取有效的安全防护措施，没有对施工作业人员进行专门的安全生产教育培训，就很可能会导致事故的发生。因此，施工单位在采用新技术、新工艺、新设备、新材料时，必须对施工作业人员进行专门的安全生产教育培训，并采取保证安全的防护措施，防止发生事故。

1.6.7.5 安全教育培训方式

《国务院关于坚持科学发展安全发展促进安全生产形势持续稳定好转的意见》（国发〔2011〕40号）规定，施工单位应当根据实际需要，对不同岗位、不同工种的人员进行因人施教。安全教育培训可采取多种形式，包括安全形势报告会、事故案例分析会、安全法制教育、安全技术交流、安全竞赛、师傅带徒弟等。

《国务院安委会关于进一步加强安全培训工作的决定》指出，完善和落实师傅带徒弟制度。高危企业新职工安全培训合格后，要在经验丰富的工人师傅带领下，实习至少2个月后方可独立上岗。工人师傅一般应当具备中级工以上技能等级，3年以上相应工作经历，成绩突出，善于"传、帮、带"，没有发生过"三违"行为等条件。要组织签订师徒

协议，建立师傅带徒弟激励约束机制。

支持大中型企业和欠发达地区建立安全培训机构，重点建设一批具有仿真、体感、实操特色的示范培训机构。加强远程安全培训，开发国家安全培训网和有关行业网络学习平台，实现优质资源共享。实行网络培训学时学分制，将学时和学分结果与继续教育、再培训挂钩。利用视频、电视、手机等拓展远程培训形式。

1.6.8 施工单位安全生产费用的提取和使用管理

施工单位安全生产费用（以下简称安全费用），是指施工单位按照规定标准提取在成本中列支，专门用于完善和改进企业或者施工项目安全生产条件的资金。安全费用按照"企业提取、政府监管、确保需要、规范使用"的原则进行管理。

《安全生产法》规定，生产经营单位应当具备的安全生产条件所必需的资金投入，由生产经营单位的决策机构、主要负责人或者个人经营的投资人予以保证，并对由于安全生产所必需的资金投入不足导致的后果承担责任。有关生产经营单位应当按照规定提取和使用安全生产费用，专门用于改善安全生产条件。安全生产费用在成本中据实列支。

《建设工程安全生产管理条例》进一步规定，施工单位对列入建设工程概算的安全作业环境及安全施工措施所需费用，应当用于施工安全防护用具及设施的采购和更新、安全施工措施的落实、安全生产条件的改善，不得挪作他用。

1.6.8.1 施工单位安全费用的提取管理

财政部、国家安全生产监督管理总局《企业安全生产费用提取和使用管理办法》（财企【2012】16号）中规定，建设工程施工企业以建筑安装工程造价为计提依据。各建设工程类别安全费用提取标准如下：

（1）矿山工程为 2.5%；

（2）房屋建筑工程、水利水电工程、电力工程、铁路工程、城市轨道交通工程为 2.0%；

（3）市政公用工程、冶炼工程、机电安装工程、化工石油工程、港口与航道工程、公路工程、通信工程为 1.5%。建设工程施工企业提取的安全费用列入工程造价，在竞标时，不得删减，列入标外管理。国家对基本建设投资概算另有规定的，从其规定。总包单位应当将安全费用按比例直接支付分包单位并监督使用，分包单位不再重复提取。

企业在上述标准的基础上，根据安全生产实际需要，可适当提高安全费用提取标准。在《企业安全生产费用提取和使用管理办法》公布前，各省级政府已制定下发企业安全费用提取使用办法的，其提取标准如果低于该办法规定的标准，应当按照该办法进行调整；如果高于该办法规定的标准，按照原标准执行。

建设单位、设计单位在编制工程概（预）算时，应当依据工程所在地工程造价管理机构测定的相应费率，合理确定工程安全防护、文明施工措施费。依法进行工程招投标的项目，招标方或具有资质的中介机构编制招标文件时，应当按照有关规定并结合工程实际单独列出安全防护、文明施工措施项目清单。投标方应当根据现行标准规范，结合工程特点、工期进度和作业环境要求，在施工组织设计文件中制定相应的安全防护、文明施工措施，并按照招标文件要求结合自身的施工技术水平、管理水平对工程安全防护、文明施工措施项目单独报价。投标方安全防护、文明施工措施的报价，不得低于依据工程所在地工程造价管理机构测定费率计算所需费用总额的 90%。

建设单位与施工单位应当在施工合同中明确安全防护、文明施工措施项目总费用，以及费用预付、支付计划，使用要求、调整方式等条款。建设单位与施工单位在施工合同中对安全防护、文明施工措施费用预付、支付计划未作约定或约定不明的，合同工期在一年以内的，建设单位预付安全防护、文明施工措施项目费用不得低于该费用总额的 50%；合同工期在一年以上的（含一年），预付安全防护、文明施工措施费用不得低于该费用总额的 30%，其余费用应当按照施工进度支付。

2013 年 3 月，住房和城乡建设部、财政部经修订并颁布了新的《建筑安装工程费用项目组成》，规定安全文明施工费包括：

（1）环境保护费：是指施工现场为达到环保部门要求所需要的各项费用。

（2）文明施工费：是指施工现场文明施工所需要的各项费用。

（3）安全施工费：是指施工现场安全施工所需要的各项费用。

（4）临时设施费：是指施工企业为进行建设工程施工所必须搭设的生活和生产用的临时建筑物、构筑物和其他临时设施费用，包括临时设施的搭设、维修、拆除、清理费或摊销费等。

1.6.8.2 施工单位安全费用的使用管理

《企业安全生产费用提取和一使用管理办法》规定，建设工程施工企业安全费用应当按照以下范围使用：

（1）完善、改造和维护安全防护设施设备支出（不含"三同时"要求初期投入的安全设施），包括施工现场临时用电系统、洞口、临边、机械设备、高处作业防护、交叉作业防护、防火、防爆、防尘、防毒、防雷、防台风、防地质灾害、地下工程有害气体监测、通风、临时安全防护等设施设备支出；

（2）配备、维护、保养应急救援器材、设备支出和应急演练支出；

（3）开展重大危险源和事故隐患评估、监控和整改支出；

（4）安全生产检查、评价（不包括新建、改建、扩建项目安全评价）、咨询和标准化建设支出；

（5）配备和更新现场作业人员安全防护用品支出；

（6）安全生产宣传、教育、培训支出；

（7）安全生产适用的新技术、新标准、新工艺、新装备的推广应用支出；

（8）安全设施及特种设备检测检验支出；

（9）其他与安全生产直接相关的支出。

在规定的使用范围内，企业应当将安全费用优先用于满足安全生产监督管理部门、煤矿安全监察机构以及行业主管部门对企业安全生产提出的整改措施或者达到安全生产标准所需的支出。企业提取的安全费用应当专户核算，按规定范围安排使用，不得挤占、挪用。年度结余资金结转下年度使用，当年计提安全费用不足的，超出部分按正常成本费用渠道列支。主要承担安全管理责任的集团公司经过履行内部决策程序，可以对所属企业提取的安全费用按照一定比例集中管理，统筹使用。

企业应当建立健全内部安全费用管理制度，明确安全费用提取和使用的程序、职责及权限，按规定提取和使用安全费用。企业应当加强安全费用管理，编制年度安全费用提取和使用计划，纳入企业财务预算。企业年度安全费用使用计划和上一年安全费用的提取、使用情况按照管理权限报同级财政部门、安全生产监督管理部门、煤矿安全监察机构和行业主管部门备案。企业安全费用的会计处理，应当符合国家统一的会计制度的规定。企业提取的安全费用属于企业自提自用资金，其他单位和部门不得采取收取、代管等形式对其进行集中管理和使用，国家法律、法规另有规定的除外。

《建筑工程安全防护、文明施工措施费用及使用管理规定》中规定，实行工程总承包的，总承包单位依法将建筑工程分包给其他单位的，总承包单位与分包单位应当在分包合同中明确安全防护、文明施工措施费用由总承包单位统一管理。安全防护、文明施工措施由分包单位实施的，由分包单位提出专项安全防护措施及施工方案，经总承包单位批准后及时支付所需费用。

工程监理单位应当对施工单位落实安全防护、文明施工措施情况进行现场监理。对施工单位已经落实的安全防护、文明施工措施，总监理工程师或者造价工程师应当及时审查并签认所发生的费用。监理单位发现施工单位未落实施工组织设计及专项施工方案中安全防护和文明施工措施的，有权责令其立即整改；对施工单位拒不整改或未按期限要求完成整改的，工程监理单位应当及时向建设单位和建设行政主管部门报告，必要时责令其暂停施工。

施工单位应当确保安全防护、文明施工措施费专款专用，在财务管理中单独列出安全防护、文明施工措施项目费用清单备查。施工单位安全生产管理机构和专职安全生产管理人员负责对建筑工程安全防护、文明施工措施的组织实施进行现场监督检查，并有权向建设主管部门反映情况。

工程总承包单位对建筑工程安全防护、文明施工措施费用的使用负总责。总承包单位应当按照本规定及合同约定及时向分包单位支付安全防护、文明施工措施费用。总承包单位不按本规定和合同约定支付费用，造成分包单位不能及时落实安全防护措施导致发生事故的，由总承包单位负主要责任。

1.6.9 政府部门安全监督管理的相关规定

《安全生产法》第8条：乡、镇人民政府以及街道办事处、开发区管理机构等地方人民政府的派出机关应当按照职责，加强对本行政区域内生产经营单位安全生产状况的监督检查；协助上级人民政府有关部门依法履行安全生产监督管理职责。

第9条国务院安全生产监督管理部门依照本法，对全国安全生产工作实施综合监督管理；县级以上地方各级人民政府安全生产监督管理部门依照本法，对本行政区域内安全生产工作实施综合监督管理。

国务院有关部门依照本法和其他有关法律、行政法规的规定，在各自的职责范围内对有关行业、领域的安全生产工作实施监督管理；县级以上地方各级人民政府有关部门依照本法和其他有关法律、法规的规定，在各自的职责范围内对有关行业、领域的安全生产工作实施监督管理。

1.6.9.1 建设工程安全生产的监督管理体制

《安全生产法》规定，国务院安全生产监督管理部门依照本法，对全国安全生产工作实施综合监督管理；县级以上地方各级人民政府安全生产监督管理部门依照本法，对本行政区域内安全生产工作实施综合监督管理。国务院有关部门依照本法和其他有关法律、行政法规的规定，在各自的职责范围内对有关行业、领域的安全生产工作实施监督管理；县级以上地方各级人民政府有关部门依照本法和其他有关法律、法规的规定，在各自的职责范围内对有关行业、领域的安全生产工作实施监督管理。

安全生产监督管理部门和对有关行业、领域的安全生产工作实施监督管理的部门，统称负有安全生产监督管理职责的部门。

《建设工程安全生产管理条例》进一步规定，国务院建设行政主管部门对全国的建设工程安全生产实施监督管理。国务院铁路、交通、水利等有关部门按照国务院规定的职责分工，负责有关专业建设工程安全生产的监督管理。县级以上地方人民政府建设行政主管部门对本行政区域内的建设工程安全生产实施监督管理。县级以上地方人民政府交通、水利等有关部门在各自的职责范围内，负责本行政区域内的专业建设工程安全生产的监督管理。

建设行政主管部门或者其他有关部门可以将施工现场的监督检查委托给建设工程安全监督机构具体实施。

1.6.9.2 政府主管部门对涉及安全生产事项的审查

《安全生产法》规定，负有安全生产监督管理职责的部门依照有关法律、法规的规定，对涉及安全生产的事项需要审查批准（包括批准、核准、许可、注册、认证、颁发证照等，下同）或者验收的，必须严格依照有关法律、法规和国家标准或者行业标准规定的安全生产条件和程序进行审查；不符合有关法律、法规和国家标准或者行业标准规定的安全生产条件的，不得批准或者验收通过。对未依法取得批准或者验收合格的单位擅自从事有关活动的，负责行政审批的部门发现或者接到举报后应当立即予以取缔，并依法予以处理。对已经依法取得批准的单位，负责行政审批的部门发现其不再具备安全生产条件的，应当撤销原批准。

负有安全生产监督管理职责的部门对涉及安全生产的事项进行审查、验收，不得收取费用；不得要求接受审查、验收的单位购买其指定品牌或者指定生产、销售单位的安全设备、器材或者其他产品。

《建设工程安全生产管理条例》规定，建设行政主管部门在审核发放施工许可证时，应当对建设工程是否有安全施工措施进行审查，对没有安全施工措施的，不得颁发施工许可证。

1.6.9.3 政府主管部门实施安全生产行政执法工作的法定职权

《安全生产法》规定，安全生产监督管理部门和其他负有安全生产监督管理职责的部门依法开展安全生产行政执法工作，对生产经营单位执行有关安全生产的法律、法规和国家标准或者行业标准的情况进行监督检查，行使以下职权：

（1）进入生产经营单位进行检查，调阅有关资料，向有关单位和人员了解情况；

（2）对检查中发现的安全生产违法行为，当场予以纠正或者要求限期改正；对依法应当给予行政处罚的行为，依照本法和其他有关法律、行政法规的规定作出行政处罚决定；

（3）对检查中发现的事故隐患，应当责令立即排除；重大事故隐患排除前或者排除过程中无法保证安全的，应当责令从危险区域内撤出作业人员，责令暂时停产停业或者停止使用相关设施、设备；重大事故隐患排除后，经审查同意，方可恢复生产经营和使用；

（4）对有根据认为不符合保障安全生产的国家标准或者行业标准的设施、设备、器材以及违法生产、储存、使用、经营、运输的危险物品予以查封或者扣押，对违法生产、储存、使用、经营危险物品的作业场所予以查封，并依法作出处理决定。监督检查不得影响被检查单位的正常生产经营活动。

生产经营单位对负有安全生产监督管理职责的部门的监督检查人员（以下统称安全生产监督检查人员）依法履行监督检查职责，应当予以配合，不得拒绝、阻挠。生产经营单位拒绝、阻碍负有安全生产监督管理职责的部门依法实施监督检查的，责令改正；拒不改正的，处2万元以上20万元以下的罚款；对其直接负责的主管人员和其他直接责任人员处1万元以上2万元以下的罚款；构成犯罪的，依照刑法有关规定追究刑事责任。

安全生产监督检查人员执行监督检查任务时，必须出示有效的监督执法证件；对涉及被检查单位的技术秘密和业务秘密，应当为其保密。负有安全生产监督管理职责的部门在监督检查中，应当互相配合，实行联合检查；确需分别进行检查的，应当互通情况，发现存在的安全问题应当由其他有关部门进行处理的，应当及时移送其他有关部门并形成记录备查，接受移送的部门应当及时进行处理。

负有安全生产监督管理职责的部门依法对存在重大事故隐患的生产经营单位作出停产停业、停止施工、停止使用相关设施或者设备的决定，生产经营单位应当依法执行，及时消除事故隐患。生产经营单位拒不执行，有发生生产安全事故的现实危险的，在保证安全的前提下，经本部门主要负责人批准，负有安全生产监督管理职责的部门可以采取通知有关单位停止供电、停止供应民用爆炸物品等措施，强制生产经营单位履行决定。通知应当采用书面形式，有关单位应当予以配合。负有安全生产监督管理职责的部门依照前款规定采取停止供电措施，除有危及生产安全的紧急情形外，应当提前二十四小时通知生产经营单位。生产经营单位依法履行行政决定、采取相应措施消除事故隐患的，负有安全生产监督管理职责的部门应当及时解除前款规定的措施。

1.6.9.4 建立安全生产的举报制度和相关信息系统

《安全生产法》规定，负有安全生产监督管理职责的部门应当建立举报制度，公开举报电话、信箱或者电子邮件地址，受理有关安全生产的举报；受理的举报事项经调查核实后，应当形成书面材料；需要落实整改措施的，报经有关负责人签字并督促落实。任何单位或者个人对事故隐患或者安全生产违法行为，均有权向负有安全生产监督管理职责的部门报告或者举报。

负有安全生产监督管理职责的部门应当建立安全生产违法行为信息库，如实记录生产经营单位的安全生产违法行为信息；对违法行为情节严重的生产经营单位，应当向社会公告，并通报行业主管部门、投资主管部门、国土资源主管部门、证券监督管理机构以及有关金融机构。国务院安全生产监督管理部门建立全国统一的生产安全事故应急救援信息系统，国务院有关部门建立健全相关行业、领域的生产安全事故应急救援信息系统。

《建设工程安全生产管理条例》规定，县级以上人民政府建设行政主管部门和其他有关部门应当及时受理对建设工程生产安全事故及安全事故隐患的检举、控告和投诉。

1.7 国家工程建设标准化管理法律制度

主要由以下几部分组成：

（1）法律《中华人民共和国标准化法》；

（2）行政法规《中华人民共和国标准化法实施条例》；

（3）地方性法规，如《上海市标准化条例》等；

（4）部门规章，如《采用国际标准管理办法》、《实施工程建设强制性标准监督规定》（住房和城乡建设部令第81号）等；

（5）地方政府规章，如《广东省标准化监督管理办法》等。

新中国成立以来，我国标准化工作随着国民经济的发展而逐步发展，各项管理规章制度不断完善。1956年10月，建筑工程部在总结经验并参照当时苏联有关管理工作的基础上，专门组织起草并颁发了《标准设计的编制、审批、使用办法》，填补了在这一阶段工程建设标准化工作管理制度的空白。1961年4月，国务院发布了《工农业产品和工程建设技术标准暂行管理办法》，是我国第一次正式发布的有关工程建设标准化工作的管理法规。党的十一届三中全会以后，党和国家的工作重点转移到了社会主义现代化建设上来，标准化工作受到党中央和国务院的高度重视，国务院于1979年7月发布了《中华人民共和国标准化管理条例》，为新时期开展标准化工作指明了方向。1988年12月第七届全国人民代表大会常务委员会第5次会议，通过了《中华人民共和国标准化法》，1990年4月国务院又以中华人民共和国第53号令发布了《中华人民共和国标准化法实施条例》。《标准化法》和《标准化法实施条例》的相继发布实施，使标准化工作纳入了法制化管理的轨道，为这项工作的蓬勃发展奠定了坚实基础。

1.7.1 法律

工程建设标准法律是指由全国人大及其常委会制定和颁布的属于国务院建设行政主管部门业务范围内的各项法律。

我国现行的工程建设标准法律主要有调整标准化工作的总体上位法《标准化法》，此外，具体到工程建设领域，还包括与工程建设密切相关，对标准化工作同样有所涉及的法律，包括《建筑法》、《城乡规划法》、《节约能源法》、《房地产管理法》、《安全生产法》等相关法律。

（1）《标准化法》

《标准化法》颁布实施于1988年12月，是为了发展社会主义商品经济，促进技术进步，改进产品质量，维护国家和人民利益和发展对外经济关系而制定的，是标准化工作的上位法。

《标准化法》共有总则、标准的制订、标准的实施、法律责任和附则五部分，确定了强制性标准与推荐性标准相结合的原则；明确了国务院各部门和地方政府的职责，明确了"统一管理、分工负责"的管理体制，其中"统一管理"是指国务院标准化行政主管部门（原国家质量技术监督局，现国家质量监督检疫总局）统一管理全国的标准化工作，"分工负责"则是指各部门、地方分工管理本部门、本地方的标准化工作，即国务院有关行政主管部门分工管理本部门、本行业的标准化工作，地方政府标准化行政主管部门统一管理本地区标准化工作；规定了制定标准的原则和对象；强化了强制性标准的严格执行要求；对违法行为的法律责任和处罚办法做出了明确规定。

《标准化法》法的生效标志着我国的标准化工作走上了法制化的轨道。

《标准化法》将标准划分为国家标准、行业标准、部门标准和企业标准四级，又将国家标准和行业标准划分为强制性标准和推荐性标准。其中，保障人体健康，人身、财产安全的标准和法律、行政法规规定强制执行的标准是强制性标准，其他标准是推荐性标准。强制性标准必须执行。不符合强制性标准的产品，禁止生产、销售和进口。推荐性标准企业自愿采用。制定标准的部门要组织由专家组成的标准化技术委员会，负责标准的草拟和审查工作。该法将标准化法律责任划分为刑事责任、行政责任和民事责任。《标准化法》是我国顺应时代要求而制定的，是我国标准化法律规范中的最高准则，也是指导我国标准化工作开展的重要依据。

（2）《建筑法》

《建筑法》是建设领域保障工程建设标准实施的最基本的法律，主要侧重于建筑工程质量和安全标准的实施，对参与建设的设计、施工、监理单位执行建设标准的行为进行了明确规定，并对建筑材料以及建筑工程的质量标准也作了明确规定。

《建筑法》第三条规定："建筑活动应当确保建筑工程质量和安全，符合国家的建筑工程安全标准。"

《建筑法》第三十二条规定："建筑工程监理应当依照法律、行政法规及有关的技术标准、设计文件和建筑工程承包合同，对承包单位在施工质量、建设工期和建设资金使用等方面，代表建设单位实施监督。"

《建筑法》第三十七条规定："建筑工程设计应当符合按照国家规定制定的建筑安全规程和技术规范，保证工程的安全性能。"

《建筑法》第五十二条规定："建筑工程勘察、设计、施工的质量必须符合国家有关建筑工程安全标准的要求，具体管理办法由国务院规定。"

《建筑法》第六十一条规定："交付竣工验收的建筑工程，必须符合规定的建筑工程质量……"。

（3）《城乡规划法》

《城乡规划法》则针对城乡规划编制活动执行标准进行了规定。该法第十条规定："编制城乡规划必须遵守国家有关标准"。

（4）《节约能源法》

《节约能源法》对节能标准的实施以及节能材料的生产、销售、使用要求作了具体规定。

《节约能源法》第十五条规定："国家实行固定资产投资项目节能评估和审查制度。不符合强制性节能标准的项目，依法负责审批或者核准的机关不得批准或者核准建设，建设单位不得开工建设，已完成建设的，不得投入生产使用。……"

《节约能源法》第十七条规定："禁止生产、进口、销售国家明令淘汰或者不符合强制性能源效率标准的用能产品、设备；禁止使用国家明令淘汰的用能设备、生产工艺。"

《节约能源法》第三十五条规定："建筑工程的建设、设计、施工和监理单位应当遵守建筑节能标准。不符合建筑节能标准的建筑工程，建设主管部门不得批准开工建设；已经开工建设的，应当责令停止施工、限期改正；已经建成的，不得销售或者使用。"

（5）《房地产管理法》、《安全生产法》中也对工程建设标准的制定做出了具体规定。

1.7.2 行政法规

工程建设标准行政法规是指由国务院依法制定和颁布的属于国务院建设行政主管部门业务范围内的各项行政法规。

我国现行的工程建设标准行政法规主要有从总体上对标准化工作做出规定的《标准化法实施条例》以及具体针对工程建设标准的《建设工程质量管理条例》、《建设工程安全生产管理条例》等。另外，建设工程领域的《建设工程勘察设计管理条例》、《民用建筑节能条例》等行政法规也对工程建设标准的制定、实施有一些具体规定。

（1）《标准化法实施条例》

《标准化法实施条例》于 1990 年 4 月颁布实施，它是根据《标准化法》的规定而制定的，在标准化行政法规中占有重要的位置。该条例将《标准化法》的规定具体化，为标准化法律工作提供了可操作性的依据。该条例对标准化管理体制、制定标准的对象、标准的实施和监督等问题做出了更为详细和具体的规定。其中第四十二条规定，工程建设标准化管理规定，由国务院工程建设主管部门依据《标准化法》和本条例的有关规定另行制定，报国务院批准后实施。

（2）《建设工程质量管理条例》

《建设工程质量管理条例》于 2000 年 1 月 10 日经国务院通过，自 2000 年 1 月 30 日起发布实施，凡在中华人民共和国境内从事建设工程的新建、扩建、改建等有关活动及实施对建设工程质量监督管理的，必须遵守该条例。该条例从保障建设工程质量的角度，对建设单位、设计单位、施工单位、工程监理单位以及工程质量监督管理单位执行工程建设质量标准的责任和义务作了明确规定，以规范建设各方在实施标准中的行为，提高实施标准对工程质量的保障作用。

（3）《建设工程安全生产管理条例》

《建设工程安全生产管理条例》于 2003 年 11 月 12 日经国务院讨论通过，2003 年 11 月 24 日公布，自 2004 年 2 月 1 日起实施。该条例对建设单位、勘察单位、设计单位、施工单位、工程监理单位及其他与建设工程安全生产有关的单位的建设工程安全生产行为进行了规范，并在监督管理、生产安全事故的应急救援和调查处理、法律责任方面作出了具体规定。

（4）《建设工程勘察设计管理条例》

《建设工程勘察设计管理条例》于 2000 年 9 月 20 日经国务院讨论通过，并于 2000 年 9 月 25 日起颁布实施，该条例对建设工程勘察、设计单位在经营活动中以及从业人员在业务活动中实施工程建设标准进行了规定。要求建设工程勘察、设计单位及人员依法进行建设工程勘察、设计，严格执行工程建设强制性标准，并对违反工程建设强制性标准的行为的法律责任作出了明确规定。

（5）《民用建筑节能条例》

《民用建筑节能条例》由国务院于 2008 年 10 月 1 日起颁布实施，主要目的在于加强民用建筑的节能管理，降低民用建筑使用过程中的能源消耗，提高能源利用效率。其中部分涉及工程建设标准的强制实施等规定，如第十五条规定："设计单位、施工单位、工程监理单位及其注册执业人员，应当按照民用建筑节能强制性标准进行设计、施工、监理。"第十六条："工程监理单位发现施工单位不按照民用建筑节能强制性标准施工的，应当要求施工单位改正；施工单位拒不改正的，工程监理单位应当及时报告建设单位，并向有关主管部门报告。"第二十八条："实施既有建筑节能改造，应当符合民用建筑节能强制性标准，优先采用遮阳、改善通风等低成本改造措施。"

1.7.3　部门规章和规范性文件

工程建设标准部门规章和规范性文件是指建设主管部门根据国务院规定的职责范围，依法制定并颁布的各项规章，或由建设主管部门与国务院有关部门联合制定并发布的规章。

在法律法规的基础上，建设部先后制定了《工程建设国家标准管理办法》、《工程建设行业标准管理办法》、《实施工程建设强制性标准监督规定》、《工程建设标准局部修订管理办法》、《工程建设标准编写规定》、《工程建设标准出版印刷规定》、《关于加强工程建设企业标准化工作的若干意见》、《关于调整我部标准管理单位和工作准则等四个文件的通知》、《工程建设标准英文版翻译细则（施行）》等部门规章和规范性文件；为加强行业标准和地方标准的管理，印发了《关于建立工程建设行业标准和地方标准备案制度的通知》；为加强对工程建设地方标准化工作的管理，印发了《工程建设地方标准化工作管理规定》；为加强工程建设标准的复审工作，印发了《工程建设标准复审管理办法》。

（1）《工程建设国家标准管理办法》发布于 1992 年 12 月 30 日，自发布之日起实施。该办法是为了加强工程建设国家标准的管理，促进技术进步，保证工程质量，保障人体健康和人身安全，根据《标准化法》、《标准化法实施条例》和国家有关工程建设的法律、行政法规而制定的管理办法。该办法从国家标准的计划、制定、审批与发布、复审与修订、日常管理等方面对国家标准作出了详细规定。该办法第二条对工程建设国家标准的范围进行了界定，规定在"工程建设勘察、规划、设计、施工（包括安装）及验收等通用的质量要求；工程建设通用的有关安全、卫生和环境保护的技术要求；工程建设通用的术语、符号、代号、量与单位、建筑模数和制图方法；工程建设通用的试验、检验和评定等方法；工程建设通用的信息技术要求；国家需要控制的其他工程建设通用的技术要求"的范围内制定国家标准。国家标准分为强制性标准和推荐性标准两类，强制性标准的类别基本上与第二条规定的国家标准的范围类似。在国家标准的计划方面，规定国家标准分为五年计划和年度计划，五年计划是编制年度计划的依据；年度计划是确定工作任务和组织编制标准的依据。各章具体条文对标准的计划、编制、审批、发布程序作出了明确规定。

（2）《工程建设行业标准管理办法》发布于 1992 年 12 月 30 日，自发布之日起实施。该办法条文较为简单，全文共 18 条，对行业标准的计划、编制、发布等程序问题作出了规定。根据该办法，对于没有国家标准而需要在全国某个行业范围内统一的技术要求可以制定行业标准，技术要求的范围与国家标准的范围相同，主要包括"工程建设勘察、规划、设计、施工（包括安装）及验收等行业专用的质量要求；工程建设行业专用的有关安全、卫生和环境保护的技术要求；工程建设行业专用的术语、符号、代号、量与单位和制图方法；工程建设行业专用的试验、检验和评定等方法；工程建设行业专用的信息技术要求；其他工程建设行业专用的技术要求"等。行业标准也分为强制性标准和推荐性标准两类，强制性标准的范围与《工程建设国家标准管理办法》中规定的强制性国家标准的范围相同。国务院工程建设行政主管部门是管理行业标准的主责部门，根据《标准化法》和相关规定履行行业标准的管理职责。行业标准的计划根据国务院工程建设行政主管部门的统一部署由国务院有关行政主管部门组织编制和下达，并报国务院工程建设行政主管部门备案。

（3）《实施工程建设强制性标准监督规定》于2000年8月25日发布，自发布之日起实施。该规定是为了实施工程建设强制性标准监督规定，加强工程建设强制性标准实施的监督工作，保证建设工程质量，保障人民的生命、财产安全，维护社会公共利益，根据《中华人民共和国标准化法》、《中华人民共和国标准化法实施条例》和《建设工程质量管理条例》而制定的。该规定第二条明确规定"在我国境内从事新建、扩建、改建等工程建设活动，必须执行工程建设强制性标准。"第三条对强制性标准的范围进行了界定："涉及工程质量、安全、卫生及环境保护等方面的工程建设标准是强制性标准。"我国的强制性标准由国务院建设行政主管部门会同国务院有关行政主管部门确定。在强制性标准的监督管理方面，在国家层面，由国务院建设行政主管部门负责；在地方层面，由县级以上地方人民政府建设行政主管部门负责本行政区域内的强制性标准的监督管理工作。另外，建设工程的各个环节审查主管单位应当分别对强制性标准的实施情况进行监督：建设项目规划审查机构应当对工程建设规划阶段执行强制性标准的情况实施监督；施工图设计文件审查单位应当对工程建设勘察、设计阶段执行强制性标准的情况实施监督；建筑安全监督管理机构应当对工程建设施工阶段执行施工安全强制性标准的情况实施监督；工程质量监督机构应当对工程建设施工、监理、验收等阶段执行强制性标准的情况实施监督。除此之外，规定还分别对建设单位、勘察设计单位、施工单位、监理单位违反工程建设标准行为和建设行政主管部门玩忽职守行为的法律责任进行了明确规定。

（4）《工程建设地方标准化工作管理规定》于2004年2月4日发布，2月10日起实施。该规定是为了满足工程建设地方标准化工作管理的需要，促进工程建设地方标准化工作的健康发展，根据《标准化法》、《建筑法》、《标准化实施条例》、《建设工程质量管理条例》等有关法律、法规，结合工程建设地方标准化工作的实际情况而指定的。根据该规定，工程建设地方标准化工作的任务是制定工程建设地方标准，组织工程建设国家标准、行业标准和地方标准的实施，并对标准的实施情况进行监督。工程建设地方标准化工作的经费，可以从财政补贴、科研经费、上级拨款、企业资助、标准培训收入等渠道筹措解决。

省、自治区、直辖市建设行政主管部门负责本行政区域内工程建设标准化工作的管理工作，主要负责国家有关工程建设标准化的法律、法规和方针、政策在本行政区域的具体实施；制定本行政区域工程建设地方标准化工作的规划、计划；承担工程建设国家标准、行业标准的制定、修订等任务；组织制定本行政区域的工程建设地方标准；在本行政区域组织实施工程建设标准和对工程建设标准的实施进行监督；负责本行政区域工程建设企业标准的备案工作。工程建设地方标准在省、自治区、直辖市范围内由省、自治区、直辖市建设行政主管部门统一计划、统一审批、统一发布、统一管理。工程建设地方标准中，对直接涉及人民生命财产安全、人体健康、环境保护和公共利益的条文，经国务院建设行政主管部门确定后，可作为强制性条文。省、自治区、直辖市建设行政主管部门、有关部门及县级以上建设行政主管部门负责本区域内的工程建设国家标准、行业标准以及本行政区域工程建设地方标准的实施与监督工作。任何单位和个人从事建设活动违反工程建设强制性国家标准、行业标准、本行政区域地方标准，应按照《建设工程质量管理条例》等有关法律、法规和规章的规定处罚。

1.7.4 地方标准化管理办法

目前我国有多个省、市、自治区颁布了工程建设标准地方管理办法，颁布时间主要集中于 2004～2009 年。

（1）最新的工程建设地方标准管理办法是北京市住房和城乡建设委员会于 2010 年 7 月 6 日发布的《北京市工程建设和房屋管理地方标准化工作管理办法》，自 2010 年 9 月 1 日起实施。该办法是在《北京市地方标准管理办法（试行）》、《北京市建设工程地方技术标准管理规定》等地方性规章的基础上完善的，在各地方工程建设标准化管理办法中属于最新颁布且内容较为先进的一部。该办法适用于北京市工程建设和房屋管理地方标准的制定、组织实施、对标准的实施情况进行监督及工程建设企业技术标准备案。该办法所指的工程建设和房屋管理地方标准是指需要在北京市范围内统一的工程建设施工、验收与房屋管理部分的技术要求和方法。根据该办法，北京市质量技术监督局依法统一管理北京市地方标准，北京市住房和城乡建设委员会负责工程建设和房屋管理标准化研究，提出地方标准项目建议，组织制定地方标准，负责组织实施地方标准，并依法对标准的实施情况进行监督。北京市工程建设和房屋管理地方标准项目，由市住房和城乡建设委确定项目计划，由市质监局列入北京市年度地方标准制修订计划。标准项目由市住房和城乡建设委组织制定，由市质监局统一编号，市质监局和市住房和城乡建设委联合发布。标准化工作的经费，可以从财政拨款、科研经费、上级有关部门拨款、社会团体、企事业单位资助等渠道筹措解决。鼓励企事业单位、科研机构、大专院校、社会团体，以及标准化组织承担或者参与工程建设和房屋管理地方标准的研究和制定工作。鼓励企业技术创新，积极总结实践经验，适时将企业标准上升为地方标准。任何单位和个人在从事工程建设活动中，违反工程建设强制性国家标准、行业标准和地方标准的行为，各级建设行政主管部门可以按照《建设工程质量管理条例》和《实施工程建设强制性标准监督规定》等有关规定进行处理。

（2）《山东省工程建设标准化管理办法》颁布于 2008 年，该办法的颁布实施对于加强工程建设标准化的管理，保障工程建设标准有效实施，促进工程建设领域技术进步，维护工程建设市场秩序和公众利益，保证工程质量安全，推动经济社会健康稳定和可持续发展起到了重要作用。

《福建省工程建设地方标准化工作管理细则》颁布于 2005 年，该细则明确了工程建设地方标准、标准设计图集的编制原则，细化了地方标准制修订、立项、编写、送审和报批程序，从标准管理程序、经费、发布、实施、奖励等方面规范了该省工程建设标准化管理工作，使得地方标准的编制和管理工作有章可循。

（3）湖南省《关于实施建设部〈工程建设地方标准化工作管理规定〉的若干意见》颁布于 2004 年，对《工程建设地方标准化工作管理规定》提出了贯彻实施意见，对省、市建设主管部门标准化工作职责以及标准的编制、发布、修订、复审、企业标准备案、强制性标准的执行和监督等工作做出了明确具体规定。

第 2 章　工程建设标准体系

2.1　基 本 概 念

2.1.1　标准的定义

（1）标准化组织对标准的定义

国家标准《标准化工作指南　第 1 部分：标准化和相关活动的通用词汇》GB/T 20000.1—2014（修改采用 ISO/IEC 相关标准）对"标准"给出了下述的定义："通过标准化活动，按照规定的程序，经协商一致制定，为各种活动或其结果提供规则、指南或特性，供共同使用和重复使用的文件。"在该定义后有如下一条附注："标准宜以科学、技术和经验的综合成果为基础。"

从这个定义中我们可以认为标准应具备如下一些特征，也就是说只有具备这些特征才能称其为标准：

1）标准是一种规范性文件

可以说文件是标准的表现形式，我们可以广义地将文件理解为记录信息的各种媒体。标准必须以文件的形式来表现，无论是纸质的还是电子形式的文件。也就是说，标准必须通过其载体达到有据可查。既然标准是一种规范性文件，其文件的形式也必须规范，并且具有区别于其他文件的特殊文件形式。为了统一标准文件的编写和形式，我国发布了国家标准《标准化工作导则　第 1 部分：标准的结构和编写》GB/T 1.1—2009。对标准的结构、编写、格式及印刷等内容进行统一，既可保证标准的编写质量，又便于文件的管理，同时又体现了标准文件的严肃性。

2）标准这种规范性文件与其他文件存在三点区别：

① 它必须具有共同使用和重复使用的性质，所谓共同使用是指你用、我用、他也用，大家都用；重复使用是指今天用、明天用、后天用，经常要用。这里，"共同使用"和"重复使用"两个条件必须同时具备，也就是说，只有大家共同使用并且要多次反复使用，标准这种文件才有存在的必要。

② 标准的制定需要有一定的程序，要有协商一致的过程。国际上以及各国的标准化组织都规定了制定各类标准的程序，制定标准时必须严格按照程序去做。为了规范标准的制定程序，我国针对国家标准、行业标准、地方标准和企业标准分别颁布了《国家标准管理办法》、《行业标准管理办法》、《地方标准管理办法》和《企业标准化管理办法》。标准能否最后通过并发布，要看协商一致的结果，这里，协商一致是有具体指标的，一般以某一范围人群中的四分之三同意为协商一致通过。

③ 制定标准的目的，是为各种活动或其结果提供规则、指南或特性。从标准定义的

注释中我们可看出，标准制定的基础是科学、技术和经验的综合成果。标准之所以被制定并被使用，其动力来源于市场需求与共同的利益。这一动力促使利益各方聚在一起经过协商一致形成各类标准；这一动力同时也促使各方自愿使用标准。标准被自愿使用的程度如何，可以作为标准实施效果好坏的重要指标之一。

国际标准化组织（ISO）和国际电工委员会（IEC）又将标准分成两种：

① 可公开获得的标准：指国际标准、国家标准和地方标准等；

② 其他标准：指企业标准、公司标准。

（2）世界贸易组织对标准的定义

在《WTO/TBT》的附件1中对标准作了如下定义："经公认机构批准的、规定非强制执行的、供通用或重复使用的产品或相关工艺和生产方法的规则、指南或特性的文件。该文件还可包括或专门涉及适用于产品、工艺或生产方法的术语、符号、包装、标志或标签要求。"

（3）技术规范

除了标准之外，我们还常常接触到"技术规范"这一说法。

首先我们来看一看技术规范的准确定义。技术规范是"规定产品、过程或服务应满足的技术要求的文件"。

从这个定义我们可看出，技术规范也是一种文件，是规定技术要求的文件。它和标准的区别在于，这种文件没有经过制定标准的程序。它和标准又是有联系的。首先，标准中的一些技术要求可以引用技术规范，这样的技术规范或技术规范中的某些内容就成为标准的一部分。其次，如果技术规范本身经过了标准制定程序，由一个公认机构批准，则这个技术规范就可以成为标准了。

（4）规程

与"标准"、"技术规范"使用频率接近的还有"规程"。

GB/T 20000.1—2014对规程的定义为："为产品、过程或服务全生命周期的有关阶段推荐良好惯例或程序的文件"。

从这个定义可以看出，规程同样是一种文件，这种文件给出的是惯例或程序，而不是技术要求（技术规范给出的是技术要求）；这种惯例或程序给出的是"过程"而不是"结果"，而技术规范规定的是一种"结果"。另外，规程是"推荐"惯例或程序，而技术规范为"规定"技术要求。因此，从内容和力度上来看，规程和技术规范都是存在着明显的差异。

规程和标准的区别为：这种文件没有经过制定标准的程序。它和标准的联系表现在：首先，标准中的一些技术要求可以引用规程，这样的规程就成为标准的一部分。其次，如果规程本身经过了标准制定程序，由一个公认机构批准，则这个规程就可以成为标准。从上面介绍可看出规程在其和标准的区别与联系这一点上和技术规范是一致的。

（5）法规

通过上面的介绍，大家已经了解到标准是规范性文件的一种。规范性文件中与标准有着紧密关系的一类文件就是"法规"。那么，什么是法规呢？我们说"法规是由权力机关通过的有约束力的法律性文件。"

根据《中华人民共和国立法法》，我国的法律体系由法律、行政法规、地方性法规、自治条例和单行条例、规章组成。行政法规由国务院常务会议审议，或者由国务院审批并报请总理签署国务院令公布施行。

法规与标准的主要区别在于：法规是由国家立法机构发布的规范性文件，标准是由公认机构发布的规范性文件。虽然都是规范性文件，但是，法规在其辖区内具有强制性，所涉及的人员有义务执行法规的要求；而标准的发布机构没有立法权，所以标准只能是自愿性的，供有关人员自愿采用。法规与标准又是有联系的。标准涉及的是技术问题，为了保护人类健康、安全等目的，法规中也常常涉及技术问题，通常这类法规叫作技术法规。技术法规常常引用标准。

2.1.2 标准化的定义

国家标准《标准化工作指南　第1部分：标准化和相关活动的通用术语》（GB/T 20000.1—2014），对标准化的定义的表述是："为在既定范围内获得最佳秩序，促进共同效益，对现实问题或潜在问题确立共同使用和重复使用的条款以及编制、发布和应用文件的活动。"并注明："注1：标准化活动确立的条款，可形成标准化文件，包括标准和其他标准化文件。注2：标准化主要效益在于为了产品、过程或服务的预期目的改进它们的适用性，促进贸易、交流和技术合作。"

理解"标准化"定义，要明确理解以下要点：

（1）标准化是指一项活动，活动内容是编制、发布和应用标准。并且标准化是一个相对动态的概念，无论一项标准还是一个标准体系，都随着时代的发展向更深层次和广度变化发展，比如在当时条件下，制定的一项标准，随着技术进步，一定时期之后可能不再适用于工程建设，需要修订不适用的标准，标准体系也一样，需要不断完善和提高。标准没有最终成果，标准在深度上无止境、广度上无极限，成为标准化的动态特征。

（2）标准化的目的是"为在一定范围内获得最佳秩序"，就是要增加标准化对象的有序化程度，防止其无序化发展。著名日本学者松蒲四郎在《工业标准化原理》一书中提到，"在人类社会中也存在着自发的多样化趋势，为了制止这种导致混乱的如浪费资源的不必要的多样化，标准化就是为了建立一种秩序，使标准化对象的运行纳入有序化的轨道，为人类创造利益"。可以说，标准化活动就是人们从无序状态恢复到有序状态所作的努力，建立市场的最佳秩序，生产、服务不断优化，使得资源合理配备，有限的投入获得期望的产出，这是社会发展永恒的主题。

（3）标准化的本质是"统一"，是对重复性事物和概念做出共同遵循和重复使用的规则的活动。标准化是事物某方面属性以标准为参考依据，在某种作用力的影响下，不断接近标准，最终与标准形成一致的过程。因此，事物一旦在某方面实现标准化，必然会产生统一的结果，一方面是事物在该方面属性与标准统一；另一方面是标准化对象的多个个体之间在该方面属性实现统一。从标准化经验上来说，首先要做到概念的统一，才能做到事物的统一，这也是在制定标准时，首先要对标准中涉及的关键的名词术语下定义的原因。

2.1.3 工程建设标准的定义

工程建设标准是针对工程建设活动所制定的标准，根据国家标准《标准化工作指南第1部分：标准化和相关活动的通用术语》（GB/T 20000.1～2014）中对标准的定义，工程建设标准可以定义为：在工程建设领域内通过标准化活动，按照规定的程序经协商一致制定，为各种活动或其结果提供规则、指南或特性，供共同使用和重复使用的文件。

工程建设标准的主要内容包括：工程建设勘察、规划、设计、施工及验收等的技术要求；工程建设的术语、符号、代号、量与单位、建筑模数和制图方法；工程建设中的有关安全、卫生、环保的技术要求；工程建设的试验、检验和评定等的方法；工程建设的信息技术要求；工程建设的管理技术要求。

工程建设标准作为建设活动的技术准则，深刻影响着工程建设项目的性能和功能，与一般意义上的标准相比，在政策性、综合性、影响性等方面有着突出的特点。

（1）政策性强

一些法规、政策要求通过工程建设标准中的相关规定贯彻到建设工程项目当中，进而实现国家经济社会发展的目标，这一点充分体现了工程建设标准政策性强的特点，特别是工程建设强制性标准，内容上直接涉及工程质量、安全、卫生、环保等方面，这些内容无不体现国家的方针、政策。比如，节约资源是国家基本国策，通过建筑节能标准，以及工程建设标准中对节地、节水、节材、环保等方面的技术要求，可以贯彻到建设工程项目当中，实现国民经济社会可持续发展。

（2）综合性强

建设工程是一项复杂的系统工程，经过环节多、涉及专业广，如：为达到节能效果，建筑节能要经过规划设计、施工调试、运行管理、设备维护、设备更新、废物回收等一系列环节；在技术层面上涉及建筑围护结构的隔热保温、节能门窗、节能灯具、节能电器和可再生能源的利用等多学科。工程建设标准的制定不仅考虑技术条件，而且必须综合考虑经济条件和管理水平。妥善处理好技术、经济、管理水平三者之间的制约关系，综合分析，全面衡量，统筹兼顾，以求在可能条件下获取标准化的最佳效果，是制定工程建设技术标准的关键。同时，我国地域广阔，东西部经济发展差异大，地质、气候、人文有很大不同，工程建设环境条件复杂，因此，工程建设标准的制定需要考虑经济上的合理性和可能性；需要结合工程的特点，考虑自然的差异；需要结合国情来制订与实施。

（3）经济影响大

工程建设标准是经济建设和项目投资的依据。项目建设前期的可行性研究、工程概预算等均受到工程建设各阶段技术、管理等标准的约束和影响，可以说，工程建设标准直接影响着投资金额的大小。另一方面在投资建设过程中，更需要科学、合理的工程建设标准，保证较高的投资效益。

2.1.4 标准员

2.1.4.1 标准员产生的社会背景

建筑与市政工程施工现场专业人员队伍素质是影响工程质量和安全的关键因素。我国从20世纪80年代开始，在建设行业开展关键岗位培训考核持证上岗工作，先后开展了施工员、安全员、质检员等岗位培训考核，对于提高从业人员的专业技术水平和职业素养，促进施工现场规范化管理，保证工程安全和质量，推动建设行业发展发挥了重要的作用。

当前，随着经济社会发展、科技的进步，现代建设工程呈现出功能要求多样化、城市建设立体化、交通工程快速化、工程设施大型化等趋势，公共建筑和住宅建筑要求周边环境，结构布置，与水、电、煤气供应，室内温、湿度调节控制等现代化设备相结合，而不满足于仅要土木工程提供"徒有四壁"、"风雨水浸"的房屋骨架。由于电子技术、精密机械、生物基因工程、航空航天等高技术工业的发展，许多工业建筑提出了恒湿、恒温、防微振、防腐蚀、防辐射、防磁、无微尘等要求，并向跨度大、分隔灵活、工厂花园化的方向发展。随着经济发展和人口增长，城市人口密度迅速加大，造成城市用地紧张，交通拥挤，地价昂贵，这就迫使房屋建筑向高层发展，使得高层建筑的兴建几乎成了城市现代化的标志。铁路运输在公路、航空运输的竞争中也开始快速化和高速化。大型的水利工程、交通枢纽工程不断涌现。这些项目建设都对现场管理提出了更高的要求，要求现场管理人员具有更高的素质。

同时，工程建设标准作为工程建设活动的技术依据，随着大量新技术、新材料的涌现，数量不断增加，覆盖的范围越来越广，并且工程建设标准中对工程安全质量的要求越来越高，对保护环境、保障人身健康、维护市场秩序的规定越来越严格，这就客观要求工程建设过程中，必须严格执行标准，方能保证工程安全质量、保障公众利益。但是近些年来，从住房和城乡建设部以及各地对工程项目检查的情况看，不严格执行标准的情况依然存在，特别是近些年来发生的建筑工程安全质量事故，绝大部分事故是由于没有严格执行标准造成的。造成这种情况的原因是多方面的，但最核心的问题是缺乏行之有效的标准实施与监督机制。

2.1.4.2 标准员的概念

《建筑与市政工程施工现场专业人员职业标准》JGJ/T 250—2011 中对标准员给出了定义，标准员是在建筑与市政工程施工现场，从事工程建设标准实施组织、监督、效果评价等工作的专业人员。也是从标准员的主要工作任务角度对标准员职业作出的概括性描述。从该定义可以看出，标准员是建筑与市政施工现场的专业人员，各项工作是围绕工程施工展开的，但标准员的主要工作内容与施工员、安全员、质量员、材料员有很大区别，主要从事工程建设标准实施组织、监督、效果评价等，但这些工作又与施工员、安全员、质量员、材料员等有着密切的联系，因为施工员、安全员、质量员、材料员等岗位人员的很多工作是依据标准开展的，最典型的就是质量员，建筑工作质量管理是离不开标准的，可以说标准员与其他几大员的工作既有联系，也有分工，各有侧重。另外，标准员需要掌握各方面的标准，要有一定的工作经验。

2.1.4.3 标准员的工作职责

《建筑与市政工程施工现场专业人员职业标准》JGJ/T 250—2011 中规定了标准员的主要工作职责，共有 5 类，12 项职责，主要有：

(1) 标准实施计划：这类职责主要要求标准员在工程项目施工准备阶段，全面收集所承担工程项目施工过程中应执行的标准，并做好落实标准的相关措施与制度，职责包括：

1) 参与企业标准体系表的编制。

2) 负责确定工程项目应执行的工程建设标准，编列标准强制性条文，并配置标准有效版本。

3) 参与制定质量安全技术标准落实措施及管理制度。

(2) 施工前期标准实施：这类职责主要要求标准员在工程项目施工准备过程中，通过开展标准宣贯培训，以及将标准中的要求落实到相关的管理措施及管理制度，为工程建设过程中严格执行标准打下基础，主要职责包括：

1）负责组织工程建设标准的宣贯和培训。

2）参与施工图会审，确认执行标准的有效性。

3）参与编制施工组织设计、专项施工方案、施工质量计划、职业健康安全与环境计划，确认执行标准的有效性。

（3）施工过程标准实施：这类职责主要要求标准员在工程项目施工过程中，通过交底、对标准实施进行跟踪、验证以及对发现的问题及时进行整改等工作，促进标准准确实施，主要职责包括：

1）负责建设标准实施交底。

2）负责跟踪、验证施工过程标准执行情况，纠正执行标准中的偏差，重大问题提交企业标准化委员会。

3）参与工程质量、安全事故调查，分析标准执行中的问题。

（4）标准实施评价

这类职责要求标准员通过开展标准实施评价，收集工程技术人员对标准的意见、建议，为改进标准化工作提供支持，主要指责包括：

1）负责汇总标准执行确认资料、记录工程项目执行标准的情况，并进行评价。

2）负责收集对工程建设标准的意见、建议，并提交企业标准化委员会。

（5）标准信息管理：这项职责要求标准员负责工程建设标准实施的信息管理，当前计算机和信息技术发展突飞猛进，已经广泛应用于各个领域，很多地方围绕标准实施开发了施工过程的信息管理系统，住房和城乡建设部制定了建设领域信息化建设的顶层设计，标准的实施是各管理信息系统开发的基础，因此，规定了标准员的这项职责。

2.1.4.4 标准员应具备的技能

标准员作为施工现场的管理人员，为全面履行职责，完成工程项目施工任务，面对日趋复杂的建筑形式，客观要求标准员掌握相应的技能。《建筑与市政工程施工现场专业人员职业标准》中对标准员应具备的专业技能和专业知识提出了明确的要求。

（1）标准员应具备的专业技能

标准员的专业技能主要包括：

1）能够组织确定工程项目应执行的工程建设标准及强制性条文。要求标准能够在现行的众多工程建设标准中，根据所承担的工程项目的特点和设计要求确定工程项目应执行的工程建设标准，并能够编制工程项目应执行的工程建设标准及强制性条文明细表。

2）能够参与制定工程建设标准贯彻落实的计划方案。要求标准员根据工程建设标准的要求，结合工程项目施工部署，参与制定工程建设标准贯彻落实方案，包括组织管理措施和技术措施方案，并能够编制小型建设项目的专项施工方案。

3）能够组织施工现场工程建设标准的宣贯和培训。要求标准员能够根据工程建设标准的适用范围合理确定宣贯内容和培训对象，并能够组织开展施工现场工程建设标准宣贯和培训。

4）能够识读施工图。要求标准员能够识读建筑施工图、结构施工图、设备专业施工图，以及城市桥梁、城镇道路施工图和市政管线施工图，准确把握工程设计要求。

5）能够对不符合工程建设标准的施工作业提出改进措施。要求标准员能够判定施工作业与相关工程建设标准规定的符合程度，以及施工质量检查与验收与相关工程建设标准规定的符合程度，发现问题，并能够依据相关工程建设标准对施工作业提出改进措施。

6）能够处理施工作业过程中工程建设标准实施的信息。要求标准员熟悉与工程建设标准实施相关的管理信息系统，能够处理工程材料、设备进场试验、检验过程中相关标准实施的信息、施工作业过程中相关工程建设标准实施的信息以及工程质量检查、验收过程中相关工程建设标准实施的信息，包括信息采集、汇总、填报等。

7）能够根据质量、安全事故原因，参与分析标准执行中的问题。要求标准员掌握工程质量安全事故原因分析的方法，能够根据质量、安全事故原因分析相关工程建设标准执行中存在的问题，以及根据工程情况和施工条件提出质量、安全的保障措施。

8）能够记录和分析工程建设标准实施情况。要求标准员根据施工情况，准确记录各项工程建设标准在施工过程中执行情况，并分析工程项目施工阶段执行工程建设标准的情况，找出存在的问题。

9）能够对工程建设标准实施情况进行评价。要求标准员掌握标准实施评价的方法，能够客观评价现行标准对建设工程的覆盖情况，评价标准的适用性和可操作性以及标准实施的经济、社会、环境等效果。

10）能够收集、整理、分析对工程建设标准的意见，并提出建议。要求标准员掌握工程建设标准化的工作机制，掌握标准制、修订信息，及时向相关人员传达标准制、修订信息，并收集反馈相关意见，提出对相关标准的改进意见。

11）能够使用工程建设标准实施信息系统。要求标准员能够使用国家工程建设标准化管理信息系统，并应用国家及地方工程建设标准化信息网，及时获取相关标准信息，确保施工现场的标准及时更新。

（2）标准员应具备的专业知识

《建筑与市政工程施工现场专业人员职业标准》JGJ/T 250—2011 将标准员应具备的专业知识分为通用知识、基础知识和岗位知识。通用知识是建筑与市政工程施工现场专业人员（包括施工员、安全员、质检员、材料员等）应具备的通用知识、基础知识、岗位知识是与标准员岗位工作相关的知识。各部分主要内容包括：

1）通用知识

① 熟悉国家工程建设相关法律法规。要求标准员熟悉《建筑法》、《安全生产法》、《劳动法》、《劳动合同法》、《建设工程安全生产管理条例》、《建设工程质量管理条例》等法律法规的相关规定。

② 熟悉工程材料、建筑设备的基本知识。要求标准员熟悉无机胶凝材料、混凝土、砂浆、石材、砖、砌块、钢材等主要建筑材料的种类、性质，混凝土和砂浆配合比设计，建筑节能材料和产品的应用。

③ 掌握施工图绘制、识读的基本知识。要求标准员掌握房屋建筑、建筑设备、城市道路、城市桥梁、市政管道等工程施工图的组成、作用及表达的内容，掌握施工绘制和识读的步骤与方法。

④ 熟悉工程施工工艺和方法。要求标准员熟悉地基与基础工程、砌体工程、钢筋混凝土工程、钢结构工程、防水工程等施工工艺流程及施工要点。

⑤ 了解工程项目管理的基本知识。要求标准员了解施工项目管理的内容及组织机构建立与运行机制，了解施工项目质量、安全目标控制的任务与措施，了解施工资源与施工

现场管理的内容和方法。

2）基础知识

① 掌握建筑结构、建筑构造、建筑设备的基本知识。要求标准员掌握民用建筑的基本构造组成，构件的受弯、受扭和轴向受力的基本概念，钢筋混凝土结构、钢结构、砌体结构的基本知识，建筑给水排水、供热工程、建筑通风与空调工程、建筑供电照明工程的基本知识，以及城市道路、城市桥梁、各类市政管线的基本知识。

② 熟悉工程质量控制、检测分析的基本知识。要求标准员熟悉工程质量控制的基本原理和基本方法，熟悉抽样检验的基本理论和工程检测的基本知识与方法。

③ 熟悉工程建设标准体系的基本内容和国家、行业工程建设标准体系。要求标准员掌握标准化的基本概念和标准化方法，熟悉国家工程建设标准化管理体制和工程建设标准管理机制，熟悉工程建设标准体系的构成。

④ 了解施工方案、质量目标和质量保证措施编制及实施基本知识。要求标准员了解施工方案的作用和基本内容以及组织实施的方法，了解质量目标的作用和确定质量目标的方法，了解质量保证措施的编制和组织实施。

3）岗位知识

① 掌握与本岗位相关的标准和管理规定。要求标准员掌握工程建设标准实施与监督的相关规定，以及工程安全和质量管理的相关规定，掌握相关质量验收规范、施工技术规程、检验标准与试验方法标准和产品标准等。

② 了解企业标准体系表的编制方法。要求标准员了解企业标准体系表的作用、构成和编制方法。

③ 熟悉工程建设标准化监督检查的基本知识。要求标准员熟悉对质量验收规范、施工技术规程、试验检验标准等实施进行监督检查的基本知识和检查方法，以及工程建设标准的宣贯和培训组织要求。

④ 掌握标准实施执行情况记录及分析评价的方法。要求标准员掌握标准执行情况记录的内容和方法，掌握标准实施状况、标准实施效果、标准科学性等评价的知识和评价方法。

2.1.4.5　标准员职业能力评价

职业能力评价是指通过考试、考核、鉴定等方式，对专业人员职业能力水平进行测试和判断的过程，对于建筑和市政工程施工现场专业人员职业能力评价，《建筑与市政工程施工现场专业人员职业标准》JGJ/T 250—2011 规定，采取专业学历、职业经历和专业能力评价相结合的综合评价方法，其中专业能力评价应采用专业能力测试方法，包括专业知识和专业技能测试，重点考查运用相关专业知识和专业技能解决工程实际问题的能力。

针对不同学历，《建筑与市政工程施工现场专业人员职业标准》JGJ/T 250—2011 对标准员的职业实践最少年限做出了具体的规定，土建类本专业专科及以上学历 1 年，土建类相关专业专科学历 2 年，土建类本专业中职学历 3 年，土建类相关专业中职学历 4 年。

2.1.4.6　标准员的作用

工程建设标准作为工程建设活动的技术依据和准则，是保障工程安全质量和人身健康的基础，标准员作为施工现场从事工程建设标准实施组织、监督、效果评价等工作的专业人员，既是工程项目施工的管理人员，也是标准化工作中重要的一员，具有重要的作用。

（1）标准员为实现工程项目施工科学管理奠定基础

标准是当代先进的科学技术和实践经验的总结，是指导企业各项活动的依据，要使工程项目施工达到规范化、科学化，保证施工"有章可循，有标准可依"，建立最佳秩序，取得最佳效益，需要标准员发挥协调、约束和桥梁的作用。标准员通过为工程建设各岗位管理人员和操作人员提供全面的标准有效版本，能够指导各项工作按照标准开展，进而有效促进工程项目施工的科学管理。

（2）标准员为保障工程安全质量提供支撑

工程建设标准是判定工程质量"好坏"的"准绳"，是保障工程安全和人身健康的重要手段，标准员的工作，能够将工程建设标准的要求贯彻到工程项目施工的各项活动当中，包括建筑材料的质量、工程质量、施工人员的作业等，同时在施工过程中进行监督、检查，对不符合标准要求的事项及时提出整改措施，为保障工程安全质量提供强有力的支撑。

（3）标准员为提高标准科学性发挥重要作用

标准的制定、实施和对标准实施进行监督是标准化工作的主要内容，在新的形势下，客观要求三项工作必须有机结合，相互促进，才能使得标准更加科学合理，适应工程建设的需要，有力促进我国经济社会的发展。要做到这点，需要工程建设标准化管理机构及时、全面掌握标准实施的情况，发现标准中存在的问题，改进标准化工作。标准员作为工程项目施工的直接参与者，最"接地气"，能够通过工程建设标准实施评价，分析工程建设标准的实施情况、实施效果和科学性，并能够收集工程建设者对标准的意见和建议，这些信息反馈到工程建设标准化管理机构，将会为工程建设标准化管理提供强有力的支持，对进一步提高标准的科学性，完善标准体系，完善推动标准实施各项措施，发挥重要的作用。

2.2　工程建设标准化管理

2.2.1　标准化管理体系

目前，工程建设标准化的管理机构包括两部分。一是政府管理机构，包括：负责全国工程建设标准化归口管理工作的国务院工程建设行政主管部门；负责本部门或本行业工程建设标准化工作的国务院有关行政主管部门；负责本行政区域工程建设标准化工作的省、市、县人民政府的工程建设行政主管部门；二是非政府管理机构，即政府主管部门委托的负责工程建设标准化管理工作的机构。

（1）工程建设标准化政府管理机构及职责

1）国务院工程建设行政主管部门管理全国工程建设标准化工作，它的主要职责包括以下八个方面：

① 组织贯彻国家有关标准化和工程建设法律、行政法规和方针、政策，并制定工程建设标准化的规章；

② 制定工程建设标准化工作规划和计划；

③ 组织制定工程建设国家标准；

④ 组织制定本部门本行业的工程建设行业标准；

⑤ 指导全国工程建设标准化工作，协调和处理工程建设标准化工作中的有关问题；

⑥ 组织实施标准；

⑦ 对标准的实施进行监督检查；

⑧ 参与组织有关的国际标准化工作。

国务院工程建设行政主管部门，目前是住房和城乡建设部。

2）国务院有关行政主管部门和国务院授权的有关行业协会及大型企业集团，例如：交通运输部、水利部、工业与信息化部、中国电力企业联合会、中国石化集团等，分工管理本部门、本行业的工程建设标准化工作。主要职责包括以下几个方面：

① 组织贯彻国家有关标准化工作和工程建设的法规、方针和政策，并制定本部门、本行业工程建设标准化工作的管理办法；

② 制定本部门、本行业工程建设标准化工作规划和计划；

③ 承担制定、修订工程建设国家标准的任务，组织制定本部门本行业的工程建设行业标准；

④ 组织本部门、本行业实施标准；

⑤ 对标准的实施进行监督检查；

⑥ 参与组织有关的国际标准化工作。

3）各省、自治区、直辖市人民政府建设行政主管部门统一管理本行政区域的工程建设标准工作，主要职责包括以下几个方面：

① 组织贯彻国家有关工程建设标准化工作的法律、行政法规和方针、政策；

② 制定本行政区域工程建设标准化工作的管理办法；

③ 承担制定、修订工程建设国家标准、行业标准的任务；

④ 组织制定本行政区域内的工程建设地方标准；

⑤ 在本行政区域内组织实施标准；

⑥ 对标准的实施进行监督检查。

（2）非政府管理机构

国务院各有关行政主管部门，除设有具体的管理机构外，对本部门、本行业的工程建设标准化工作，设立了形式不同的、自下而上的管理机构。目前，各行业工程建设标准化的归口管理，存在多种情况，主要包括由行业主管部门相关机构归口管理、行业协会相关机构归口管理、企业相关部门归口管理等。因为归口管理部门的不同，各行业工程建设标准化管理机构的设置也存在多种情况。

1）行业主管部门相关机构归口管理

很多行业主管部门均设立了专门的标准定额管理机构，包括标准定额站等，如工业与信息化部电子工程标准定额站为电子工程建设行业标准管理机构，其主要职责包括：电子工程建设领域标准化工作的组织和管理，包括标准计划的制定、标准项目的组织申报、标准制修订工作的组织开展等编制工作的全过程管理；标准颁布实施的配合和指导、标准宣贯的组织与实施、标准的复审与局部修订等标准实施过程的运作和协调等。建材行业工程建设标准化工作由国家建筑材料工业标准定额总站负责，其主要职责为：负责建材行业工程建设标准及定额的制定（修订）工作、建材行业造价工程师及工程建设造价员的日常管理工作。住房和城乡建设部承担的城建、建工行业的工程建设标准化工作，由住房和城乡建设部标准定额司委托住房和城乡建设部标准定额研究所管理具体工作，住房和城乡建设部设立的勘察与岩土工程、城乡规划、城镇建设、建筑工程等18个技术归口单位，分别负责组织本专业范围内标准的制定、修订和审查等标准化工作，形成自下而上的管理机构体系。

2）行业协会相关机构归口管理

在一些行业中，由相关行业协会全面指导管理工程建设标准化工作。其中，一些行业设有常设专门机构，在行业协会的领导下，负责工程建设标准化的日常工作。如电力行业，由中国电力企业联合会内设的标准化中心，全面归口电力工程建设标准化的管理工作。化工行业工程建设标准化工作由中国石油和化工勘察设计协会进行组织和管理，各专业中心站在协会的领导下开展具体工作。冶金行业工程建设领域标准化工作由中国冶金建设协会负责，协会下设标准化专业委员会，负责标准化工作日常管理。有色金属工程建设标准化工作现由中国有色金属工业协会全面指导管理，中国有色金属工业工程建设标准规范管理处作为常设机构，负责组织全国有色金属工程建设国家标准和行业标准的制修订工作，组织开展全行业工程建设标准的宣贯、培训，同时，负责工程建设标准化的日常管理工作。

在有些行业中，行业协会工程建设标准化归口管理机构将日常事务委托其他机构管理。如机械工业工程建设标准化管理机构为中国机械工业联合会，职能部门为标准工作部，机械工业工程建设标准化管理的日常事务，委托中国机械工业勘察设计协会负责。

而有些行业协会尚未成立专门的工程建设标准化管理机构，交由其他处室分管负责，如纺织行业，日常的管理工作由纺织行业协会产业部具体负责。

3）企业相关部门归口管理

在有些行业中，由龙头企业相关部门主管该行业的工程建设标准化工作。以石化行业为例，受政府委托，石化集团承担国家标准、行业标准的制定和修订以及相应的管理工作，具体由石化集团的工程部归口负责。工程部的主要职责是贯彻落实标准化法律、法规、方针、政策，组织石化行业工程建设标准化五年工作计划和年度计划的编制和实施，组织国家标准和石化行业工程建设标准的编制和审查，组织并监督标准的实施，指导并推动所属企业的企业标准化工作。石化集团在各设计、施工单位设立专业技术中心站，作为石化行业工程建设标准的专业技术管理机构，协助工程部开展标准化工作，并由各设计、施工单位作为标准编制单位具体承担编制责任。2003年成立的中国工程建设标准化协会石油化工分会，主要行使石化行业工程建设标准化的服务职能。

综上，各行业工程建设标准化工作归口于不同性质的管理机构。由于各行业具有不同的特点，工程建设标准化管理机构的职能也因此有所区别。但就工程建设标准的制定、实施和监督而言，各行业工程建设标准化管理机构担负的职责主要包括：

① 组织贯彻国家有关工程建设标准化的法律、法规、方针、政策，并制定在本行业实施的具体办法；

② 编制本行业工程建设标准化工作规划、计划；制定并实施本行业工程建设标准化发展战略和工作重点；

③ 受国家有关部门委托，负责组织本行业工程建设国家标准和行业标准的编制计划、制修订、审查和报批；

④ 组织本行业工程建设标准的宣贯、培训与实施，并对其实施情况进行监督。

此外，某些行业的工程建设标准体制还不完善，尚待建设。如国防工业各行业的工程建设管理都附属于各行业的计划部门，各行业的计划部门对工程建设的标准只是行政管理而不是业务主管。国防工业各行业都设有标准化所，标准化所的主要任务是实施行业标准化的规划，制定并组织各项标准化工作，是行业标准化的业务归口的总体单位，是行业标准化工作研究和管理机构，但各行业的标准化所在其工作中一般都没有将行业工程建设标准纳入其体系内，或其只容纳了少量的行业工程建设标准，而没有形成体系。实际上，对于国防工业工程建设标准化课题研究和有关标准的制定，各行业的设计研究院承担了更多的工作，是承担工程建设标准化的主要力量。

2.2.2　标准化管理制度

（1）工程建设标准制定与修订制度

1）标准立项

在工程建设标准的制定、修订工作中，计划工作既是"龙头"，也是基础，通过计划的编制，保证拟订标准做好前期可行性研究工作，对有组织、有目的地开展标准的制定、修订，具有重要的意义。《中华人民共和国标准化法实施条例》、《工程建设国家标准管理办法》、《工程建设行业标准管理办法》以及国务院各有关部门、各省、自治区、直辖市建设行政主管部门发布的有关工程建设标准化的管理制度中，对工程建设国家标准、行业标准、地方标准计划的编制作出了规定。

2）标准编制

标准的制定工作是标准化活动中最为重要的一个环节，标准在技术上的先进性、经济上的合理性、安全上的可靠性、实施上的可操作性，都体现在这项工作中。制修订标准是一项严肃的工作，只有严格按照规定的程序开展，才能保证和提高标准的质量和水平，加快标准的制定速度。因此工程建设标准制修订程序管理制度，是工程建设标准化管理制度中重要的一项内容，在《工程建设国家标准管理办法》、《工程建设行业标准管理办法》以及国务院各有关部门和各省、自治区、直辖市建设行政主管部门发布的有关工程建设标准化的管理制度中，均对制修订程序作出了具体的规定。由于，各级各类工程建设标准其复杂程度、涉及面的大小和相关因素的多少，差异比较大，因此，在编制的程序上也不尽相同，但一般都要经历准备阶段、征求意见阶段、送审阶段、报批阶段等四个阶段。

工程建设标准，无论是强制性还是推荐性，在实际工作中都是一项具有一定约束力的技术文件，具有科学性和权威性，因此，标准文本在编写体例和文字表述方法上，显得非常重要。另一方面，规范的标准文本的格式、内容构成、表达方法等也会使标准的使用者易于接受，有利于正确理解和使用标准。《工程建设标准编写规定》对标准的编写做出了明确的规定。

① 准备阶段。主要工作包括：筹建编制组、制定工作大纲、召开编制组成立会议。

② 征求意见阶段。主要工作包括：搜集整理有关的技术资料、开展调查研究或组织试验验证、编写标准的征求意见稿、公开征求各有关方面的意见。

③ 送审阶段。主要工作包括：补充调研或试验验证、编写标准的送审稿、筹备审查工作、组织审查。

④ 报批阶段。主要工作包括：编写标准的报批稿、完成标准的有关报批文件、组织

审核等。

3）批准发布

工程建设国家标准由国务院工程建设行政主管部门批准，由国务院工程建设行政主管部门和国务院标准化行政主管部门联合发布。工程建设行业标准由国务院有关行业主管部门批准、发布和编号，涉及两个及以上国务院行政主管部门的行业标准，一般联合批准发布，由一个行业主管部门统一负责编号。行业标准批准发布后 30 日内应报国务院工程建设行政主管部门备案。目前，在工程建设地方标准的批准发布和编号方面，各省、自治区、直辖市的做法不尽相同，但无外乎三种情况：一是由建设行政主管部门负责，绝大部分省、自治区、直辖市如此；二是由建设行政主管部门批准，并和技术监督部门联合发布，由技术监督部门统一编号；三是由技术监督部门负责批准发布和编号，目前只有个别省、自治区、直辖市如此。地方标准批准发布后 30 日内应当报国务院建设行政主管部门备案。

4）复审

工程建设标准复审是指对现行工程建设标准的适用范围、技术水平、指标参数等内容进行复查和审议，以确认其继续有效、废止或予以修订的活动。对于确保或提高标准的技术水平，使标准的技术规定及时适应客观实际的要求，不断提高标准自身的有序化程度，避免标准对工程建设技术发展的反作用，具有十分重要的意义。

5）局部修订

局部修订制度是工程建设标准化工作适应我国经济社会和科学技术迅猛发展要求的一项制度，为把新技术、新产品、新工艺、新材料以及建设实践的新经验，以及重大事故的教训，及时、快捷地纳入标准提供了条件。

6）日常管理

工程建设标准实施过程中，执行主体必然会对其技术内容提出各种问题，包括对标准内容的进一步解释、对标准内容的修改意见等；同时，科技进步和生产、建设实践经验的积累，也需要及时调整标准的技术规定。日常管理的主要任务是，负责标准解释，调查了解标准的实施情况，收集和研究国内外有关标准、技术信息资料和实践经验。

（2）工程建设标准实施与监督制度

标准的实施与监督是标准化工作的关键内容。《标准化法》及《标准化法实施条例》对标准实施及监督均作出了具体的规定：一是强制性标准必须执行，不符合强制性标准的产品，禁止生产、销售和进口，推荐性标准，国家鼓励企业自愿采用；二是监督的对象，包括强制性标准，企业自愿采用的推荐性标准，企业备案的产品标准，认证产品的标准和研制新产品、改进产品和技术改造过程中应当执行的标准。对于工程建设标准的实施，主要是《建筑法》、《节约能源法》、《建设工程质量管理条例》、《建设工程勘察设计管理条例》以及《实施工程建设强制性标准监督规定》提出明确的要求。

《建筑法》中规定"建筑活动应当确保建筑工程质量和安全，符合国家的建设工程安全标准"。《节约能源法》中规定"建筑工程的建设、设计、施工和监理单位应当遵守建筑节能标准。不符合建筑节能标准的建筑工程，建设主管部门不得批准开工建设；已经开工建设的，应当责令停止施工、限期改正；已经建成的，不得销售或者使用。建设主管部门应当加强对在建建筑工程执行建筑节能标准情况的监督检查。"《建设工程勘察设计管理条例》中规定"建设工程勘察、设计单位必须依法进行建设工程勘察、设计，严格执行工程建设强制性标准，并对建设工程勘察、设计的质量负责"。《建设工程质量管理条例》中规定"建设单位不得明示或者暗示设计单位或者施工单位违反工程建设强制性标准，降低建设工程质量。勘察、设计单位必须按照工程建设强制性标准进行勘察、设计、并对其勘察、设计的质量负责。施工单位必须按照工程设计图纸和施工技术标准施工，不得擅自修改工程设计，不得偷工减料"。

《实施工程建设强制性标准监督规定》对与工程建设强制性标准的实施作出了全面的规定，主要包括以下几个方面：一是明确了工程建设强制性标准的概念，即工程建设强制性标准是指直接涉及工程质量、安全、卫生及环境保护等方面的工程建设标准强制性条文，奠定了"强制性条文的法律地位"。二是确定了监督机构的职责，即国务院建设行政主管部门负责全国实施工程建设强制性标准的监督管理工作。国务院有关行政主管部门按照国务院的职能分工负责实施工程建设强制性标准的监督管理工作。县级以上地方人民政府建设行政主管部门负责本行政区域内实施工程建设强制性标准的监督管理工作。建设项目规划审查机关应当对工程建设规划阶段执行强制性标准的情况实施监督。施工图设计文件审查单位应当对工程建设勘察、设计阶段执行强制性标准的情况实施监督。建筑安全监督管理机构应当对工程建设施工阶段执行施工安全强制性标准的情况实施监督。工程质量监督机构应当对工程建设施工、监理、验收等阶段执行强制性标准的情况实施监督。同时，规定了工程建设标准批准部门应当定期对建设项目规划审查机关、施工图设计文件审查单位、建筑安全监督管理机构、工程质量监督机构实施强制性标准的监督进行检查，以及工程建设标准批准部门应当对工程项目执行强制性标准情况进行监督检查。三是对监督检查的方式，规定了重点检查、抽查和专项检查等三种方式。四是对监督检查的内容，规定：①有关工程技术人员是否熟悉、掌握强制性标准；②工程项目的规划、勘察、设计、施工、验收等是否符合强制性标准的规定；③工程项目采用的材料、设备是否符合强制性标准的规定；④工程项目的安全、质量是否符合强制性标准的规定；⑤工程中采用的导则、指南、手册、计算机软件的内容是否符合强制性标准的规定。

1）工程建设标准的宣贯与培训

标准宣贯、培训是促进标准实施的重要手段，各级标准化管理机构对发布实施的重要标准均组织开展宣贯与培训工作，取得了积极的效果，有力促进了该标准的实施。如2000年"工程建设标准强制性条文"发布后，建设部在全国范围内组织开展了大规模的宣贯、培训活动，取得的积极成果，有力促进了"工程建设标准强制性条文"实施。近年来，为配合建筑节能工作，建设部连续组织开展了《公共建筑节能设计标准》等一批重点标准的宣贯，全国有近200万人次参加培训。

2）施工图审查

施工图设计文件审查是指建设行政主管部门及其认定的审查机构，依据国家和地方有关部门法律法规、强制性标准规范，对施工图设计文件中涉及地基基础、结构安全等进行的独立审查。施工图审查是政府主管部门对建筑工程勘察设计质量监督管理的重要环节，是基本建设必不可少的程序。施工图审查中一项主要的内容就是工程设计是否符合工程建设强制性标准的要求，从而保证工程建设标准特别是强制性标准在工程建设中全面贯彻执行。

3）工程监督检查

目前，对工程建设进行监督检查主要是工程质量监督和安全生产监督。工程质量监督是建设行政主管部门或其委托的工程质量监督机构根据国家法律、法规和工程建设强制性标准，对参与工程建设各方主体和有关机构履行质量责任的行为以及工程实体质量进行监督检查、维护公众利益的行政执法行为。安全生产检查制度是指上级管理部门对安全生产状况进行定期或不定期检查的制度。通过检查发现隐患问题，采取及时有效的补救措施，可以把事故消灭在发生之前，做到防患于未然，同时也可以总结出好的经验以预防同类隐患的发生。《建设工程安全生产管理条例》规定，国务院建设行政主管部门对全国的建设工程安全生产实施监督管理。国务院铁路、交通、水利等有关部门按照国务院规定的职责分工，负责有关专业建设工程安全生产的监督管理。县级以上地方人民政府建设行政主管部门对本行政区域内的建设工程安全生产实施监督管理。县级以上地方人民政府交通、水利等有关部门在各自的职责范围内，负责本行政区域内的专业建设工程安全生产的监督管理。标准的执行情况均为工程质量、安全监督检查的重要内容，通过监督检查，有力推动了标准的实施。

4）竣工验收备案

建设工程竣工备案制度是要求工程竣工后将建设工程竣工验收报告和规划、公安消防、环保等部门出具的认可文件或者准许使用文件报建设行政主管部门或者其他有关部门备案的管理制度，是加强政府监督管理，防止不合格工程流向社会的一个重要手段。《建设工程质量管理条例》规定，"建设行政主管部门或者其他有关部门发现建设单位在竣工验收过程中有违反国家有关建设工程质量管理规定行为的，责令停止使用，重新组织竣工验收。"这项制度的建立，实现了报建—施工图审查—核发施工许可证—工程质量监督检查—竣工验收—备案的封闭管理链，使标准、规范、规程及其强制性标准的实施在各个环节中得到认真的贯彻和执行。

5）标准咨询工作

标准咨询是标准日常管理工作的重要内容，为工程建设标准的准确执行提供了保障。开展标准咨询：一是对标准的内容进行解释，使广大工程技术人员能够全面掌握标准的要求；二是积极提供咨询服务，处理工程建设标准在实施中的问题；三是参加工程建设相关检查，处理相关工程质量安全事故。根据相关规定，目前工程建设国家标准的强制性条文均由住房和城乡建设部进行解释，具体解释由工程建设标准强制性条文咨询委员会承担，经部批准发布，工程建设行业标准的强制性条文由主管部门或行业协会等负责解释。标准中具体技术内容的解释均由标准的主编单位负责。

2.2.3　标准化原理

标准化原理是人们在长期的标准化实践工作中不断研究、探讨和总结，揭示标准化活动的规律，是指导人们标准化实践活动的基础和工作原则。当前，普遍认可的标准基本原理包括"简化"、"统一"、"协调"、"择优"，这也是标准化工作的方针。

（1）简化原理

简化就是在一定范围内，精简标准化对象（事物或概念）的类型数目，以合理的数量、类型在既定的时间空间范围内满足一般需要的一种标准化形式与原则。简化特别是针对多样性的标准化对象，要消除多余的、重复的和低功能的部分，以保持其结构精炼、合理，并使其总体功能优化。如建筑构配件规格品种的简化、设计计算方法的简化、施工工艺的简化、技术参数的简化等等。

简化做得好可以得到很明显的效果，特别是专业化、工业化、规模化生产的条件下，其效果更加显著。做得不好会适得其反，阻碍技术进步和经济发展。因此，在标准化工作中要运用好简化原理。

简化原理可描述为：具有同种功能的标准化对象，当其多样性的发展规模超出了必要的范围时，即应消除其中多余的、可替换的和低功能的环节，保持其构成的精炼、合理，使总体功能最佳。

在实际标准化工作中，运用简化原理有两个界限：

1）简化的必要性界限

当多样性形成差异，且良莠并杂、繁简并存，与客观实际的需要相左或已经超过了客观实际的需要程度时，即"多样性的发展规模超出了必要的范围时"，应当对其进行必要的简化，采取弃莠择良、删繁取简、去粗取精、归纳提炼的方法，即"消除其中多余的、可替换的和低功能的环节"，实现简化。

2）简化的合理性界限

简化的合理性，就是通过简化达到"总体功能最佳"的目标，"总体"是指简化对象的总体构成，"最佳"是从全局看效果最佳，是衡量简化是否"精炼、合理"的标准，需要运用最优化的方法和系统的方法综合分析。

（2）统一原理

统一就是把同类事物两种以上的表现形式归并为一种，或限定在一个范围内的标准化形式，统一的实质是使标准化对象的形式、功能（效用）或其他技术特征具有一致性，并把这种一致性通过标准确定下来。统一原理可描述如下：

一定时期，一定条件下，对标准化对象的形式、功能或其他技术特征所确立的一致性，应与被取代的事物功能等效。

运用统一化原理，要把握以下原则：

1）适时原则

"适时"原则就是提出统一规定的时机要选准，在统一前，标准化的对象要发展到一定的规模，形式要多样，进行"统一"要确保达到最优化的效果，要有利于新技术的发展，还要有利于标准化工作的开展。

2）适度原则

统一要适度，就是要合理确定统一化的范围和指标水平。要规定哪些方面必须统一，哪些方面不作统一，哪些统一要严格，哪些统一要留有余地，而且必须恰当地规定每项要求的数量界限。

3）等效原则

等效就是把同类事物的两种以上表现形态归并为一种（或限定在一个特定的范围）时，被确定的一致性与被取代的食物和概念之间必须具有功能上的可替代性。就是说，当众多的标准化对象中确定一种而淘汰其余时，被确定的对象所具备的功能应包含被淘汰对象所具备的功能。

（3）协调原理

协调是针对标准体系。所谓协调，要使标准内各技术要素之间、标准与标准之间、标准与标准体系之间的关联、配合科学合理，使标准体系在一定时期内保持相对平衡和稳定，充分发挥标准体系的整体效果，取得最佳效果。

协调原理可以表述如下：在标准体系中，只有当各个标准之间的功能和作用效果彼此协调时，才能实现整体系统的功能最佳。

标准化工作中重点做好以下三方面协调：

1）标准内各技术要素的协调

标准制定过程就是协调的过程，是对众多技术方法、参数、要求等进行协调，形成统一的结果。另外，一项标准包含了多项技术方法、参数，规范不同的技术行为，这些方法、参数也需要相互协调，比如，建筑结构设计标准中包含了建筑材料性能的要求、结构设计方法的要求以及构造的规定，他们之间需要相互协调。

2）相关标准之间的协调

就是同一个标准化对象，不同标准的标准之间的协调，比如，一项建筑工程，包括了设计、施工、质量验收等环节，每个环节都有相关的标准，另外还有相关建筑材料性能的标准，这些标准之间都要相互协调一致，方能保证建筑工程建设活动正常开展。

3）标准与标准体系之间的协调

随着技术的进步，标准体系也呈现出一种动态发展的趋势，不断会有新的标准补充到标准体系之中，原有的标准项目也要不断地修订完善。在这个发展的过程中，新增的标准要与标准体系中原有的标准项目相互协调。

（4）优化原理

标准化的最终目的是要取得最佳效益，能否达到这个目标，取决于一系列工作的质量。优化就是要求在标准化的一系列工作中，以"最佳效益"为核心，对各项技术方案不断进行优化，确保其最佳效益。

对于工程建设标准，进行优化一般是将不同的技术方案的技术可行性、管理的可行性及经济因素综合考虑，通过试设计或其他方式进行比选，使其优化。

2.3　工程建设标准管理机制

2.3.1　标准体系的建立

随着经济发展和社会进步，建设工程向着单体大型化、功能多样化发展，对于工程建设标准化工作来说，标准化对象越来越复杂，加上完成工程建设任务的技术、产品的多样性，要在工程建设领域实现标准化目标，需要制定大量的标准，而且每一项标准并不是孤立的，存在着相互联系，构成一个整体，就是标准体系。

国家标准《标准体系表编制原则和要求》GB/T 13016—2009 对标准体系的定义是："一定范围内的标准按其内在联系形成的科学的有机整体。"准确把握标准体系的内涵，必须要正确理解定义中以下关键词的含义。

（1）"一定范围"是指标准所覆盖的范围，也是标准系统工作的范围，比如，国家标准体系包括的是全国的范围，某省的标准体系包含的范围是省范围内的标准。工程建设标准体系是工程建设领域范围内的全部标准，企业标准体系的范围是企业范围内的标准，地基施工标准体系的范围仅是地基施工范围内的标准。标准体系本质上具有"系统"的特征，按照系统论的原理，任何一个系统都有边界，这个"系统"的边界对应到标准体系就是"一定范围"。

（2）"内在联系"包括三种形式，一是系统联系，也就是各分系统之间及分系统与子系统之间存在的相互依赖又相互制约的联系；二是上下层次联系，即共性与个性的联系；三是左右之间的联系，即相互统一协调、衔接配套的联系。"科学的有机整体"是指为实现某一特定目的而形成的整体，它不是简单的叠加，而是根据标准的基本要素和内在联系所组成的，具有一定集合程度和水平的整体结构。

2.3.2　工程建设标准体系的建立

按照标准体系的概念，工程建设标准体系是工程建设某一领域的所有工程建设标准，相互依存、相互制约、相互补充和衔接，构成一个科学的有机整体。与工程建设某一专业有关的标准，可以构成该专业的工程建设标准体系。与某一工程建设行业有关的标准，可以构成该行业的工程建设标准体系。以实现全国工程建设标准化为目的的所有标准，形成了全国工程建设标准体系。工程建设标准体系是以标准体系框架的形式体现出来，就是用标准体系结构图、标准项目明细表和必要的说明来表达标准体系的层次结构及其全部标准名称的一种形式。编制工程建设标准体系框架的主要作用指导工程建设标准制修订工作，利用标准体系框架合理安排工程建设标准制修订计划，合理确定工程建设标准项目和适用范围，避免标准重复、交叉和矛盾。

目前，住房和城乡建设部已组织编制了城乡规划、城镇建设、房屋建筑、石油化工、有色金属、纺织、医药、电力、化工、铁路、煤炭、建材、冶金、工程防火、林业、电，子、石油天然气等17个领域的工程建设标准体系，以及建筑节能、城市轨道交通两个专项标准体系。水利、交通、通信、能源、广播电影电视等部门完成了本部门、行业的标准体系框架。每个领域、行业中的标准再进一步按专业进行划分（横向），每个专业再将标准分为基础标准、通用标准和专用标准（纵向），形成划分明确（横向）、层次恰当（纵向）和全面成套（体系覆盖面）的标准体系。

2.3.3　工程建设标准体系的构成

工程建设标准体系的覆盖范围是整个工程建设行业，凡是涉及工程建设的可行性研究、规划、设计、施工、安装、调试、运行管理都应有相应的标准，从而构成一个标准体系，包括国家标准、行业标准、地方标准和企业标准。

（1）国家标准

由国家标准机构通过并公开发布的标准。国家标准是对国民经济和技术发展有重大意义，需要在全国范围内统一的标准。国家标准按照约束性分为强制性标准（代号 GB）和推荐性标准（代号 GB/T）。国家标准化指导性技术文件（GB/Z）是对国家标准的补充，一般是指技术尚在发展中，或采用国际标准组织的技术报告（TR）、技术规范（TS）及可公开获得规范（PAS）等。国家标准在全国范围内适用，其他各级标准不得与国家标准相抵触。国家标准一经发布，与其重复的行业标准、地方标准相应废止，国家标准是四级标准体系中的主体。工程建设标准的顺序号从 50000 开始。

（2）行业标准

由行业机构通过并公开发布的标准。在我国，行业标准是对没有国家标准，而又需要在全国某个行业范围内统一的技术要求所制定的标准。按照标准化法，在我国行业标准发布须由国家标准化行政主管部门确定，目前我国共有60多个行业主管部门经国家确定，如建筑工程行业标准代号为JGJ，城镇建设行业标准代号为CJJ，行业标准一般也分为强制性和推荐性两类。行业组织在工业发达的国家通常指行业协会，其标准一般以协会标准形式存在。行业标准的制定不得与国家标准相抵触，国家标准实施后，相应的行业标准即行废止。有关行业标准之间应保持协调、统一，不得重复制定。

（3）地方标准

在国家某个地区通过并公开发布的标准。在我国，一般情况下，地方标准是针对没有国家标准或行业标准，而又需要在本区域内统一的技术要求所制定的标准。按照标准化法，一般情况下，出台了相关的国家标准或行业标准，则地方标准自行作废。我国的地方标准一般是由省、自治区、直辖市的标准化行政主管部门公开发布的标准。代号为DB＋区域编号。地方标准分为强制性和推荐性标准。应当注意的是，已进入送审稿的新标准化法一旦实施，地方强制性标准应由地方政府批准发布。在我国标准体系中之所以设置地方标准，主要是考虑我国幅员辽阔，各地自然条件、资源条件和生活习惯不同，技术、经济发展不平衡。地方标准的先行制订可以为制定国家标准和行业标准打好基础，创造条件。

（4）企业标准

企业所制定的产品标准及企业内需要协调、统一的技术要求、管理要求和工作要求所制定的标准。企业标准一般包括三类，即技术标准、管理标准、工作标准。企业生产的产品没有国家标准和行业标准的，应当制定企业标准，作为组织生产的依据。企业标准应报当地标准化行政主管部门和有关行政主管部门备案，才具备法定标准的资格，也是形成合法生产的基本条件之一。当有国家标准、行业标准及地方标准时，国家鼓励企业在不违反相应强制性标准的前提下，制定满足顾客要求和市场需求，并严于国家标准、行业标准及地方标准的企业标准，在企业内部适用。企业的产品标准，一旦在包装或标识上标注或对顾客做出民事约定，即应报当地标准化行政主管部门和有关行政主管部门备案。企业标准由企业制定，大部分是以内控标准的形式存在，是企业内部开展有效管理和推进技术工作的内部法规，具有强制力。

（5）联盟标准

以合作或联合协议的形式组成的联盟制定、通过并公开发布的标准。联盟标准属于企业标准的范畴。新的标准化法送审稿对联盟标准有了定位，联盟可以是企业组织之间组成，也可以是协会、企业及政府等的组合体。联盟标准一般体现在两个领域：高新技术领域和传统领域。高新技术领域以独有技术、核心技术、专利共享形成联盟，制定联盟标准旨在抢占市场主导权，如闪联、广东LED照明标准光组件技术规范（简称：LED标准光组件，俗称：蚂标）。传统领域以提高内控指标、严于国家现有标准、提升质量水平为目的，如中山红木家具、南海盐步内衣。联盟标准经过当地标准化部门备案后方为法定标准。

地方标准的不断出台为国家标准的建立奠定了较好的基础，地方标准是国家标准体系的重要组成部分，作为未来战略布局的一部分，应鼓励有实力的地方、有能力的标准制定机构协调推进标准化工作，积极建立地方标准，以带动、提升国家标准水平。

2.3.4 工程建设标准的性质

我国目前是强制性标准与推荐性标准相并存。

（1）强制性标准

具有法律属性，在一定范围内通过法律、行政法规等强制性手段加以实施的标准。

强制性标准分为全文强制和条文强制。一般涉及国家安全、人身财产安全、环境污染排除、环境质量、安全生产、劳动职业安全、公共安全、动植物检验检疫、食品卫生等标准，依照相关法律法规均为强制性标准。强制性标准，必须执行，不允许以任何理由或方式加以违反、变更。不符合强制性标准的产品，禁止生产、销售和进口。对于违反强制性标准的行业，国家将依法追究当事人的法律责任。

（2）推荐性标准

除了强制性标准之外的标准是推荐性标准，是非强制执行的标准，国家鼓励企业自愿采用推荐性标准。通常指的是在生产、交换、使用等方面，通过经济手段或市场调节而自愿采用的一类标准。推荐性标准，不具有强制性，任何单位均有权决定是否采用。违反推荐性标准，不构成经济或法律方面的责任。应当指出的是，推荐性标准一经接受并采用，或各方商定同意纳入商品经济合同中，就成为各方必须共同遵守的技术依据，具有法律约束力，必须严格遵照执行。

企业在包装或产品标识上明示的推荐性标准必须执行。

2.4 工程建设标准及其类别

1988年12月颁布的《标准化法》规定，对下列需要统一的技术要求，应当制定标准：……建设工程的设计、施工方法和安全要求；有关工业生产、工程建设和环境保护的技术术语、符号、代号和制图方法。

工程建设标准通过行之有效的标准规范，特别是工程建设强制性标准，为建设工程实施安全防范措施、消除安全隐患提供统一的技术要求，以确保在现有的技术、管理条件下尽可能地保障建设工程质量安全，从而最大限度地保障建设工程的建造者、使用者和所有者的生命财产安全以及人身健康安全。

根据《标准化法》的规定，我国的标准分为国家标准、行业标准、地方标准和企业标准。国家标准、行业标准又分为强制性标准和推荐性标准。

保障人体健康，人身、财产安全的标准和法律、行政法规规定强制执行的标准是强制性标准，其他标准是推荐性标准。强制性标准一经颁布，必须贯彻执行，否则对造成恶劣后果和重大损失的单位和个人，要受到经济制裁或承担法律责任。

2.4.1 工程建设国家标准

《标准化法》规定，对需要在全国范围内统一的技术要求，应当制定国家标准。

（1）工程建设国家标准的范围和类型

1）1992年12月建设部发布的《工程建设国家标准管理办法》规定，对需要在全国范围内统一的下列技术要求，应当制定国家标准：

　① 工程建设勘察、规划、设计、施工（包括安装）及验收等通用的质量要求；

　② 工程建设通用的有关安全、卫生和环境保护的技术要求；

　③ 工程建设通用的术语、符号、代号、量与单位、建筑模数和制图方法；

　④ 工程建设通用的试验、检验和评定等方法；

　⑤ 工程建设通用的信息技术要求；

　⑥ 国家需要控制的其他工程建设通用的技术要求。

　2）工程建设国家标准分为强制性标准和推荐性标准。下列标准属于强制性标准：

　① 工程建设勘察、规划、设计、施工（包括安装）及验收等通用的综合标准和重要的通用的质量标准；

　② 工程建设通用的有关安全、卫生和环境保护的标准；

　③ 工程建设重要的通用的术语、符号、代号、量与单位、建筑模数和制图方法标准；

　④ 工程建设重要的通用的试验、检验和评定方法等标准；

　⑤ 工程建设重要的通用的信息技术标准；

　⑥ 国家需要控制的其他工程建设通用的标准。

强制性标准以外的标准是推荐性标准。推荐性标准，国家鼓励企业自愿采用。

（2）工程建设国家标准的制订原则和程序

制订国家标准应当遵循下列原则：

　① 必须贯彻执行国家的有关法律、法规和方针、政策，密切结合自然条件，合理利用资源，充分考虑使用和维修的要求，做到安全适用、技术先进、经济合理；

　② 对需要进行科学试验或测试验证的项目，应当纳入各级主管部门的科研计划，认真组织实施，写出成果报告；

　③ 纳入国家标准的新技术、新工艺、新设备、新材料，应当经有关主管部门或受委托单位鉴定，且经实践检验行之有效；

　④ 积极采用国际标准和国外先进标准，并经认真分析论证或测试验证，符合我国国情；

　⑤ 国家标准条文规定应当严谨明确，文句简练，不得模棱两可，其内容深度、术语、符号、计量单位等应当前后一致；

　⑥ 必须做好与现行相关标准之间的协调工作。

工程建设国家标准的制订程序分为准备、征求意见、送审和报批四个阶段。

（3）工程建设国家标准的审批发布和编号

工程建设国家标准由国务院工程建设行政主管部门审查批准，由国务院标准化行政主管部门统一编号，由国务院标准化行政主管部门和国务院工程建设行政主管部门联合发布。

工程建设国家标准的编号由国家标准代号、发布标准的顺序号和发布标准的年号组成。强制性国家标准的代号为"GB"，推荐性国家标准的代号为"GB/T"。例如：《建筑工程施工质量验收统一标准》GB 50300—2013，其中 GB 表示为强制性国家标准，50300表示标准发布顺序号，2013 表示是 2013 年批准发布；《工程建设施工企业质量管理规范》GB/T 50430—2007，其中 GB/T 表示为推荐性国家标准，50430 表示标准发布顺序号，2007 表示是 2007 年批准发布。

（4）国家标准的复审与修订

国家标准实施后，应当根据科学技术的发展和工程建设的需要，由该国家标准的管理部门适时组织有关单位进行复审。复审一般在国家标准实施后 5 年进行 1 次。

国家标准复审后，标准管理单位应当提出其继续有效或者予以修订、废止的意见，经该国家标准的主管部门确认后报国务院工程建设行政主管部门批准。

凡属下列情况之一的国家标准，应当进行局部修订：

① 国家标准的部分规定已制约了科学技术新成果的推广应用；

② 国家标准的部分规定经修订后可取得明显的经济效益、社会效益、环境效益；

③ 国家标准的部分规定有明显缺陷或与相关的国家标准相抵触；

④ 需要对现行的国家标准做局部补充规定。

2.4.2 工程建设行业标准

《标准化法》规定，对没有国家标准而又需要在全国某个行业范围内统一的技术要求，可以制定行业标准。行业标准由国务院有关行政主管部门制定，并报国务院标准化行政主管部门备案，在公布国家标准之后，该项行业标准即行废止。

（1）工程建设行业标准的范围和类型

1）《工程建设行业标准管理办法》规定，下列技术要求，可以制定行业标准：

① 工程建设勘察、规划、设计、施工（包括安装）及验收等行业专用的质量要求；

② 工程建设行业专用的有关安全、卫生和环境保护的技术要求；

③ 工程建设行业专用的术语、符号、代号、量与单位和制图方法；

④ 工程建设行业专用的试验、检验和评定等方法；

⑤ 工程建设行业专用的信息技术要求；

⑥ 其他工程建设行业专用的技术要求。

2）工程建设行业标准也分为强制性标准和推荐性标准。下列标准属于强制性标准：

① 工程建设勘察、规划、设计、施工（包括安装）及验收等行业专用的综合性标准和重要的行业专用的质量标准；

② 工程建设行业专用的有关安全、卫生和环境保护的标准；

③ 工程建设重要的行业专用的术语、符号、代号、量与单位和制图方法标准；

④ 工程建设重要的行业专用的试验、检验和评定方法等标准；

⑤ 工程建设重要的行业专用的信息技术标准；

⑥ 行业需要控制的其他工程建设标准。强制性标准以外的标准是推荐性标准。

行业标准不得与国家标准相抵触。行业标准的某些规定与国家标准不一致时，必须有充分的科学依据和理由，并经国家标准的审批部门批准。行业标准在相应的国家标准实施后，应当及时修订或废止。

（2）工程建设行业标准的制订、修订程序与复审

工程建设行业标准的制订、修订程序，也可以按准备、征求意见、送审和报批四个阶段进行。工程建设行业标准实施后，根据科学技术的发展和工程建设的实际需要，该标准的批准部门应当适时进行复审，确认其继续有效或予以修订、废止。一般也是 5 年复审 1 次。

2.4.3　工程建设地方标准

《标准化法》规定，对没有国家标准和行业标准而又需要在省、自治区、直辖市范围内统一的工业产品的安全、卫生要求，可以制定地方标准。在公布国家标准或者行业标准之后，该项地方标准即行废止。

（1）工程建设地方标准制定的范围和权限

我国幅员辽阔，各地的自然环境差异较大，而工程建设在许多方面要受到自然环境的影响。例如，我国的黄土地区、冻土地区以及膨胀土地区，对建筑技术的要求有很大区别。因此，工程建设标准除国家标准、行业标准外，还需要有相应的地方标准。

2004年2月建设部发布的《工程建设地方标准化工作管理规定》中规定，工程建设地方标准项目的确定，应当从本行政区域工程建设的需要出发，并应体现本行政区域的气候、地理、技术等特点。对没有国家标准、行业标准或国家标准、行业标准规定不具体，且需要在本行政区域内作出统一规定的工程建设技术要求，可制定相应的工程建设地方标准。

工程建设地方标准在省、自治区、直辖市范围内由省、自治区、直辖市建设行政主管部门统一计划、统一审批、统一发布、统一管理。

（2）工程建设地方标准的实施和复审

工程建设地方标准不得与国家标准和行业标准相抵触。对与国家标准或行业标准相抵触的工程建设地方标准的规定，应当自行废止。工程建设地方标准应报国务院建设行政主管部门备案。未经备案的工程建设地方标准，不得在建设活动中使用。

工程建设地方标准中，对直接涉及人民生命财产安全、人体健康、环境保护和公共利益的条文，经国务院建设行政主管部门确定后，可作为强制性条文。在不违反国家标准和行业标准的前提下，工程建设地方标准可以独立实施。

工程建设地方标准实施后，应根据科学技术的发展、本行政区域工程建设的需要以及工程建设国家标准、行业标准的制定、修订情况，适时进行复审，复审周期一般不超过5年。对复审后需要修订或局部修订的工程建设地方标准，应当及时进行修订或局部修订。

2.4.4　工程建设企业标准

《标准化法》规定，企业生产的产品没有国家标准和行业标准的，应当制定企业标准，作为组织生产的依据。已有国家标准或者行业标准的，国家鼓励企业制定严于国家标准或者行业标准的企业标准，在企业内部适用。

1995年6月建设部发布的《关于加强工程建设企业标准化工作的若干意见》指出，工程建设企业标准是对工程建设企业生产、经营活动中的重复性事项所作的统一规定，应当覆盖本企业生产、经营活动各个环节。工程建设企业标准一般包括企业的技术标准、管理标准和工作标准。

（1）企业技术标准

企业技术标准，是指对本企业范围内需要协调和统一的技术要求所制定的标准。对已有国家标准、行业标准或地方标准的，企业可以按照国家标准、行业标准或地方标准的规定执行，也可以根据本企业的技术特点和实际需要制定优于国家标准、行业标准或地方标准的企业标准；对没有国家标准、行业标准或地方标准的，企业应当制定企业标准。国家鼓励企业积极采用国际标准或国外先进标准。

（2）企业管理标准

企业管理标准，是指对本企业范围内需要协调和统一的管理要求，如企业的组织管理、计划管理、技术管理、质量管理和财务管理等所制定的标准。

（3）企业工作标准

企业工作标准，是指对本企业范围内需要协调和统一的工作事项要求所制定的标准。重点应围绕工作岗位的要求，对企业各个工作岗位的任务、职责、权限、技能、方法、程序、评定等作出规定。

需要说明的是，标准、规范、规程都是标准的表现方式，习惯上统称为标准。当针对产品、方法、符号、概念等基础标准时，一般采用"标准"，如《道路工程标准》、《建筑抗震鉴定标准》等；当针对工程勘察、规划、设计、施工等通用的技术事项作出规定时，一般采用"规范"，如《混凝土结构设计规范》、《住宅建筑设计规范》、《建筑设计防火规范》等；当针对操作、工艺、管理等专用技术要求时，一般采用"规程"，如《建筑安装工程工艺及操作规程》、《建筑机械使用安全操作规程》等。

此外，在实践中还有推荐性的工程建设协会标准。

2.5 工程建设强制性标准实施的规定

工程建设标准制定的目的在于实施。否则，再好的标准也是一纸空文。我国工程建设领域所出现的各类工程质量事故，大都是没有贯彻或没有严格贯彻强制性标准的结果。因此，《标准化法》规定，强制性标准，必须执行。《建筑法》规定，建筑活动应当确保建筑工程质量和安全，符合国家的建设工程安全标准。

2.5.1 工程建设各方主体实施强制性标准的法律规定

《建筑法》和《建设工程质量管理条例》规定，建设单位不得以任何理由，要求建筑设计单位或者建筑施工企业在工程设计或者施工作业中，违反法律、行政法规和建筑工程质量、安全标准，降低工程质量。建设单位不得明示或者暗示设计单位或者施工单位违反工程建设强制性标准，降低建设工程质量。建筑设计单位和建筑施工企业对建设单位违反规定提出的降低工程质量的要求，应当予以拒绝。

勘察、设计单位必须按照工程建设强制性标准进行勘察、设计，并对其勘察、设计的质量负责。建筑工程设计应当符合国家规定制定的建筑安全规程和技术规范，保证工程的安全性能。勘察、设计文件应当符合有关法律、行政法规的规定和建筑工程质量、安全标准、建筑工程勘察、设计技术规范以及合同的约定。设计文件选用的建筑材料、建筑构配件和设备，应当注明其规格、型号、性能等技术指标，其质量要求必须符合国家规定的标准。

施工单位必须按照工程设计图纸和施工技术标准施工，不得擅自修改工程设计，不得偷工减料。施工单位必须按照工程设计要求、施工技术标准和合同约定，对建筑材料、建筑构配件、设备和商品混凝土进行检验，检验应当有书面记录和专人签字；未经检验或者检验不合格的，不得使用。

工程监理单位应当依照法律、行政法规及有关的技术标准、设计文件和工程承包合同，对承包单位在施工质量、建设工期和建设资金使用等方面，代表建设单位实施监督。工程监理人员认为工程施工不符合工程设计要求、施工技术标准和合同约定的，有权要求建筑施工企业改正。工程监理人员发现工程设计不符合建筑工程质量标准或者合同约定的质量要求的，应当报告建设单位要求设计单位改正。

2.5.2　工程建设标准强制性条文的实施

在工程建设标准的条文中，使用"必须"、"严禁"、"应"、"不应"、"不得"等属于强制性标准的用词，而使用"宜"、"不宜"、"可"等一般不是强制性标准的规定；但在工作实践中，强制性标准与推荐性标准的划分仍然存在一些困难。

为此，自2000年起，原建设部对工程建设强制性标准进行了改革，严格按照《标准化法》的规定，把现行工程建设强制性国家标准、行业标准中必须严格执行的直接涉及工程安全、人体健康、环境保护和公众利益的技术规定摘编出来，以工程项目类别为对象，编制完成了《工程建设标准强制性条文》，包括城乡规划、城市建设、房屋建筑、工业建筑、水利工程、电力工程、信息工程、水运工程、公路工程、铁道工程、石油和化工技术工程、矿业工程、人防工程、广播电影电视工程和民航机场工程等15个部分。《工程建设标准强制性条文》是工程建设现行国家和行业标准中直接涉及人民生命财产安全、人身健康、环境保护和其他公众利益，同时考虑了提高经济效益和社会效益等方面的要求。它是参与建设活动各方执行工程建设强制性标准和政府对执行情况实施监督的依据。

2015年1月住房城乡建设部经修改后发布的《实施工程建设强制性标准监督规定》规定，在中华人民共和国境内从事新建、扩建、改建等工程建设活动，必须执行工程建设强制性标准。工程建设强制性标准是指直接涉及工程质量、安全、卫生及环境保护等方面的工程建设标准强制性条文。国家工程建设标准强制性条文由国务院住房城乡建设主管部门会同国务院有关主管部门确定。

建设工程勘察、设计文件中规定采用的新技术、新材料，可能影响建设工程质量和安全，又没有国家技术标准的，应当由国家认可的检测机构进行试验、论证，出具检测报告，并经国务院有关主管部门或者省、自治区、直辖市人民政府有关主管部门组织的建设工程技术专家委员会审定后，方可使用。工程建设中采用国际标准或者国外标准，而我国现行强制性标准未作规定的，建设单位应当向国务院住房城乡建设主管部门或者国务院有关主管部门备案。

2.5.3　对工程建设强制性标准实施的监督管理

（1）监督管理机构

《实施工程建设强制性标准监督规定》规定，国务院住房城乡建设主管部门负责全国实施工程建设强制性标准的监督管理工作。国务院有关主管部门按照国务院的职能分工负责实施工程建设强制性标准的监督管理工作。县级以上地方人民政府住房城乡建设主管部门负责本行政区域内实施工程建设强制性标准的监督管理工作。

建设项目规划审查机关应当对工程建设规划阶段执行强制性标准的情况实施监督；施工图设计文件审查单位应当对工程建设勘察、设计阶段执行强制性标准的情况实施监督；建筑安全监督管理机构应当对工程建设施工阶段执行施工安全强制性标准的情况实施监督；工程质量监督机构应当对工程建设施工、监理、验收等阶段执行强制性标准的情况实施监督。

建设项目规划审查机关、施工设计图设计文件审查单位、建筑安全监督管理机构、工程质量监督机构的技术人员必须熟悉、掌握工程建设强制性标准。

（2）监督检查的内容和方式

强制性标准监督检查的内容包括：

① 工程技术人员是否熟悉、掌握强制性标准；

② 工程项目的规划、勘察、设计、施工、验收等是否符合强制性标准的规定；

③ 工程项目采用的材料、设备是否符合强制性标准的规定；

④ 工程项目的安全、质量是否符合强制性标准的规定；

⑤ 工程项目采用的导则、指南、手册、计算机软件的内容是否符合强制性标准的规定。

工程建设标准批准部门应当定期对建设项目规划审查机关、施工图设计文件审查单位、建筑安全监督管理机构、工程质量监督机构实施强制性标准的监督进行检查，对监督不力的单位和个人，给予通报批评，建议有关部门处理。

工程建设标准批准部门应当对工程项目执行强制性标准情况进行监督检查。监督检查可以采取重点检查、抽查和专项检查的方式。

工程建设标准批准部门应当将强制性标准监督检查结果在一定范围内公告。

2.5.4 实际案例分析

1. 背景

2010年4月1日，某建筑工程有限责任公司（以下简称施工单位）中标承包了某开发公司（以下简称建设单位）的住宅工程施工项目，双方于同年4月10日签订了建设工程施工合同。2011年11月该工程封顶时，建设单位发现该住宅楼的顶层防水工程做得不到位。认为是施工单位使用的防水卷材不符合标准，要求施工单位采取措施，对该顶层防水工程重新施工。施工单位则认为，防水卷材符合标准，不同意重新施工或者采取其他措施。双方协商未果，建设单位将施工单位起诉至法院，要求施工单位对顶层防水工程重新施工或采取其他措施，并赔偿建设单位的相应损失。

根据当事人的请求，受诉法院委托某建筑工程质量检测中心对顶层防水卷材进行检测，检测结果表明：本工程使用的"弹性体改性沥青防水卷材"，不符合自2009年9月1日起正式实施的国家标准《弹性体改性沥青防水卷材》GB 18242—2008的要求。但是，施工单位则认为，施工合同中并未约定使用此强制性国家标准，不同意重新施工或者采取其他措施。

2. 问题

本案中建设单位的诉讼请求能否得到支持？为什么？

3. 分析

《标准化法》第14条规定，"强制性标准，必须执行。"本案中的"弹性体改性沥青防水卷材"有强制性国家标准，必须无条件遵照执行。施工单位认为，在施工合同中并未约定使用此强制性国家标准，所以，不应该遵守适用的观点是错误的。而且，在有国家强制性标准的情况下，即使双方当事人在合同中约定了采用某项推荐性标准，也属于无效约定，仍然必须适用于国家强制性标准。

因此，本案中建设单位的诉讼请求应该给予支持，施工单位应该对顶层防水工程重新施工或采取其他措施，并赔偿建设单位的相应损失。

第 3 章 企业标准体系

3.1 企业标准体系的概念和作用

3.1.1 标准体系的概念

随着经济发展和社会进步，建设工程向着单体大型化、功能多样化发展，对于工程建设标准化工作来说，标准化对象越来越复杂，加上完成工程建设任务的技术、产品的多样性，要在工程建设领域实现标准化目标，需要制定大量的标准，而且每一项标准并不是孤立的，存在着相互联系，构成一个整体，就是标准体系。

国家标准《标准体系表编制原则和要求》GB/T 13016—2009 对标准体系的定义是："一定范围内的标准按其内在联系形成的科学的有机整体。"准确把握标准体系的内涵，必须要正确理解定义中以下关键词的含义。

（1）"一定范围"是指标准所覆盖的范围，也是标准系统工作的范围，比如，国家标准体系包括的是全国的范围，某省的标准体系包含的范围是省范围内的标准。工程建设标准体系是工程建设领域范围内的全部标准，企业标准体系的范围是企业范围内的标准，地基施工标准体系的范围仅是地基施工范围内的标准。标准体系本质上具有"系统"的特征，按照系统论的原理，任何一个系统都有边界，这个"系统"的边界对应到标准体系就是"一定范围"。

（2）"内在联系"包括三种形式，一是系统联系，也就是各分系统之间及分系统与子系统之间存在的相互依赖又相互制约的联系；二是上下层次联系，即共性与个性的联系；三是左右之间的联系，即相互统一协调、衔接配套的联系。"科学的有机整体"是指为实现某一特定目的而形成的整体，它不是简单的叠加，而是根据标准的基本要素和内在联系所组成的，具有一定集合程度和水平的整体结构。

3.1.2 工程建设标准体系概念

按照标准体系的概念，工程建设标准体系是工程建设某一领域的所有工程建设标准，相互依存、相互制约、相互补充和衔接，构成一个科学的有机整体。与工程建设某一专业有关的标准，可以构成该专业的工程建设标准体系。与某一工程建设行业有关的标准，可以构成该行业的工程建设标准体系。以实现全国工程建设标准化为目的的所有标准，形成了全国工程建设标准体系。

工程建设标准体系是以标准体系框架的形式体现出来，就是用标准体系结构图、标准项目明细表和必要的说明来表达标准体系的层次结构及其全部标准名称的一种形式。编制工程建设标准体系框架的主要作用指导工程建设标准制修订工作，利用标准体系框架合理安排工程建设标准制修订计划，合理确定工程建设标准项目和适用范围，避免标准重复、交叉和矛盾。

目前，住房和城乡建设部已组织编制了城乡规划、城镇建设、房屋建筑、石油化工、有色金属、纺织、医药、电力、化工、铁路、煤炭、建材、冶金、工程防火、林业、电子、石油天然气等17个领域的工程建设标准体系，以及建筑节能、城市轨道交通两个专项标准体系。水利、交通、通信、能源、广播电影电视等部门完成了本部门、行业的标准体系框架。每个领域、行业中的标准再进一步按专业进行划分（横向），每个专业再将标准分为基础标准、通用标准和专用标准（纵向），形成划分明确（横向）、层次恰当（纵向）和全面成套（体系覆盖面）的标准体系。

3.1.3 企业标准化

按照标准化定义，企业标准化概念可理解为：为在企业生产、经营、管理范围内获得最佳秩序，对实际的或潜在的问题制定共同的和重复使用的规则的活动。上述活动尤其要包括建立和实施企业标准体系，制定、发布企业标准和贯彻实施各级标准的过程；标准化的显著好处，是改进产品、过程和服务的适用性，使企业获得更大成功。

企业标准化的一般概念应把握其是以企业获得最佳秩序和效益为目的，以企业生产、经营、管理等大量出现的重复性事物和概念为对象，以先进的科学、技术和生产实践经验的综合成果为基础，以制定和组织实施标准体系及相关标准为主要内容的有组织的系统活动。

企业标准化工作的主要内容是，贯彻执行国家和地方有关标准化的法律、法规、方针政策，建立和实施企业标准体系，实施国家标准、行业标准和地方标准，并结合本企业的实际情况，制定企业标准，对标准实施进行监督检查，开展标准体系和标准实施的评估、评价工作，积极改进企业标准化工作，参与国家标准化工作。

对于工程建设企业，企业标准化工作是一项细致而复杂的工作，工程建设企业标准化体系的建立以及企业标准的制定、实施和监督检查均需要投入一定的人力、物力和财力。因此，工程建设企业必须加强企业标准化工作的组织领导，应当由本企业的主要领导负责，由本企业内部各部门主要负责人组成，可采取企业标准化委员会的形式建立企业标准化管理机构，统一领导和协调本企业的标准化工作。同时，应建立一支精干稳定的标准化工作队伍。

3.1.4 企业标准体系

按照标准体系的定义，企业标准体系是企业内的标准按其内在的联系形成的科学的有机整体。体系的覆盖范围是一个企业，凡是企业范围内的生产、技术和经营管理都应有相应的标准，并纳入企业标准体系，包括了国家标准、行业标准、地方标准和企业标准。

企业标准体系是企业标准化的主要成果，是全面支撑企业生产、经营、管理的基础，具有以下5项基本特征：

（1）目的性

建立企业标准体系必须有明确的目的，诸如保障工程质量、提高工作效率、降低资源能源消耗、确保安全、保护环境等，目标应是具体的、可测量的，为企业的生产、经营、管理活动提供全面的支撑。

（2）集成性

标准体系中标准的项目关联、相互作用使得体系呈现出集成性的特征。随着生产社会化发展，以及工程项目大型化发展，任何一个单独的标准都难以独立发挥其效能，这也客观要求标准体系相互关联，有较高的集成度，能够确保标准体系满足标准体系目标的实现要求。

（3）层次性

标准体系是一个复杂的系统，由很多单项标准集成，它们要根据各项标准间的相互联系和作用关系，集合构成有机整体，要发挥其系统而有序功能必须把一个复杂的系统实现分层管理。一般是高层次对低一级结构层次有制约作用，而低层次标准成为高层次标准的基础。例如，现行工程建设标准体系中的基础标准、通用标准，对专项标准具有指导和约束作用。

（4）动态性

任何一个系统都不可能是静止的、孤立的、封闭的，标准体系作为一个系统处于更大的系统环境之中，与环境的有关要素相互作用，进行信息交换，不断补充新的标准，淘汰落后的、不适应发展要求的标准，保持动态的特性。如国家经济不断发展、人民生活水平不断提高，标准的水平客观要求不断提高。另外，新技术、新产品的出现，也增添了标准发展的动力，所以这种外部环境的动力，使得标准体系呈现动态特性。企业标准体系也是这样，要随着国家标准化的发展不断变化。

（5）阶段性

阶段性体现的是标准体系进步发展的特征，标准化的作用发挥要求标准体系必须处于相对稳定的状态，就是标准体系中标准数量一定、水平适应经济社会发展的要求，这使标准处于一个阶段。随着外界环境的变化，不断补充完善标准，使得标准数量和水平处于一种新的阶段。但是，要认识到标准体系是一个人为的体系，它的阶段性受人的控制，可能出现不适应或滞后于客观实际的状态，需要及时分析、评价和改进。

3.2　企业标准体系的构成

3.2.1　企业标准体系构成范围

企业内的标准不是彼此孤立的，它们之间存在着功能上的联系。只有将它们按其内在的联系严密地组织起来，才能充分发挥其作用。标准之间按其内在联系构成了标准体系，企业标准体系的作用是支撑企业的生产、经营和管理，主要由以下几项内容构成：

1）企业的生产、经营的方针、目标

2）相关的国家法律、法规

3）标准化的法律、法规

4）相关的国家标准、行业标准和地方标准

5）本企业标准

企业标准体系是一个宽泛的概念，包含了企业围绕生产、经营、管理的需要所执行的各类"文件"，既包含了按照标准定义所制定的各级各类标准文件，也包含了企业应遵守的各项法律、法规。

3.2.2　企业标准体系构成

企业标准体系包含了企业的全部标准，按照各类标准的功能、作用，通过技术标准、管理标准、工作标准三类标准反映企业标准体系总体框架见图 3-1。

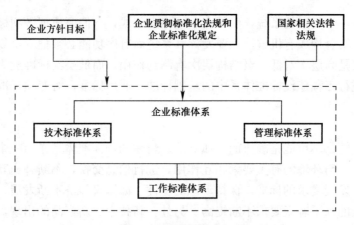

图 3-1　企业标准体系框架

技术标准是标准化领域中需要统一的技术事项所制定的标准，管理标准是企业标准化领域中需要协调统一的管理事项所制定的标准，工作标准是对企业标准化领域中需要协调统一的工作事项所制定的标准。这三类标准当中，技术标准是核心，就目前建筑业企业而言，管理标准、工作标准应围绕技术标准的实施，以保障工程安全、质量、进度为核心，完善管理标准和工作标准。

3.2.2.1　技术标准体系构成

对于建设类企业而言，技术标准是企业顺利完成生产任务的技术准则，对于建设类企业，工程建设各个环节、各项工作内容均应制定技术标准，包括施工规程、质量验收标准、材料标准、试验检验标准等等。

技术标准体系是技术标准按其内在的联系形成的标准体系，由于工程建设所涉及的技术标准种类多、范围广，需要准确把握内在联系的特点，方能构建科学的技术标准体系。内在联系主要反映在结构联系和功能联系两个方面。在结构联系方面，主要是层次之间的联系，基础标准规定了术语、符号等事项，处于层次结构的顶层，通用标准由于覆盖面宽泛，处于层次结构的第二层，专用标准一般针对某一具体事项所制定的详细的专用技术标准，处于层次结构的底层。在功能联系方面，包含了相同功能的标准和不同功能标准之间的联系，比如，同样是工程质量验收标准，混凝土结构验收标准和装饰装修标准之间的联系是相同功能标准之间的联系，质量验收标准与混凝土施工技术规程之间的联系是不同功能标准之间的联系。

企业技术标准体系结构可以针对工程项目建设的需要按工作性质划分不同模块，排列形成序列结构（图 3-2），反映企业标准体系结构。

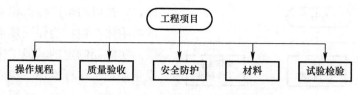

图 3-2　企业标准体系序列结构

序列结构中各个模块中的标准，还可以进一步进行层次划分，分为基础标准、通用标准和专用标准。

3.2.2.2　管理标准体系构成

企业管理标准体系是企业标准体系中的管理标准按照其内在的联系形成的科学的有机整体。管理标准体系是企业标准体系中的子体系，其作用体现在保证技术标准体系有效实施，保证管理的高效、科学。

各个企业都结合自身的经营目标，制定本企业的各项管理规章制度，但管理制度与管理标准之间还存在一定的差异，主要体现在系统性与可操作性方面。在系统性差异方面，由于标准在编制过程中运用了系统分析的方法，对企业范围内全部所需要管理的事项，运用标准化原理，进行协调、统一、优化后制定管理标准，形成管理标准体系，这样的管理标准体系，能够把孤立的、分散的管理事项汇集成整体管理功能最佳优势，每个管理标准都是管理标准体系中的一个环节，整个管理标准体系具有较强的系统性，而管理制度，多为针对管理工作的一般程序、要求和问题做出的规定，各部门制定各部门的，彼此缺乏统一协调，相比较管理标准体系而言，缺乏系统性。在可操作性差异方面，管理标准在形式上比规章更加灵活，而且对每个环节、转换过程中各项工作为什么干、干到什么程度都规定得十分清楚，内容上可以做到定量，有时间要求则规定时间要求，不能定量的也要规定得具体明确，而一般管理制度定性的多、定量的少，相比较而言，管理标准具有更好的可操作性和可考核性。

对于建设企业，管理事项一般包括了技术管理、安全管理、质量管理、生产管理、材料管理、劳动管理、造价管理等，针对工程项目各项管理内容制定相应的标准构成了企业的管理标准体系，通过图 3-3 反映企业的管理标准体系。

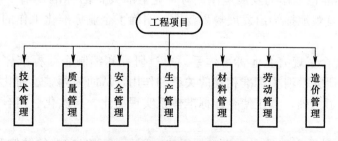

图 3-3　企业管理标准体系构成

序列中每个模块又包含了通用标准和专用标准两个层次。

3.2.2.3　企业工作标准体系构成

企业工作标准体系是企业标准体系中的工作标准按其内在的联系形成的科学有机整

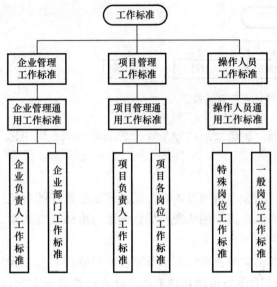

图 3-4　企业工作标准体系构成

体，它是以与生产经营相关的岗位工作标准为主体，包括为保证技术标准和管理标准的实施而制定的其他工作标准。对于建设企业，工作标准体系构成见图 3-4。

对于企业而言，通用标准一般规定各岗位人员遵守国家的法律法规和企业的规章制度的行为准则，各岗位的专用工程标准要根据各岗位工作情况分别制定。

工作标准的内容应能体现该岗位职责、工作内容、工作方法及量化要求，要满足有关技术标准和管理标准的要求，能够促进和保证技术标准和管理标准的贯彻实施，考核条款必须明确、具体，具有可操作性。

3.2.3　企业标准体系表编制

3.2.3.1　企业标准体系表的作用

企业标准体系表指企业标准体系内的标准按一定形式排列起来的图表。也就是说，企业标准体系是用标准体系表来表达的。它不仅反映企业范围内所有组成企业标准体系的标准的全貌，各个单项标准之间的联系，而且还反映出整个企业标准体系的层次结构，各类标准的数量构成；不仅能分析企业标准体系当前的结构状态，而且是确定结构优化方案的重要方法。

可以说，企业标准体系表是促进企业的标准组成实现科学、完整、合理、有序的重要手段，它是表述企业现有的标准和规划标准的总体蓝图，也是促进企业产品开发创新、优化经营管理、加速技术改造和提高经济效益及实现企业科学管理的标准化指导文件。企业标准体系表具有以下作用：

1）描绘出标准化工作的发展蓝图。对企业全部具备的标准摸清了底数，反映出全貌，用图表形式直观地描绘出发展规划蓝图，明确了企业标准化工作的努力方向和工作重点。

2）完善和健全了现有企业标准体系。通过研究和编制企业标准体系表，将现有标准有序地排列，研究摸清了标准相互的关系和作用，从而为调整、简化、完善、健全企业标准体系提供了基础，真正使企业标准体系实现简化、层次化、组合化、有序化和科学合理化。

3）由于有了科学合理的企业标准体系表，明示了现有标准的结构和远景规划蓝图，从而能科学地指导企业标准制定、修订、复审等计划和规划的编制和执行。

4）通过编制企业标准体系表，系统地了解和研究国际标准和国外先进标准，我国国家标准、行业标准、地方标准转化或采用国际标准和国外先进标准的基本情况，以及现行标准与国际标准和国外先进标准之间的差距，从而在自己企业标准体系中编制企业标准，特别是性能指标高于国家标准、行业标准的内控标准时提出相应的采用国际标准和国外先进标准的规划计划和要求，以寻求企业的发展和成功。

5）企业标准体系表明示了标准化水平，可以有效地指导营销、设计开发、采购、安装交付、生产工艺、测量检验、包装储运、售后服务等部门有效工作，及时向他们提供反映全局又一目了然的标准体系表，使他们能及时获得标准信息。

6）有利于企业标准体系的评价、分析和持续改进。通过编制企业标准体系表，明确了体系中的关键和重点，指导有关标准的组织实施和对标准的实施进行有效的监督，通过有目的有计划地对企业标准体系进行测量、评价、分析和改进，有利于企业标准化的发展和进步。

3.2.3.2 编制要求

标准体系表把一定范围的标准体系内的标准按照一定形式排列起来并以图表的形式表述出来，以作为编制标准和实施标准的依据。通过企业标准体系表，要能够清晰反映出针对企业生产、经营、管理活动已有哪些标准，尚缺哪些标准，同时，又能够清晰反映出针对企业的生产、经营、管理的各项工作过程中，应该遵守哪些标准要求。因此，这就要求标准体系表要全面成套、层次恰当、划分明确。

（1）全面成套

企业标准体系表应力求全面成套，尽量做到全，只有全才能反映企业标准体系的整体性，才能全面支撑企业的各项生产、经营、管理活动。全面成套主要体现在以下几个方面：

1）全面贯彻国家标准、行业标准和地方标准，凡是适用于本企业生产、经营、管理的国家标准、行业标准和地方标准都应纳入到企业标准体系表中。

2）标准项目齐全，要求标准体系中的标准项目要覆盖企业生产、经营、管理各个环节，同时标准项目划分要合理，不能有标准项目重复交叉的情况。

3）标准的内容要科学、适用，标准中规定的各项技术要求要合理，既要满足国家法律法规和政策的要求，又要有可操作性，要做到技术、管理、经济协调统一。

（2）层次恰当

层次恰当包括两层含义，一是企业标准体系结构中，要有清晰的层次，层次之间的关系代表了不同层次的标准之间的关系；二是每一项标准要根据标准的适用范围，恰当地安排在不同的层次和位置上，企业标准体系中标准，上下、左右的关系要理顺，上下层是从属关系，下层标准要服从上层标准。比如，基础标准规定了工程建设的符号、术语等，是指导各项标准编制的基础，处于体系结构的最上层，各项标准的编制均应遵守基础标准的规定。

（3）划分明确

划分明确要求标准项目之间减少重复、交叉，避免矛盾。一般情况，工程建设标准体系按照专业进行横向划分，各个专业按照其工作内容开展标准化工作，制定相关标准，规范各项活动，因此，在编制企业标准体系过程中，要针对工作内容，也就是标准化对象，合理确定标准项目，避免将应该制定成一项标准的同一项标准的统一事物或概念，由两项以上标准同时重复制定或没有标准。

（4）科学先进

企业标准体系表中的已有标准均应现行有效，没有过期废止的各类、各级标准。

标准体系中的标准应能有效地促进企业生产技术和管理水平提高，所有标准符合企业生产经营发展规划与计划，如有关国家标准或行业标准滞后于企业生产经营和技术水平时，则应制定替换为企业标准，从而使标准体系内的标准真正起到指导企业标准化工作的作用。

（5）简便易懂

企业标准体系表的表述形式应简便明了，表述内容应通俗易懂，既不深奥，也不复杂。不仅要让标准化专业人员理解掌握，而且便于企业员工理解和执行。

（6）适用有效

企业标准体系表应符合企业实际情况，具有本企业特点，同时行之有效，能获取较明显的标准化效益。由于历史的原因，我国现行的标准大多是生产型标准，由上级主管部门制定批准，企业遵照执行，很少考虑消费者和顾客的需求。技术指标定得很细很全，缺乏必要的自由度和应变能力，很难适应目前国内外市场变化的需求。特别是近年来，环保节能的呼声不断高涨，标准更新的速度在加快，国内一些标准制定和修订工作严重滞后，部分标准已不适应企业市场发展的需求。对此，企业应根据市场反馈，适时制定符合市场需求的企业标准，使标准更加科学、合理、适用。

3.2.3.3 企业标准体系表的几种参考模式

（1）经典模式

企业标准体系表的编制应符合 GB/T 13016 和 GB/T 13017 的要求。在一般情况下，很多企业都是按照 GB/T 13017—1995 列举的模式，模仿编制出本企业的企业标准体系表。

（2）改进模式

在 2003 版的 GB/T 15497 和 GB/T 15498 中，又给出了在 GB/T 13017—1995 基础上的改进型的技术标准体系、管理标准体系和工作标准体系的结构形式，我们称之为"改进模式"。

（3）板块模式

经过企业推行的实际经验，加之国际标准 ISO9000 等在我国深入推行，在不违反 GB/T 13016—1991 和 GB/T 13017—1995 的要求基础上，很多企业在体系表编制方面与 GB/T 19004 沟通，有所创新，我们不妨称之为"板块模式"。

（4）简易模式

还有一种将两种模式糅合在一起，以实用、简捷、明快，突出本企业管理要点为出发点，编制的企业标准体系表，我们不妨称之为"简易模式"。

（5）其他模式

还有其他不同形式，例如某些集成企业正在研究使用的"集成模式"企业标准体系结构。不管哪种形式，重要的是：一要符合 GB/T 13016 和 GB/T 13017 要求的原则精神；二要结合企业的实际情况，实事求是地按照企业的规模大小、员工多少、人员能力、公司性质、复杂程度选择最适合本企业的标准体系表。

图 3-5 代表了建设类企业标准体系的典型层次结构。

第一层为企业生产经营的基础体系，包括了企业应遵守的法律法规以及企业生产经营所确定的目标、方针，对以下各层次的标准都具有约束和指导作用。

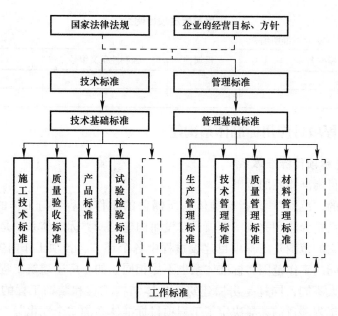

图 3-5 企业标准体系层次结构

第二层次为生产经营的标准体系，包括了技术标准、管理标准和工作标准，其中技术标准和管理标准体系又可分为基础标准和专项标准两个层次。

图 3-6 代表了建设类企业典型横向领域结构。

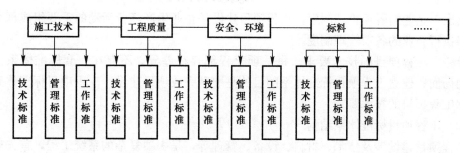

图 3-6 横向领域结构

标准体系的横向结构是将标准体系整体，按照标准化对象的细分，结合工作性质的不同，分成若干相互关联的结构模块，每个模块可以自成体系，包含了技术标准、管理标准和工作标准。

在实际应用中，这两种结构形式可选择一种作为构建标准体系的结构。层次结构内容全面，覆盖面广，适用于机构或大型建设项目为范围或对象的标准体系构建。横向领域结构的每个模块的内容"弹性"较大，即可多可少，适用性强，适用于专项或普通项目为对象的标准体系构建，在建设项目管理中应用较为方便。

确定企业标准体系中标准项目，任务就是对照企业标准体系结构中的各个模块，确定模块中的标准项目，以列表的形式体现出来，列表要能够表达出编码、标准名称、标准编号、标准属性、强制性表文编号以及被替代标准号等信息，其中，编码是体系编制者为查询方便按照一定的规则确定的编码。

表 3-1 是常用的标准项目明细表。

常用的标准项目明细表						表 3-1

题名：×××层次或领域标准明细表

序号	编码	标准名称	编号	标准属性	强制性条文编号	被替代标准号

3.2.4 工程项目应用标准体系构建

3.2.4.1 工程项目标准体系

（1）工程项目标准体系的范围

这里所提到的"范围"，是指标准体系所涵盖的工作内容，与工作的对象直接相关。工程项目标准体系是为顺利完成工程项目建设而构建的一类标准体系，是企业标准体系的重要组成部分。它的范围是工程项目建设过程中各个环节、各项工作内容所涉及的标准，不同的项目、不同的工作范围，标准体系也不尽相同，如，房屋建筑工程和市政工程项目的标准体系有很大不同，同样是房屋建筑，主体结构工程和装饰工程的标准体系也不相同，可以说由于工程项目的差异决定了工程项目标准体系的"个性化"。

（2）工程项目标准体系编制依据

首先，与工程项目建设相关的国家法律、法规和标准。国家法律、法规和标准是工程项目建设过程中必须遵守的准则，这是工程建设各方的应尽责任，包括《建筑法》、《建设工程质量管理条例》和《建设工程安全管理条例》等。

其次，企业的各项管理制度。工程项目建设是企业生产经营活动的重要组成部分，应该严格执行企业的各项管理制度。

第三，工程项目的技术要求。每一项工程都存在差异，不存在一套标准体系"打天下"的局面，建立工程项目标准体系的目的是顺利完成项目建设，工程项目标准体系必须要依据工程项目的技术要求。

（3）工程项目标准体系结构

工程项目建设涉及技术、材料、设备、管理等，是一项复杂的系统工程，首先确定工程项目标准体系的结构是编制完善的工程项目标准体系的重要环节，直接决定了标准项目能否覆盖工程建设活动的全部工作内容。

在确定工程项目标准体系结构时应充分考虑各项工作内容的差异，比如施工技术管理和材料管理的差异，工程质量管理和安全管理的差异。同时，还要兼顾各岗位工作的需要，比如技术管理岗位、质量管理岗位、安全管理岗位、材料管理岗位的需要。可以采用模块化结构反映工程项目标准体系的结构。图 3-7 给出了普通工程项目标准体系的结构。

图 3-7 工程项目标准体系结构图

结构图中，每一个模块还可以再进一步分解，如何细分要根据项目的规模、项目管理岗位人员设置的情况，以方便使用，更好地服务于工程建设为出发点。

（4）标准项目明细表

在确定工程项目标准体系结构之后，要列出标准项目明细表，要对应每一个模块分别列出标准项目明细表（格式见表 3-1），明细表中的项目应包含适用于该项目建设的全部标准，包括国家标准、行业标准、相关地方标准和企业标准。

工程项目标准体系结构图和标准项目明细表共同构成了工程项目标准体系整体。

3.2.4.2 工程项目应执行的强制性标准体系表

按照我国相关的法律法规，强制性标准必须严格执行，不执行强制性标准，企业要承担相应的法律责任。目前，工程建设强制性标准是指工程建设标准中直接涉及安全、质量、环境保护和人身健康的条文。编制工程项目应执行的强制性标准体系表，可以保障工程项目建设过程中有效贯彻执行强制性标准，保障工程安全、质量，而且从近年来发生的安全、质量事故来看，大部分事故是由于没有严格执行强制性标准造成的。

工程建设强制性标准条文是分散在每一项标准当中，编制工程项目应执行的强制性标准体系表的任务，就是将工程项目应执行的工程建设标准中的强制性条文进行整理、列表汇编，供工程项目建设过程中使用。编制过程中，关键是要确保强制性条文齐全，不能遗漏。

表 3-2 是工程项目强制性标准体系表的样式。

强制性标准体系表 表 3-2

序号	工作环节	标准名称及编号	强制性条文内容	说明

工作环节是工程项目标准体系结构图中的各个模块，在说明栏目中可以对执行强制性条文的要求进一步说明。目前，工程建设标准中的强制性条文在条文说明中均有说明，也可以引用过来，为执行强制性条文提供帮助。

3.3 企业标准制定

3.3.1 制定企业标准对象

标准的制定和实施是企业标准化活动的主要任务。企业标准是对企业范围内需要协调统一的技术要求、管理要求和工作要求所制定的标准，它是企业组织生产和经营活动的依据。

但存在以下情况时，应当制定企业标准。

（1）凡没有国家标准、行业标准和地方标准，而需要在企业生产、经营活动中统一的技术要求和管理要求。

（2）根据企业情况，对国家标准、行业标准进行补充制定的，严于国家标准、行业标准要求的标准。

（3）新技术、新材料、新工艺应用的方法标准。

（4）生产、经营活动中需要制定的管理标准和工作标准。

3.3.2　制定企业标准应遵循的一般原则

（1）贯彻国家和地方有关的方针、政策、法律、法规、严格执行强制性国家标准、行业标准和地方标准。

（2）保证工程质量、安全、人身健康，充分考虑使用要求，保护环境。

（3）有利于企业技术进步，保证和提高工程质量，改善经营管理和增加经济效益。

（4）有利于合理利用资源、能源、推广科学技术成果，做到技术先进、经济合理。

（5）本企业内的企业标准之间协调一致。

3.3.3　技术标准的制定

制定企业技术标准，要符合以下要求：

（1）标准不只是"实践经验的总结"和"已有水平的总结和提高"，而应将新技术和先进的科技成果，在生产中加以应用，通过制定先进的标准，使其成为推动技术发展的动力。

（2）制定标准既要有利于当前的生产，又要为提高创造条件。

（3）把技术标准制定同新技术、新材料、新工艺推广应用结合起来，做到先制定出标准，再应用。

（4）把技术标准规定和技术创新加以区别，在缺乏反复试验的情况下，不宜将技术创新纳入标准，不能无把握地去超越客观条件。

（5）要选好标准的制定时机。制定的过早，将妨碍技术的发展，制定的过迟又会形成难以统一的弊端。

新技术的工业化过程可分为三个阶段：即研究、研制阶段，试制试生产阶段和工业化生产阶段。试制、试生产阶段和工业化生产前期是制定标准的理想时期。试制、试生产阶段新技术不够稳定，制定的标准经过一段时间的使用必须及时修订、完善。

3.3.4　管理标准的制定

管理标准是对企业标准化领域中需要协调统一的管理事项所制定的标准。管理事项主要是指在生产、经营管理中，如技术、生产、能源、计量、设备、安全、卫生、环保、经营、销售、材料、劳动组织等与实施技术标准有关的重复性事物和概念。

管理标准的内容一般包括：管理业务的任务；完成管理业务的数量和质量要求；管理工作的程序和方法；与其他部门配合要求。即不仅规定管什么，还要规定管多大范围，管理到什么程度和达到的要求等。这样才能做到目标明确，责有所归，便于执行。

（1）制定管理标准，要从企业实际出发，不搞形式，要注意生产中各道工序之间的衔接配合，领导与工人之间，工人与工人之间，前方与后方之间，科室与车间之间，各科室之间的协作配合，并要明确职责，严明纪律。管理标准要为企业全面质量管理创造良好条件，在全面质量管理中，不断调整和修改。

（2）制定管理标准应收集上级的有关法规、规程、规定和办法，结合企业内的规章制度，研究它们之间的相互关系，针对企业生产经营中的特点和问题，进行规划，这样既吸收了企业多年的管理经验，也符合上级的要求。

（3）制定管理标准，必须在标准化人员的指导下，有现场工作人员参加，以便通过实践进一步思考问题，完善标准。最好是谁的标准谁制定，这样的标准最切合实际，最便于执行。最后，还要经过协调和审定。

（4）制定管理标准时，对不好贯彻和难以落实的可有可无的条目，不要列入标准。制定管理标准不宜求全，要抓住重要环节，突出重点，简明扼要，才能制定出切合实际易于贯彻的少量标准。使之易于取得效果。

（5）管理制度是管理标准的基础，管理标准是对管理制度的继承、发展、提高和升华。对应该而且必要制定管理标准的可制定管理标准，暂时不宜制定或根本就不需要将某一规章制度改变为管理标准的，可保留规章制度。不要搞一刀切，需要把规章制度转化为标准的，要严格按制定标准的程序办事。

（6）制定管理标准总的要求是：既要符合社会化大生产客观规律的要求，促进生产力的发展，又要适合我国进入商品市场的特点，与我国企业管理的总要求相适应。主要是要有利于调节国家、企业、职工三者之间的关系，尤其是利益分配的问题。总之，管理标准是企业建立良好秩序和完善管理机制的条件。要从理顺各种内部关系，强化生产和经营机制着手，体现系统和协调、法制和激励要求，才能产生标准的实际效果。

3.3.5 工作标准的制定

工作标准是对企业标准化领域中需要协调统一的工作事项所制定的标准。工作事项主要是指在执行相应的管理标准和技术标准时，与工作岗位的工作范围、责任、权限、方法、质量考核等有关的重复性事物及与工作程序有关的事项。

工作标准的内容包括：规定岗位承担的职责、任务、权限、技能要求；明确承担任务的数量和质量要求；完成任务的程序和工作方法；岗位之间的衔接配合；规定考核办法等。

工作程序是规定办事的步骤、顺序。质量要求是规定每个步骤应达到的水平和目标。为了检查是否达到规定的质量要求，还必须制定相应的评定办法和内容。

（1）制定工作标准时，要注意既要有定性要求，又要有定量指标。不仅要规定做什么，还要规定怎么做，按什么顺序做和做到什么程度。

（2）工作标准的重点应放在作业（操作）标准上。制定工作标准时一定要有操作工人参加，定好基本动作，在工作中所采用的方法要有利于作业者开动脑筋找窍门。同时，要总结过去成功的经验，使之既可提高工作质量，又可防止发生隐患，既可改善现有的工作面貌，又可促进操作水平的提高。

（3）制定工作标准的科学方法，从改进现状入手，用标准的形式把改进后的成果固定下来，加以推广应用。制定作业标准的成功经验是把技术操作规程、安全规程、设备维护规程同作业标准融为一体，尽量做到简练、实用，以便于记忆和操作。

（4）制定工作标准，要对作业进行程序研究，采取直接观察的办法，发现问题，然后针对存在的问题进行分析研究，对作业方法、环境及材料等，发现不合理的因素，从中寻求提高工作效率的方法，然后制定成标准，遵照执行。改进工作程序和场地布置，改进工具和设备，减小劳动强度，达到正确、安全、轻松和高效的目的。

（5）制定工作标准应明确功能要素，规定岗位的工作范围，反映达到的目标。任务应具体，无法考核和低功能要素，不宜列入标准。在可能条件下，尽量提出量化要求，即使是提出定性要求，也应具体、准确。

(6) 上岗人员基本素质的要求。根据岗位的劳动强度、复杂程度、难度和环境等对上岗人员提出身体条件、文化素质、政治素质、公共关系等要求，以利功能的充分发挥。还要规定对承担责任者应具有的权力和考核办法，使责、权、利统一。

(7) 制定工作标准时，首要的问题是对标准化对象的功能进行分析，判断其所处的层次和应具备的功能要素。只有做好标准化对象的功能分析，才能恰如其分地规定功能要求和做恰当的配置。

3.4 某企业管理标准介绍

3.4.1 企业管理职能划分

根据企业管理方针和经营范围，经企业董事会批准，集团总裁委托总经理组织设立的各职能部门如图 3-8 所示。

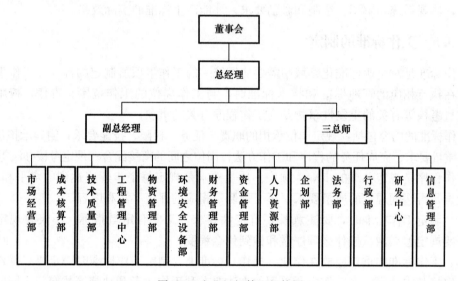

图 3-8 企业组织管理机构图

3.4.2 管理标准体系

(1) 制定目的：按照"筹划、计划、组织、协调、控制"十字科学管理方针，规范总承包公司总公司各职能部门、职能人员自身以及对所属分公司经营、生产过程中的各项行为，使之有章可循，制定本标准体系。

(2) 适用范围、对象：适用于总公司各职能部门、职能人员自身以及对所属分公司经营、生产过程中的各项服务、检查、监督和控制等行为。

(3) 经营范围：从事房屋建筑工程总承包，承接本行业境外工程和境内国际招标工程及所需设备、材料出口，对外派遣本行业工程生产及服务劳务人员。

(4) 战略定位：

总公司：通过不断做强做实将集团打造成专家型、决策型平台，着重于总部战略规划的实施以及内部规划与管控；

分公司：定位为利润中心和执行中心，主要是根据总公司制定的发展目标，组织经营生产，抓指标落实，抓内部管理，抓过程控制等；

项目部：作为成本中心和指标利润中心，按照分公司给定的经济、管理等各项指标进行落实、优化。

（5）管理制度标准体系（图 3-9）。

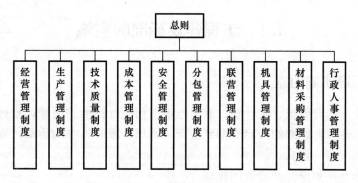

图 3-9　管理标准体系

（6）每一个管理制度均包括三个子标准体系：管理流程、管理标准和奖罚准则或管理准则。

第4章　工程建设标准化实施与评价

4.1　工程建设标准的实施

4.1.1　标准实施的意义

标准的实施是指有组织、有计划、有措施地贯彻执行标准的活动，是标准管理、标准编制和标准应用各方将标准的内容贯彻到生产、管理、服务当中的活动过程，是标准化的目的之一，具有重要的意义。

（1）实施标准是实现标准价值的体现

标准化是一项有目的的活动，标准化的目的只有通过标准的实施才能达到。标准是实践经验的总结并用以指导实践的统一规定。这个规定是否科学、合理，也只有通过实施才能得到验证。一项标准发布后，能否达到预期的经济效果和社会效益，使标准由潜在的生产力转化为直接的生产力，关键就在于认真切实地实施标准。实施标准，往往涉及各个部门和各个生产环节。这就要求生产管理者不断适应新标准要求，改善生产管理，技术部门通过实施标准，不断提高企业的生产能力。所以，标准是通过实施，才得以实实在在地把技术标准转化为生产力，改善生产管理，提高质量，从而增强企业的市场竞争能力。

（2）实施标准是标准进步的内在需要

标准不仅需要通过实施来验证其正确性，而且标准改进和发展的动力也来自于实施。标准不是孤立静止的，而应该在动态中不断推进。技术在进步，需求在延伸，市场在扩展，只有通过实施，并对标准实施情况进行监督，才可能发现并总结标准本身存在的问题，从而提高编制质量，使其更具有指导作用，才能使标准不断创新，更加适合需要。而且由于标准涉及面广，同时涉及技术、生产、管理和使用等问题，标准只有在系统运行中不断完善，才能使其趋于合理。在不断地实施、修订标准的过程中，吸收最新科技成果，补充和完善内容，纠正不足，有利于实现对标准的反馈控制，使标准更科学、更合理。也只有与时俱进的标准，才能有效地指导社会生产实践活动，获得技术经济效益，实现标准化的目的，对国家的经济建设起到更大的促进作用。

4.1.2　标准实施的原则

标准是企业生产的依据，生产的过程就是贯彻、执行标准的过程，是履行社会责任的过程，生产过程中执行标准要把握好以下原则。

（1）强制性标准，企业必须严格执行

工程建设中，国家标准、行业标准、地方标准中的强制性标准直接涉及工程质量、安全、环境保护和人身健康，依照《标准化法》、《建筑法》、《建设工程质量管理条例》等法律法规，企业必须严格执行，不执行强制性标准，企业要承担相应的法律责任。

（2）推荐性标准，企业一经采用，应严格执行

国家标准、行业标准中的推荐性标准，主要规定的是技术方法、指标要求和重要的管理要求，是严格按照管理制度要求标准制修订程序制定，经过充分论证和科学实验，在实践基础上制定的，具有较强的科学性，对工程建设活动具有指导、规范作用，对于保障工程顺利完成、提高企业的管理水平具有重要的作用。因此，对于推荐性标准，只要适用于企业所承担的工程项目建设，就应积极采用。企业在投标中承诺所采用的推荐性标准，以及承包合同中约定采用的推荐性标准，应严格执行。

（3）企业标准，只要纳入到工程项目标准体系当中，应严格执行

企业标准是企业的一项制度，是国家标准、行业标准、地方标准的必要补充，是为实现企业的目标而制定了，只要纳入到工程项目建设标准体系当中，就与体系中的相关标准相互依存、相互关联、相互制约，如果标准得不到实施，就会影响其他标准的实施，标准体系的整体功能得不到发挥，因此，企业标准只要纳入到工程项目标准体系当中，在工程项目建设过程中就应严格执行。

4.1.3 标准宣贯培训

标准宣贯培训是向标准执行人员讲解标准内容的有组织的活动，是标准从制定到实施的桥梁，是促进标准实施的重要手段。标准制定工作节奏加快后，标准越来越多，如果不宣贯，就不知道有新标准出台，就不会及时地被应用。工程建设标准化主管部门高度重视标准宣贯培训工作，对于发布的重要标准，均要组织开展宣贯培训活动。

开展标准宣贯培训的目的是要让执行标准的人员掌握标准中的各项要求，在生产经营活动中标准有效贯彻执行，企业和工程项目部均要组织宣贯活动。

企业组织标准宣贯培训活动，一方面，标准发布后，企业派本企业人员参加标准化主管部门组织的宣贯培训。另一方面，企业组织以会议的形式，请熟悉标准专业人员向本企业的有关人员讲解标准的内容。第三，企业组织以研讨的方式相互交流，加深对标准内容的理解。

工程项目部组织宣贯活动，要根据工程项目的实际情况，有针对性开展宣贯培训。形式可以多样，会议的形式和研讨的形式均可以采用。

但在宣贯培训活动中要注意，进行宣贯培训的人员要有权威，能够准确释义标准各条款及制定的理由，以及执行中的要求和注意事项，避免对标准的误读。另外，宣贯对象要选择准确，直接执行标准的人员及执行标准相关的人员要准确确定，保证标准宣贯培训的范围覆盖所有执行标准的人员和相关人员，宣贯培训范围不够，标准不能得以广泛应用，宣贯培训对象错误，工作可以说是在白费力气。

4.1.4 标准实施交底

标准实施交底是保障标准有效贯彻执行的一项措施，是由施工现场标准员向其他岗位人员说明工程项目建设中应执行的标准及要求。

标准实施交底工作可与施工组织设计交底相结合，结合施工方案落实明确各岗位工作

中执行标准的要求。施工方法的标准，可结合各分项工程施工工艺、操作规程，向现场施工员进行交底。工程质量的标准，可结合工程项目建设质量目标，向现场质量员交底。

标准实施交底应采用书面交底的方式进行，交底中，标准员要详细列出各岗位应执行的标准明细，以及强制性条文明细。另外，在交底中说明标准实施的要求，见表4-1。

标准实施交底表　　　　　　　　　　　　　　　表 4-1

工程名称			岗位		
实施的标准及编号			强制性条文		实施说明
交底人		被交底人		交底日期	

4.2　标准实施的监督

4.2.1　标准实施监督检查的任务

对标准实施进行监督是贯彻执行标准的重要手段，目的是保障工程安全质量、保护环境、保障人身健康。并通过监督检查，发现标准自身存在的问题，改进标准化工作。

目前，对于建设工程的管理，大多是围绕标准的实施开展的。各级建设主管部门依照《建设工程质量管理条例》和《建设工程安全生产管理条例》开展的建设工程质量、安全监督检查，检查的依据之一就是现行的工程建设标准。对于施工现场的管理，施工员、质量员、安全员等各岗位的人员的工作也是围绕标准的实施开展，同时也是监督标准实施的情况，可以说，标准实施监督是各岗位人员的重要职责。

施工现场标准员要围绕工程项目标准体系中所明确应执行的全部标准，开展标准实施监督检查工作，主要任务，一是监督施工现场各管理岗位人员认真执行标准。二是监督施工过程各环节全面有效执行标准。三是解决标准执行过程中出现的问题。

4.2.2　标准实施监督检查方式、方法

施工现场标准员要通过现场巡视检查和施工记录资料查阅进行标准实施的监督检查。针对不同类别的标准采取不同的检查方式，要符合以下要求：

（1）施工方法标准

针对工程施工，施工方法标准主要规定了各分项工程的操作工艺流程，以及各环节的相关技术要求及要达到的技术指标。对于这类标准的监督检查主要要通过施工现场的巡视及查阅施工记录进行，在现场巡视当中检查操作人员是否按照标准中的要求施工，并通过施工记录的查阅检查操作过程是否满足标准规定的各项技术指标要求，填写检查记录表（表4-2）。同时，对于施工方法标准实施的监督要与施工组织设计规定的施工方案的落实相结合，施工要按照施工方案的规定的操作工艺进行，并要满足相关标准的要求。

施工方法标准实施情况检查记录表   表 4-2

单位工程名称			
分项工程名称	施工部位	应执行的标准规范	检查情况
标准员		操作人	

（2）工程质量标准

工程质量标准规定了工程质量检查验收程序，以及检验批、分项、分部、单位工程的质量标准。对于这类标准，要通过验收资料的查阅，监督检查质量验收的程序是否满足标准的要求，同时要检查质量验收是否存在遗漏检查项目的情况，重点检查强制性标准的执行情况，填写检查记录表（表 4-3）。

施工质量验收标准实施检查记录表   表 4-3

单位工程名称			
检查的内容	应执行的标准规范	强制性标准	检查情况
标准员		责任人	

（3）产品标准

现行的产品标准对建筑材料和产品的质量和性能有严格的要求，现行工程建设标准对建筑材料和产品在工程中应用也有严格的规定，包括了材料和产品的规格、尺寸、性能，以及进场后的取样、复试等等。对于与产品相关的标准的监督，通过检查巡视与资料查阅相结合的方式开展，重点检查进场的材料与产品的规格、型号、性能等是否符合工程设计的要求，另外，进场后现场取样、复试的过程是否符合相关标准的要求，同时还要检查复试的结果是否符合工程的需要，以及对不合格产品处理是否符合相关标准的要求，填写检查记录表（表 4-4）。

产品标准实施检查记录表   表 4-4

单位工程名称			
产品名称	应执行的产品标准	进场检查及复试	是否符合设计要求
标准员		责任人	

（4）工程安全、环境、卫生标准

这类标准规定了，为保障施工安全、保护环境、人身健康，工程建设过程中应采取技术、管理措施。针对这类标准的监督检查，要通过现场巡视的方式，检查工程施工过程中所采取的安全、环保、卫生措施是否符合相关标准的要求，重点是危险源、污染源的防护措施，以及卫生防疫条件。同时，还要查阅相关记录，监督相关岗位人员的履职情况。填写检查记录表（表4-5）。

工程安全、环境、卫生标准实施检查记录表 表4-5

单位工程名称			
检查的内容	应执行的标准规范	检查情况	整改要求
标准员		责任人	

（5）新技术、新材料、新工艺的应用

这里是指无标准可依的新技术、新材料、新工艺在工程中应用，一般会经过充分的论证，并经过有关机构的批准，并制定切实可行的应用方案以及质量安全检查验收的标准。针对这类新技术、新材料、新工艺的应用的监督检查，标准员要对照新技术、新材料、新工艺的应用方案进行检查，重点要保证工程安全和质量，填写检查记录表（表4-6）。同时，要分析与相关标准的关系，向标准化主管部门提出标准制修订建议。

新技术、新材料、新工艺的应用检查记录表 表4-6

单位工程名称			
新技术、新材料、新工艺名称			
检查部位	应用方案编制情况	检查情况	整改要求
标准员		责任人	

4.2.3 整改

标准员对在监督检查中发现的问题，要认真记录，并要对照标准分析问题的原因，提出整改措施，填写整改通知单发相关岗位管理人员。

对于由于操作人员和管理人员对标准理解不正确或不理解标准的规定造成的问题，标准员应根据标准前言给出的联系方式，进行咨询，要做到正确掌握标准的要求。

整改通知单中要详细说明存在不符合标准要求的施工部位、存在的问题、不符合的标准条款以及整改的措施要求（表4-7）。

标准实施监督检查整改通知单 表4-7

单位工程名称			
施工部位		检查时间	
不符合标准情况说明			
标准条款			
整改要求			
标准员		接收人	

4.3 标准实施评价

4.3.1 标准体系评价

（1）评价目的

开展标准体系评价目的是评估针对项目所建立的标准体系是否满足项目施工的需要，并提出改进的建议措施，是企业不断改进和自我完善的有效方法，也是推动企业开展标准化工作中不可缺少的重要工具，它对提高企业的科学化管理水平，实现企业的方针目标具有重要的意义。一般情况标准体系评价在施工完成后进行，但当出现下列情况时，需及时组织评价工作：

1）国家法规、制度发生变化时；

2）发布了新的国家标准、行业标准和地方标准，并与项目有较强关联；

3）相关国家标准、行业标准、地方标准修订，与项目有较强关联；

4）企业不具备某项标准的实施条件，对工程建设有较大影响；

5）企业管理要求开展评价。

（2）评价的内容

开展标准体系评价，依据国家有关的方针、政策，以及法律法规，包括保障国家安全、工程质量和安全、保证人身健康、节约能源资源、保护环境等，还有《建筑法》、《标准化法》和《标准化法实施条例》法律法规。

评价的内容包括体系的完整性和适用性，核心要求就是要保证标准体系覆盖工程建设活动各个环节，有效保障工程安全和质量、人身健康。主要要求如下：

1）施工方法标准：对工程项目建设施工中各分项工程的操作工艺要求均有明确的规定，并对各操作环节均有明确的技术要求。

2）工程质量标准：各施工项目、各分项均有明确的质量验收标准。

3）产品标准：工程中所采用的建筑材料和产品均有相应的质量和性能的标准，以及检验试验的方法标准。

4）安全环境卫生标准：标准体系中规定的各项技术、管理措施全面、有效，并符合法规、政策的要求，项目建设过程中未发生任何事故。

5）管理标准：满足企业和项目管理的要求，并保证工程项目建设活动高效运行。

6）工作标准：能够覆盖各岗位人员，并满足企业和项目管理的要求。

（3）要求

标准体系涉及面广，对于工程项目标准体系评价，应由项目主要负责人牵头组织，标准员负责实施。首先，应通过问卷或访谈的形式向相关岗位管理人员征求意见，汇总意见后，组织召开相关人员参加的会议，共同讨论确定评价的结论。

评价的结论应包括标准体系是否满足工程建设的需要和整改措施建议两部分，其中整改措施建议应包括两方面，一是针对工程项目施工还有哪些环节或工作需要制定标准，二是现行的国家标准、行业标准、地方标准哪些方面需要进行改进和完善，特别是现行标准中规定的技术方法和指标要求有哪些不适应当前工程建设的需要。

对于现行标准中存在的不足和改进的措施建议，标准员应向工程建设标准化管理机构提交。

4.3.2 标准实施评价类别

标准实施的评价，是工程建设标准化主管部门开展的一项推动标准实施、加强和改进标准化工作的一项活动。目的是在工程建设活动中，通过评价全面把握标准实施如何、实施总体效果如何、标准还需要改进的方面等。以利于更好地发挥标准化对工程建设的引导和约束作用，推进标准化工作的快速、持续、健康发展具有重要意义。

根据工程建设领域的实施标准的特点，将工程建设标准实施评价分为标准实施状况、标准实施效果和标准科学性三类。其中，又将标准实施状况再分为推广标准状况和标准应用状况两类。进行评价类别划分主要考虑到评价的内容和通过评价反映出的问题存在着差别，开展标准实施状况评价，主要针对标准化管理机构和标准应用单位推动标准实施所开展的各项工作，目的是通过评价改进推动标准实施工作；开展标准实施效果评价，主要针对标准在工程建设中应用所取得的效果，为改进工程建设标准工作提供支撑；开展标准科学性评价主要针对标准内容的科学合理性，反映标准的质量和水平。

4.3.3 不同类别标准的实施评价重点与指标

在标准实施过程中，不同主体对标准实施的任务不同，工作性质有很大差别，为便于评价，需要对标准类别进行划分，选择适用的评价指标进行评价。

根据被评价标准的内容构成及其适用范围，工程建设标准可分为基础类、综合类和单项类标准。对基础类标准，一般只进行标准的实施状况和科学性评价，因为基础类标准具有特殊性，其一般不会产生直接的经济效益、社会效益和环境效益。对实施状况、科学性进行评价，基本能反映这类标准实施的基本情况。对综合类及单项类标准，应根据其适用范围所涉及的环节，按表4-8的规定确定其评价类别与指标。

综合类及单项类标准对应评价类别与指标　　　　　　　　　　表 4-8

项目＼环节	实施状况评价		效果评价			科学性评价		
	推广标准状况	执行标准状况	经济效果	社会效果	环境效果	可操作性	协调性	先进性
规划	√	√	√	√	√	√	√	√
勘察	√	√	√	√	√	√	√	√
设计	√	√	√	√	√	√	√	√
施工	—	√	—	√	√	—	√	√
质量验收	—	√	—	√		—	○	√
管理	○	○	√	√	√	√	√	√
检验、鉴定、评价	—	√			√	√	√	—
运营维护、维修	—	√	√	—				

注："√"表示本指称道用于该环节的评价。
　　"○"表示本指标不适用于该环节的评价。

对于涉及质量验收和检验、鉴定、评价的工程建设标准或内容不评价经济效果，主要考虑到这两类标准实施过程中不能产生经济效果或产生的经济效果较小。经济效果是指投入和产出的比值，包括了物质的消耗和产出及劳动力的消耗，而质量验收和检验、鉴定、评价等类标准的主要内容是规定相关程序和指标，例如，《混凝土结构工程施工质量验收规范》GB 50204—2015，规定了混凝土结构工程施工质量验收的程序和方法以及反映混凝土结构实体质量的各项指标。实施这类标准，不会产生物质的消耗和产出，对于劳动力的消耗，只要开展质量验收和检验、鉴定、评价等项工作，劳动力消耗总是存在的，不会产生大的变化，在劳动力消耗方面也就不会产生经济效果，或者产生的经济效果很小。

对质量验收、管理和检验、鉴定、评价以及运营维护、维修等类工程建设标准或内容不评价环境效果，主要考虑这几类标准及相关标准对此规定的内容主要是规定程序、方法和相关指标，例如，《生活垃圾焚烧厂运行维护与安全技术规程》CJJ 128—2009规定了各设备、设施、环境检测等的运行管理、维护保养、安全操作的要求。不会产生物质消耗，也不会产生对环境产生影响的各种污染物，因此，对这类标准不评价其环境效果。

4.3.4　标准实施状况评价

4.3.4.1　标准实施状况评价的内容

标准的实施状况是指标准批准发布后一段时间内，各级建设行政主管部门、工程建设科研、规划、勘察、设计、施工、安装、监理、检测、评估、安全质量监督、施工图审查机构以及高等院校等相关单位实施标准的情况。考量、分析、研判标准的实施状况时，考虑在标准实施过程中，不同主体对标准实施的任务不同，工作性质有很大差别，为便于评价进行，将评价划分为标准推广状况评价和标准执行状况评价，最后通过综合各项评价指标的结果，得到标准实施评价状况等级。

标准的推广状况是指标准批准发布后，标准化管理机构为保证标准有效实施，进行的标准宣传、培训等活动以及标准出版发行等。

标准的执行状况是指标准批准发布后，工程建设各方应用标准、标准在工程中应用以及专业技术人员执行标准和专业技术人员对标准的掌握程度等方面的状况。

4.3.4.2　标准推广状况评价

根据工程建设标准化工作的相关规定，标准批准发布公告发布后，主管部门要通过网络、杂志等有关媒体及时向社会发布，各级住房和城乡建设行政主管部门的标准化管理机构有计划地组织标准的宣贯和培训活动。同时，对于一些重要的标准，地方住房和城乡建设行政主管部门根据管理的需要制定以标准为基础的管理措施，相关管理机构组织编写培训教材、宣贯材料，社会机构编写在工程中使用的手册、指南、软件、图集等将标准的要求纳入其中，这些措施将会有力推动标准的实施。因此，将这些推动标准实施的措施作为推广状况评价的指标。

对基础类标准，采用评价标准发布状况、标准发行状况两项指标评价推广标准状况。现行工程建设标准中，基础类标准大部分是术语、符号、制图、代码和分类等标准，通过标准发布状况和标准发行状况的评价即可反映标准的推广状况。

对单项类和综合类，应采用标准发布状况、标准发行状况、标准宣贯培训状况、管理制度要求、标准衍生物状况等五项指标评价推广标准状况。对于单项类和综合类标准，评价推广标准状况时，要综合评价各项推广措施，设置了标准发布状况、标准发行状况、标准宣贯培训状况、管理制度要求、标准衍生物状况等五项指标，对推广状况进行评价。

表4-9是各类标准评价指标中的评价内容，是制定评价工作方案、编制调查问卷和开展专家调查、实地调查的依据。

指标	评价内容
标准发布状况	1. 是否面向社会在相关媒体刊登了标准发面的信息； 2. 是否及时发布了相关信息
标准发行状况	标准发行量比率（实际销售量/理论销售量*）
标准宣贯培训状况	1. 工程建设标准化管理机构及相关部门、单位是否开展了标准宣贯活动； 2. 社会培训机构是否开展了以所评价的标准为主要内容的培训活动
管理制度要求	1. 所评价区域的政府是否制定了以标准为基础加强某方面管理的相关政策； 2. 所评价区域的政府是否制定了促进标准实施的相关措施
标准衍生物状况	是否有与标准实施相关的指南、手册、软件、图集等标准衍生物在评价区域内销售

注：* 理论销售量应根据标准的类别、性质，结合评价区域内使用标准的专业技术人员的数量估算得出。

评价标准发布状况是要评价工程建设标准化管理机构在有关媒体发布的标准批准发布的信息的情况，评价的内容包括，工程建设国家标准、行业标准发布后，各省、自治区、直辖市住房和城乡建设主管部门是否及时在有关媒体转发标准发布公告，以及采取其他方法发布信息。及时发布的时限不能超过标准实施的时间。

在管理制度要求中规定的"以标准为基础"是指，在所评价区域政府为加强某方面管理制定的政策、制度中，明确规定将相关单项标准或一组标准的作为履行职责或加强监督检查的依据。

在估算理论销售量时，评价区域内使用标准的专业技术人员的数量要主要以住房和城乡建设主管部门统计的数量为依据，根据标准的类别、性质进行折减，作为理论销售量，一般将折减系数确定为，基础标准0.2，通用标准0.8，专用标准0.6。统计实际销售量时，需调查所辖区域的全部标准销售书店，汇总各书店的销售数量，作为实际销售量。或者在收集评价资料时，通过调查取得数据。例如，评价某一设计规范，可以采用住房和城乡建设主管部门发布的相关专业技术人员的数量为基准，乘以折减系数定为理论销售量。当缺乏相关统计数据时，需选择典型单位进行专项调查，将所调查单位的相关专业技术人员的全部数量乘以折减系数作为理论销售量，所调查单位拥有的所评价标准的全部数量作为实际销售量。

4.3.4.3 标准执行状况评价

执行标准状况采用单位应用状况、工程应用状况、技术人员掌握标准状况等三项指标进行评价，评价内容见表4-10。

标准应用状况	评价内容
单位应用状况	1. 是否将所评价的标准纳入到单位的质量管理体系中； 2. 所评价的标准在质量管理体系中是否"受控"； 3. 是否开展了相关的宣贯、培训工作
工程应用状况	1. 执行率*； 2. 在工程中是否有准确、有效应用
技术人员掌握标准状况	1. 技术人员是否掌握了所评价标准的内容； 2. 技术人员是否能正确应用所评价的标准

注：* 执行率是指被调查单位自所评价的标准实施之后所承担的项目中，应用了所评价的标准的项目数量与所评价标准适用的项目数量的比值。

单位应用标准状况中，"质量管理体系"泛指企业的各项技术、质量管理制度、措施的集合。进行单位应用标准状况评价时，要求标准作为单位管理制度、措施的一项内容，或者相关管理制度、措施明确保障该项标准的有效实施。"受控"是指单位通过 ISO 9000 质量管理体系认证，所评价的标准是受控文件。标准的宣贯、培训包括了被评价单位派技术人员参加主管部门和社会培训机构开展的宣贯培训、继续教育培训和本单位组织开展的相关培训。

评价工程应用状况，首先要判定所评价标准的适用范围。其次，梳理被调查的单位应使用所评价标准开展的工程设计、施工、监理项目及相关管理工作范围，然后利用抽样调查、实地调查的方法对该指标进行调查、评价。

标准执行率指所调查的适用所评价标准的项目中，应用了所评价标准的项目所占的比率。例如，评价《混凝土结构设计规范》GB 50010—2010 时，统计被调查单位所承担的项目中适用《混凝土结构设计规范》GB 50010—2010 的项目总数量，作为基数，再分别统计所适用的项目中全面执行了《混凝土结构设计规范》GB 50010—2010 中强制性条文的项目总数量，和全面执行了非强制性条文的项目总数量，与项目总数量的比值作为执行率。

4.3.5 标准实施效果评价

工程建设标准化的目的是促进最佳社会效益、经济效益、环境效益和获得最佳资源、能源使用效率，因此，在标准实施效果评价中设置经济效果、社会效果、环境效果等三个指标，使得标准的实施效果体现在具体某一（经济效果、社会效果、环境效果）因素的控制上。评价结果一般是可量化的，能用数据的方式表达的，也可以是对实施自身、现状等进行比较，即也可以是不可量化的效果。

评价综合类标准实施效果时，要考虑标准实施后对规划、勘察、设计、施工、运行等工程建设全过程各个环节的影响，分别进行分析，综合评估标准的实施效果，实施效果评价内容见表 4-11。

实施效果评价内容
表 4-11

指标	评价内容
经济效果	1. 是否有利于节约材料； 2. 是否有利于提高生产效率； 3. 是否有利于降低成本
社会效果	1. 是否对工程质量和安全产生影响； 2. 是否对施工过程安全生产产生影响； 3. 是否对技术进步产生影响； 4. 是否对人身健康产生影响； 5. 是否对公众利益产生影响
环境效果	1. 是否有利于能源资源节约； 2. 是否有利于能源资源合理利用； 3. 是否有利于生态环境保护

在评价实施效果的各项指标时，可采用对比的方式进行评价，首先要详细分析所评价标准中规定的各项技术方法和指标，再针对本条规定各项评价内容，将标准实施后的效果与实施前进行对比分析，确定所取得的效果，其中，新制定的标准，要分析标准"有"和"无"两种情况对比所取得的效果，经过修订的标准，要分析标准修订前后对比所取得的效果。

工程建设标准作为工程建设活动的技术依据，规定了工程建设的技术方法和保证建设工程可靠性的各项指标要求，是技术、经济、管理水平的综合体现。由于一项标准仅仅规定了工程建设过程中部分环节的技术要求，实施后所产生的效果有一定的局限性，同时，标准也是一把"双刃剑"，方法和指标规定的不合理，会造成浪费、增加成本、影响环境，因此，在确定评价结果中，应当考虑单项标准的局限性和标准的"双刃剑"作用。

4.3.6 标准科学性评价

标准的科学性是衡量标准满足工程建设技术需求程度，首先应包括标准对国家法律、法规、政策的适合性，在纯技术层面还包括标准的可操作性、与相关标准的协调性和标准本身的技术先进性。

建设工程关系到社会生产经营活动的正常运行，也关系到人民生命财产安全。建设工程要消耗大量的资源，直接影响到环境保护、生态平衡和国民经济的可持续发展。建设工程中要使用大量的产品作为建设的原材料、构件及设备等，工程建设标准必须对它们的性能、质量作出规定，以满足建设工程的规划、设计、建造和使用的要求；同时，建设工程在规划、设计、建造、维护过程中也需要应用大量的设计技术、建造技术、施工工艺、维护技术等，工程建设标准也需要对这些技术的应用提出要求或作出规定，保证这些技术的合理应用。

工程建设标准的科学性评价就是要在以上这些方面进行衡量。在国家政策层面，对社会公共安全、人民生命安全与身体健康、生态环境保护、节能与节约资源等方面都有相应要求，标准的规定应适合这些要求。

为使建设工程满足国家政策要求，满足社会生产、服务、经营以及生活的需要，工程建设标准的规定应该是明确的，能够在工程中得到具体、有效的执行落实，同时也符合我国的实际情况，所提出的指导性原则、技术方法等应该是经过实践证明可行的。

每一项工程建设标准都在标准体系中占有一定的地位，起着一定的作用，一般都是需要有相关标准配合使用或者是其他标准实施的相关支持性标准。因此，标准都不是独立的，而是相互关联的，标准之间需要协调。

由于社会在进步、技术在不断发展、产品在不断更新，建设工程随着发展也需要实现更高的目标、更高的要求、达到更好的效果，更节约资源、降低造价，这样就需要成熟的先进技术、先进的工艺、性能良好的产品应用到工程建设中，标准需要及时地做出调整。所以，标准需要适应新的需求，能够应用新技术、新产品、新工艺。同时，标准的体系、每一项标准的框架也需要实时进行调整，满足不断变化的工程需求。

基于以上的分析，基础类标准的科学性评价内容见表4-12，单项类和综合类标准的科学性评价内容见表4-13。

基础类标准科学性评价内容 表4-12

	评价内容
科学性	1. 标准内容是否得到行业的广泛认同、达成共识； 2. 标准是否满足其他标准和相关使用的需求； 3. 标准内容是否清晰合理、条文严谨准确、简练易懂； 4. 标准是否与其他基础类标准相协调

工程建设标准体系中，基础类标准主要规定术语、符号、制图等方面的要求，对基础类标准要求协调、统一，并得到广泛的认同，条文要简练、严谨，满足使用要求，因此，评价基础类标准的科学性，要突出标准的特点，评价时对各项规定要逐一进行评价。

综合类标准需要将所涉及每个环节的可操作性、协调性、先进性分别进行评价，再综合确定所评价标准的科学性。

单项类和综合类标准科学性评价内容 表 4-13

指标	评价内容
可操作性	1. 标准中规定的指标和方法是否科学合理； 2. 标准条文是否严谨、准确、容易把握； 3. 标准在工程中应用是否方便、可行
协调性	1. 标准内容是否符合国家政策的规定； 2. 标准内容是否与同级标准不协调； 3. 行业标准、地方标准是否与上级标准不协调
先进性	1. 是否符号国家的技术经济政策； 2. 标准是否采用了可靠的先进技术或适用科研成果； 3. 与国际标准或国外先进标准相比是否达到先进的水平

进行标准科学性评价时，要广泛调查国家相关法律法规、政策和标准，要将所评价标准的各项指标要求和技术规定按照评价内容的要求逐一分析，再综合分析结果，对照划分标准确定评价结果。

第5章　工程建设相关标准

5.1　基　础　标　准

在工程建设标准体系中，基础标准是指在某一专业范围内作为其他标准的基础并普遍使用，具有广泛指导意义的术语、符号、计量单位、图形、模数、基本分类、基本原则等的标准。如城市规划术语标准、建筑结构术语和符号标准等。

《建筑设计术语标准》，规定建筑学基本术语的名称，对应的英文名称，定义或解释适用于各类建筑中设计，建筑构造、技术经济指标等名称。

《房屋建筑制图统一标准》，规定房屋建筑制图的基本和统一标准，包括图线、字体、比例、符号、定位轴线、材料图例、画法等。

《建筑制图标准》，本标准规定建筑及室内设计专业制图标准化，包括建筑和装修图线、图例、图样画法等。

5.2　施工技术规范

5.2.1　概念

随着建筑工程技术的发展，新材料和新结构体系的出现，要求建筑结构施工技术与之相适应。城市建设的发展和地下空间的开发等，对施工技术提出了更高的要求。因此国内外均非常重视建筑工程技术的研究开发及新技术的应用。而施工工艺规范则是对建筑工程和市政工程的施工条件、程序、方法、工艺、质量、机械操作等的技术指标，以文字形式作出规定的工程建设标准。

施工技术规范是施工企业进行具体操作的方法，是施工企业的内控标准，他是企业在统一验收规范的尺度下进行竞争的法宝，把企业的竞争机制引入到拼实力、拼技术上来，真正体现市场经济下企业的主导地位。施工技术规范的构成复杂，它既可以是一项专门的技术标准，也可以是施工过程中某专项的标准，这些标准主要体现在行业标准、地方标准的一些技术规程、操作规程，如《混凝土泵送施工技术规程》JGJ/T 10、《钢筋机械连接技术规程》JGJ 107、《钢筋焊接网混凝土结构技术规程》JGJ/T 114、《冷轧扭钢筋混凝土构件技术规程》JGJ 115、《建筑基坑支护技术规程》JGJ 120、《约束砌体与配筋砌体结构技术规程》JGJ 13《混凝土小型空心砌块建筑技术规程》JGJ/T 14、《轻骨料混凝土技术规程》JGJ 51、《预应力筋用锚具、夹具和连接器应用技术规程》JGJ 85、《冷轧带肋钢筋混凝土结构技术规程》JGJ 95、《钢框胶合板模板技术规程》JGJ 96 等等。

但是我们也要看到，我们的企业长期以来习惯执行一个国家、行业或地方的标准，一些中小企业还没有建立起自己的企业标准和施工技术规范，特别是一些基础性、常规性的施工技术规范，没有标准是不能施工的，不能进行"无标生产"。对于这样的情况，企业优先采用施工地方操作规程，可以将一些协会标准、施工指南、手册等技术进行转化为本企业的标准。

施工技术规范所涉及的范围广，既可以是操作规程、工法，也可以是规范。如果我们把工艺、方法编成政府的标准，就有可能影响技术进步，使新技术、新材料、新工艺成为"非法"；也可能因条件改变遵守规范出现问题时仍然"合法"，使规范成为掩护技术落后的借口。工艺、方法内容强制化将不利于市场竞争和技术优化。过多地照顾落后的中小企业将使我们在国际竞争中面临更大困难。工艺、方法类内容本来就属于生产控制的范畴，除少量涉及验收的内容须在验收规范中反映外，应以推荐性标准或企业标准的形式反映。

这样做完全没有放弃对质量严格控制的意思。

5.2.2 重要施工技术规范列表

重要施工技术规范列表   表 5-1

序号	标准名称	标准编号
1	冷弯薄壁型钢结构技术规范	GB 50018—2002
2	岩土锚杆与喷射混凝土支护工程技术规范	GB 50086—2015
3	地下工程防水技术规范	GB 50108—2008
4	膨胀土地区建筑技术规范	GB 50112—2013
5	滑动模板工程技术规范	GB 50113—2005
6	混凝土外加剂应用技术规范	GB 50119—2013
7	混凝土质量控制标准	GB 50164—2011
8	钢筋混凝土升板结构技术规范	GBJ 130—1990
9	粉煤灰混凝土应用技术规范	GB/T 50146—2014
10	汽车加油加气站设计与施工规范	GB 50156—2012
11	蓄滞洪区建筑工程技术规范	GB 50181—1993
12	建设工程施工现场供用电安全规范	GB 50194—2014
13	组合钢模板技术规范	GB/T 50214—2013
14	土工合成材料应用技术规范	GB/T 50290—2014
15	管井技术规范	GB 50296—2014
16	住宅装饰装修工程施工规范	GB 50327—2001
17	建筑边坡工程技术规范	GB 50330—2013
18	医院洁净手术部建筑技术规范	GB 50333—2013
19	混凝土电视塔结构技术规范	GB 50342—2003
20	屋面工程技术规范	GB 50345—2012
21	生物安全实验室建筑技术规范	GB 50346—2011
22	建筑给水塑料管道工程技术规程	CJJ/T 98—2014
23	木骨架组合墙体技术规范	GB/T 50361—2005
24	建筑与小区雨水控制及利用工程技术规范	GB 50400—2016
25	硬泡聚氨酯保温防水工程技术规范	GB 50404—2007
26	预应力混凝土路面工程技术规范	GB 50422—2007
27	水泥基灌浆材料应用技术规范	GB/T 50448—2015

序号	标准名称	标准编号
28	城市轨道交通技术规范	GB 50490—2009
29	城镇燃气技术规范	GB 50494—2009
30	大体积混凝土施工规范	GB 50496—2009
31	建筑施工组织设计规范	GB/T 50502—2009
32	重晶石防辐射混凝土应用技术规范	GB/T 50557—2010
33	墙体材料应用统一技术规范	GB 50574—2010
34	环氧树脂自流平地面工程技术规范	GB/T 50589—2010
35	乙烯基酯树脂防腐蚀工程技术规范	GB/T 50590—2010
36	智能建筑工程施工规范	GB 50606—2010
37	纤维增强复合材料建设工程应用技术规范	GB 50608—2010
38	住宅信报箱工程技术规范	GB 50631—2010
39	建筑工程绿色施工评价标准	GB/T 50640—2010
40	混凝土结构工程施工规范	GB 50666—2011
41	预制组合立管技术规范	GB 50682—2011
42	坡屋面工程技术规范	GB 50693—2011
43	建设工程施工现场消防安全技术规范	GB 50720—2011
44	预防混凝土碱骨料反应技术规范	GB/T 50733—2011
45	装配式混凝土结构技术规程	JGJ 1—2014
46	高层建筑混凝土结构技术规程	JGJ 3—2010
47	高层建筑筏形与箱形基础技术规范	JGJ 6—2011
48	空间网格结构技术规程	JGJ 7—2010
49	混凝土泵送施工技术规程	JGJ/T 10—2011
50	轻骨料混凝土结构技术规程	JGJ 12—2006
51	混凝土小型空心砌块建筑技术规程	JGJ/T 14—2011
52	蒸压加气混凝土建筑应用技术规程	JGJ/T 17—2008
53	钢筋焊接及验收规程	JGJ 18—2012
54	冷拔低碳钢丝应用技术规程	JGJ 19—2010
55	V形折板屋盖设计与施工规程	JGJ/T 21—93
56	施工现场临时用电安全技术规范	JGJ 46—2005
57	轻骨料混凝土技术规范	JGJ 51—2002
58	普通混凝土用砂、石质量标准及检验方法	JGJ 52—2006
59	房屋渗漏修缮技术规程	JGJ/T 53—2011
60	普通混凝土配合比设计规程	JGJ 55—2011
61	混凝土用水标准	JGJ 63—2006
62	液压滑动模板施工安全技术规程	JGJ 65—2013
63	建筑工程大模板技术规程	JGJ 74—2003
64	建筑地基处理技术规范	JGJ 79—2012
65	钢结构焊接规范	GB 50661—2011
66	钢结构高强度螺栓连接技术规程	JGJ 82—2011
67	预应力筋用锚具、夹具和连接器应用技术规程	JGJ 85—2010
68	无粘结预应力混凝土结构技术规程	JGJ 92—2016

序号	标准名称	标准编号
69	建筑桩基技术规范	JGJ 94—2008
70	冷轧带肋钢筋混凝土结构技术规程	JGJ 95—2011
71	钢框胶合板模板技术规程	JGJ 96—2011
72	砌筑砂浆配合比设计规程	JGJ/T 98—2010
73	高层民用建筑钢结构技术规程	JGJ 99—2015
74	玻璃幕墙工程技术规范	JGJ 102—2003
75	塑料门窗工程技术规程	JGJ 103—2008
76	建筑工程冬期施工规程	JGJ/T 104—2011
77	机械喷涂抹灰施工规程	JGJ/T 105—2011
78	钢筋机械连接技术规程	JGJ 107—2010
79	建筑与市政工程地下水控制技术规范	JGJ 111—2016
80	建筑玻璃应用技术规程	JGJ 113—2015
81	钢筋焊接网混凝土结构技术规程	JGJ 114—2014
82	冷轧扭钢筋混凝土构件技术规程	JGJ 115—2006
83	建筑基坑支护技术规程	JGJ 120—2012
84	工程网络计划技术规程	JGJ/T 121—2015
85	既有建筑地基基础加固技术规范	JGJ 123—2012
86	外墙饰面砖工程施工及验收规程	JGJ 126—2000
87	金属与石材幕墙工程技术规范	JGJ 133—2001
88	砌体结构设计规范	GB 50003—2011
89	组合结构设计规范	JGJ 138—2016
90	外墙外保温工程技术规程	JGJ 144—2004
91	混凝土异形柱结构技术规程	JGJ 149—2006
92	种植屋面工程技术规程	JGJ 155—2013
93	建筑轻质条板隔墙技术规程	JGJ/T 157—2014
94	地下建筑工程逆作法技术规程	JGJ 165—2010
95	清水混凝土应用技术规程	JGJ 169—2009
96	建筑陶瓷薄板应用技术规程	JGJ/T 172—2012
97	自流平地面工程技术规程	JGJ/T 175—2009
98	公共建筑节能改造技术规范	JGJ 176—2009
99	补偿收缩混凝土应用技术规范	JGJ/T 178—2009
100	逆作复合桩基技术规程	JGJ/T 186—2009
101	施工现场临时建筑物技术规范	JGJ/T 188—2009
102	钢筋阻锈剂应用技术规程	JGJ/T 192—2009
103	钢管满堂支架预压技术规程	JGJ/T 194—2009
104	液压爬升模板工程技术规程	JGJ 195—2010
105	施工企业工程建设技术标准化管理规范	JGJ/T 198—2010
106	型钢水泥土搅拌墙技术规程	JGJ/T 199—2010
107	喷涂聚脲防水工程技术规程	JGJ/T 200—2010
108	石膏砌块砌体技术规程	JGJ/T 201—2010
109	海砂混凝土应用技术规范	JGJ 206—2010

序号	标准名称	标准编号
110	装配箱混凝土空心楼盖结构技术规程	JGJ/T 207—2010
111	轻型钢结构住宅技术规程	JGJ 209—2010
112	刚—柔性桩复合地基技术规程	JGJ/T 210—2010
113	建筑工程水泥—水玻璃双液注浆技术规程	JGJ/T 211—2010
114	地下工程渗漏治理技术规程	JGJ/T 212—2010
115	现浇混凝土大直径管桩复合地基技术规程	JGJ/T 213—2010
116	铝合金门窗工程技术规范	JGJ 214—2010
117	铝合金结构工程施工规程	JGJ/T 216—2010
118	纤维石膏空心大板复合墙体结构技术规程	JGJ 217—2010
119	混凝土结构用钢筋间隔件应用技术规程	JGJ/T 219—2010
120	抹灰砂浆技术规程	JGJ/T 220—2010
121	纤维混凝土应用技术规程	JGJ/T 221—2010
122	预拌砂浆应用技术规程	JGJ/T 223—2010
123	预制预应力混凝土装配整体式框架结构技术规程	JGJ 224—2010
124	大直径扩底灌注桩技术规程	JGJ/T 225—2010
125	低张拉控制应力拉索技术规程	JGJ/T 226—2011
126	低层冷弯薄壁型钢房屋建筑技术规程	JGJ 227—2011
127	植物纤维工业灰渣混凝土砌块建筑技术规程	JGJ/T 228—2010
128	倒置式屋面工程技术规程	JGJ 230—2010
129	建筑外墙防水工程技术规程	JGJ/T 235—2011
130	建筑遮阳工程技术规范	JGJ 237—2011
131	混凝土基层喷浆处理技术规程	JGJ/T 238—2011
132	再生骨料应用技术规程	JGJ/T 240—2011
133	人工砂混凝土应用技术规程	JGJ/T 241—2011
134	建筑钢结构防腐蚀技术规程	JGJ/T 251—2011
135	钢筋锚固板应用技术规程	JGJ 256—2011
136	预制带肋底板混凝土叠合楼板技术规程	JGJ/T 258—2011
137	建筑排水塑料管道工程技术规程	CJJ/T 29—2010
138	民用房屋修缮工程施工规程	CJJ/T 53—1993
139	聚乙烯燃气管道工程技术规程	CJJ 63—2008
140	城镇直埋供热管道工程技术规程	CJJ/T 81—2013
141	建筑给水塑料管道工程技术规程	CJJ/T 98—2014
142	埋地塑料给水管道工程技术规程	CJJ 101—2016
143	城镇供热直埋蒸汽管道技术规程	CJJ/T 104—2014
144	管道直饮水系统技术规程	CJJ 110—2006
145	预应力混凝土桥梁预制节段逐跨拼装施工技术规程	CJJ/T 111—2006
146	游泳池给水排水工程技术规程	CJJ 122—2008
147	建筑排水金属管道工程技术规程	CJJ 127—2009
148	透水水泥混凝土路面技术规程	CJJ/T 135—2009
149	城镇地热供热工程技术规程	CJJ 138—2010
150	城市桥梁桥面防水工程技术规程	CJJ 139—2010

序号	标准名称	标准编号
151	埋地塑料排水管道工程技术规程	CJJ 143—2010
152	燃气冷热电三联供工程技术规程	CJJ 145—2010
153	城市户外广告设施技术规范	CJJ 149—2010
154	建筑给水金属管道工程技术规程	CJJ/T 154—2011
155	建筑给水复合管道工程技术规程	CJJ/T 155—2011

5.2.3 重点规范中的强制性条文

（1）《膨胀土地区建筑技术规范》GB 50112—2013

3.0.3 地基基础设计应符合下列规定：

1 建筑物的地基计算应满足承载力计算的有关规定；

2 地基基础设计等级为甲级、乙级的建筑物，均应按地基变形设计；

3 建造在坡地或斜坡附近的建筑物以及受水平荷载作用的高层建筑、高耸构筑物和挡土结构、基坑支护等工程，尚应进行稳定性验算。验算时应计及水平膨胀力的作用。

5.2.2 膨胀土地基上建筑物的基础埋置深度不应小于1m。

5.2.16 膨胀土地基上建筑物的地基变形计算值，不应大于地基变形允许值。地基变形允许值应符合表5.2.16的规定。表5.2.16中未包括的建筑物，其地基变形允许值应根据上部结构对地基变形的适应能力及功能要求确定。

膨胀土地基上建筑物地基变形允许值 表 5.2.16

结构类型		相对变形		变形量 (mm)
		种类	数值	
砌体结构		局部倾斜	0.001	15
房屋长度三到四开间及四角有构造柱或配筋砌体承重结构		局部倾斜	0.0015	30
工业与民用建筑相邻柱基	框架结构无填充墙时	变形差	0.001l	3030
	框架结构有填充墙时	变形差	0.0005l	20
	当基础不均匀升降时不产生附加应力的结构	变形差	0.003l	40

注：l 为相邻柱基的中心距离（m）。

（2）《建筑桩基技术规范》JGJ 94—2008

8.1.5 挖土应均衡分层进行，对流塑状软土的基坑开挖，高差不应超过1m。

8.1.9 在承台和地下室外墙与基坑侧壁间隙回填土前，应排除积水，清除虚土和建筑垃圾，填土应按设计要求选料，分层夯实，对称进行。

9.4.2 工程桩应进行承载力和桩身质量检验。

（3）《高层建筑筏形与箱形基础技术规范》JGJ 6—2011

1.0.3 高层建筑筏形与箱形基础的设计与施工，应综合分析整个建筑场地的地质条件、施工方法、施工顺序、使用要求以及与相邻建筑的相互影响。

3.0.2 高层建筑筏形与箱形基础的地基设计应进行承载力和地基变形计算。对建造在斜坡上的高层建筑，应进行整体稳定验算。

3.0.3 高层建筑筏形与箱形基础设计和施工前应进行岩土工程勘察，为设计和施工提供依据。

6.1.7　基础混凝土应符合耐久性要求。筏形基础和桩箱、桩筏基础的混凝土强度等级不应低于C30；箱形基础的混凝土强度等级不应低于C25。

7.3.12　基坑开挖至设计标高并经验收合格后，应立即进行垫层施工，防止暴晒和雨水浸泡造成地基土破坏。

7.4.2　当筏形与箱形基础的长度超过40m时，应设置永久性的沉降缝和温度收缩缝。当不设置永久性的沉降缝和温度收缩缝时，应采取设置沉降后浇带、温度后浇带、诱导缝或用微膨胀混凝土、纤维混凝土浇筑基础等措施。

7.4.3　后浇带的宽度不宜小于800mm，在后浇带处，钢筋应贯通。后浇带两侧应采用钢筋支架和钢丝网隔断，保持带内的清洁，防止钢筋锈蚀或被压弯、踩弯。并应保证后浇带两侧混凝土的浇注质量。

7.4.6　沉降后浇带应在其两侧的差异沉降趋于稳定后再浇筑混凝土。

7.4.7　温度后浇带从设置到浇筑混凝土的时间不宜少于两个月。

(4)《复合土钉墙基坑支护技术规范》GB 50739—2011

6.1.3　土方开挖应与土钉、锚杆及降水施工密切结合，开挖顺序、方法应与设计工况相一致；复合土钉墙施工必须符合"超前支护，分层分段，逐层施作，限时封闭，严禁超挖"的要求。

(5)《建筑基坑支护技术规程》JGJ 120—2012

8.1.3　当基坑开挖面上方的锚杆、土钉、支撑未达到设计要求时，严禁向下超挖土方。

8.1.4　采用锚杆或支撑的支护结构，在未达到设计规定的拆除条件时，严禁拆除锚杆或支撑。

8.1.5　基坑周边施工材料、设施或车辆荷载严禁超过设计要求的地面荷载限值。

8.2.2　安全等级为一级、二级的支护结构，在基坑开挖过程与支护结构使用期内，必须进行支护结构的水平位移监测和基坑开挖影响范围内建（构）筑物、地面的沉降监测。

(6)《建筑边坡工程技术规范》GB 50330—2013

3.1.3　边坡的使用年限指边坡工程的支护结构能发挥正常支护功能的年限，边坡工程设计年限临时边坡为2年，永久边坡按50年设计，当受边坡支护结构保护的建筑物（坡顶塌滑区、坡下塌方区）为临时或永久性时，支护结构的设计使用年限应不低于上述值。因此，本条为强制性条文，应严格执行。

3.3.6　本条第1~3款所列内容是支护结构承载力计算和稳定性计算的基本要求，是边坡工程满足承载能力极限状态的具体内容，是支护结构安全的重要保证；因此，本条定为强制性条文，设计时上述内容应认真计算，满足规范要求以确保工程安全。

18.4.1　边坡工程施工中常因爆破施工控制不当对边坡及邻近建（构）筑物产生震害，因此本条作为强制性条文必须严格执行，规定爆破施工时应采取严密的爆破施工方案及控制爆破等有效措施，爆破方案应经设计、监理和相关单位审查后执行，并应采取避免产生震害的工程措施。

19.1.1　边坡塌滑区有重要建（构）筑物的一级边坡工程施工时必须对坡顶水平位移、垂直位移、地表裂缝和坡顶建（构）筑物变形进行监测。

（7）《湿陷性黄土地区建筑基坑工程安全技术规程》JGJ 167—2009

13.2.4 基坑的上、下部和四周必须设置排水系统，流水坡向应明显，不得积水。基坑上部排水沟与基坑边缘的距离应大于 2m，沟底和两侧必须作防渗处理。基坑底部四周应设置排水沟和集水坑。

（8）《建筑地基处理技术规范》JGJ 79—2012

4.4.2 换填垫层的施工质量检验应分层进行，并应在每层的压实系数符合设计要求后铺填土层。

5.4.2 预压地基竣工验收检验应符合下列规定：

1 排水竖井处理深度范围内和竖井底面以下受压土层，经预压所完成的竖向变形和平均固结度应满足设计要求；

2 应对预压的地基土进行原位试验和室内土工试验。

6.2.5 压实地基的施工质量检验应分层进行。每完成一道工序，应按设计要求进行验收，未经验收或验收不合格时，不得进行下一道工序施工。

6.3.10 当强夯施工所引起的振动和侧向挤压对邻近建构筑物产生有害影响时，应设置监测点，并采取挖隔振沟等隔振或防振措施。

6.3.13 强夯处理后的地基竣工验收，承载力检验应根据静载荷试验、其他原位测试和室内土工试验等方法综合确定。强夯置换后的地基竣工验收，除应采用单墩静载荷试验进行承载力检验外，尚应采用动力触探等查明置换墩着底情况及密度随深度的变化情况。

7.1.2 对散体材料复合地基增强体应进行密实度检验；对有粘结强度复合地基增强体应进行强度及桩身完整性检验。

7.1.3 复合地基承载力的验收检验应采用复合地基静载荷试验，对有粘结强度的复合地基增强体尚应进行单桩静载荷试验。

7.3.6 水泥土搅拌桩干法施工机械必须配置经国家计量部门确认的具有能瞬时检测并记录出粉体计量装置及搅拌深度自动记录仪。

8.4.4 注浆加固处理后地基的承载力应进行静载荷试验检验。

10.2.7 处理地基上的建筑物应在施工期间及使用期间进行沉降观测，直至沉降达到稳定标准为止。

（9）《混凝土异形柱结构技术规程》JGJ 149—2006

7.0.2 异形柱结构的模板及其支架应根据工程结构的形式、荷载大小、地基土类别、施工设备和材料供应等条件进行专门设计。模板及其支架应具有足够的承载力、刚度和稳定性，应能可靠地承受浇筑混凝土的重量、侧压力和施工荷载。

7.0.3 异形柱结构的纵向受力钢筋，应符合国家标准《混凝土结构设计规范》GB 50010—2002 第 4.2.2 条的要求，对二级抗震等级设计的框架结构，检验所得的强度实测值，尚应符合下列要求：

1 钢筋的抗拉强度实测值与屈服强度实测值的比值不应小于 1.25；

2 钢筋的屈服强度实测值与标准值的比值不应大于 1.3。

（10）《滑动模板工程技术规范》GB 50113—2005

5.1.3 滑模装置设计计算必须包括下列荷载：

1 模板系统、操作平台系统的自重（按实际重量计算）；

2 操作平台上的施工荷载，包括操作平台上的机械设备及特殊设施等的自重（按实际重量计算），操作平台上施工人员、工具和堆放材料等；

3 操作平台上设置的垂直运输设备运转时的额定附加荷载，包括垂直运输设备的起重量及柔性滑道的张紧力等（按实际荷载计算）；垂直运输设备刹车时的制动力；

4 卸料对操作平台的冲击力，以及向模板内倾倒混凝土时混凝土对模板的冲击力；

5 混凝土对模板的侧压力；

6 模板滑动时混凝土与模板之间的摩阻力，当采用滑框倒模施工时，为滑轨与模板之间的摩阻力；

7 风荷载。

5.1.3 滑模装置设计计算必须包括下列荷载：

1 模板系统、操作平台系统的自重；

2 操作平台上的施工荷载，包括操作平台上的机械设备及特殊设施等的自重，操作平台上施工人员、工具和堆放材料等的重量；

3 操作平台上设置的垂直运输设备运转时的额定附加荷载，包括垂直运输设备的起重量及柔性滑道的张紧力、垂直运输设备刹车时的制动力；

4 卸料对操作平台的冲击力，倾倒混凝土时混凝土对模板的冲击力；

5 混凝土对模板的侧压力；

6 模板滑动时混凝土与模板之间的摩阻力，当采用滑框倒模施工时，为滑轨与模板之间的摩阻力；

7 风荷载。

6.3.1 支承杆的直径、规格应与所使用的千斤顶相适应，第一批插入千斤顶的支承杆其长度不得少于4种，两相邻接头高差不应小于1m，同一高度上支承杆接头数不应大于总量的1/4。当采用钢管支承杆且设置在混凝土体外时，对支承杆的调直、接长、加固应作专项设计，确保支承体系的稳定。

6.4.1 用于滑模施工的混凝土，应事先做好混凝土配比的试配工作，其性能除应满足设计所规定的强度、抗渗性、耐久性以及季节性施工等要求外，尚应满足下列规定：

1 混凝土早期强度的增长速度，必须满足模板滑升速度的要求；

6.6.9 在滑升过程中，应检查操作平台结构、支承杆的工作状态及混凝土的凝结状态，发现异常时，应及时分析原因并采取有效的处理措施。

6.6.14 模板滑空时，应事先验算支承杆在操作平台自重、施工荷载、风荷载等共同作用下的稳定性，稳定性不满足要求时，应对支承杆采取可靠的加固措施。

6.6.15 混凝土出模强度应控制在 0.2～0.4MPa 或混凝土贯入阻力值在 0.30～1.05kN/cm²；采用滑框倒模施工的混凝土出模强度不得小于 0.2MPa。

6.7.1 按整体结构设计的横向结构，当采用后期施工时，应保证施工过程中的结构稳定并满足设计要求。

8.1.6

2 混凝土出模强度的检查，应在滑模平台现场进行测定，每一工作班应不少于一次；当在一个工作班上气温有骤变或混凝土配合比有变动时，必须相应增加检查次数。

（11）《建筑工程大模板技术规程》JGJ 74—2003

3.0.2 组成大模板各系统之间的连接必须安全可靠。

3.0.4 大模板的支撑系统应能保持大模板竖向放置的安全可靠和在风荷载作用下的自身稳定性。地脚调整螺栓长度应满足调节模板安装垂直度和调整自稳角的需要，地脚调整装置应便于调整，转动灵活。

3.0.5 大模板钢吊环应采用 Q235A 材料制作并应具有足够的安全储备，严禁使用冷加工钢筋。焊接式钢吊环应合理选择焊条型号，焊缝长度和焊缝高度应符合设计要求；装配式吊环与大模板采用螺栓连接时必须采用双螺母。

4.2.1 配板设计应遵循下列原则：

3 大模板的重量必须满足现场起重设备能力的要求。

6.1.6 吊装大模板时应设专人指挥，模板起吊应平稳，不得偏斜和大幅度摆动。操作人员必须站在安全可靠处，严禁人员随同大模板一同起吊。

6.1.7 吊装大模板必须采用带卡环吊钩。当风力超过 5 级时应停止吊装作业。

6.5.1 大模板的拆除应符合下列规定：

6 起吊大模板前应先检查模板与混凝土结构之间所有对拉螺栓、连接件是否全部拆除，必须在确认模板和混凝土结构之间无任何连接后方可起吊大模板，移动模板时不得碰撞墙体；

6.5.2 大模板的堆放应符合下列要求：

1 大模板现场堆放区应在起重机的有效工作范围之内，堆放场地必须坚实平整，不得堆放在松土、冻土或凹凸不平的场地上。

2 大模板堆放时，有支撑架的大模板必须满足自稳角要求；当不能满足要求时，必须另外采取措施，确保模板放置的稳定。没有支撑架的大模板应存放在专用的插放支架上，不得倚靠在其他物体上，防止模板下脚滑移倾倒。

3 大模板在地面堆放时，应采取两块大模板板面对板面相对放置的方法，且应在模板中间留置不小于 600mm 的操作间距；当长时期堆放时，应将模板连接成整体。

（12）《钢框胶合板模板技术规程》JGJ 96—2011

3.3.1 吊环应采用 HPB235 钢筋制作，严禁使用冷加工钢筋。

4.1.2 模板及支撑应具有足够的承载能力、刚度和稳定性。

6.4.7 在起吊模板前，应拆除模板与混凝土结构之间所有对拉螺栓、连接件。

（13）《混凝土结构工程施工规范》GB 50666—2011

4.1.2 模板及支架应根据施工过程中的各种工况进行设计，应具有足够的承载力和刚度，并应保证其整体稳固性。

4.1.3 模板及其支架拆除的顺序及安全措施应按施工技术方案执行。

5.1.3 当需要进行钢筋代换时，应办理设计变更文件。

5.2.2 对有抗震设防要求的结构，其纵向受力钢筋的性能应满足设计要求；当设计无具体要求时，对按一、二、三级抗震等级设计的框架和斜撑构件（含梯段）中的纵向受力钢筋应采用 HRB335E、HRB400E、HRB500E、HRBF335E、HRBF400E 或 HRBF500E 钢筋，其强度和最大力下总伸长率的实测值应符合下列规定：

1 钢筋的抗拉强度实测值与屈服强度实测值的比值不应小于 1.25；

2 钢筋的屈服强度实测值与屈服强度标准值的比值不应大于 1.30；

3 钢筋的最大力下总伸长率不应小于 9%。

6.2.2 当预应力筋需要代换时，应进行专门计算，并应经原设计单位确认。

6.4.10 预应力筋张拉中应避免预应力筋断裂或滑脱。当发生断裂或滑脱时，应符合下列规定：

1 对后张法预应力结构构件，断裂或滑脱的数量严禁超过同一截面预应力筋总根数的 3%，且每束钢丝或钢绞线不得超过一根；对多跨双向连续板，其同一截面应按每跨计算；

2 对先张法预应力构件，在浇筑混凝土前发生断裂或滑脱的预应力筋必须予以更换。

7.2.3

2 混凝土细骨料中氯离子含量应符合下列规定：

1）对钢筋混凝土，按干砂的质量百分率计算不得大于 0.06%；

2）对预应力混凝土，按干砂的质量百分率计算不得大于 0.02%；

7.2.10 未经处理的海水严禁用于钢筋混凝土和预应力混凝土拌制和养护。

7.6.3 原材料进场复验符合下列规定：

1 应对水泥的强度、安定性及凝结时间进行检验。同一生产厂家、同一品种、同一等级且连续进场的水泥袋装不超过 200t 为一检验批，散装不超过 500t 为一检验批；

7.6.4 当在使用中对水泥质量有怀疑或水泥出厂超过三个月（快硬硅酸盐水泥超过一个月）时，应进行复验，并应按复验结果使用。

8.1.3 混凝土运输、输送、浇筑过程中严禁加水；混凝土运输、输送、浇筑过程中散落的混凝土严禁用于结构浇筑。

(14)《钢筋焊接及验收规程》JGJ 18—2012

3.0.6 施焊的各种钢筋、钢板均应有质量证明书；焊条、焊丝、氧气、溶解乙炔、液化石油气、二氧化碳气体、焊剂应有产品合格证。

钢筋进场时，应按国家现行相关标准的规定抽取试件并作力学性能和重量偏差检验，检验结果必须符合国家现行有关标准的规定。

4.1.3 在钢筋工程焊接开工之前，参与该项工程施焊的焊工必须进行现场条件下的焊接工艺试验，应经试验合格后，方准于焊接生产。

5.1.7 钢筋闪光对焊接头、电弧焊接头、电渣压力焊接头、气压焊接头、箍筋闪光对焊接头、预埋件钢筋 T 形接头的拉伸试验，应从每一检验批接头中随机切取三个接头进行试验并应按下列规定对试验结果进行评定：

1 符合下列条件之一，应评定该检验批接头拉伸试验合格：

1）3 个试件均断于钢筋母材，呈延性断裂，其抗拉强度大于或等于钢筋母材抗拉强度标准值。

2）2 个试件断于钢筋母材，呈延性断裂，其抗拉强度大于或等于钢筋母材抗拉强度标准值；另一试件断于焊缝，呈脆性断裂，其抗拉强度大于或等于钢筋母材抗拉强度标准值的 1.0 倍。

注：试件断于热影响区，呈延性断裂，应视作与断于钢筋母材等同；试件断于热影响区，呈脆性断裂，应视作与断于焊缝等同。

2 符合下列条件之一，应进行复验：

1）2个试件断于钢筋母材，呈延性断裂，其抗拉强度大于或等于钢筋母材抗拉强度标准值；另一试件断于焊缝或热影响区，呈脆性断裂，其抗拉强度小于钢筋母材抗拉强度标准值的1.0倍。

2）1个试件断于钢筋母材，呈延性断裂，其抗拉强度大于或等于钢筋母材抗拉强度标准值；另2个试件断于焊缝或热影响区，呈脆性断裂。

3　3个试件均断于焊缝，呈脆性断裂，其抗拉强度均大于或等于钢筋母材抗拉强度标准值的1.0倍，应进行复验。当3个试件中有1个试件抗拉强度小于钢筋母材抗拉强度标准值的1.0倍，应评定该检验批接头拉伸试验不合格。

4　复验时，应切取6个试件进行试验。试验结果，若有4个或4个以上试件断于钢筋母材，呈延性断裂，其抗拉强度大于或等于钢筋母材抗拉强度标准值，另2个或2个以下试件断于焊缝，呈脆性断裂，其抗拉强度大于或等于钢筋母材抗拉强度标准值的1.0倍，应评定该检验批接头拉伸试验复验合格。

5　可焊接余热处理钢筋RRB400W焊接接头拉伸试验结果，其抗拉强度应符合同级别热轧带肋钢筋抗拉强度标准值540MPa的规定。

6　预埋件钢筋T形接头拉伸试验结果，3个接头试件的抗拉强度均大于或等于表5.1.7的规定值时，应评定该检验批接头试验合格。若有1个接头试件抗拉强度小于表5.1.7的规定值时，应进行复验。

复验时，应切取6个试件进行试验。复验结果，其抗拉强度均大于或等于表5.1.7的规定值时，应评定该检验批接头拉伸试验复验合格。

预埋件钢筋T形接头抗拉强度规定值　　　　　　　　　　表5.1.7

钢筋牌号	抗拉强度规定值（MPa）	钢筋牌号	抗拉强度规定值（MPa）
HPB300	400	HRB500、HRBF500	610
HRB335、HRBF335	435	RRB400W	520
HRB400、HRBF400	520		

5.1.8　钢筋闪光对焊接头、气压焊接头进行弯曲试验时，应从每一个检验批接头中随机切取3个接头，焊缝应处于弯曲中心点，弯心直径和弯曲角度应符合表5.1.8的规定。

接头弯曲试验指标　　　　　　　　　　表5.1.8

钢筋牌号	弯心直径	弯曲角度（°）
HPB300	$2d$	90
HRB335、HRBF335	$4d$	90
HRB400、HRBF400、RRB400W	$5d$	90
HRB500、HRBF500	$7d$	90

注：1　d为钢筋直径（mm）；
　　2　直径大于25mm的钢筋焊接接头，弯心直径应增加1倍钢筋直径。

弯曲试验结果应按下列规定进行评定：

1　当试验结果，弯曲至90°，有2个或3个试件外侧（含焊缝和热影响区）未发生宽度达到0.5mm的裂纹，应评定该检验批接头弯曲试验合格。

2　当有2个试件发生宽度达到0.5mm的裂纹，应进行复验。

3　当有3个试件发生宽度达到0.5mm的裂纹时，应评定该检验批接头弯曲试验不合格。

4 复验时，应切取 6 个试件进行试验。复验结果，当不超过 2 个试件发生宽度达到 0.5mm 的裂纹时，应评定该检验批接头弯曲试验复验合格。

6.0.1 从事钢筋焊接施工的焊工必须持有钢筋焊工考试合格证，并应按照合格证规定的范围上岗操作。

7.0.4 焊接作业区防火安全应符合下列规定：

1 焊接作业区和焊机周围 6m 以内，严禁堆放装饰材料、油料、木材、氧气瓶、溶解乙炔气瓶、液化石油气瓶等易燃、易爆物品；

2 除必须在施工工作面焊接外，钢筋应在专门搭设的防雨、防潮、防晒的工房内焊接；工房的屋顶应有安全防护和排水设施，地面应干燥，应有防止飞溅的金属火花伤人的设施；

3 高空作业的下方和焊接火星所及范围内，必须彻底清除易燃、易爆物品；

4 焊接作业区应配置足够的灭火设备，如水池、沙箱、水龙带、消火栓、手提灭火器。

(15)《钢筋焊接网混凝土结构技术规程》JGJ 114—2014

3.1.3 钢筋焊接网的钢筋强度标准值应具有不小于 95% 的保证率。焊接网的钢筋强度标准值 f_{yk} 应按表 3.1.3 采用。

焊接网的钢筋强度标准值（N/mm²）　　　　　　　　　　　表 3.1.3

钢筋牌号	符号	钢筋公称直径（mm）	f_{yk}
CRB550	ΦR	5～12	500
CRB600H	ΦRH	5～12	520
HRB400	Φ	6～18	400
HRBF400	ΦF		400
HRB500	Φ		500
HRBF500	ΦF		500
CPB550	ΦCP	5～12	500

3.1.5 焊接网钢筋的抗拉强度设计值 f_y 和抗压强度设计值 f_y' 应按表 3.1.5 采用，作受剪、受扭、受冲切承载力计算时，箍筋的抗拉强度设计值大于 360N/mm² 时应取 360N/mm²。

焊接网的钢筋强度设计值　　　　　　　　　　　表 3.1.5

钢筋牌号	符号	f_y	f_y'
CRB550	ΦR	400	380
CRB600H	ΦRH	415	380
HRB400	Φ	360	360
HRBF400	ΦF	360	360
HRB500	Φ	435	410
HRBF500	ΦF	435	410
CPB550	ΦCP	360	360

(16)《钢筋机械连接技术规程》JGJ 107—2010

3.0.5 Ⅰ级、Ⅱ级、Ⅲ级接头的抗拉强度应符合表 4.0.5 的规定。

接头的抗拉强度 　　　　　　　　　　　　　　　　　　**表 3.0.5**

接头等级	Ⅰ级	Ⅱ级	Ⅲ级
抗拉强度	$f_{0mst} \geqslant f_{0st}$ 或 $\geqslant 1.10 f_{uk}$	$f_{0mst} \geqslant f_{uk}$	$f_{0mst} \geqslant f_{yk}$

注：f_{0mst}——接头试件实际抗拉强度；
　　f_{0st}——接头试件中钢筋抗拉强度实测值；
　　f_{uk}——钢筋抗拉强度标准值；
　　f_{yk}——钢筋屈服强度标准值。

7.0.7 对接头的每一验收批，必须在工程结构中随机截取 3 个接头试件作抗拉强度试验，按设计要求的接头等级进行评定。当 3 个接头试件的抗拉强度均符合本规程表 4.0.5 中相应等级的强度要求时，该验收批应评为合格。如有 1 个试件的抗拉强度不符合要求，应再取 6 个试件进行复检。复检中如仍有 1 个试件的抗拉强度不符合要求，则该验收批应评为不合格。

(17)《钢筋锚固板应用技术规程》JGJ 256—2011

3.2.3 钢筋锚固板试件的极限拉力不应小于钢筋达到极限强度标准值时的拉力 $f_{stk}A_s$。

6.0.7 对螺纹连接钢筋锚固板的每一验收批，应在加工现场随机抽取 3 个试件作抗拉强度试验，并应按本规程第 3.2.3 条的抗拉强度要求进行评定。3 个试件的抗拉强度均应符合强度要求，该验收批评为合格。如有 1 个试件的抗拉强度不符合要求，应再取 6 个试件进行复检。复检中如仍有 1 个试件的抗拉强度不符合要求，则该验收批应评为不合格。

6.0.8 对焊接连接钢筋锚固板的每一验收批，应随机抽取 3 个试件，并按本规程第 3.2.3 条的抗拉强度要求进行评定。3 个试件的抗拉强度均应符合强度要求，该验收批评为合格。如有 1 个试件的抗拉强度不符合要求，应再取 6 个试件进行复检。复检中如仍有 1 个试件的抗拉强度不符合要求，则该验收批应评为不合格。

(18)《预应力筋用锚具、夹具和连接器应用技术规程》JGJ 85—2010

3.0.2 锚具的静载锚固性能，应由预应力筋—锚具组装件静载试验测定的锚具效率系数（η_a）和达到实测极限拉力时组装件中预应力筋的总应变（ε_{apu}）确定。锚具效率系数（η_a）不应小于 0.95，预应力筋总应变（ε_{apu}）不应小于 2.0%。锚具效率系数应根据试验结果并按下式计算确定：

$$\eta_a = F_{apu}/(\eta_p \cdot F_{pm}) \tag{3.0.2}$$

式中 　η_a——由预应力筋—锚具组装件静载试验测定的锚具效率系数；

　　　F_{apu}——预应力筋—锚具组装件的实测极限拉力（N）；

　　　F_{pm}——预应力筋的实际平均极限抗拉力（N），由预应力筋试件实测破断荷载平均值计算确定；

　　　η_p——预应力筋的效率系数，其值应按下列规定取用：预应力筋—锚具组装件中预应力筋为 1～5 根时，$\eta_p = 1$；6～12 根时，$\eta_p = 0.99$；13～19 根时，$\eta_p = 0.98$；20 根及以上时，$\eta_p = 0.97$。

预应力筋—锚具组装件的破坏形式应是预应力筋的破断，锚具零件不应碎裂。夹片式锚具的夹片在预应力筋拉应力未超过 $0.8 f_{ptk}$ 时不应出现裂纹。

(19)《无粘结预应力混凝土结构技术规程》JGJ 92—2016

3.1.1 无粘结预应力混凝土结构构件，除应根据设计状况进行承载力计算及正常使用极限状态验算外,尚应在施工阶段对实际受力状态进行验算。

3.2.1 根据不同耐火极限的要求,无粘结预应力钢绞线的混凝土保护层最小厚度应按表 3.2.1-1 及表 3.2.1-2 采用。

板的混凝土保护层最小厚度(mm) 表 3.2.1-1

约束条件	耐火极限(h)			
	1	1.5	2	3
简支	25	30	40	55
连续	20	20	25	30

梁的混凝土保护层最小厚度(mm) 表 3.2.1-2

约束条件	梁宽	耐火极限(h)			
		1	1.5	2	3
简支	200≤b<300	45	50	65	—
	b≥300	40	45	50	65
连续	200≤b<300	40	40	45	50
	b≥300	40	40	40	45

6.3.7 无粘结预应力钢绞线张拉过程中应避免出现钢绞线滑脱或断丝。发生滑脱时,滑脱的钢绞线数量不应超过构件同一截面钢绞线总根数的 3%。发生断丝时,断丝的数量不应超过构件同一截面钢绞线钢丝总数的 3%,且每根钢绞线断丝不得超过一丝;对多跨双向连续板,其同一截面应按每跨计算。

(20)《预制组合立管技术规范》GB 50682—2011

5.4.6 预制组合立管单元节装配完成后必须进行转立试验,并应符合下列规定:

1 应进行全数试验和检查。

2 试验单元节应由平置状态起吊至垂立悬吊状态,静置 5min,过程无异响;平置后检查单元节,焊缝应无裂纹,紧固件无松动或位移,部件无形变为合格。

6.2.3 单元节松钩前应就位稳定,且可转动支架与管道框架连接螺栓应全部紧固完成。

(21)《混凝土结构后锚固技术规程》JGJ 145—2013

4.3.15 未经技术鉴定或设计许可,不得改变后锚固连接的用途和使用环境。

(22)《普通混凝土配合比设计规程》JGJ 55—2011

6.2.5 对耐久性有设计要求的混凝土应进行相关耐久性试验验证。

(23)《混凝土外加剂应用技术规范》GB 50119—2013

3.1.3 含有六价铬盐、亚硝酸盐和硫氰酸盐成分的混凝土外加剂,严禁用于饮水工程中建成后与饮用水直接接触的混凝土。

3.1.4 含有强电解质无机盐的早强型普通减水剂、早强剂、防冻剂和防水剂,严禁用于下列混凝土结构:

1 与镀锌钢材或铝铁相接触部位的混凝土结构;

2 有外露钢筋预埋铁件而无防护措施的混凝土结构；

3 使用直流电源的混凝土结构；

4 距高压直流电源 100m 以内的混凝土结构。

3.1.5 含有氯盐的早强型普通减水剂、早强剂、防水剂和氯盐类防冻剂，严禁用于预应力混凝土、钢筋混凝土和钢纤维混凝土结构。

3.1.6 含有硝酸铵、碳酸铵的早强型普通减水剂、早强剂和含有硝酸铵、碳酸铵、尿素的防冻剂，严禁用于办公、居住等有人员活动的建筑工程。

3.1.7 含有亚硝酸盐、碳酸盐的早强型普通减水剂、早强剂、防冻剂和含亚硝酸盐的阻锈剂，严禁用于预应力混凝土结构。

(24)《轻骨料混凝土结构技术规程》JGJ 12—2006

3.1.4 轻骨料混凝土轴心抗压、轴心抗拉强度标准值 f_{ck}、f_{tk} 应按表 3.1.4 采用。

轻骨料混凝土的强度标准值（N/mm²）   表 3.1.4

强度种类	轻骨料混凝土强度等级									
	LC15	LC20	LC25	LC30	LC35	LC40	LC45	LC50	LC55	LC60
f_{ck}	10.0	13.4	16.7	20.1	23.4	26.8	29.6	32.4	35.5	38.5
f_{tk}	1.27	1.54	1.78	2.01	2.20	2.39	2.51	2.64	2.74	2.85

注：轴心抗拉强度标准值，对自燃煤矸石混凝土应按表中数值乘以系数 0.85，对火山渣混凝土应按表中数值乘以系数 0.80。

3.1.5 轻骨料混凝土轴心抗压、轴心抗拉强度设计值 f_c、f_t 应按表 3.1.5 采用。

轻骨料混凝土的强度设计值（N/mm²）   表 3.1.5

强度种类	轻骨料混凝土强度等级									
	LC15	LC20	LC25	LC30	LC35	LC40	LC45	LC50	LC55	LC60
f_c	7.2	9.6	11.9	14.3	16.7	19.1	21.1	23.1	25.3	27.5
f_t	0.91	1.10	1.27	1.43	1.57	1.71	1.80	1.89	1.96	2.04

注：1 计算现浇钢筋轻骨料混凝土轴心受压及偏心受压构件时，如截面的长边或直径小于 300mm，则表中轻骨料混凝土的强度设计值应乘以系数 0.8；当构件质量（如混凝土成型、截面和轴线尺寸等）确有保证时，可不受此限。

2 轴心抗拉强度设计值：用于承载能力极限状态计算时，对自燃煤矸石混凝土应按表中数值乘以系数 0.85，对火山渣混凝土应按表中数值乘以系数 0.80；用于构造计算时，应按表中取值。

4.1.3 未经技术鉴定或设计许可，不得改变结构的用途和使用环境。

7.1.3 纵向受力的普通钢筋及预应力钢筋，其轻骨料混凝土保护层厚度（钢筋外边缘至混凝土表面的距离）应符合下列规定：

1 陶粒混凝土保护层厚度应与普通混凝土相同。

2 自燃煤矸石混凝土和火山渣混凝土的保护层厚度应符合下列要求：

1）一类环境下应与普通混凝土相同；

2）二类、三类环境下，保护层最小厚度应按普通混凝土的要求增加 5mm。

7.1.7 钢筋轻骨料混凝土结构构件中纵向受力钢筋的最小配筋率应按国家标准《混凝土结构设计规范》GB 50010—2002 第 9.5.1 条的规定确定。当轻骨料混凝土强度等级为 LC50 及以上时，受压构件全部纵向钢筋最小配筋率应按上述规定增大 0.1%。

8.1.3 现浇轻骨料混凝土房屋应根据设防烈度、结构类型、房屋高度采用不同的抗震等级，并应符合相应的计算和构造措施要求。

丙类建筑的抗震等级应按表 8.1.3 确定；其他设防类别的建筑，应按国家标准《建筑抗震设计规范》GB 50011—2001 第 3.1.3 条调整设防烈度，再按表 8.1.3 确定抗震等级。

现浇轻骨料混凝土房屋抗震等级 表 8.1.3

结构类型		设防烈度					
		6		7		8	
框架结构	高度（m）	≤25	>25	≤25	>25	≤25	>25
	框架	四	三	三	二	二	一
	大跨度公共建筑	三		二		一	
框架结构	高度（m）	≤50	>50	≤50	>50	≤50	>50
	框架	四	三	三	二	二	一
	剪力墙	三	三	二	二	一	一

9.1.3 轻骨料进场时，应按品种、种类、密度等级和质量等级分批检验。陶粒每 200m³ 为一批，不足 200m³ 时也作为一批；自燃煤矸石和火山渣每 100mm³ 为一批，不足 100m³ 时也作为一批。检验项目应包括颗粒级配、堆积密度、筒压强度和吸水率。对自燃煤矸石，尚应检验其烧失量和三氧化硫含量。

9.2.4 轻骨料混凝土拌合物必须采用强制式搅拌机搅拌。

9.3.1 轻骨料混凝土的强度等级必须符合设计要求。用于检查结构构件轻骨料混凝土强度的试件，应在混凝土的浇筑地点随机抽取。取样与试件留置应符合下列规定：

1 每拌制 100 盘且不超过 100m³ 的同配合比的轻骨料混凝土，取样不得少于一次；

2 每工作班拌制的同一配合比的混凝土不足 100 盘时，取样不得少于一次；

3 当一次连续浇筑超过 1000m³ 时，同一配合比的轻骨料混凝土每 200m³ 取样不得少于一次；

4 每一楼层、同一配合比的轻骨料混凝土，取样不得少于一次；

5 每次取样应至少留置一组标准养护试件，同条件养护试件的留置组数应根据实际需要确定。

（25）《轻骨料混凝土技术规程》JGJ 51—2002

5.1.5 在轻骨料混凝土配合比中加入化学外加剂或矿物掺合料时，其品种、掺量和对水泥的适应性，必须通过试验确定。

5.3.6 计算出的轻骨料混凝土配合比必须通过试配予以调整。

（26）《纤维石膏空心大板复合墙体结构技术规程》JGJ 217—2010

3.2.1 纤维石膏空心大板复合墙体的全部空腔内细石混凝土的浇筑应采取切实有效的密实成型措施，不得存在对混凝土强度有影响的缺陷，混凝土强度等级不应小于 C20。

（27）《清水混凝土应用技术规程》JGJ 169—2009

3.0.4 处于潮湿环境和干湿交替环境的混凝土，应选用非碱活性骨料。

（28）《大体积混凝土施工规范》GB 50496—2009

2.1.1 大体积混凝土 mass concrete

混凝土结构物实体最小几何尺寸不小于 1m 的大体量混凝土，或预计会因混凝土中胶凝材料水化引起的温度变化和收缩而导致有害裂缝产生的混凝土。

3.0.2 在大体积混凝土工程中，除应满足设计规范及生产工艺的要求外，尚应符合下列要求：

1 大体积混凝土的设计强度等级宜在 C25～C40 的范围内，并可利用混凝土 60d 或 90d 的强度作为混凝土配合比设计、混凝土强度评定及工程验收的依据；

2 大体积混凝土的结构配筋除应满足结构强度和构造要求外，还应结合大体积混凝土的施工方法配置控制温度和收缩的构造钢筋；

3 大体积混凝土置于岩石类地基上时，宜在混凝土垫层上设置滑动层；

4 设计中宜采用减少大体积混凝土外部约束的技术措施；

5 设计中宜根据工程的情况提出温度场和应变的相关测试要求。

3.0.4 温控指标宜符合下列规定：

1 混凝土浇筑体在入模温度基础上的温升值不宜大于 50℃；

2 混凝土浇筑块体的里表温差（不含混凝土收缩的当量温度）不宜大于 25℃；

3 混凝土浇筑体的降温速率不宜大于 2.0℃/d；

4 混凝土浇筑体表面与大气温差不宜大于 20℃。

4.2.2 水泥进场时应对水泥品种、强度等级、包装或散装仓号、出厂日期等进行检查，并应对其强度、安定性、凝结时间、水化热等性能指标及其他必要的性能指标进行复检。

5.1.4 超长大体积混凝土施工，应选用下列方法控制结构不出现有害裂缝：

1 留置变形缝：变形缝的设置和施工应符合现行国家有关标准的规定；

2 后浇带施工：后浇带的设置和施工应符合现行国家有关标准的规定；

3 跳仓法施工：跳仓的最大分块尺寸不宜大于 40m，跳仓间隔施工的时间不宜小于 7d，跳仓接缝处按施工缝的要求设置和处理。

5.3.2 模板和支架系统在安装、使用和拆除过程中、必须采取防倾覆的临时固定措施。

(29)《冷轧扭钢筋混凝土构件技术规程》JGJ 115—2006

8.2.2 严禁采用对冷轧扭钢筋有腐蚀作用的外加剂。

(30)《装配式混凝土结构技术规程》JGJ 1—2014

6.1.3 装配整体式结构构件的抗震设计，应根据设防类别、烈度、结构类型和房屋高度采用不同的抗震等级，并应符合相应的计算和构造措施要求。丙类装配整体式结构的抗震等级应按表 6.1.3 确定。

丙类装配整体式结构的抗震等级　　　　　　　　表 6.1.3

结构类型		抗震设防烈度					
		6 度		7 度		8 度	
		≤24	>24	≤24	>24	≤24	>24
装配整体式框架结构	高度（m）						
	框架	四	二	三	二	二	一
	大跨度框架	三		二		一	

结构类型		抗震设防烈度							
		6度		7度			8度		
装配整体式框架-现浇剪力墙结构	高度（m）	≤60	>60	≤24	>24且≤60	>60	≤24	>24且≤60	>60
	框架	四	二	四	二	二	二	二	一
	剪力墙	三	三	三			二		一
装配整体式剪力墙结构	局度（m）	≤70	>70	≤24	>24且≤70	>70	≤24	>24且≤70	>70
	剪力墙	四	二	四	一	二		二	一
装配整体式部分框支剪力墙结构	局度	≤70	>70	≤24	>24且≤70	>70	≤24	>24且≤70	
	现浇框支框架	二			二		一		3
	底部加强部位剪力墙	三			二		一		
	其他区域剪力墙	四	三	四	三	二	三	二	

注：大跨度框架指跨度不小于18m的框架。

11.1.4 预制结构构件采用钢筋套筒灌浆连接时，应在构件生产前进行钢筋套筒灌浆连接接头的抗拉强度试验，每种规格的连接接头试件数量不应少于3个。

（31）《钢结构工程施工规范》GB 50755—2012

11.2.4 钢结构吊装作业必须在起重设备的额定起重量范围内进行。

11.2.6 用于吊装的钢丝绳、吊装带、卸扣、吊钩等吊具应经检查合格，并应在其额定许用荷载范围内使用。

（32）《钢结构焊接规范》GB 50661—2011

4.0.1 钢结构焊接工程用钢材及焊接材料应符合设计文件的要求，并应具有钢厂和焊接材料厂出具的产品质量证明书或检验报告，其化学成分、力学性能和其他质量要求应符合国家现行有关标准的规定。

5.7.1 承受动载需经疲劳验算时，严禁使用塞焊、槽焊、电渣焊和气电立焊接头。

6.1.1 除符合本规范第6.6节规定的免予评定条件外，施工单位首次采用的钢材、焊接材料、焊接方法、接头形式、焊接位置、焊后热处理制度以及焊接工艺参数、预热和后热措施等各种参数的组合条件，应在钢结构构件制作及安装施工之前进行焊接工艺评定。

8.1.8 抽样检验应按下列规定进行结果判定：

1 抽样检验的焊缝数不合格率小于2％时，该批验收合格；

2 抽样检验的焊缝数不合格率大于5％时，该批验收不合格；

3 除本条第5款情况外抽样检验的焊缝数不合格率为2％～5％时，应加倍抽检，且必须在原不合格部位两侧的焊缝延长线各增加一处，在所有抽检焊缝中不合格率不大于3％时，该批验收合格，大于3％时，该批验收不合格；

4 批量验收不合格时，应对该批余下的全部焊缝进行检验；

5 检验发现1处裂纹缺陷时，应加倍抽查，在加倍抽检焊缝中未再检查出裂纹缺陷时，该批验收合格；检验发现多于1处裂纹缺陷或加倍抽查又发现裂纹缺陷时，该批验收不合格，应对该批余下焊缝的全数进行检查。

（33）《钢结构高强度螺栓连接技术规程》JGJ 82—2011

3.1.7 在同一连接接头中，高强度螺栓连接不应与普通螺栓连接混用。承压型高强度螺栓连接不应与焊接连接并用。

4.3.1　每一杆件在高强度螺栓连接节点及拼接接头的一端，其连接的高强度螺栓数量不应少于 2 个。

6.1.2　高强度螺栓连接副应按批配套进场，并附有出厂质量保证书。高强度螺栓连接副应在同批内配套使用。

6.2.6　高强度螺栓连接处的钢板表面处理方法及除锈等级应符合设计要求。连接处钢板表面应平整、无焊ളෙ飞溅、无毛刺、无油污。经处理后的摩擦型高强度螺栓连接的摩擦面抗滑移系数应符合设计要求。

6.4.5　在安装过程中，不得使用螺纹损伤及沾染脏物的高强度螺栓连接副，不得用高强度螺栓兼作临时螺栓。

6.4.8　安装高强度螺栓时，严禁强行穿入。当不能自由穿入时，该孔应用铰刀进行修整，修整后孔的最大直径不应大于 1.2 倍螺栓直径，且修孔数量不应超过该节点螺栓数量的 25%。修孔前应将四周螺栓全部拧紧，使板迭密贴后再进行铰孔。严禁气割扩孔。

（34）《墙体材料应用统一技术规范》GB 50574—2010

3.1.4　墙体不应采用非蒸压硅酸盐砖（砌块）及非蒸压加气混凝土制品。

3.1.5　应用氯氧镁墙材制品时应进行吸潮返卤、翘曲变形及耐水性试验，并应在其试验指标满足使用要求后用于工程。

3.2.1

1　非烧结含孔块材的孔洞率、壁及肋厚度等应符合表 3.2.1 的要求；

非烧结含孔块材的孔洞率、壁及肋厚度要求　　　　表 3.2.1

块体材料类型及用途		孔洞率（%）	最小外壁（mm）	最小肋厚（mm）	其他要求
含孔砖	用于承重墙	≤35	15	15	孔的长度与宽度比应小于 2
	用于自承重墙	—	10	10	
砌块	用于承重墙	≤47	30	25	孔的圆角半径不应小于 20mm
	用于自承重墙		15	15	

注：1　承重墙体的混凝土多孔砖的孔洞应垂直于铺浆面。当孔的长度与宽度比不小于 2 时，外壁的厚度不应小于 18mm；当孔的长度与宽度比小于 2 时，壁的厚度不应小于 15mm。
　　2　承重含孔块材，其长度方向的中部不得设孔，中肋厚度不宜小于 20mm。

6　蒸压加气混凝土砌块不应有未切割面，其切割面不应有切割附着屑；

3.2.2　块体材料强度等级应符合下列规定：

1　产品标准除应给出抗压强度等级外，尚应给出其变异系数的限值；

2　承重砖的折压比不应小于表 3.2.2-1 的要求；

承重砖的折压比　　　　表 3.2.2-1

砖种类	高度（mm）	砖强度等级				
		MU30	MU25	MU20	MU15	MU10
		折压比				
蒸压普通砖	53	0.16	0.18	0.20	0.25	—
多孔砖	90	0.21	0.23	0.24	0.27	0.32

注：1　蒸压普通砖包括蒸压灰砂实心砖和蒸压粉煤灰实心砖；
　　2　多孔砖包括烧结多孔砖和混凝土多孔砖。

3.4.1 设计有抗冻性要求的墙体时，砂浆应进行冻融试验，其抗冻性能应与墙体块材相同。

(35)《屋面工程技术规范》GB 50345—2012

3.0.5 屋面防水工程应根据建筑物的类别、重要程度、使用功能要求确定防水等级，并应按相应等级进行防水设防；对防水有特殊要求的建筑屋面，应进行专项防水设计。屋面防水等级和设防要求应符合表3.0.5的规定。

屋面防水等级和设防要求 表3.0.5

防水等级	建筑类别	设防要求
Ⅰ级	重要建筑和高层建筑	两道防水设防
Ⅱ级	一般建筑	一道防水设防

4.5.1 卷材、涂膜屋面防水等级和防水做法应符合表4.5.1的规定。

卷材、涂膜屋面防水等级和防水做法 表4.5.1

防水等级	防水做法
Ⅰ级	卷材防水层和卷材防水层、卷材防水层和涂膜防水层、复合防水层
Ⅱ级	卷材防水层、涂膜防水层、复合防水层

注：在Ⅰ级屋面防水做法中，防水层仅作单层卷材时，应符合有关单层防水卷材屋面技术的规定。

4.5.5 每道卷材防水层最小厚度应符合表4.5.5的规定。

每道卷材防水层最小厚度（mm） 表4.5.5

防水等级	合成高分子防水卷材	高聚物改性沥青防水卷材		
		聚酯胎、玻纤胎、聚乙烯胎	自粘聚酯胎	自粘无胎
Ⅰ级	1.2	3.0	2.0	1.5
Ⅱ级	1.5	4.0	3.0	2.0

4.5.6 每道涂膜防水层最小厚度应符合表4.5.6的规定。

每道涂膜防水层最小厚度（mm） 表4.5.6

防水等级	合成高分子防水涂膜	聚合物水泥防水涂膜	高聚物改性沥青防水涂膜
Ⅰ级	1.5	1.5	2.0
Ⅱ级	2.0	2.0	3.0

4.5.7 复合防水层最小厚度应符合表4.5.7的规定。

复合防水层最小厚度（mm） 表4.5.7

防水等级	合成高分子防水卷材＋合成高分子防水涂膜	自粘聚合物改性沥青防水卷材（无胎）＋合成高分子防水涂膜	高聚物改性沥青防水卷材＋高聚物改性沥青防水涂膜	聚乙烯丙纶卷材＋聚合物水泥防水胶结材料
Ⅰ级	1.2＋1.5	1.5＋1.5	3.0＋2.0	(0.7＋1.3)×2
Ⅱ级	1.0＋1.0	1.2＋1.0	3.0＋1.2	0.7＋13

4.8.1 瓦屋面防水等级和防水做法应符合表4.8.1的规定。

瓦屋面防水等级和防水做法

表 4.8.1

防水等级	防水做法
Ⅰ级	瓦＋防水层
Ⅰ级	瓦＋防水垫层

注：防水层厚度应符合本规范第4.5.5条或第4.5.6条Ⅰ级防水的规定。

4.9.1 金属板屋面防水等级和防水做法应符合表4.9.1的规定。

金属板屋面防水等级和防水做法

表 4.9.1

防水等级	防水做法
Ⅰ级	压型金属板＋防水垫层
Ⅱ级	压型金属板、金属面绝热夹芯板

注：1 当防水等级为Ⅰ级时，压型铝合金板基板厚度不应小于0.9mm；压型钢板基板厚度不应小于0.6mm；
  2 当防水等级为Ⅰ级时，压型金属板应采用360°咬口锁边连接方式；
  3 在Ⅰ级屋面防水做法中，仅作压型金属板时，应符合《金属压型板应用技术规范》等相关技术的规定。

5.1.6 屋面工程施工必须符合下列安全规定：

1 严禁在雨天、雪天和五级风及其以上时施工；

2 屋面周边和预留孔洞部位，必须按临边、洞口防护规定设置安全护栏和安全网；

3 屋面坡度大于30％时，应采取防滑措施；

4 施工人员应穿防滑鞋，特殊情况下无可靠安全措施时，操作人员必须系好安全带并扣好保险钩。

（36）《坡屋面工程技术规范》GB 50693—2011

10.2.1 单层防水卷材的厚度和搭接宽度应符合表10.2.1-1和表10.2.1-2的规定：

单层防水卷材厚度（mm）

表 10.2.1-1

防水卷材名称	一级防水厚度	二级防水厚度
高分子防水卷材	≥1.5	≥1.2
弹性体、塑性体改性沥青防水卷材	≥5	

单层防水卷材搭接宽度（mm）

表 10.2.1-2

防水卷材名称	场边、短边搭接方式				
	满粘法	机械固定法			
		热风焊接		搭接胶带	
		无覆盖机械固定垫片	有覆盖机械固定垫片	无覆盖机械固定垫片	有覆盖机械固定垫片
高分子防水卷材	≥80	≥80 且有效焊缝宽度≥25	≥120 且有效焊缝宽度≥25	≥120 且有效粘结宽度≥75	≥200 且有效粘结宽度≥150
弹性体、塑性体改性沥青防水卷材	≥100	≥80 且有效焊缝宽度≥40	≥120 且有效焊缝宽度≥40	—	

（37）《外墙饰面砖工程施工及验收规程》JGJ 126—2015

4.0.4 外墙饰面砖伸缩缝应采用耐候密封胶嵌缝。

4.0.8 窗台、檐口、装饰线等墙面凹凸部位应采用防水和排水构造。

5.1.4 现场粘贴外墙饰面砖所用材料和施工工艺必须与施工前粘结强度检验合格的饰面砖样板相同。

(38)《建筑遮阳工程技术规范》JGJ 237—2011

7.3.4 在遮阳装置安装前，后置锚固件应在同条件的主体结构上进行现场见证拉拔试验，并应符合设计要求。

8.2.4 遮阳装置与主体结构的锚固连接应符合设计要求。

检验数量：全数检查验收记录。

检验方法：检查预埋件或后置锚固件与主体结构的连接等隐蔽工程施工验收记录和试验报告。

8.2.5 电力驱动装置应有接地措施。

检验数量：全数检查。

检验方法：观察检查电力驱动装置的接地措施，进行接地电阻测试。

(39)《金属与石材幕墙工程技术规范》JGJ 133—2001

3.2.2 花岗石板材的弯曲强度应经法定检测机构检测确定，其弯曲强度不应小于8.0MPa。

3.5.2 同一幕墙工程应采用同一品牌的单组分或双组分的硅酮结构密封胶，并应有保质年限的质量证书。用于石材幕墙的硅酮结构密封胶还应有证明无污染的试验报告。

3.5.3 同一幕墙工程应采用同一品牌的硅酮结构密封胶和硅酮耐候密封胶配套使用。

4.2.3 幕墙构架的立柱与横梁在风荷载标准值作用下，钢型材的相对挠度不应大于$l/300$（l为立柱或横梁两支点间的跨度），绝对挠度不应大于15mm；铝合金型材的相对挠度不应大于$l/180$，绝对挠度不应大于20mm。

4.2.4 幕墙在风荷载标准值除以阵风系数后的风荷载值作用下，不应发生雨水渗漏。其雨水渗漏性能应符合设计要求。

5.2.3 作用于幕墙上的风荷载标准值应按下式计算，且不应小于1.0kN/m²：

$$\omega_k = \beta_{gz}\mu_z\mu_s\omega_o \tag{5.2.3}$$

式中 ω_k——作用于幕墙上的风荷载标准值（kN/m²）；

β_{gz}——阵风系数，可取2.25；

μ_s——风荷载体型系数。竖直幕墙外表面可按±1.5采用，斜幕墙风荷载体型系数可根据实际情况，按现行国家标准《建筑结构荷载规范》（GBJ 9）的规定采用。当建筑物进行了风洞试验时，幕墙的风荷载体型系数可根据风洞试验结果确定；

μ_z——风压高度变化系数，应按现行国家标准《建筑结构荷载规范》（GBJ 9）的规定采用；

ω_o——基本风压（kN/m²），应根据按现行国家标准《建筑结构荷载规范》（GBJ 9）的规定采用。

5.5.2 钢销式石材幕墙可在非抗震设计或6度、7度抗震设计幕墙中应用，幕墙高度不宜大于20m，石板面积不宜大于1.0m²。钢销和连接板应采用不锈钢。连接板截面尺寸不宜小于40mm×4mm。钢销与孔的要求应符合本规范第6.3.2条的规定。

5.6.6 横梁应通过角码、螺钉或螺栓与立柱连接，角码应能承受横梁的剪力。螺钉直径不得小于4mm，每处连接螺钉数量不应少于3个，螺栓不应少于2个。横梁与立柱之间应有一定的相对位移能力。

5.7.2 上下立柱之间应有不小于15mm的缝隙，并应采用芯柱连结。芯柱总长度不应小于400mm，芯柱与立柱应紧密接触，芯柱与下柱之间应采用不锈钢螺栓固定。

5.7.11 立柱应采用螺栓与角码连接，并再通过角码与预埋件或钢构件连接。螺栓直径不应小于10mm，连接螺栓按现行国家标准《钢结构设计规范》（GBJ 17）进行承载力计算。立柱与角码采用不同金属材料时应采用绝缘垫片分隔。

6.1.3 用硅酮结构密封胶黏结固定构件时，注胶应在温度15℃以上30℃以下、相对湿度50%以上且洁净、通风的室内进行，胶的宽度、厚度应符合设计要求。

6.3.2 钢销式安装的石板加工应符合下列规定：

1 钢销的孔位应根据石板的大小而定。孔位距离边端不得小于石板厚度的3倍，也不得大于180mm；钢销间距不宜大于600mm；边长不大于1.0m时每边应设两个钢销，边长大于1.0m时应采用复合连接；

2 石板的钢销孔的深度宜为22～33mm，孔的直径宜为7mm或8mm，钢销直径宜为5mm或6mm，钢销长度宜为20～30mm；

3 石板的钢销孔处不得有损坏或崩裂现象，孔径内应光滑、洁净。

6.5.1 金属与石材幕墙构件应按同一种类构件的5%进行抽样检查，且每种构件不得少于5件。当有一个构件抽检不符合上述规定时，应加倍抽样复验，全部合格后方可出厂。

7.2.4 金属、石材幕墙与主体结构连接的预埋件，应在主体结构施工时按设计要求埋设。预埋件应牢固，位置准确，预埋件的位置误差应按设计要求进行复查。当设计无明确要求时，预埋件的标高偏差不应大于10mm，预埋件位置差不应大于20mm。

7.3.4 金属板与石板安装应符合下列规定：

1 应对横竖连接件进行检查、测量、调整；

2 金属板、石板安装时，左右、上下的偏差不应大于1.5mm；

3 金属板、石板空缝安装时，必须有防水措施，并应有符合设计要求的排水出口；

4 填充硅酮耐候密封胶时，金属板、石板缝的宽度、厚度应根据硅酮耐候密封胶的技术参数，经计算后确定。

7.3.10 幕墙安装施工应对下列项目进行验收：

1 主体结构与立柱、立柱与横梁连接节点安装及防腐处理；

2 幕墙的防火、保温安装；

3 幕墙的伸缩缝、沉降缝、防震缝及阴阳角的安装；

4 幕墙的防雷节点的安装；

5 幕墙的封口安装。

（40）《玻璃幕墙工程技术规范》JGJ 102—2003

3.1.4 隐框和半隐框玻璃幕墙，其玻璃与铝型材的粘结必须采用中性硅酮结构密封胶；全玻璃幕墙和点支承幕墙采用镀膜玻璃时，不应采用酸性硅酮结构密封胶粘结。

3.1.5 硅酮结构密封胶和硅酮建筑密封胶必须在有效期内使用。

3.6.2 硅酮结构密封胶使用前，应经国家认可的检测机构进行与其相接触材料的相容性和剥离粘结性试验，并应对邵氏硬度、标准状态拉伸粘结性能进行复验。检验不合格的产品不得使用。进口硅酮结构密封胶应具有商检报告。

9.1.4 除全玻幕墙外，不应在现场打注硅酮结构密封胶。

10.7.4 当高层建筑的玻璃幕墙安装与主体结构施工交叉作业时，在主体结构的施工层下方应设置防护网；在距离地面约 3m 高度处，应设置挑出宽度不小于 6m 的水平防护网。

(41)《塑料门窗工程技术规程》JGJ 103—2008

3.1.2 门窗工程有下列情况之一时，必须使用安全玻璃：

1 面积大于 $1.5m^2$ 的窗玻璃；

2 距离可踏面高度 900mm 以下的窗玻璃；

3 与水平面夹角不大于 75°的倾斜窗，包括天窗、采光顶等在内的顶棚；

4 7 层及 7 层以上建筑外开窗。

6.2.19 推拉门窗扇必须有防脱落装置。

6.2.23 安装滑撑时，紧固螺钉必须使用不锈钢材质，并应与框扇增强型钢或内衬局部加强钢板可靠连接。螺钉与框扇连接处应进行防水密封处理。

(42)《铝合金门窗工程技术规范》JGJ 214—2010

3.1.2 铝合金门窗主型材的壁厚应经计算或试验确定，除压条、扣板等需要弹性装配的型材外，门用主型材主要受力部位基材截面最小实测壁厚不应小于 2.0mm，窗用主型材主要受力部位基材截面最小实测壁厚不应小于 1.4mm。

4.12.1 人员流动性大的公共场所，易于受到人员和物体碰撞的铝合金门窗应采用安全玻璃。

4.12.2 建筑物中下列部位的铝合金门窗应使用安全玻璃：

1 七层及七层以上建筑物外开窗；

2 面积大于 $1.5m^2$ 的窗玻璃或玻璃底边离最终装修面小于 500mm 的落地窗；

3 倾斜安装的铝合金窗。

4.12.4 铝合金推拉门、推拉窗的扇应有防止从室外侧拆卸的装置。推拉窗用于外墙时，应设置防止窗扇向室外脱落的装置。

(43)《建筑排水金属管道工程技术规程》CJJ 127—2009

4.2.5 当建筑排水金属管道穿过地下室或底下构筑物外墙时，应采取有效的防水措施。对有严格防水要求的建筑物，必须采用柔性防水套管。

6.1.1 埋地及所有隐蔽的生活排水金属管道，在隐蔽前，根据工程进度必须做灌水试验或分层灌水试验，并应符合下列规定：

1 灌水高度不应低于该层卫生器具的上边缘或底层地面高度；

2 试验时应连续向试验管段灌水，直至达到稳定水面（即水面不再下降）；

3 达到稳定水面后，应继续观察 15min，水面应不再下降，同时管道及接口应无渗漏，则为合格，同时应做好灌水试验记录。

(44)《二次供水工程技术规程》CJJ 140—2010

3.0.2 二次供水不得影响城镇供水管网正常供水。

3.0.8 二次供水设施中的涉水产品应符合现行国家标准《生活饮用水输配水设备及防护材料的安全性评价标准》GB/T 17219 的规定。

4.0.1 二次供水的水质应符合现行国家标准《生活饮用水卫生标准》GB 5749 的规定。

6.4.4 严禁二次供水管道与非饮用水管道连接。

10.1.11 调试后必须对供水设备、管道进行冲洗和消毒。

11.3.6 水池（箱）的清洗消毒应符合下列规定：

1 水池（箱）必须定期清洗消毒，每半年不得少于一次；

2 应根据水池（箱）的材质选择相应的消毒剂，不得采用单纯依靠投放消毒剂的清洗消毒方式；

3 水池（箱）清洗消毒后应对水质进行检测，检测结果应符合现行国家标准《生活饮用水卫生标准》GB 5749 的规定；

4 水池（箱）清洗消毒后的水质检测项目至少应包括：色度、浑浊度、臭和味、肉眼可见物、PH、总大肠菌群、菌落总数、余氯。

（45）《埋地塑料排水管道工程技术规程》CJJ 143—2010

4.1.8 塑料排水管道不得采用刚性管基基础，严禁采用刚性桩直接支撑管道。

4.5.2 塑料排水管道在外压荷载作用下，其最大环截面（拉）压应力设计值不应大于抗（拉）压强度设计值。管道环截面强度计算应采用下列极限状态表达式：

$$\gamma_0 \sigma \leqslant f \qquad\qquad (4.5.2)$$

式中 σ——管道最大环向（拉）压应力设计值（MPa），可根据不同管材种类分别按本规程公式（4.5.4-1）、公式（4.5.4-3）计算；

γ_0——管道重要性系数，污水管（含合流管）可取 1.0；雨水管道可取 0.9；

f——管道环向弯曲抗（拉）压强度设计值（MPa），可按本规程表 3.1.2-1、表 3.1.2-2 的规定取值。

4.5.4 塑料排水管道截面压屈稳定性应依据各项作用的不利组合进行计算，各项作用均应采用标准值，且环向稳定性抗力系数 K_s 不得低于 2.0。

4.5.5 在外部压力作用下，塑料排水管道管壁截面的环向稳定性计算应符合下式要求：

$$\frac{F_{cr,k}}{F_{vk}} \geqslant K_s \qquad\qquad (4.5.5)$$

式中 $F_{cr,k}$——管壁失稳临界压力标准值（kN/m²），应按本规程公式（4.5.7）计算；

F_{vk}——管顶在各项作用下的竖向压力标准值（kN/m²），应按本规程公式（4.5.6）计算；

K_s——管道的环向稳定性抗力系数。

4.5.9 塑料排水管道的抗浮稳定性计算应符合下列要求：

$$F_{G,k} \geqslant K_f F_{w,k} \qquad\qquad (4.5.9-1)$$

$$F_{G,k} = \sum F_{sw,k} + \sum F'_{sw,k} + G_p \qquad\qquad (4.5.9-2)$$

式中 $F_{G,k}$——抗浮永久作用标准值（kN）；

$\sum F_{sw,k}$——地下水位以上各层土自重标准值之和（kN）；

$\sum F'_{sw,k}$——地下水位以下至管顶处各竖向作用标准值之和（kN）；

G_p——管道自重标准值（kN）；

K_f——管道的抗浮稳定性抗力系数，取 1.10。

4.6.3　在外压荷载作用下，塑料排水管道竖向直径变形率不应大于管道允许变形率 $[\rho]=0.05$，即应满足下式的要求。

$$\rho = \frac{w_d}{D_0} \leqslant [\rho] \tag{4.6.3}$$

式中　ρ——管道竖向直径变形率；

　　　$[\rho]$——管道允许竖向直径变形率；

　　　w_d——管道在外压作用下的长期竖向挠曲值（mm），可按本规程公式（4.6.2）计算；

　　　D_0——管道计算直径（mm）。

5.3.6　塑料排水管道地基基础应符合设计要求，当管道天然地基的强度不能满足设计要求时，应按设计要求加固。

5.5.11　塑料排水管道管区回填施工应符合下列规定：

1　管底基础至管顶以上 0.5m 范围内，必须采用人工回填，轻型压实设备夯实，不得采用机械推土回填。

2　回填、夯实应分层对称进行，每层回填土高度不应大于 200mm，不得单侧回填、夯实。

3　管顶 0.5m 以上采用机械回填压实时，应从管轴线两侧同时均匀进行，并夯实、碾压。

6.1.1　污水、雨污水合流管道及湿陷土、膨胀土、流沙地区的雨水管道，必须进行密闭性检验，检验合格后，方可投入运行。

6.2.1　当塑料排水管道沟槽回填至设计高程后，应在 12～24h 内测量管道竖向直径变形量，并应计算管道变形率。

（46）《城镇地热供热工程技术规程》CJJ 138—2010

5.1.6　当地热井水温超过 45℃时，地下或半地下式井泵房必须设置直通室外的安全通道。

9.2.5　严禁采用在地热流体中添加防腐剂的防腐处理方法。

9.3.3　回灌系统严禁使用化学法阻垢。

11.0.5　地热供热尾水排放温度必须小于 35℃。

（47）《太阳能供热采暖工程技术规范》GB 50495—2009

1.0.5　在既有建筑上增设或改造太阳能供热采暖系统，必须经建筑结构安全复核，满足建筑结构及其他相应的安全性要求，并经施工图设计文件审查合格后，方可实施。

3.1.3　太阳能供热采暖系统应根据不同地区和使用条件采取防冻、防结霜、防过热、防雷、防雹、抗风、抗震和保证电气安全等技术措施。

3.4.1

1　建筑物上安装太阳能集热系统，严禁降低相邻建筑的日照标准。

3.6.3

4　为防止因系统过热而设置的安全阀应安装在泄压时排出的高温蒸汽和水不会危及周围人员的安全的位置上，并应配备相应的措施；其设定的开启压力，应与系统可耐受的最高工作温度对应的饱和蒸汽压力相一致。

4.1.1　太阳能供热采暖系统的施工安装不得破坏建筑物的结构、屋面、地面防水层和附属设施，不得削弱建筑物在寿命期内承受荷载的能力。

（48）《燃气冷热电三联供工程技术规程》CJJ 145—2010

4.3.9　独立设置的能源站，主机间必须设置 1 个直通室外的出入口；

当主机间的面积大于或等于 200m² 时，其出入口不应少于 2 个，且应分别设在主机间两侧。

4.3.10　设置于建筑物内的能源站，主机间出入口不应少于 2 个，且直通室外或通向安全出口的出入口不应少于 1 个。

4.3.11　燃气增压间、调压间、计量间直通室外或通向安全出口的出入口不应少于 1 个。变配电室出入口不应少于 2 个，且直通室外或通向安全出口的出入口不应少于 1 个。

4.5.1　主机间、燃气增压间、调压间、计量间应设置独立的机械通风系统。

5.1.8　独立设置的能源站，当室内燃气管道设计压力大于 0.8MPa 且小于或等于 2.5MPa 时，以及建筑物内的能源站，当室内燃气管道设计压力大于 0.4MPa 且小于或等于 1.6MPa 时，应符合下列规定：

1　燃气管道应采用无缝钢管和无缝钢制管件。

2　燃气管道应采用焊接连接，管道与设备、阀门的连接应采用法兰连接或焊接连接。

3　管道上严禁采用铸铁阀门及附件。

4　焊接接头应进行 100％射线检测和超声波检测。不适用上述检测方法的焊接接头，应进行磁粉或液体渗透检测。焊接质量不得低于现行国家标准《现场设备、工业管道焊接工程施工及验收规范》GB 50236 中 Ⅱ 级的要求。

5　主机间、燃气增压间、调压间、计量间的通风量应符合下列规定：

1）燃气系统正常工作时，通风换气次数不应小于 12 次/h；

2）事故通风时，通风换气次数不应小于 20 次/h；

3）燃气系统不工作且关闭燃气总阀门时，通风换气次数不应小于 3 次/h。

5.1.10　燃气管道应直接引入燃气增压间、调压间或计量间，不得穿过易燃易爆品仓库、变配电室、电缆沟、烟道和进风道。

（49）《通风与空调工程施工规范》GB 50738—2011

3.1.5　施工图变更需经原设计单位认可，当施工图变更涉及通风与空调工程的使用效果和节能效果时，该项变更应经原施工图设计文件审查机构审查，在实施前应办理变更手续，并应获得监理和建设单位的确认。

11.1.2　管道穿过地下室或地下构筑物外墙时，应采取防水措施，并应符合设计要求。对有严格防水要求的建筑物，必须采用柔性防水套管。

16.1.1　通风与空调系统安装完毕投入使用前，必须进行系统的试运行与调试，包括设备单机试运转与调试、系统无生产负荷下的联合试运行与调试。

（50）《通风管道技术规程》JGJ 141—2004

2.0.7　隐蔽工程的风管在隐蔽前必须经监理人员验收及认可签证。

3.1.3

1　非金属风管材料的燃烧性能应符合现行国家标准《建筑材料燃烧性能分级方法》GB 8624 中不燃 A 级或难燃 B1 级的规定。

4.1.6　风管内不得敷设各种管道、电线或电缆，室外立管的固定拉索严禁拉在避雷针或避雷网上。

(51)《多联机空调系统工程技术规程》JGJ 174—2010

5.4.6 严禁在管道内有压力的情况下进行焊接。

5.5.3 当多联机空调系统需要排空制冷剂进行维修时，应使用专用回收机对系统内剩余的制冷剂回收。

(52)《智能建筑工程施工规范》GB 50606—2010

4.1.1 电力线缆和信号线缆严禁在同一线管内敷设。

8.2.5

10 用于火灾隐患区的扬声器应由阻燃材料制成或采用阻燃后罩；广播扬声器在短期喷淋的条件下应能正常工作。

9.2.1

3 当广播系统具备消防应急广播功能时，应采用阻燃线槽、阻燃线管和阻燃线缆敷设；

9.3.1

2 当广播系统具有紧急广播功能时，其紧急广播应由消防分机控制，并应具有最高优先权；在火灾和突发事故发生时，应能强制切换为紧急广播并以最大音量播出。系统应能在手动或警报信号触发的 10s 内，向相关广播区播放警示信号（含警笛）、警报语声文件或实时指挥语声。以现场环境噪声为基准，紧急广播的信噪比不应小于 15dB。

(53)《矿物绝缘电缆敷设技术规程》JGJ 232—2011

3.1.7 有耐火要求的线路，矿物绝缘电缆中间连接附件的耐火等级不应低于电缆本体的耐火等级。

4.1.7 交流系统单芯电缆敷设应采取下列防涡流措施：

1 电缆应分回路进出钢制配电箱（柜）、桥架；

2 电缆应采用金属件固定或金属线绑扎，且不得形成闭合铁磁回路；

3 当电缆穿过钢管（钢套管）或钢筋混凝土楼板、墙体的预留洞时，电缆应分回路敷设。

4.1.9 电缆首末端、分支处及中间接头处应设标志牌。

4.1.10 当电缆穿越不同防火区时，其洞口应采用不燃材料进行封堵。

4.10.1 当电缆铜护套作为保护导体使用时，终端接地铜片的最小截面积不应小于电缆铜护套截面积，电缆接地连接线允许最小截面积应符合表 4.10.1 的规定。

接地连接线允许最小截面积 表 4.10.1

电缆芯线截面积 S（mm^2）	接地连接线允许最小截面积（mm^2）
$S \leqslant 16$	S
$16 < S \leqslant 35$	16
$35 < S \leqslant 400$	$S/2$

(54)《建筑工程冬期施工规程》JGJ/T 104—2011

1.0.3 冬期施工期限划分原则是：根据当地多年气象资料统计，当室外日平均气温连续 5d 稳定低于 5℃即进入冬期施工，当室外日平均气温连续 5d 高于 5℃即解除冬期施工。

2.0.2 受冻临界强度：冬期浇筑的混凝土在受冻以前必须达到的最低强度。

2.0.3 蓄热法：混凝土浇筑后，利用原材料加热以及水泥水化放热，并采取适当保温措施延缓混凝土冷却，在混凝土温度降到0℃以前达到受冻临界强度的施工方法。

3.4.1 冻土地基可采用干作业钻孔桩、挖孔灌注桩或沉管灌注桩、预制桩等施工。

5.1.2 钢筋负温焊接，可采用闪光对焊、电弧焊、电渣压力焊等方法。当采用细晶粒热轧钢筋时，其焊接工艺应经试验确定。当环境温度低于－20℃时，不宜进行施焊。

6.1.1 冬期浇筑的混凝土，其受冻临界强度应符合下列规定。

1 采用蓄热法、暖棚法，加热法等施工的普通混凝土，采用硅酸盐水泥、普通硅酸盐水泥配制时，其受冻临界强度不应小于设计混凝土强度等级值的30％；采用矿渣硅酸盐水泥、粉煤灰硅酸盐水泥、火山灰质硅酸盐水泥、复合硅酸盐水泥时。不应小于设计混凝土强度等级值的40％；

2 当室外最低气温不低于－15℃时，采用综合蓄热法、负温养护法施工的混凝土受冻临界强度不应小于4.0MPa；当室外最低气温不低于－30℃时，采用负温养护法施工的混凝土受冻临界强度不应小于5.0MPa；

3 对强度等级等于或高于C50的混凝土，不宜小于设计混凝土强度等级值的30％；

4 对有抗渗要求的混凝土，不宜小于设计混凝土强度等级值的50％；

5 对有抗冻耐久性要求的混凝土，不宜小于设计混凝土强度等级值的70％；

6 当采用暖棚法施工的混凝土中掺入早强剂时，可按综合蓄热法受冻临界强度取值；

7 当施工需要提高混凝土强度等级时，应按提高后的强度等级确定受冻临界强度。

8.2.1 室内抹灰的环境温度不应低于5℃。抹灰前，应将门口和窗口、外墙脚手眼或孔洞等封堵好，施工洞口、运料口及楼梯间等处应封闭保温。

(55)《预防混凝土碱骨料反应技术规范》GB/T 50733—2011

2.0.1 混凝土碱骨料反应 alkali-aggregate reaction in concrete

混凝土中的碱（包括外界渗入的碱）与骨料中的碱活性矿物成分发生化学反应，导致混凝土膨胀开裂等现象。

4.1.1 骨料碱活性检验项目应包括岩石类型、碱-硅酸反应活性和碱-碳酸盐反应性检验。

4.2.1 用于检验骨料的岩石类型和碱活性的岩相法，应符合现行行业标准《普通混凝土用砂、石质量及检验方法标准》JGJ 52 的规定。

4.2.2 用于检验骨料碱-硅酸反应活性的快速砂浆棒法，应符合现行国家标准《建筑用卵石、碎石》GB/T 14685 中快速碱-硅酸反应试验方法的规定。

4.2.3 用于检验碳酸盐骨料的碱-碳酸盐反应活性的岩石柱法，应符合现行行业标准《普通混凝土用砂、石质量及检验方法标准》JGJ 52 的规定。

4.2.4 用于检验骨料碱-硅酸反应活性和碱-碳酸盐反应活性的混凝土棱柱体法，应符合现行国家标准《普通混凝土长期性能和耐久性能试验方法标准》GB/T 50082 中碱骨料反应试验方法的规定。

(56)《建筑工程施工质量评价标准》GB/T 50375—2006

2.0.9 观感质量 impressional quality

对一些不便用数据表示的布局、表面、色泽、整体协调性、局部做法及使用的方便性等质量项目由有资格的人员通过目测、体验或辅以必要的量测，根据检查项目的总体情况，综合对其质量项目给出的评价。

3.2.1 建筑工程施工质量评价应根据建筑工程特点按照工程部位、系统分为地基及桩基工程、结构工程、屋面工程、装饰装修工程及安装工程等五部分，其框架体系应符合表3.2.1 建筑工程施工质量评价应根据建筑工程特点按照工程部位、系统分为地基及桩基工程、结构工程、屋面工程、装饰装修工程及安装工程等五部分，其框架体系应符合表3.2.1 的规定。

工程质量评价框架体系　　　　　　　　　　　　表3.2.1

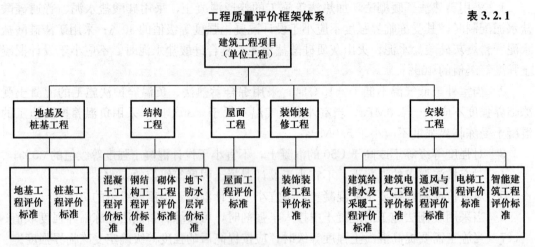

3.2.5 建筑工程施工质量优良评价应分为工程结构和单位工程两个阶段分别进行评价。

3.3.6 单位工程施工质量优良评价应在工程结构施工质量优良评价的基础上，经过竣工验收合格之后进行，工程结构质量评价达不到优良的，单位工程施工质量不能评为优良。

6.1.1 结构工程性能检测应检查的项目包括：

1 混凝土结构工程

1）结构实体混凝土强度；

2）结构实体钢筋保护层厚度。

2 钢结构工程

1）焊缝内部质量；

2）高强度螺栓连接副紧固质量；

3）钢结构涂装质量。

3 砌体工程

1）砌体每层垂直度；

2）砌体全高垂直度。

4 地下防水层渗漏水。

(57)《建筑工程绿色施工评价标准》GB/T 50640—2010

2.0.1 绿色施工 green construction

在保证质量、安全等基本要求的前提下，通过科学管理和技术进步，最大限度地节约资源，减少对环境负面影响，实现"四节一环保"（节能、节材、节水、节地和环境保护）的建筑工程施工活动。

3.0.1 绿色施工评价应以建筑工程施工过程为对象进行评价。

(58)《建筑施工组织设计规范》（GB/T 50502—2009）

2.0.2 施工组织总设计：以若干单位工程组成的群体工程或特大型项目为主要对象编制的施工组织设计，对整个项目的施工过程起统筹规划、重点控制的作用。

2.0.3 单位工程施工组织设计：以单位（子单位）工程为主要对象编制的施工组织设计，对单位（子单位）工程的施工过程起指导和制约作用。

2.0.4 施工方案：以分部（分项）工程或专项工程为主要对象编制的施工技术与组织方案，用以具体指导其施工过程。

3.0.1 施工组织设计按编制对象，可分为施工组织总设计、单位工程施工组织设计和施工方案。

3.0.5 施工组织设计的编制和审批应符合下列规定：

1 施工组织设计应由项目负责人主持编制，可根据需要分阶段编制和审批；

2 施工组织总设计应由总承包单位技术负责人审批；单位工程施工组织设计应由施工单位技术负责人或技术负责人授权的技术人员审批，施工方案应由项目技术负责人审批；重点、难点分部（分项）工程和专项工程施工方案应由施工单位技术部门组织相关专家评审，施工单位技术负责人批准；

3 由专业承包单位施工的分部（分项）工程或专项工程的施工方案，应由专业承包单位技术负责人或技术负责人授权的技术人员审批；有总承包单位时，应由总承包单位项目技术负责人核准备案；

4 规模较大的分部（分项）工程和专项工程的施工方案应按单位工程施工组织设计进行编制和审批。

4.2.1 施工组织总设计应对项目总体施工做出下列宏观部署：

1 确定项目施工总目标，包括进度、质量、安全、环境和成本目标；

2 根据项目施工总目标的要求，确定项目分阶段（期）交付的计划；

3 确定项目分阶段（期）施工的合理顺序及空间组织。

4.4.1 总体施工准备应包括技术准备、现场准备和资金准备等。

5.3 质量验收规范

5.3.1 概念

"质量验收规范"是整个施工标准规范的主干，指导各专项工程施工质量验收规范是《建筑工程施工质量验收统一标准》GB 50300—2013，验收这一主线贯穿建筑工程施工活动的始终。施工质量要与《建设工程质量管理条例》提出的事前控制、过程控制结合起来，分为生产控制和合格控制。施工质量验收规范属于合格控制的范畴，也属于"贸易标准"的范畴，可以由"验收"促进前期的生产控制，从而达到保证质量的目的。

5.3.2 重要施工质量验收规范列表

重要施工质量验收规范列表 表 5-2

序号	标准名称	标准编号
1	建筑工程施工质量验收统一标准	GB 50300—2013
2	烟囱工程施工及验收规范	GB 50078—2008
3	沥青路面施工及验收规范	GB 50092—1996
4	水泥混凝土路面施工及验收规范	GBJ 97—1987
5	给水排水构筑物工程施工及验收规范	GB 50141—2008
6	建筑地基基础工程施工质量验收规范	GB 50202—2002
7	砌体结构工程施工质量验收规范	GB 50203—2011
8	混凝土结构工程施工质量验收规范	GB 50204—2015
9	钢结构工程施工质量验收规范	GB 50205—2001
10	木结构工程施工质量验收规范	GB 50206—2012
11	屋面工程质量验收规范	GB 50207—2012
12	地下防水工程施工质量验收规范	GB 50208—2011
13	建筑地面工程施工质量验收规范	GB 50209—2010
14	建筑装饰装修工程质量验收规范	GB 50210—2001
15	建筑防腐蚀工程施工规范	GB 50212—2014
16	建筑防腐蚀工程施工质量验收规范	GB 50224—2010
17	建筑给水排水及采暖工程施工质量验收规范	GB 50242—2002
18	通风与空调工程施工质量验收规范	GB 50243—2002
19	给水排水管道工程施工及验收规范	GB 50268—2008
20	地下铁道工程施工及验收规范	GB 50299—1999
21	建筑电气工程施工质量验收规范	GB 50303—2015
22	电梯工程施工质量验收规程	GB 50310—2002
23	建筑内部装修防火施工及验收规范	GB 50354—2005
24	建筑工程施工质量评价标准	GB/T 50375—2006
25	建筑节能工程施工质量验收规范	GB 50411—2007
26	盾构法隧道施工与验收规范	GB 50446—2008
27	建筑结构加固工程施工质量验收规范	GB 50550—2010
28	铝合金结构工程施工质量验收规范	GB 50576—2010
29	建筑物防雷工程施工与质量验收规范	GB 50601—2010
30	跨座式单轨交通施工及验收规范	GB 50614—2010
31	住宅区和住宅建筑内通信设施工程验收规范	GB/T 50624—2010
32	钢管混凝土工程施工质量验收规范	GB 50628—2010
33	无障碍设施施工验收及维护规范	GB 50642—2011
34	钢筋混凝土筒仓施工与质量验收规范	GB 50669—2011
35	传染病医院建筑施工及验收规范	GB 50686—2011
36	建筑涂饰工程施工及验收规程	JGJ/T 29—2015
37	外墙饰面砖工程施工及验收规程	JGJ 126—2015
38	城镇道路工程施工与质量验收规范	CJJ 1—2008
39	城市桥梁工程施工与质量验收规范	CJJ 2—2008
40	城镇供热管网工程施工及验收规范	CJJ 28—2014

序号	标准名称	标准编号
41	城镇燃气输配工程施工及验收规范	CJJ 33—2005
42	城镇道路沥青路面再生利用技术规程	CJJ/T 43—2014
43	无轨电车牵引供电网工程技术规范	CJJ 72—2015
44	城镇地道桥顶进施工及验收规程	CJJ 74—1999
45	园林绿化工程施工及验收规范	CJJ 82—2012
46	城市道路照明工程施工及验收规程	CJJ 89—2012
47	城镇燃气室内工程施工与质量验收规范	CJJ 94—2009

5.3.3 重点规范中的强制性条文

(1)《建筑工程施工质量验收统一标准》GB 50300—2013

5.0.8 经返修或加固处理不能满足安全或重要使用要求的分部工程及单位工程，严禁验收。

6.0.6 建设单位收到工程竣工报告后，应有建设单位项目负责人组织监理、施工设计、勘察等单位项目负责人进行单位工程验收。

(2)《建筑地基基础工程施工质量验收规范》GB 50202—2002

4.1.5 对灰土地基、砂和砂石地基、土工合成材料地基、粉煤灰地基、强夯地基、注浆地基、预压地基，其竣工后的结果（地基强度或承载力）必须达到设计要求的标准。检验数量，每单位工程不应少于 3 点，1000m² 以上工程，每 100m² 应至少有 1 点，3000m² 以上工程，每 300m² 至少有 1 点。每一独立基础下至少应有 1 点，基槽每 20 延米应有 1 点。

4.1.6 对水泥土搅拌桩复合地基、高压喷射注浆桩复合地基、砂桩地基、振冲桩复合地基、土和灰土挤密桩复合地基、水泥粉煤灰碎石桩复合地基及夯实水泥土复合地基，其承载力检验，数量为总数的 0.5%～1%，但不应少于 3 处。有单桩强度检验要求时，数量为总数的 0.5%～1%，但不应少于 3 根。

5.1.3 打（压）入桩（预制混凝土方桩、先张法预应力管桩、钢桩）的桩位偏差，必须符合表 5.1.3 的规定。斜桩倾斜度的偏差不得大于倾斜角正切值的 15%（倾斜角系桩的纵向中心线与铅垂线间夹角）。

预制桩（钢桩）桩位的允许偏差（mm） 表 5.1.3

序号	项目	允许偏差
1	盖有基础梁的桩： (1) 垂直基础梁的中心线， (2) 沿基础梁的中心线	$100+0.01H$ $150+0.01H$
2	桩数为 1～3 根桩基中的桩	100
3	桩数为 4～16 根桩基中的桩	1/2 桩径或边长
4	桩数大于 16 根桩基中的桩： (1) 最外边的桩， (2) 中间桩	1/3 桩径或边长 1/2 桩径或边长

注：H 为施工现场地面标高与桩顶设计标高的距离。

5.1.4 灌注桩的桩位偏差必须符合表 5.1.4 的规定，桩顶标高至少要比设计标高高出 0.5m，桩底清孔质量按不同的成桩工艺有不同的要求，应按本章的各节要求执行。每

浇注 $50m^3$ 必须有 1 组试件，小于 $50m^3$ 的桩，每根桩必须有 1 组试件。

灌注桩的平面位置和垂直度的允许偏差   表 5.1.4

序号	成孔方法		桩径允许偏差（mm）	垂直度允许偏差（％）	桩位允许偏差（mm）	
					1～3 根、单排桩基垂直于中心线方向和群桩基础的边桩	条形桩基沿中心线方向和群桩基础的中间桩
1	泥浆护壁钻孔桩	$D \leqslant 1000mm$	±50	<1	D/6，且不大于 100	D/4，且不大于 150
		$D > 1000mm$	±50		100＋0.01H	150＋0.01H
2	套管成孔灌注桩	$D \leqslant 500mm$	−20	<1	70	150
		$D > 500mm$			100	150
3	干成孔灌注桩		−20	<1	70	150
4	人工挖孔桩	混凝土护壁	+50	<0.5	50	150
		钢套管护壁	+50	<1	100	200

注：1 桩径允许偏差的负值是指个别断面。
    2 采用复打、反插法施工的桩，其桩径允许偏差不受上表限制。
    3 H 为施工现场地面标高与桩顶设计标高的距离，D 为设计桩径。

5.1.5 工程桩应进行承载力检验。对于地基基础设计等级为甲级或地质条件复杂，成桩质量可靠性低的灌注桩，应采用静载荷试验的方法进行检验，检验桩数不应少于总数的 1％，且不应少于 3 根，当总桩数少于 50 根时，不应少于 2 根。

7.1.3 土方开挖的顺序、方法必须与设计工况一致，并遵循"开槽支撑，先撑后挖，分层开挖，严禁超挖"的原则。

7.1.7 基坑（槽）、管沟土方工程验收必须确保支护结构安全和周围环境安全为前提。当设计有指标时，以设计要求为依据，如无设计指标时应按表 7.1.7 的规定执行。

基坑变形的监控值（cm）   表 7.1.7

基坑类别	围护结构墙顶位移监控值	围护结构墙体最大位移监控值	地面最大沉降监控值
一级基坑	3	5	3
二级基坑	6	8	6
三级基坑	8	10	10

注：1 符合下列情况之一，为一级基坑：
    （1）重要工程或支护结构做主体结构的一部分；
    （2）开挖深度大于 10m；
    （3）与邻近建筑物，重要设施的距离在开挖深度以内的基坑；
    （4）基坑范围内有历史文物、近代优秀建筑、重要管线等需严加保护的基坑。
    2 三级基坑为开挖深度小于 7m，且周围环境无特别要求时的基坑。
    3 除一级和三级外的基坑属二级基坑。
    4 当周围已有的设施有特殊要求时，尚应符合这些要求。

（3）《土方与爆破工程施工及验收规范》GB 50201—2012

4.5.4 土方回填应填筑压实，且压实系数应满足设计要求。当采用分层回填时，应在下层的压实系数经试验合格后，才能进行上层施工。

（4）《钢筋混凝土筒仓施工与质量验收规范》GB 50669—2011

3.0.4 筒仓工程所用的材料、半成品、成品应有产品合格证和检验报告，其品种规格、技术指标和质量等级应符合设计要求和相关标准的规定。用于筒仓工程的材料、构配件必须进行现场验收，混凝土原材料、钢筋及连接件、预应力筋及锚夹具、连接器、钢结构钢材、防水材料、保温材料等应在现场抽取试样进行复试检验。

3.0.5 存放谷物及其他食品的筒仓，仓壁及内涂层应严格选用符合设计和卫生要求的产品。

5.2.1 筒体水平钢筋的品种、规格、间距及连接方式必须满足设计要求。

5.4.3 滑模工艺施工，应在现场操作面随机抽取试样检查混凝土出模强度，每一工作班不少于一次；气温有骤变或混凝土配合比有调整时，应相应增加检查次数。

5.4.8 筒体结构的混凝土取样和试件留置应符合国家现行标准《混凝土结构工程施工质量验收规范》GB 50204 和《建筑工程冬期施工规程》JGJ 104 的有关规定。当工程设计有耐久性指标要求时，应按不同配合比留置混凝土耐久性检验试件。

5.5.1 预应力筋的品种、级别、规格、数量必须符合设计要求。

5.6.2 筒仓内衬材料的品种、规格必须符合设计要求，筒仓内衬材料以及耐磨层的粘结材料、安装紧固件等应分批进行现场验收。

8.0.3 筒仓工程的避雷引下线应在筒体外敷设，严禁利用其竖向受力钢筋作为避雷线。

11.2.2 工程耐久性必须符合设计要求。

(5)《混凝土结构工程施工质量验收规范》GB 50204—2015

4.1.2 模板及支架应根据安装、使用和拆除工况进行设计，并应满足承载力、刚度和整体稳固性要求。

5.2.1 钢筋进场时，应按国家现行相关标准的规定抽取试件作屈服强度、抗拉强度、伸长率、弯曲性能和重量偏差检验，检验结果应符合相应标准的规定。

检查数量：按进场批次和产品的抽样检验方案确定。检验方法：检查质量证明文件和抽样检验报告。

5.2.3 对按一、二、三级抗震等级设计的框架和斜撑构件（含梯段）中的纵向受力普通钢筋应采用 HRB335E、HRB400E、HRB500E、HRBF335E、HRBF400E 或 HRBF500E 钢筋，其强度和最大力下总伸长率的实测值应符合下列规定：

1 抗拉强度实测值与屈服强度实测值的比值不应小于 1.25；

2 屈服强度实测值与屈服强度标准值的比值不应大于 1.30；

3 最大力下总伸长率不应小于 9%。

检查数量：按进场的批次和产品的抽样检验方案确定。

检验方法：检查抽样检验报告。

5.5.1 钢筋安装时，受力钢筋的牌号、规格和数量必须符合设计要求。

检查数量：全数检查。

检验方法：观察，尺量。

6.2.1 预应力筋进场时，应按国家现行相关标准的规定抽取试件作抗拉强度、伸长率检验，其检验结果应符合相应标准的规定。

检查数量：按进场的批次和产品的抽样检验方案确定。检验方法：检查质量证明文件和抽样检验报告。

6.3.1 预应力筋安装时，其品种、规格、级别和数量必须符合设计要求。

检查数量：全数检查。

检验方法：观察，尺量。

6.4.2 对后张法预应力结构构件，钢绞线出现断裂或滑脱的数量不应超过同一截面钢绞线总根数的 3%，且每根断裂的钢绞线断丝不得超过一丝；对多跨双向连续板，其同一截面应按每跨计算。

检查数量：全数检查。

检验方法：观察，检查张拉记录。

7.2.1 水泥进场时，应对其品种、代号、强度等级、包装或散装编号、出厂日期等进行检查，并应对水泥的强度、安定性和凝结时间进行检验，检验结果应符合现行国家标准《通用硅酸盐水泥》GB 175 等的相关规定。

检查数量：按同一厂家、同一品种、同一代号、同一强度等级、同一批号且连续进场的水泥，袋装不超过 200t 为一批，散装不超过 500t 为一批，每批抽样数量不应少于一次。

检验方法：检查质量证明文件和抽样检验报告。

7.4.1 混凝土的强度等级必须符合设计要求。用于检验混凝土强度的试件应在浇筑地点随机抽取。

检查数量：对同一配合比混凝土，取样与试件留置应符合下列规定：

1 每拌制 100 盘且不超过 100m³ 时，取样不得少于一次；

2 每工作班拌制不足 100 盘时，取样不得少于一次；

3 连续浇筑超过 1000m³ 时，每 200m³ 取样不得少于一次；

4 每一楼层取样不得少于一次；

5 每次取样应至少留置一组试件。

检验方法：检查施工记录及混凝土强度试验报告。

(6)《钢管混凝土工程施工质量验收规范》GB 50628—2010

3.0.4 钢管、钢板、钢筋、连接材料、焊接材料及钢管混凝土的材料应符合设计要求和国家现行有关标准的规定。

3.0.6 焊工必须经考试合格并取得合格证书，持证焊工必须在其考试合格项目及合格证规定的范围内施焊。

3.0.7 设计要求全焊透的一、二级焊缝应采用超声波探伤进行焊缝内部缺陷检查，超声波探伤不能对缺陷作出判断时，应采用射线探伤检验。其内部缺陷分级及探伤应符合现行国家标准《钢焊缝手工超声波探伤方法和探伤结果分级》GB 11345、《金属熔化焊焊接接头射线照相》GB/T 3323 的有关规定。一、二级焊缝的质量等级及缺陷分级应符合表 3.0.7 的规定。

一、二级焊缝质量等级及缺陷分级   表 3.0.7

焊缝质量等级		一级	二级
内部缺陷超声波探伤	评定等级	2	3
	检验等级	B 级	B 级
	探伤比例	100%	20%
内部缺陷射线探伤	评定等级	2	3
	检验等级	AB 级	AB 级
	探伤比例	100%	20%

注：探伤比例的计数方法应按以下原则：(1) 对工厂制作焊缝，应按每条焊缝计算百分比，且探伤长度不应小于 200mm，当焊缝长度不足 200mm 时，应对整条焊缝进行探伤；(2) 对现场安装焊缝，应按同一类型、同一施焊条件的焊缝条数计算百分比，探伤长度不应小于 200mm，并不应少于 1 条焊缝。

4.5.1　钢管混凝土柱和钢筋混凝土梁连接节点核心区的构造及钢筋的规格、位置、数量应符合设计要求。

4.7.1　钢管内混凝土的强度等级应符合设计要求。

(7)《钢结构工程施工质量验收规范》GB 50205—2001

4.2.1　钢材、钢铸件的品种、规格、性能等应符合现行国家产品标准和设计要求。进口钢材产品的质量应符合设计和合同规定标准的要求。

4.3.1　焊接材料的品种、规格、性能等应符合现行国家产品标准和设计要求。

4.4.1　钢结构连接用高强度大六角头螺栓连接副、扭剪型高强度螺栓连接副、钢网架用高强度螺栓、普通螺栓、铆钉、自攻钉、拉铆钉、射钉、锚栓（机械型和化学试剂型）、地脚锚栓等紧固标准件及螺母、垫圈等标准配件，其品种、规格、性能等应符合现行国家产品标准和设计要求。高强度大六角头螺栓连接副和扭剪型高强度螺栓连接副出厂时应分别随箱带有扭矩系数和紧固轴力（预拉力）的检验报告。

5.2.2　焊工必须经考试合格并取得合格证书。持证焊工必须在其考试合格项目及其认可范围内施焊。

5.2.4　设计要求全焊透的一、二级焊缝应采用超声波探伤进行内部缺陷的检验，超声波探伤不能对缺陷作出判断时，应采用射线探伤，其内部缺陷分级及探伤方法应符合现行国家标准《钢焊缝手工超声波探伤方法和探伤结果分级法》GB 11345 或《钢熔化焊对接接头射线照相和质量分级》GB 3323 的规定。

焊接球节点网架焊缝、螺栓球节点网架焊缝及圆管 T、K、Y 形节点相关线焊缝，其内部缺陷分级及探伤方法应分别符合国家现行标准《焊接球节点钢网架焊缝超声波探伤方法及质量分级法》JBJ/T 3034.1、《螺栓球节点钢网架焊缝超声波探伤方法及质量分级法》JBJ/T 3034.2、《建筑钢结构焊接技术规程》JGJ 81 的规定。

一级、二级焊缝的质量等级及缺陷分级应符合表 5.2.4 的规定。

一、二级焊缝质量等级及缺陷分级　　　　　　　　　表 5.2.4

焊缝质量等级		一级	二级
内部缺陷超声波探伤	评定等级	2	3
	检验等级	B 级	B 级
	探伤比例	100%	20%
内部缺陷射线探伤	评定等级	2	3
	检验等级	AB 级	AB 级
	探伤比例	100%	20%

注：探伤比例的计数方法应按以下原则确定：(1) 对工厂制作焊缝，应按每条焊缝计算百分比，且探伤长度应不小于 200mm，当焊缝长度不足 200mm 时，应对整条焊缝进行探伤；(2) 对现场安装焊缝，应按同一类型、同一施焊条件的焊缝条数计算百分比，探伤长度应不小于 200mm，并应不少于 1 条焊缝。

6.3.1　钢结构制作和安装单位应按本规范附录 B 的规定分别进行高强度螺栓连接摩擦面的抗滑移系数试验和复验，现场处理的构件摩擦面应单独进行摩擦面抗滑移系数试验，其结果应符合设计要求。

8.3.1　吊车梁和吊车桁架不应下挠。

10.3.4　单层钢结构主体结构的整体垂直度和整体平面弯曲的允许偏差应符合

表 10.3.4 的规定。

整体垂直度和整体平面弯曲的允许偏差（mm）　　　　　　表 10.3.4

项目	允许偏差	图例
主体结构的整体垂直度	$H/1000$，且不应大于 25.0	
主体结构的整体平面弯曲	$L/1500$，且不应大于 25.0	

11.3.5　多层及高层钢结构主体结构的整体垂直度和整体平面弯曲的允许偏差应符合表 11.3.5 的规定。

整体垂直度和整体平面弯曲的允许偏差（mm）　　　　　　表 11.3.5

项目	允许偏差	图例
主体结构的整体垂直度	$(H/2500+10.0)$，且不应大于 50.0	
主体结构的整体平面弯曲	$L/1500$，且不应大于 25.0	

12.3.4　钢网架结构总拼完成后及屋面工程完成后应分别测量其挠度值，且所测的挠度值不应超过相应设计值的 1.15 倍。

14.2.2　涂料、涂装遍数、涂层厚度均应符合设计要求。当设计对涂层厚度无要求时，涂层干漆膜总厚度：室外应为 $150\mu m$，室内应为 $125\mu m$，其允许偏差为 $-25\mu m$。每遍涂层干漆膜厚度的允许偏差为 $-5\mu m$。

14.3.3　薄涂型防火涂料的涂层厚度应符合有关耐火极限的设计要求。

厚涂型防火涂料涂层的厚度，80％及以上面积应符合有关耐火极限的设计要求，且最薄处厚度不应低于设计要求的 85％。

（8）《砌体结构工程施工质量验收规范》GB 50203—2011

4.0.1　水泥使用应符合下列规定：

1　水泥进场时应对其品种、等级、包装或散装仓号、出厂日期等进行检查，并应对其强度、安定性进行复验，其质量必须符合现行国家标准《通用硅酸盐水泥》GB 175 的有关规定。

2　当在使用中对水泥质量有怀疑或水泥出厂超过三个月（快硬硅酸盐水泥超过一个月）时，应复查试验，并按复验结果使用。

5.2.1 砖和砂浆的强度等级必须符合设计要求。

5.2.3 砖砌体的转角处和交接处应同时砌筑，严禁无可靠措施的内外墙分砌施工。在抗震设防烈度为 8 度及 8 度以上地区，对不能同时砌筑而又必须留置的临时间断处应砌成斜槎，普通砖砌体斜槎水平投影长度不应小于高度的 2/3，多孔砖砌体的斜槎长高比不应小于 1/2。斜槎高度不得超过一步脚手架的高度。

6.1.8 承重墙体使用的小砌块应完整、无破损、无裂缝。

6.1.10 小砌块应将生产时的底面朝上反砌于墙上。

6.2.1 小砌块和芯柱混凝土、砌筑砂浆的强度等级必须符合设计要求。

6.2.3 墙体转角处和纵横交接处应同时砌筑。临时间断处应砌成斜槎，斜槎水平投影长度不应小于斜槎高度。施工洞口可预留直槎，但在洞口砌筑和补砌时，应在直槎上下搭砌的小砌块孔洞内用强度等级不低于 C20（或 Cb20）的混凝土灌实。

7.1.10 挡土墙的泄水孔当设计无规定时，施工应符合下列规定：

1 泄水孔应均匀设置，在每米高度上间隔 2m 左右设置一个泄水孔；

2 泄水孔与土体间铺设长宽各为 300mm、厚 200mm 的卵石或碎石作疏水层。

7.2.1 石材及砂浆强度等级必须符合设计要求。

8.2.1 钢筋的品种、规格、数量和设置部位应符合设计要求。

8.2.2 构造柱、芯柱、组合砌体构件、配筋砌体剪力墙构件的混凝土及砂浆的强度等级应符合设计要求。

10.0.4 冬期施工所用材料应符合下列规定：

1 石灰膏、电石膏等应防止受冻，如遭冻结，应经融化后使用；

2 拌制砂浆用砂，不得含有冰块和大于 10mm 的冻结块；

3 砌体用块体不得遭水浸冻。

（9）《工业炉砌筑工程施工与验收规范》GB 50211—2014

3.2.44 拱胎及其支柱所用材料应满足支撑强度要求。

3.2.65 拆除拱顶的拱胎，必须在锁砖全部打紧、拱脚处的凹沟砌筑完毕，以及骨架拉杆的螺母最终拧紧之后进行。

4.1.6 模板安装应尺寸准确、稳固，模板接缝应严密，施工过程中模板不得产生变形、位移、漏浆，且应采取防粘措施。捣打时，连接件、加固件不得脱开。

4.3.10 承重模板应在耐火浇注料达到设计强度的 70% 以上后拆除。热硬性耐火浇注料应烘烤到指定温度之后拆模。

4.4.13 炉顶合门处模板必须在施工完毕经自然养护 24h 之后拆除。用热硬性耐火可塑料捣打的孔洞，其拱胎应在烘炉前拆除。

7.1.9 所有砖缝均应耐火泥浆饱满和严密。无法用挤浆法砌筑的砖，其垂直缝的耐火泥浆饱满度不应小于 95%。砌筑过程中必须勾缝，隐蔽缝应在砌筑上一层砖以前勾好，墙面砖缝必须在砌砖的当班勾好。蓄热室和炭化室的墙面砖缝应在最终清扫后进行复查，对不饱满的砖缝应予以补勾。

7.1.39 炭化室跨顶砖除长度方向的端面外，其他面均不得加工。跨顶砖的工作面不得有横向裂纹。

8.1.2 砌筑前应固定转动装置，其电源必须切断。

8.2.11 活炉底与炉身的接缝处的施工必须符合下列规定：

1 活炉底水平接缝处，里（靠工作面）、外（靠炉壳）应用稠的镁质耐火泥浆，中间应用与炉衬材质相应的材料铺填平整均匀。

2 炉身必须放正，炉底必须放平，必须试装加压，经检查合格后，才可正式上炉底。

3 安装活炉底时，应将炉底和炉身顶紧。接缝时必须将所有的销钉敲紧，并应将销钉焊接牢固。

4 活炉底垂直接缝时，在炉底对接完后，必须将接缝内的填料捣实。

5 接缝料未硬化前，炉体不得倾动。

9.2.7 步进式、推钢式连续加热炉砌筑之前，其水冷梁系统必须做水压试验和试通水。步进式加热炉的步进梁系统应做试运转。

13.3.9 熔化部和冷却部窑拱砌筑完毕后，应逐步并均匀对称地拧紧各对立柱间拉杆的螺母。用于检查拱顶中间和两肋上升、下沉的标志，应先行设置。必须在窑拱脱离开拱胎，并应经过检查未发现下沉、变形和局部下陷时拆除拱胎。

20.0.4 工业炉投产前，必须烘炉。烘炉前，必须先烘烟囱和烟道。

21.1.7 起重设备、机械设备和电器设备必须由专人操作，并应设专人检查和维护。

(10)《木结构工程施工质量验收规范》GB 50206—2012

4.2.1 方木、原木结构的形式、结构布置和构件尺寸，应符合设计文件的规定。

检查数量：检验批全数。

4.2.2 结构用木材应符合设计文件的规定，并应具有产品质量合格证书。

检查数量：检验批全数。

4.2.12 钉连接、螺栓连接节点的连接件（钉、螺栓）的规格、数量，应符合设计文件的规定。

检查数量：检验批全数。

5.2.1 胶合木结构的结构形式、结构布置和构件截面尺寸，应符合设计文件的规定。

检查数量：检验批全数。

5.2.2 结构用层板胶合木的类别、强度等级和组坯方式，应符合设计文件的规定，并应有产品质量合格证书和产品标识，同时应有满足产品标准规定的胶缝完整性检验和层板指接强度检验合格证书。

检查数量：检验批全数。

5.2.7 各连接节点的连接件类别、规格和数量应符合设计文件的规定。桁架端节点齿连接胶合木端部的受剪面及螺栓连接中的螺栓位置，不应与漏胶胶缝重合。

检查数量：检验批全数。

6.2.1 轻型木结构的承重墙（包括剪力墙）、柱、楼盖、屋盖布置、抗倾覆措施及屋盖抗掀起措施等，应符合设计文件的规定。

检查数量：检验批全数。

6.2.2 进场规格材应有产品质量合格证书和产品标识。

检查数量：检验批全数。

6.2.11 轻型木结构各类构件间连接的金属连接件的规格、钉连接的用钉规格与数量，应符合设计文件的规定。

检查数量：检验批全数。

7.1.4 阻燃剂、防火涂料以及防腐、防虫等药剂，不得危及人畜安全，不得污染环境。

（11）《铝合金结构工程施工质量验收规范》GB 50576—2010

14.4.1 当铝合金材料与不锈钢以外的其他金属材料或含酸性、碱性的非金属材料接触、紧固时，应采用隔离材料。

14.4.2 隔离材料严禁与铝合金材料及相接触的其他金属材料产生电偶腐蚀。

（12）《屋面工程质量验收规范》GB 50207—2012

3.0.6 屋面工程所用的防水、保温材料应有产品合格证书和性能检测报告，材料的品种、规格、性能等必须符合国家现行产品标准和设计要求。产品质量应由经过省级以上建设行政主管部门对其资质认可和质量技术监督部门对其计量认证的质量检测单位进行检测。

3.0.12 屋面防水工程完工后，应进行观感质量检查和雨后观察或淋水、蓄水试验，不得有渗漏和积水现象。

5.1.7 保温材料的导热系数、表观密度或干密度、抗压强度或压缩强度、燃烧性能，必须符合设计要求。

7.2.7 瓦片必须铺置牢固。在大风及地震设防地区或屋面坡度大于100％时，应按设计要求采取固定加强措施。

（13）《地下防水工程质量验收规范》GB 50208—2011

4.1.16 防水混凝土结构的施工缝、变形缝、后浇带、穿墙管、埋设件等设置和构造必须符合设计要求。

4.4.8 涂料防水层的平均厚度应符合设计要求，最小厚度不得小于设计厚度的90％。

5.2.3 中埋式止水带埋设位置应准确，其中间空心圆环与变形缝的中心线应重合。

5.3.4 采用掺膨胀剂的补偿收缩混凝土，其抗压强度、抗渗性能和限制膨胀率必须符合设计要求。

7.2.12 隧道、坑道排水系统必须通畅。

（14）《建筑地面工程施工质量验收规范》GB 50209—2010

3.0.3 建筑地面工程采用的材料或产品应符合设计要求和国家现行有关标准的规定。无国家现行标准的，应具有省级住房和城乡建设行政主管部门的技术认可文件。材料或产品进场时还应符合下列规定：

1 应有质量合格证明文件；

2 应对型号、规格、外观等进行验收，对重要材料或产品应抽样进行复验。

3.0.5 厕浴间和有防滑要求的建筑地面应符合设计防滑要求。

3.0.18 厕浴间、厨房和有排水（或其他液体）要求的建筑地面面层与相连接各类面层的标高差应符合设计要求。

4.9.3 有防水要求的建筑地面工程，铺设前必须对立管、套管和地漏与楼板节点之间进行密封处理，并应进行隐蔽验收；排水坡度应符合设计要求。

4.10.11 厕浴间和有防水要求的建筑地面必须设置防水隔离层。楼层结构必须采用现浇混凝土或整块预制混凝土板，混凝土强度等级不应小于C20；房间的楼板四周除门洞外应做混凝土翻边，高度不应小于200mm，宽同墙厚，混凝土强度等级不应小于C20。施工时结构层标高和预留孔洞位置应准确，严禁乱凿洞。

4.10.13　防水隔离层严禁渗漏，排水的坡向应正确、排水通畅。

5.7.4　不发火（防爆）面层中碎石的不发火性必须合格；砂应质地坚硬、表面粗糙，其粒径应为 0.15mm～5mm，含泥量不应大于 3%，有机物含量不应大于 0.5%；水泥应采用硅酸盐水泥、普通硅酸盐水泥；面层分格的嵌条应采用不发生火花的材料配制。配制时应随时检查，不得混入金属或其他易发生火花的杂质。

（15）《建筑装饰装修工程质量验收规范》GB 50210—2001

3.1.1　建筑装饰装修工程必须进行设计，并出具完整的施工图设计文件。

3.1.5　建筑装饰装修工程设计必须保证建筑物的结构安全和主要使用功能。当涉及主体和承重结构改动或增加荷载时，必须由原结构设计单位或具备相应资质的设计单位核查有关原始资料，对既有建筑结构的安全性进行核验、确认。

3.2.3　建筑装饰装修工程所用材料应符合国家有关建筑装饰装修材料有害物质限量标准的规定。

3.2.9　建筑装饰装修工程所使用的材料应按设计要求进行防火、防腐和防虫处理。

3.3.4　建筑装饰装修工程施工中，严禁违反设计文件擅自改动建筑主体、承重结构或主要使用功能；严禁未经设计确认和有关部门批准擅自拆改水、暖、电、燃气、通信等配套设施。

3.3.5　施工单位应遵守有关环境保护的法律法规，并应采取有效措施控制施工现场的各种粉尘、废气、废弃物、噪声、振动等对周围环境造成的污染和危害。

4.1.12　外墙和顶棚的抹灰层与基层之间及各抹灰层之间必须粘结牢固。

5.1.11　建筑外门窗的安装必须牢固。在砌体上安装门窗严禁用射钉固定。

6.1.12　重型灯具、电扇及其他重型设备严禁安装在吊顶工程的龙骨上。

8.2.4　饰面板安装工程的预埋件（或后置埋件）、连接件的数量、规格、位置、连接方法和防腐处理必须符合设计要求。后置埋件的现场拉拔强度必须符合设计要求。饰面板安装必须牢固。

8.3.4　饰面砖粘贴必须牢固。

9.1.8　隐框、半隐框幕墙所采用的结构粘结材料必须是中性硅酮结构密封胶，其性能必须符合《建筑用硅酮结构密封胶》GB 16776 的规定；硅酮结构密封胶必须在有效期内使用。

9.1.13　主体结构与幕墙连接的各种预埋件，其数量、规格、位置和防腐处理必须符合设计要求。

9.1.14　幕墙的金属框架与主体结构预埋件的连接、立柱与横梁的连接及幕墙面板的安装必须合设计要求，安装必须牢固。

12.5.6　护栏高度、栏杆间距、安装位置必须符合设计要求。护栏安装必须牢固。

（16）《无障碍设施施工验收及维护规范》GB 50642—2011

3.1.12　安全抓杆预埋件应进行验收。

3.1.14　通过返修或加固处理仍不能满足安全和使用要求的无障碍设施分项工程，不得验收。

3.14.8　厕所和厕位的安全抓杆应安装牢固，支撑力应符合设计要求。

3.15.8　浴室的安全抓杆应安装坚固，支撑力应符合设计要求。

（17）《建筑防腐蚀工程施工质量验收规范》GB 50224—2010

3.2.6　通过返修处理仍不能满足安全使用要求的工程，严禁验收。

（18）《建筑给水排水及采暖工程施工质量验收规范》GB 50242—2002

3.3.3　地下室或地下构筑物外墙有管道穿过的，应采取防水措施。对有严格防水要求的建筑物，必须采用柔性防水套管。

3.3.16　各种承压管道系统和设备应做水压试验，非承压管道系统和设备应做灌水试验。

4.1.2　给水管道必须采用与管材相适应的管件。生活给水系统所涉及的材料必须达到饮用水卫生标准。

4.2.3　生活给水系统管道在交付使用前必须冲洗和消毒，并经有关部门取样检验，符合国家《生活饮用水标准》方可使用。

4.3.1　室内消火栓系统安装完成后应取屋顶层（或水箱间内）试验消火栓和首层取二处消火栓做试射试验，达到设计要求为合格。

5.2.1　隐蔽或埋地的排水管道在隐蔽前必须做灌水试验，其灌水高度应不低于底层卫生器具的上边缘或底层地面高度。

8.2.1　管道安装坡度，当设计未注明时，应符合下列规定：

1　气、水同向流动的热水采暖管道和汽、水同向流动的蒸汽管道及凝结水管道，坡度应为3‰，不得小于2‰；

2　气、水逆向流动的热水采暖管道和汽、水逆向流动的蒸汽管道，坡度不应小于5‰；

3　散热器支管的坡度应为1%，坡向应利于排气和泄水。

8.3.1　散热器组对后，以及整组出厂的散热器在安装之前应作水压试验。试验压力如设计无要求时应为工作压力的1.5倍，但不小于0.6MPa。

8.5.1　地面下敷设的盘管埋地部分不应有接头。

8.5.2　盘管隐蔽前必须进行水压试验，试验压力为工作压力的1.5倍，且不小于0.6MPa。

8.6.1　采暖系统安装完毕，管道保温之前应进行水压试验。试验压力应符合设计要求。当设计未注明时，应符合下列规定：

1　蒸汽、热水采暖系统，应以系统顶点工作压力加0.1MPa作水压试验，同时在系统顶点的试验压力不小于0.3MPa。

2　高温热水采暖系统，试验压力应为系统顶点工作压力加0.4MPa。

3　使用塑料管及复合管的热水采暖系统，应以系统顶点工作压力加0.2MPa作水压试验，同时在系统顶点的试验压力不小于0.4MPa。

8.6.3　系统冲洗完毕应充水、加热，进行试运行和调试。

9.2.7　给水管道在竣工后，必须对管道进行冲洗，饮用水管道还要在冲洗后进行消毒，满足饮用水卫生要求。

10.2.1　排水管道的坡度必须符合设计要求，严禁无坡或倒坡。

11.3.3　管道冲洗完毕应通水、加热，进行试运行和调试。当不具备加热条件时，应延期进行。

13.2.6　锅炉的汽、水系统安装完毕后，必须进行水压试验。水压试验的压力应符合

表 13.2.6 的规定。

水压试验压力规定　　　　　　　　　　　　　　　　表 13.2.6

项次	设备名称	工作压力（MPa）	试验压力（MPa）
1	锅炉本体	$P<0.59$	$1.5P$ 但不小于 0.2
		$0.59\leqslant P\leqslant1.18$	$P+0.3$
		>1.18	$1.25P$
2	可分式省煤器	P	$1.25P+0.5$
3	非承压锅炉	大气压力	0.3

注：① 工作压力 P 对蒸汽锅炉指炉筒工作压力，对热水锅炉指锅炉额定出水压力；
　　② 铸铁锅炉水压试验同热水锅炉；
　　③ 非承压锅炉水压试验为 0.2MPa，试验期间压力保持不变。

13.4.1　锅炉和省煤器安全阀的定压和调整应符合表 13.4.1 的规定。锅炉上装有两个安全阀时，其中的一个按表中较高值定压，另一个按较低值定压。装有一个安全阀时，应按较低值定压。

安全阀定压规定　　　　　　　　　　　　　　　　　表 13.4.1

项次	工作设备	安全阀开启压力（MPa）
1	蒸汽锅炉	工作压力+0.02MPa
		工作压力+0.04MPa
2	热水锅炉	1.12 倍工作压力，但不少于工作压力+0.07MPa
		1.14 倍工作压力，但不少于工作压力+0.10MPa
3	省煤器	1.1 倍工作压力

13.4.4　锅炉的高、低水位报警器和超温、超压报警器及联锁保护装置必须按设计要求安装齐全和有效。

13.5.3　锅炉在烘炉、煮炉合格后，应进行 48h 的带负荷连续试运行，同时应进行安全阀的热状态定压检验和调整。

13.6.1　热交换器应以最大工作压力的 1.5 倍作水压试验，蒸汽部分应不低于蒸汽供汽压力加 0.3MPa；热水部分应不低于 0.4MPa。

（19）《城镇燃气室内工程施工与质量验收规范》CJJ 94—2009

3.2.1　国家规定实行生产许可证、计量器具许可证或特殊认证的产品，产品生产单位必须提供相关证明文件，施工单位必须在安装使用前查验相关文件，不符合要求的产品不得安装使用。

3.2.2　燃气室内工程所用的管道组成件、设备及有关材料的规格、性能等应符合国家现行有关标准及设计文件的规定，并应有出厂合格文件；燃具、用气设备和计量装置等必须选用经国家主管部门认可的检测机构检测合格的产品，不合格者不得选用。

4.2.1　在地下室、半地下室、设备层和地上密闭房间以及地下车库安装燃气引入管道时应符合设计文件的规定；当设计文件无明确要求时，应符合下列规定：

1　引入管道应使用钢号为 10、20 的无缝钢管或具有同等及同等以上性能的其他金属管材；

2　管道的敷设位置应便于检修，不得影响车辆的正常通行，且应避免被碰撞；

3　管道的连接必须采用焊接连接。其焊缝外观质量应按现行国家标准《现场设备、工业管道焊接工程施工及验收规范》GB 50236进行评定，Ⅲ级合格；焊缝内部质量检查应按现行国家标准《无损检测金属管道熔化焊环向对接接头射线照相检测》GB/T 12605进行评定，Ⅲ级合格。

检查数量：100％检查。

检查方法：目视检查和查看无损检测报告。

6.3.1　当商业用气设备安装在地下室、半地下室或地上密闭房间内时，应严格按设计文件要求施工。

检查方法：查阅设计文件。

6.4.1　工业企业生产用气设备的安装场所应符合现行国家标准《城镇燃气设计规范》GB 50028的规定；当用气设备安装在地下室、半地下室或地上密闭房间内时，应严格按设计文件要求施工。

检查方法：查阅设计文件和目视检查。

7.2.3　地下室、半地下室和地上密闭房间室内燃气钢管的固定焊口应进行100％射线照相检验，活动焊口应进行10％射线照相检验，其质量应达到国家标准《无损检测金属管道熔化焊环向对接接头射线照相检测》GB/T 12605中的Ⅲ级。

检查数量：100％检查。

检查方法：外观检查、查阅无损探伤报告和设计文件。

8.1.3　严禁用可燃气体和氧气进行试验。

8.2.4　强度试验压力应为设计压力的1.5倍且不得低于0.1MPa。

8.2.5　强度试验应符合下列要求：

1　在低压燃气管道系统达到试验压力时，稳定不少于0.5h后，应用发泡剂检查所有接头，无渗漏、压力计量装置无压力降为合格；

2　在中压燃气管道系统达到试验压力时，稳压不少于0.5h后，应用发泡剂检查所有接头，无渗漏、压力计量装置无压力降为合格；或稳压不少于1h，观察压力计量装置，无压力降为合格；

3　当中压以上燃气管道系统进行强度实验时，应在达到试验压力的50％时停止不少于15min，用发泡剂检查所有接头，无渗漏后方可继续缓慢升压至试验压力并稳定不少于1h后，压力计量装置无压力降为合格。

8.3.2　室内燃气系统的严密性试验应在强度试验合格之后进行。

8.3.3　严密性试验应符合下列要求：

1　低压管道系统

试验压力应为设计压力且不得低于5kPa。在试验压力下，居民用户应稳定不少于15min，商业和工业企业用户应稳压不少于30min，并用发泡剂检查全部连接点，无渗漏、压力计无压力降为合格。

当试验系统中有不锈钢波纹软管、覆塑铜管、铝塑复合管、耐油胶管时，在试验压力下的稳压时间不宜小于1h，除对各密封点检查外，还应对外包覆层端面是否有渗漏现象进行检查。

2 中压及以上压力管道系统

试验压力应为设计压力且不得低于 0.1MPa。在试验压力下稳压不得少于 2h，用发泡剂检查全部连接点，无渗漏、压力计量装置无压力降为合格。

(20)《家用燃气燃烧器具安装及验收规程》CJJ 12—2013

3.1.2 燃具铭牌上标定的燃气类别必须与安装处所供应的燃气类别相一致。

3.1.5 住宅中应预留燃具的安装位置，并应设置专用烟道或在外墙上留有通往室外的孔洞。

4.1.2 使用液化石油气的燃具不应设置在地下室和半地下室。使用人工煤气、天然气的燃具不应设置在地下室，当燃具设置在半地下室或地上密闭房间时，应设置机械通风、燃气/烟气（一氧化碳）浓度检测报警等安全设施。

4.6.16 在燃具停用时，主、支并列型共用烟道的支烟道口处静压值应小于零（负压）。

(21)《通风与空调工程施工质量验收规范》GB 50243—2002

4.2.3 防火风管的本体、框架与固定材料、密封垫料必须为不燃材料，其耐火等级应符合设计的规定。

4.2.4 复合材料风管的覆面材料必须为不燃材料，内部的绝热材料应为不燃或难燃 A 级，且对人体无害的材料。

5.2.4 防爆风阀的制作材料必须符合设计规定，不得自行替换。

5.2.7 防、排烟系统柔性短管的制作材料必须为不燃材料。

6.2.1 在风管穿过需要封闭的防火、防爆的墙体或楼板时，应设预埋管或防护套管，其钢板厚度不应小于 1.6mm。风管与防护套管之间，应用不燃且对人体无危害的柔性材料封堵。

6.2.2 风管安装必须符合下列规定：

1 风管内严禁其他管线穿越；

2 输送含有易燃、易爆气体或安装在易燃、易爆环境的风管系统应有良好的接地，通过生活区或其他辅助生产房间时必须严密，并不得设置接口；

3 室外立管的固定拉索严禁拉在避雷针或避雷网上。

6.2.3 输送空气温度高于 80℃的风管，应按设计规定采取防护措施。

7.2.2 通风机传动装置的外露部位以及直通大气的进、出口，必须装设防护罩（网）或采取其他安全设施。

7.2.7 静电空气过滤器金属外壳接地必须良好。

7.2.8 电加热器的安装必须符合下列规定：

3 连接电加热器的风管的法兰垫片，应采用耐热不燃材料。

8.2.6 燃油管道系统必须设置可靠的防静电接地装置，其管道法兰应采用镀锌螺栓连接或在法兰处用铜导线进行跨接，且接合良好。

8.2.7 燃气系统管道与机组的连接不得使用非金属软管。燃气管道的吹扫和压力试验应为压缩空气或氮气，严禁用水。当燃气供气管道压力大于 0.005MPa 时，焊缝的无损检测的执行标准应按设计规定。当设计无规定，且采用超声波探伤时，应全数检测，以质量不低于 Ⅱ 级为合格。

11.2.1 通风与空调工程安装完毕，必须进行系统的测定和调整（简称调试）。系统调试应包括下列项目：

    1　设备单机试运转及调试；

    2　系统无生产负荷下的联合试运转及调试。

11.2.4　防排烟系统联合试运行与调试的结果（风量及正压），必须符合设计与消防的规定。

（22）《洁净室施工及验收规范》GB 50591—2010

4.6.11　产生化学、放射、微生物等有害气溶胶或易燃、易爆场合的观察窗，应采用不易破碎爆裂的材料制作。

5.5.6　在回、排风口上安有高效过滤器的洁净室及生物安全柜等装备，在安装前应用现场检漏装置对高效过滤器扫描检漏，并应确认无漏后安装。回、排风口安装后，对非零泄漏边框密封结构，应再对其边框扫描检漏，并应确认无漏；当无法对边框扫描检漏时，必须进行生物学等专门评价。

5.5.7　当在回、排风口上安装动态气流密封排风装置时，应将正压接管与接嘴牢靠连接，压差表应安装于排风装置近旁目测高度处。排风装置中的高效过滤器应在装置外进行扫描检漏，并应确认无漏后再安装。

5.5.8　当回、排风口通过的空气含有高危险性生物气溶胶时，在改建洁净室拆装其回、排风过滤器前必须对风口进行消毒，工作人员人身应有防护措施。

5.6.7　用于以过滤生物气溶胶为主要目的、5级或5级以上洁净室或者有专门要求的送风末端高效过滤器或其末端装置安装后，应逐台进行现场扫描检漏，并应合格。

6.3.7　医用气体管道安装后应加色标。不同气体管道上的接口应专用，不得通用。

6.4.1　可燃气体和高纯气体等特殊气体阀门安装前应逐个进行强度和严密性试验。管路系统安装完毕后应对系统进行强度试验。强度试验应采用气压试验，并应采取严格的安全措施，不得采用水压试验。当管道的设计压力大于0.6MPa时，应按设计文件规定进行气压试验。

11.4.3　生物安全柜安装就位之后，连接排风管道之前，应对高效过滤器安装边框及整个滤芯面扫描检漏。当为零泄漏排风装置时，应对滤芯面检漏。

（23）《建筑电气工程施工质量验收规范》GB 50303—2015

3.1.5　高压的电气设备、布线系统以及继电保护系统必须交接试验合格。

3.1.7　电气设备的外露可导电部分应单独与保护导体相连接，不得串联连接，连接导体的材质、截面积应符合设计要求。

6.1.1　电动机、电加热器及电动执行机构的外露可导电部分必须与保护导体可靠连接。

检查数量：电动机、电加热器全数检查，电动执行机构按总数抽查10%，且不得少于1台。

检查方法：观察检查并用工具拧紧检查。

10.1.1　母线槽的金属外壳等外露可导电部分应与保护导体可靠连接，并应符合下列规定：

    1　每段母线槽的金属外壳间应连接可靠，且母线槽全长与保护导体可靠连接不应少于2处；

    2　分支母线槽的金属外壳末端应与保护导体可靠连接；

3 连接导体的材质、截面积应符合设计要求。

检查数量：全数检查。

检查方法：观察检查并用尺量检查。

11.1.1 金属梯架、托盘或槽盒本体之间的连接应牢固可靠，与保护导体的连接应符合下列规定：

1 梯架、托盘和槽盒全长不大于 30m 时，不应少于 2 处与保护导体可靠连接；全长大于 30m 时，每隔 20m～30m 应增加一个连接点，起始端和终点端均应可靠接地。

2 非镀锌梯架、托盘和槽盒本体之间连接板的两端应跨接保护联结导体，保护联结导体的截面积应符合设计要求。

3 镀锌梯架、托盘和槽盒本体之间不跨接保护联结导体时，连接板每端不应少于 2 个有防松螺帽或防松垫圈的连接固定螺栓。

检查数量：第 1 款全数检查，第 2 款和第 3 款按每个检验批的梯架或托盘或槽盒的连接点数量各抽查 10%，且各不得少于 2 个点。

检查方法：观察检查并用尺量检查。

12.1.2 钢导管不得采用对口熔焊连接；镀锌钢导管或壁厚小于或等于 2mm 的钢导管，不得采用套管熔焊连接。

检查数量，按每个检验批的钢导管连接头总数抽查 20%，并应能覆盖不同的连接方式，且各不得少于 1 处。

检查方法：施工时观察检查。

13.1.1 金属电缆支架必须与保护导体可靠连接。

检查数量：明敷的全数检查，暗敷的按每个检验批抽查 20%，且不得少于 2 处。

检查方法：观察检查并查阅隐蔽工程检查记录。

13.1.5 交流单芯电缆或分相后的每相电缆不得单根独穿于钢导管内，固定用的夹具和支架不应形成闭合磁路。

检查数量：全数检查。

检查方法：核对设计图观察检查。

14.1.1 同一交流回路的绝缘导线不应敷设于不同的金属槽盒内或穿于不同金属导管内。

检查数量：按每个检验批的配线总回路数抽查 20%，且不得少于 1 个回路。

检查方法：观察检查。

15.1.1 塑料护套线严禁直接敷设在建筑物顶棚内、墙体内、抹灰层内、保温层内或装饰面内。

检查数量：全数检查。

检查方法：施工中观察检查。

18.1.1 灯具固定应符合下列规定：

1 灯具固定应牢固可靠，在砌体和混凝土结构上严禁使用木楔、尼龙塞或塑料塞固定；

2 质量大于 10kg 的灯具，固定装置及悬吊装置应按灯具重量的 5 倍恒定均布载荷做强度试验，且持续时间不得少于 15min。

检查数量：第 1 款按每检验批的灯具数量抽查 5%，且不得少于 1 套；第 2 款全数检查。

检查方法：施工或强度试验时观察检查，查阅灯具固定装置及悬吊装置的载荷强度试验记录。

18.1.5 普通灯具的Ⅰ类灯具外露可导电部分必须采用铜芯软导线与保护导体可靠连接，连接处应设置接地标识，铜芯软导线的截面积应与进入灯具的电源线截面积相同。

检查数量：按每检验批的灯具数量抽查5％，且不得少于1套。

检查方法：尺量检查、工具拧紧和测量检查。

19.1.1 专用灯具的Ⅰ类灯具外露可导电部分必须用铜芯软导线与保护导体可靠连接，连接处应设置接地标识，铜芯软导线的截面积应与进入灯具的电源线截面积相同。

检查数量：按每检验批的灯具数量抽查5％，且不得少于1套。

检查方法：尺量检查、工具拧紧和测量检查。

19.1.6 景观照明灯具安装应符合下列规定：

1 在人行道等人员来往密集场所安装的落地式灯具，当无围栏防护时，灯具距地面高度应大于2.5m；

2 金属构架及金属保护管应分别与保护导体采用焊接或螺栓连接，连接处应设置接地标识。

检查数量：全数检查。

检查方法：观察检查并用尺量检查，查阅隐蔽工程检查记录。

20.1.3 插座接线应符合下列规定：

1 对于单相两孔插座，面对插座的右孔或上孔应与相线连接，左孔或下孔应与中性导体（N）连接；对于单相三孔插座，面对插座的右孔应与相线连接，左孔应与中性导体（N）连接。

2 单相三孔、三相四孔及三相五孔插座的保护接地导体（PE）应接在上孔；插座的保护接地导体端子不得与中性导体端子连接；同一场所的三相插座，其接线的相序应一致。

3 保护接地导体（PE）在插座之间不得串联连接。

4 相线与中性导体（N）不应利用插座本体的接线端子转接供电。

检查数量：按每检验批的插座型号各抽查5％且不得少于1套。

检查方法：观察检查并用专用测试工具检查。

23.1.1 接地干线应与接地装置可靠连接。

检查数量：全数检查。

检查方法：观察检查。

24.1.3 接闪器与防雷引下线必须采用焊接或卡接器连接，防雷引下线与接地装置必须采用焊接或螺栓连接。

检查数量：全数检查。

检查方法：观察检查，并采用专用工具拧紧检查。

(24)《电气装置安装工程高压电器施工及验收规范》GB 50147—2010

4.4.1

4 断路器及其操动机构的联动应正常，无卡阻现象；分、合闸指示应正确；辅助开关动作应正确可靠。

5 密度继电器的报警、闭锁值应符合产品技术文件的要求，电气回路传动应正确。

6 六氟化硫气体压力、泄漏率和含水量应符合现行国家标准《电气装置安装工程电气设备交接试验标准》GB 50150及产品技术文件的规定。

5.2.7

6 预充氮气的箱体应先经排氮，然后充干燥空气，箱体内空气中的氧气含量必须达到18%以上时，安装人员才允许进入内部进行检查或安装。

5.6.1

4 GIS中的断路器、隔离开关、接地开关及其操动机构的联动应正常、无卡阻现象；分、合闸指示应正确；辅助开关及电气闭锁应动作正确、可靠。

5 密度继电器的报警、闭锁值应符合规定，电气回路传动应正确。

6 六氟化硫气体漏气率和含水量，应符合现行国家标准《电气装置安装工程电气设备交接试验标准》GB 50150及产品技术文件的规定。

6.4.1

3 真空断路器与操动机构联动应正常、无卡阻；分、合闸指示应正确；辅助开关动作应准确、可靠。

6 高压开关柜应具备防止电气误操作的"五防"功能。

(25)《电气装置安装工程电力变压器、油浸电抗器、互感器施工及验收规范》GB 50148—2010

4.1.3 变压器、电抗器在装卸和运输过程中，不应有严重冲击和振动。电压在220kV及以上且容量在150MV·A及以上的变压器和电压为330kV及以上的电抗器均应装设三维冲击记录仪。冲击允许值应符合制造厂及合同的规定。

4.1.7 充干燥气体运输的变压器、电抗器油箱内的气体压力应保持在0.01MPa～0.03MPa；干燥气体露点必须低于−40℃；每台变压器、电抗器必须配有可以随时补气的纯净、干燥气体瓶，始终保持变压器、电抗器内为正压力，并设有压力表进行监视。

4.4.3 充氮的变压器、电抗器需吊罩检查时，必须让器身在空气中暴露15min以上，待氮气充分扩散后进行。

4.5.3

2 变压器、电抗器运输和装卸过程中冲撞加速度出现大于3g或冲撞加速度监视装置出现异常情况时，应由建设、监理、施工、运输和制造厂等单位代表共同分析原因并出具正式报告。必须进行运输和装卸过程分析，明确相关责任，并确定进行现场器身检查或返厂进行检查和处理。

4.5.5 进行器身检查时必须符合以下规定：

1 凡雨、雪天，风力达4级以上，相对湿度75%以上的天气，不得进行器身检查。

2 在没有排氮前，任何人不得进入油箱。当油箱内的含氧量未达到18%以上时，人员不得进入。

3 在内检过程中，必须向箱体内持续补充露点低于−40℃的干燥空气，以保持含氧量不得低于18%，相对湿度不应大于20%；补充干燥空气的速率，应符合产品技术文件要求。

4.9.1 绝缘油必须按现行国家标准《电气装置安装工程电气设备交接试验标准》GB 50150的规定试验合格后，方可注入变压器、电抗器中。

4.9.2 不同牌号的绝缘油或同牌号的新油与运行过的油混合使用前，必须做混油试验。

4.9.6 在抽真空时，必须将不能承受真空下机械强度的附件与油箱隔离；对允许抽同样真空度的部件，应同时抽真空；真空泵或真空机组应有防止突然停止或因误操作而引起真空泵油倒灌的措施。

4.12.1

3 事故排油设施应完好，消防设施齐全。

5 变压器本体应两点接地。中性点接地引出后，应有两根接地引线与主接地网的不同干线连接，其规格应满足设计要求。

6 铁芯和夹件的接地引出套管、套管的末屏接地应符合产品技术文件的要求；电流互感器备用二次线圈端子应短接接地；套管顶部结构的接触及密封应符合产品技术文件的要求。

4.12.2

1 中性点接地系统的变压器，在进行冲击合闸时，其中性点必须接地。

5.3.1

5 气体绝缘的互感器应检查气体压力或密度符合产品技术文件的要求，密封检查合格后方可对互感器充 SF。气体至额定压力，静置 24h 后进行 SF₆ 气体含水量测量并合格。气体密度表、继电器必须经核对性检查合格。

5.3.6 互感器的下列各部位应可靠接地：

1 分级绝缘的电压互感器，其一次绕组的接地引出端子；电容式电压互感器的接地应符合产品技术文件的要求。

2 电容型绝缘的电流互感器，其一次绕组末屏的引出端子、铁芯引出接地端子。

3 互感器的外壳。

4 电流互感器的备用二次绕组端子应先短路后接地。

5 倒装式电流互感器二次绕组的金属导管。

6 应保证工作接地点有两根与主接地网不同地点连接的接地引下线。

(26)《电气装置安装工程-母线装置施工及验收规范》GB 50149—2010

3.5.7 耐张线夹压接前应对每种规格的导线取试件两件进行试压，并应在试压合格后再施工。

(27)《建筑物防雷工程施工与质量验收规范》GB 50601—2010

3.2.3 除设计要求外，兼做引下线的承力钢结构构件、混凝土梁、柱内钢筋与钢筋的连接，应采用土建施工的绑扎法或螺丝扣的机械连接，严禁热加工连接。

5.1.1

3 建筑物外的引下线敷设在人员可停留或经过的区域时，应采用下列一种或多种方法，防止接触电压和旁侧闪络电压对人员造成伤害：

1）外露引下线在高 2.7m 以下部分应穿不小于 3mm 厚的交联聚乙烯管，交联聚乙烯管应能耐受 100kV 冲击电压（1.2/50μs 波形）。

2）应设立阻止人员进入的护栏或警示牌。护栏与引下线水平距离不应小于 3m。

6 引下线安装与易燃材料的墙壁或墙体保温层间距应大于 0.1m。

6.1.1

1 建筑物顶部和外墙上的接闪器必须与建筑物栏杆、旗杆、吊车梁、管道、设备、太阳能热水器、门窗、幕墙支架等外露的金属物进行等电位连接。

(28)《建筑电气照明装置施工与验收规范》GB 50617—2010

3.0.6 在砌体和混凝土结构上严禁使用木楔、尼龙塞或塑料塞安装固定电气照明装置。

4.1.12 Ⅰ类灯具的不带电的外露可导电部分必须与保护接地线（PE）可靠连接，且应有标识。

4.1.15 质量大于 10kg 的灯具，其固定装置应按 5 倍灯具重量的恒定均布载荷全数作强度试验，历时 15min，固定装置的部件应无明显变形。

4.3.3 建筑物景观照明灯具安装应符合下列规定：

1 在人行道等人员来往密集场所安装的灯具，无围栏防护时灯具底部距地面高度应在 2.5m 以上；

2 灯具及其金属构架和金属保护管与保护接地线（PE）应连接可靠，且有标识；

3 灯具的节能分级应符合设计要求。

5.1.2

1 单相两孔插座，面对插座，右孔或上孔应与相线连接，左孔或下孔应与中性线连接；单相三孔插座，面对插座，右孔应与相线连接，左孔应与中性线连接；

2 单相三孔、三相四孔及三相五孔插座的保护接地线（PE）必须接在上孔。插座的保护接地端子不应与中性线端子连接。同一场所的三相插座，接线的相序应一致；

3 保护接地线（PE）在插座间不得串联连接。

7.2.1 当有照度和功率密度测试要求时，应在无外界光源的情况下，测量并记录被检测区域内的平均照度和功率密度值，每种功能区域检测不少于 2 处。

1 照度值不得小于设计值；

2 功率密度值应符合现行国家标准《建筑照明设计标准》GB 50034 的规定或设计要求。

(29)《电梯工程施工质量验收规范》GB 50310—2002

4.2.3 井道必须符合下列规定：

1 当底坑底面下有人员能到达的空间存在，且对重（或平衡重）上未设有安全钳装置时，对重缓冲器必须能安装在（或平衡重运行区域的下边必须）一直延伸到坚固地面上的实心桩墩上；

2 电梯安装之前，所有层门预留孔必须设有高度不小于 1.2m 的安全保护围封，并应保证有足够的强度；

3 当相邻两层门地坎间的距离大于 11m 时，其间必须设置井道安全门，井道安全门严禁向井道内开启，且必须装有安全门处于关闭时电梯才能运行的电气安全装置。当相邻轿厢间有相互救援用轿厢安全门时，可不执行本条款。

4.5.2 层门强迫关门装置必须动作正常。

4.5.4 层门锁钩必须动作灵活，在证实锁紧的电气安全装置动作之前，锁紧元件的最小啮合长度为 7mm。

4.8.1 限速器动作速度整定封记必须完好，且无拆动痕迹。

4.8.2 当安全钳可调节时，整定封记应完好，且无拆动痕迹。

4.9.1 绳头组合必须安全可靠，且每个绳头组合必须安装防螺母松动和脱落的装置。

4.10.1 电气设备接地必须符合下列规定：

1 所有电气设备及导管、线槽的外露可导电部分均必须可靠接地（PE）；

2 接地支线应分别直接接至接地干线接线柱上，不得互相连接后再接地。

4.11.3 层门与轿门的试验必须符合下列规定：

1 每层层门必须能够用三角钥匙正常开启；

2 当一个层门或轿门（在多扇门中任何一扇门）非正常打开时，电梯严禁启动或继续运行。

6.2.2 在安装之前，井道周围必须设有保证安全的栏杆或屏障，其高度严禁小于1.2m。

（30）《擦窗机安装工程质量验收规程》JGJ 150—2008

4.2.3 当安装在屋面、女儿墙或其他建筑结构上时，屋面、女儿墙或其他建筑结构应能承受擦窗机及其附件的重量和工作荷载。

4.6.3 在使用台车、滑梯或爬轨器前，应对后备保护装置进行检查，后备保护装置动作必须准确可靠。

4.6.6 台车抗倾覆系数不应小于2。

4.7.1 在使用伸缩变幅的吊臂或仰俯变幅的吊臂前，应对其伸缩限位装置或上下限位装置进行检查，其限位装置动作必须准确可靠。

4.8.1 在停电或电源故障时，手动升降机构应能正常工作。

4.8.2 在使用吊船前，应检查其上下限位保护装置，上下限位保护装置动作必须准确可靠。

4.8.3 卷扬式起升机构的制动器应符合下列规定：

1 主制动器或后备制动器应能制动悬吊总载荷的1.25倍；

2 主制动器应为常闭式，在停电或紧急状态下，应能手动打开制动器。后备制动器（或超速保护装置）必须独立于主制动器，在主制动器失效时应能使吊船在1m的距离内可靠停住。

4.8.6 卷扬机构必须设置钢丝绳的防松装置，当钢丝绳发生松弛、乱绳、断绳时，卷筒应能立即自动停止转动。

4.11.4 吊船底部必须设置防撞杆，并应保证防撞杆的动作准确可靠。

4.11.5 吊船上必须设有超载保护装置，当工作载重量超过额定载重量的1.25倍时，应能制止吊船运动。

4.13.1

1 主电路相间绝缘电阻不小于0.5MΩ。

2 电气线路绝缘电阻不小于2MΩ。

4.13.2

1 擦窗机的主体结构、电机及所有电气设备的金属外壳和护套必须接地。

2 接地电阻不大于4Ω。

4.13.4

1 电气系统必须设置过载、短路、漏电等保护装置。

2 必须设置在紧急状态下能切断主电源控制回路的急停按钮。急停按钮不得自动复位。

4.14.1 在液压系统中必须设平衡阀或液压锁。平衡阀或液压锁应直接安装在液压缸上。

4.15.4 擦窗机采用爬升式提升机时必须设置安全锁或具有相同作用的独立安全装置，其功能应满足下列要求：

1 对于离心触发式安全锁，当吊船运行速度达到安全锁锁绳速度时，应能自动锁住安全钢丝绳，使吊船在200mm范围内锁住。

2 对于摆臂式防倾斜安全锁，吊船工作时的纵向倾斜角度不得大于8°；当大于8°时，应能自动锁住并停止运行。

(31)《智能建筑工程质量验收规范》GB 50339—2013

11.1.7 电源与接地系统必须保证建筑物内各智能化系统的正常运行和人身、设备安全。

12.0.2 当紧急广播系统具有火灾应急广播功能时，应检查传输线缆、槽盒和导管的防火保护措施。

22.0.4 智能建筑的接地系统必须保证建筑内各智能化系统的正常运行和人身、设备安全。

(32)《城镇道路工程施工与质量验收规范》CJJ 1—2008

3.0.7 施工中必须建立安全技术交底制度，并对作业人员进行相关的安全技术教育与培训。作业前主管施工技术人员必须向作业人员进行详尽的安全技术交底，并形成文件。

3.0.9 施工中，前一分项工程未经验收合格严禁进行后一分项工程施工。

6.3.3 人机配合土方作业，必须设专人指挥。机械作业时，配合作业人员严禁处在机械作业和走行范围内。配合人员在机械走动范围内作业时，机械必须停止作业。

6.3.10 挖方施工应符合下列规定：

1 挖土时应自上向下分层开挖，严禁掏洞开挖。作业中断或作业后，开挖面应做成稳定边坡。

2 机械开挖作业时，必须避开构筑物，管线，在距管道边1m范围内应采用人工开挖；在距直埋缆线2m范围内必须采用人工开挖。

3 严禁挖掘机等机械在电力架空线路下作业。需在其一侧作业时，垂直及水平安全距离应符合表6.3.10的规定。

挖掘机、起重机（含吊物，载物）等机械与电力架空线路的最小安全距离 表6.3.10

电压（kV）		<1	10	35	110	220	330	500
安全距离（m）	沿垂直方向	1.5	3.0	4.0	5.0	6.0	7.0	8.5
	沿水平方向	1.5	2.0	3.5	4.0	6.0	7.0	8.5

8.1.2 沥青混合料面层不得在雨、雪天气及环境最高温度低于5℃时施工。

8.2.20 热拌沥青混合料路面应待摊铺层自然降温至表面温度低于5℃后，方可开放交通。

10.7.6 在面层混凝土弯拉强度达到设计强度，且填缝完成前，不得开放交通。

11.1.9 铺砌面层完成后，必须封闭交通，并应湿润养护，当水泥砂浆达到设计强度后，方可开放交通。

17.3.8 当面层混凝土弯拉强度未达到 1MPa 或抗压强度未达到 5MPa 时，必须采取防止混凝土受冻的措施，严禁混凝土受冻。

（33）《建筑节能工程施工质量验收规范》GB 50411—2007

1.0.5 单位工程竣工验收应在建筑节能分部工程验收合格后进行。

3.1.2 设计变更不得降低建筑节能效果。当设计变更涉及建筑节能效果时，应经原施工图设计审查机构审查，在实施前应办理设计变更手续，并获得监理或建设单位的确认。

3.3.1 建筑节能工程应按照经审查合格的设计文件和经审查批准的施工方案施工。

4.2.2 墙体节能工程使用的保温隔热材料，其导热系数、密度、抗压强度或压缩强度、燃烧性能应符合设计要求。

检验方法：核查质量证明文件及进场复验报告。

检查数量：全数检查。

4.2.7 墙体节能工程的施工，应符合下列规定：

1 保温隔热材料的厚度必须符合设计要求。

2 保温板材与基层及各构造层之间的粘结或连接必须牢固。粘结强度和连接方式应符合设计要求。保温板材与基层的粘结强度应做现场拉拔试验。

3 保温浆料应分层施工。当采用保温浆料做外保温时，保温层与基层之间及各层之间的粘结必须牢固，不应脱层、空鼓和开裂。

4 当墙体节能工程的保温层采用预埋或后置锚固件固定时，锚固件数置、位置、锚固深度和拉拔力应符合设计要求。后置锚固件应进行锚固力现场拉拔试验。

检验方法：观察；手扳检查；保温材料厚度采用钢针插入或剖开尺量检查；粘结强度和锚固力核查试验报告；核查隐蔽工程验收记录。

检查数量：每个检验批抽查不少于 3 处。

4.2.15 严寒和寒冷地区外墙热桥部位，应按设计要求采取节能保温等隔断热桥措施。

检验方法：对照设计和施工方案观察检查；核查隐蔽工程验收记录。

检查数量：按不同热桥种类，每种抽查 20%，并不少于 5 处。

5.2.2 幕墙节能工程使用的保温隔热材料，其导热系数、密度、燃烧性能应符合设计要求。幕墙玻璃的传热系数、遮阳系数、可见光透射比、中空玻璃露点应符合设计要求。

检验方法：核查质量证明文件和复验报告。

检查数量：全数核查。

6.2.2 建筑外窗的气密性、保温性能、中空玻璃露点、玻璃遮阳系数和可见光透射比应符合设计要求。

检验方法：核查质量证明文件和复验报告。

检查数量：全数核查。

7.2.2 屋面节能工程使用的保温隔热材料，其导热系数、密度、抗压强度或压缩强度、燃烧性能应符合设计要求。

检验方法：核查质量证明文件及进场复验报告。

检查数量：全数检查。

8.2.2 地面节能工程使用的保温材料，其导热系数、密度、抗压强度或压缩强度、燃烧性能应符合设计要求。

检验方法：核查质量证明文件和复验报告。

检查数量：全数核查。

9.2.3 采暖系统的安装应符合下列规定：

1 采暖系统的制式，应符合设计要求；

2 散热设备、阀门、过滤器、温度计及仪表应按设计要求安装齐全，不得随意增减和更换；

3 室内温度调控装置、热计量装置、水力平衡装置以及热力入口装置的安装位置和方向应符合设计要求，并便于观察、操作和调试；

4 温度调控装置和热计量装置安装后，采暖系统应能实现设计要求的分室（区）温度调控、分栋热计量和分户或分室（区）热量分摊的功能。

检验方法：观察检查。

检查数量：全数检查。

9.2.10 采暖系统安装完毕后，应在采暖期内与热源进行联合试运转和调试。联合试运转和调试结果应符合设计要求，采暖房间温度相对于设计计算温度不得低于2℃，且不高于1℃。

检验方法：检查室内采暖系统试运转和调试记录。

检查数量：全数检查。

10.2.3 通风与空调节能工程中的送、排风系统及空调风系统、空调水系统的安装，应符合下列规定：

1 各系统的制式，应符合设计要求；

2 各种设备、自控阀门与仪表应按设计要求安装齐全，不得随意增减和更换；

3 水系统各分支管路水力平衡装置、温控装置与仪表的安装位置、方向应符合设计要求，并便于观察、操作和调试；

4 空调系统应能实现设计要求的分室（区）温度调控功能。对设计要求分栋、分区或分户（室）冷、热计量的建筑物，空调系统应能实现相应的计量功能。

检验方法：观察检查。

检查数量：全数检查。

10.2.14 通风与空调系统安装完毕，应进行通风机和空调机组等设备的单机试运转和调试，并应进行系统的风量平衡调试。单机试运转和调试结果应符合设计要求；系统的总风量与设计风量的允许偏差不应大于10%，风口的风量与设计风量的允许偏差不应大于15%。

检验方法：观察检查；核查试运转和调试记录。

检验数量：全数检查。

11.2.3 空调与采暖系统冷热源设备和辅助设备及其管网系统的安装，应符合下列规定：

1 管道系统的制式，应符合设计要求；

2 各种设备、自控阀门与仪表应按设计要求安装齐全，不得随意增减和更换；

3 空调冷（热）水系统，应能实现设计要求的变流量或定流量运行；

4 供热系统应能根据热负荷及室外温度变化实现设计要求的集中质调节、量调节或质-量调节相结合的运行。

检验方法：观察检查。

检查数量：全数检查。

11.2.5 冷热源侧的电动两通调节阀、水力平衡阀及冷（热）量计量装置等自控两门与仪表的安装，应符合下列确定：

1 规格、数量应符合设计要求；

2 方向应正确，位置应便于操作和观察。

检验方法：观察检查。

检查数量：全数检查。

11.2.11 空调与采暖系统冷热通和辅助设备及其管道和管网系统安装完毕后，系统试运转及调试必须符合下列规定：

1 冷热源和辅助设备必须进行单机试运转及调试；

2 冷热源和辅助设备必须同建筑物室内空调或采暖系统进行联合试运转及调试。

3 联合试运转及调试结果应符合设计要求，且允许偏差或规定值应符合表 11.2.11 的有关规定。当联合试运转及调试不在制冷期或采暖期时，应先对表 11.2.11 中序号 2、3、5、6 四个项目进行检测，并在第一个制冷期或采播期内，带冷（热）源补做序号 1、4 两个项目的检测。

联合试运转及调试检测项目与允许偏着或规定值　　　　表 11.2.11

序号	检测项目	允许偏差或规定值
1	室内温度	冬季不得低于设计计算温度 2℃，且不应离高于 1℃；夏季不得高于设计计算温度 2℃，且不应低于 1℃
2	供热系统室外管网的水力平衡度	0.9～1.2
3	供热系统的补水率	≤0.5%
4	室外管网的热输送效率	≥0.92
5	空调机组的水流量	≤20%
6	空调系统冷热水、冷却水总流量	≤10%

检验方法：观察检查；核查试运转和调试记录。

检验数量：全数检查。

12.2.2 低压配电系统选择的电缆、电线截面不得低于设计值，进场时应对其截面和每芯导体电阻值进行见证取样送检。每芯导体电阻值应符合表 12.2.2 的规定。

不同标称截面的电缆、电线每芯导体最大电阻值　　　　表 12.2.2

标称截面（mm²）	20℃时导体最大电阻（Ω/km）圆铜导体（不镀金属）
0.5	36.0
0.75	24.5
1.0	18，1
1.5	12.1
2.5	7.41
4	4.61

标称截面（mm²）	20℃时导体最大电阻（Ω/km）圆铜导体（不镀金属）
6	3.08
10	1.83
16	1.15
25	0.727
25	0.524
50	0.387
70	0.268
95	0.193
120	0.153
150	0.124
180	0.0991
240	0.0754
300	0.0601

检验方法：进场时抽样送检，验收时核查检验报告。

检查数量：同厂家各种规格总数的10％，且不少于2个规格。

13.2.5 通风与空调监测控制系统的控制功能及故障报警功能应符合设计要求。

检验方法：在中央工作站使用检测系统软件，或采用在直接数字控制器或通风与空调系统自带控制器上改变参数设定值和输入参数值，检测控制系统的投入情况及控制功能；在工作站或现场模拟故障，检测故障监视、记录和报警功能。

检查数量：按总数的20％抽样检测，不足5台全部检测。

15.0.5 建筑节能分部工程质量验收合格，应符合下列规定：

1 分项工程应全部合格；

2 质量控制资料应完整；

3 外墙节能构造现场实体检验结果应符合设计要求；

4 严寒、寒冷和夏热冬冷地区的外窗气密性现场实体检测结果应合格；

5 建筑设备工程系统节能性能检测结果应合格。

5.4 试验、检验标准

5.4.1 概念

由于工程建设是多道工序和众多构件组成的，工程建设的现场抽样检测能较好地评价工程的实际质量。为了确定工程是否安全和是否满足功能要求，所以制定了工程建设试验、检测标准。

另外，工程建设施工质量的实体检验，涉及地基基础和结构安全以及主要功能的抽样检验，能够较客观和科学地评价单体工程施工质量是否达到规范要求的结论。由于20世纪80年代的验评标准着重于外观和定性检验，对抽样检验和定量检验的要求没有涉及，致使工程建设现场抽样检验标准发展不快。随着工程建设检验技术、方法和仪器研制的进展，这方面的技术标准逐步得到了重视，已制订和正在制定相应的工程建设质量试验、检测技术标准，比如《砌体工程现场检测技术标准》GB/T 50315—2011、《玻璃幕墙工程质量检验标准》JGJ/T 139—2001 和《建筑结构检测技术标准》GB/T 50344—2004 等。

5.4.2 重要试验、检验标准列表

重要试验、检验标准列表 表5-3

序号	标准名称	标准编号
1	普通混凝土拌合物性能试验方法标准	GB/T 50080—2002
2	普通混凝土力学性能试验方法标准	GB/T 50081—2002
3	普通混凝土长期性能和耐久性能试验方法标准	GB/T 50082—2009
4	混凝土强度检验评定标准	GB/T 50107—2010
5	砌体基本力学性能试验方法标准	GB/T 50129—2011
6	混凝土结构试验方法标准	GB/T 50152—2012
7	砌体工程现场检测技术标准	GB/T 50315—2011
8	木结构试验方法标准	GB/T 50329—2012
9	建筑结构检测技术标准	GB/T 50344—2004
10	住宅性能评定技术标准	GB/T 50362—2005
11	建筑基坑工程监测技术规范	GB 50497—2009
12	钢结构现场检测技术标准	GB/T 50621—2010
13	建筑变形测量规范	JGJ 8—2016
14	早期推定混凝土强度试验方法标准	JGJ/T 15—2008
15	回弹法检测混凝土抗压强度技术规程	JGJ/T 23—2011
16	钢筋焊接接头试验方法标准	JGJ/T 27—2014
17	建筑砂浆基本性能试验方法标准	JCJ/T 70—2009
18	建筑工程检测试验技术管理规范	JGJ 190—2010
19	建筑基桩检测技术规范	JGJ 106—2014
20	建筑工程饰面砖粘结强度检验标准	JGJ 110—2008
21	贯入法检测砌筑砂浆抗压强度技术规程	JGJ/T 136—2001
22	玻璃幕墙工程质量检验标准	JGJ/T 139—2001
23	混凝土中钢筋检测技术规程	JGJ/T 152—2008
24	房屋建筑与市政基础设施工程检测分类标准	JGJ/T 181—2009
25	锚杆锚固质量无损检测技术规程	JGJ/T 182—2009
26	混凝土耐久性检验评定标准	JGJ/T 193—2009
27	建筑门窗工程检测技术规程	JGJ/T 205—2010
28	后锚固法检测混凝土抗压强度技术规程	JGJ/T 208—2010
29	择压法检测砌筑砂浆抗压强度技术规程	JGJ/T 234—2011
30	城市地下管线探测技术规程	CJJ 61—2003
31	城镇供水管网漏水探测技术规程	CJJ 159—2011
32	盾构隧道管片质量检测技术标准	CJJ/T 164—2011

5.4.3 重点规范中的强制性条文

（1）《建筑变形测量规范》JGJ 8—2016

3.1.1 下列建筑在施工期间和使用期间应进行变形测量：

1　地基基础设计等级为甲级的建筑。

2　软弱地基上的地基基础设计等级为乙级的建筑。

3　加层、扩建建筑或处理地基上的建筑。

4　受邻近施工影响或受场地地下水等环境因素变化影响的建筑。

5　采用新型基础或新型结构的建筑。

6　大型城市基础设施。

7　体型狭长且地基土变化明显的建筑。

3.1.6　建筑变形测量过程中发生下列情况之一时，应立即实施安全预案，同时应提高观测频率或增加观测内容：

1　变形量或变形速率出现异常变化。

2　变形量或变形速率达到或超出变形预警值。

3　开挖面或周边出现塌陷、滑坡。

4　建筑本身或其周边环境出现异常。

5　由于地震、暴雨、冻融等自然灾害引起的其他变形异常情况。

（2）《建筑基桩检测技术规范》JGJ 106—2014

4.3.4　为设计提供依据的单桩竖向抗压静载试验应采用慢速维持荷载法

9.2.3　高应变检测专用锤击设备应具有稳固的导向装置。重锤应形状对称，高径（宽）比不得小于1。

9.2.5　采用高应变法进行承载力检测时，锤的重量与单桩竖向抗压承载力特征值的比值不得小于0.02。

9.4.5　高应变实测的力和速度信号第一峰起始段不成比例时，不得对实测力或速度信号进行调整。

（3）《建筑基坑工程监测技术规范》GB 50497—2009

3.0.1　开挖深度大于等于5m或开挖深度小于5m但现场地质情况和周围环境较复杂的基坑工程以及其他需要监测的基坑工程应实施基坑工程监测。

7.0.4　当出现下列情况之一时，应提高监测频率：

1　监测数据达到报警值。

2　监测数据变化较大或者速率加快。

3　存在勘察未发现的不良地质。

4　超深、超长开挖或未及时加撑等违反设计工况施工。

5　基坑及周边大量积水、长时间连续降雨、市政管道出现泄漏。

6　基坑附近地面荷载突然增大或超过设计限值。

7　支护结构出现开裂。

8　周边地面突发较大沉降或出现严重开裂。

9　邻近建筑突发较大沉降、不均匀沉降或出现严重开裂。

10　基坑底部、侧壁出现管涌、渗漏或流沙等现象。

8.0.1　基坑工程监测必须确定监测报警值，监测报警值应满足基坑工程设计、地下结构设计以及周边环境中被保护对象的控制要求。监测报警值应由基坑工程设计方确定。

8.0.7 当出现下列情况之一时，必须立即进行危险报警，并应对基坑支护结构和周边环境中的保护对象采取应急措施。

1 监测数据达到监测报警值的累计值。

2 基坑支护结构或周边土体的位移值突然明显增大或基坑出现流沙、管涌、隆起、陷落或较严重的渗漏等。

3 基坑支护结构的支撑或锚杆体系出现过大变形、压屈、断裂、松弛或拔出的迹象。

4 周边建筑的结构部分、周边地面出现较严重的突发裂缝或危害结构的变形裂缝。

5 周边管线变形突然明显增长或出现裂缝、泄漏等。

6 根据当地工程经验判断，出现其他必须进行危险报警的情况。

(4)《普通混凝土用砂、石质量及检验方法标准》JGJ 52—2006

1.0.3 对于长期处于潮湿环境的重要混凝土结构所用的砂、石，应进行碱活性检验。

3.1.10 砂中氯离子含量应符合下列规定：

1 对于钢筋混凝土用砂，其氯离子含量不得大于 0.06%（以干砂的质量百分率计）；

2 对于预应力混凝土用砂，其氯离子含量不得大于 0.02%（以干砂的质量百分率计）。

(5)《建筑工程饰面砖粘结强度检验标准》JGJ 110—2008

3.0.2 带饰面砖的预制墙板进入施工现场后，应对饰面砖粘结强度进行复验。

3.0.5 现场粘贴的外墙饰面砖工程完工后，应对饰面砖粘结强度进行检验。

(6)《普通混凝土力学性能试验方法标准》GB/T 50081—2002

2.0.2 普通混凝土力学性能试验应以三个试件为一组，每组试件所用的拌合物应从同一盘混凝土或同一车混凝土中取样。

3.2.1 抗压强度和劈裂抗拉强度试件应符合下列规定：

1 边长为 150mn 的立方体试件是标准试件。

2 边长为 100mn 和 200mn 的立方体试件是非标准试件。

3 在特殊情况下，可采用 $\phi 50mm \times 300mm$ 的圆柱体标准试件或 $\phi 100mm \times 200mm$ 和 $\phi 200mm \times 400mm$ 的圆柱体非标准试件。

3.2.2 轴心抗压强度和静力受压弹性模量试件应符合下列规定：

1 边长为 150mm×150mm×300mm 的棱柱体试件是标准试件。

2 边长为 100mm×100mm×300mm 和 200mm×200mm×400mm 的棱柱体试件是非标准试件。

3 在特殊情况下，可采用 $\phi 150mm \times 300mm$ 的圆柱体标准试件或 $\phi 100mm \times 200mm$ 和 $\phi 200mm \times 400mm$ 的圆柱体非标准试件。

5.1.2 混凝土试件制作应按下列步骤进行：

1 取样或拌制好的混凝土拌合物应至少用铁锹再来回拌合三次。

2 按本章第 5.1.1 条中第 4 款的规定，选择成型方法成型。

1）用振动台振实制作试件应按下述方法进行：

a. 将混凝土拌合物一次装入试模，装料时应用抹刀沿各试模壁插捣，并使混凝土拌合物高出试模口；

b. 试模应附着或固定在符合第 4.2 节要求的振动台上，振动时试模不得有任何跳动，振动应持续到表面出浆为止；不得过振。

2）用人工插捣制作试件应按下述方法进行：

a. 混凝土拌合物应分两层装入模内，每层的装料厚度大致相等；

b. 插捣应按螺旋方向从边缘向中心均匀进行。在插捣底层混凝土时，捣棒应达到试模底部；插捣上层时，捣棒应贯穿上层后插入下层 20～30mm；插捣时捣棒应保持垂直，不得倾斜。然后应用抹刀沿试模内壁插拔数次；

c. 每层插捣次数按在 10000mm² 截面积内不得少于 12 次；

d. 插捣后应用橡皮锤轻轻敲击试模四周，直至插捣棒留下的空洞消失为止。

3）用插入式振捣棒振实制作试件应按下述方法进行：

a. 将混凝土拌合物一次装入试模，装料时应用抹刀沿各试模壁插捣，并使混凝土拌合物高出试模口；

b. 宜用直径为 $\phi 25mm$ 的插入式振捣棒，插入试模振捣时，振捣棒距试模底板 10～20mm 且不得触及试模底板，振动应持续到表面出浆为止，且应避免过振，以防止混凝土离析；一般振捣时间为 20s。振捣棒拔出时要缓慢，拔出后不得留有孔洞。

3　刮除试模上口多余的混凝土，待混凝土临近初凝时，用抹刀抹平。

5.2.2　采用标准养护的试件，应在温度为 20±5℃ 的环境中静置一昼夜至二昼夜，然后编号、拆模。拆模后应立即放入温度为 20±2℃，相对湿度为 95％ 以上的标准养护室中养护，或在温度为 20±2℃ 的不流动的 $Ca(OH)_2$ 饱和溶液中养护。标准养护室内的试件应放在支架上，彼此间隔 10～20mm，试件表面应保持潮湿，并不得被水直接冲淋。

5.2.4　标准养护龄期为 28d（从搅拌加水开始计时）。

(7)《混凝土强度检验评定标准》GB/T 50107—2010

4.3.1　混凝土试件的立方体抗压强度试验应根据现行国家标准《普通混凝土力学性能试验方法标准》GB/T 50081 的规定执行。每组混凝土试件强度代表值的确定，应符合下列规定：

1　取 3 个试件强度的算术平均值作为每组试件的强度代表值；

2　当一组试件中强度的最大值或最小值与中间值之差超过中间值的 15％ 时，取中间值作为该组试件的强度代表值；

3　当一组试件中强度的最大值和最小值与中间值之差均超过中间值的 15％ 时，该组试件的强度不应作为评定的依据。

注：对掺矿物掺合料的混凝土进行强度评定时，可根据设计规定，可采用大于 28d 龄期的混凝土强度。

5.5　施工安全标准

5.5.1　概念

建筑施工安全，既包括建筑物本身的性能安全，又包括建造过程中施工作业人员的安全。建筑物本身的性能安全与建筑工程勘察设计、施工和维护使用等有关，目前在工程勘察、地基基础、建筑结构设计、工程防灾、建筑施工质量和建筑维护加固专业中已建立了相应的标准体系。建造过程中施工作业人员的安全主要是指建造过程中施工作业人员的安全和健康。建筑施工安全技术即是指建筑施工过程中保证施工作业人员的生命安全及身体健康不受侵害的施工技术。

自 80 年代初，建设部开始制定完善建筑施工安全技术标准，1980 年颁发了《建筑安装工人安全技术操作规程》，1988 年制定了《施工现场临时用电安全技术规范》JGJ 46—1988后修订为 JGJ 46—2005，《建筑施工安全检查评分标准》JGJ 59—1988 后修订为《建筑施工安全检查标准》JGJ 59—1999，以后又陆续制定了《液压滑动模板安全技术规程》JGJ 65—1989、《建筑施工高处作业安全技术规范》JGJ 80—1991、《龙门架及井架物料提升机安全技术规范》JGJ 88—1992、《建筑施工门式钢管脚手架安全技术规范》JGJ 128—2000、《建筑施工扣件式钢管脚手架安全技术规范》JGJ 130—2001、《建筑机械使用安全技术规程》JGJ 33—2001、《建设工程施工现场供用电安全规范》GB 50194—1993。我国建筑施工安全技术标准虽然起步较晚，但目前建筑施工安全标准体系已经基本形成，并在逐步加快完善。

5.5.2 重要施工安全技术规范列表

<table>
<tr><td colspan="3" align="center">重要施工安全</td><td align="right">表 5-4</td></tr>
</table>

序号	标准名称	标准编号
1	《大体积混凝土施工规范》	GB 50496—2009
2	《岩土工程勘察安全规范》	GB 50585—2010
3	《建设工程施工现场消防安全技术规范》	GB 50720—2011
4	《建筑机械使用安全技术规程》	JGJ 33—2012
5	《施工现场临时用电安全技术规范》	JGJ 46—2005
6	《建筑施工高处作业安全技术规范》	JGJ 80—2016
7	《龙门架及井架物料提升机安全技术规范》	JGJ 88—2010
8	《钢框胶合板模板技术规程》	JGJ 96—2011
9	《塑料门窗工程技术规程》	JGJ 103—2008
10	《建筑施工门式钢管脚手架安全技术规范》	JGJ 128—2010
11	《建筑施工扣件式钢管脚手架安全技术规范》	JGJ130—2011
12	《建筑施工现场环境与卫生标准》	JGJ 146—2013
13	《建筑拆除工程安全技术规范》	JGJ 147—2004
14	《施工现场机械设备检查技术规程》	JGJ 160—2008
15	《建筑施工模板安全技术规范》	JGJ 162—2008
16	《建筑施工木脚手架安全技术规范》	JGJ 164—2008
17	《地下建筑工程逆作法技术规程》	JGJ 165—2010
18	《建筑施工碗扣式钢管脚手架安全技术规范》	JGJ 166—2008
19	《建筑外墙清洗维护技术规程》	JGJ 168—2009
20	《多联机空调系统工程技术规程》	JGJ 174—2010
21	《建筑施工土石方工程安全技术规范》	JGJ 180—2009
22	《液压升降整体脚手架安全技术规程》	JGJ 183—2009
23	《建筑施工作业劳动防护用品配备及使用标准》	JGJ 184—2009
24	《液压爬升模板工程技术规程》	JGJ 195—2010
25	《建筑施工塔式起重机安装、使用、拆卸安全技术规程》	JGJ 196—2010
26	《建筑施工工具式脚手架安全技术规范》	JGJ 202—2010
27	《建筑施工升降机安装、使用、拆卸安全技术规程》	JGJ 215—2010
28	《建筑施工承插型盘扣式钢管支架安全技术规程》	JGJ 231—2010

5.5.3 重点规范中的强制性条文

1. 施工现场临时用电

《施工现场临时用电安全技术规范》JGJ 46—2005

1.0.3 建筑施工现场临时用电工程专用的电源中性点直接接地的 220/380V 三相四线制低压电力系统，必须符合下列规定：

1 采用三级配电系统；

2 采用 TN-S 接零保护系统；

3 采用二级漏电保护系统。

3.1.4 临时用电组织设计及变更时，必须履行"编制、审核、批准"程序，由电气工程技术人员组织编制，经相关部门审核及具有法人资格企业的技术负责人批准后实施。变更用电组织设计时应补充有关图纸资料。

3.1.5 临时用电工程必须经编制、审核、批准部门和使用单位共同验收，合格后方可投入使用。

3.3.4 临时用电工程定期检查应按分部、分项工程进行，对安全隐患必须及时处理，并应履行复查验收手续。

5.1.1 在施工现场专用变压器的供电的 TN-S 接零保护系统中，电气设备的金属外壳必须与保护零线连接。保护零线应由工作接地线、配电室（总配电箱）电源侧零线或总漏电保护器电源侧零线处引出（图 5.1.1）。

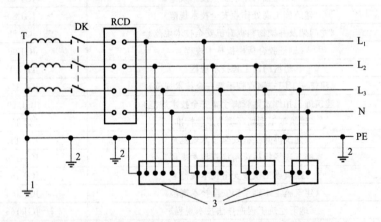

图 5.1.1 专用变压器供电时 TN-S 接零保护系统示意
1—工作接地；2—PE 线重复接地；3—电气设备金属外壳（正常不带电的外露可导电部分）；
L_1、L_2、L_3—相线；N—工作零线；PE—保护零线；DK—总电源隔离开关；RCD—总漏电保护器
（兼有短路、过载、漏电保护功能的漏电断路器）；T—变压器

5.1.2 当施工现场与外电线路共用同一供电系统时，电气设备的接地、接零保护应与原系统保持一致。不得一部分设备做保护接零，另一部分设备做保护接地。

采用 TN 系统做保护接零时，工作零线（N 线）必须通过总漏电保护器，保护零线（PE 线）必须由电源进线零线重复接地处或总漏电保护器电源侧零线处，引出形成局部 TN-S 接零保护系统（图 5.1.2）。

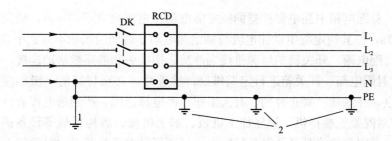

图 5.1.2　三相四线供电时局部 TN-S 接零保护系统保护零线引出示意

1—NPE 线重复接地；2—PE 线重复接地；L_1、L_2、L_3—相线；N—工作零线；PE—保护零线；

DK—总电源隔离开关；RCD—总漏电保护器（兼有短路、过载、漏电保护功能的漏电断路器）

5.1.10　PE 线上严禁装设开关或熔断器，严禁通过工作电流，且严禁断线。

5.3.2　TN 系统中的保护零线除必须在配电室或总配电箱处做重复接地外，还必须在配电系统的中间处和末端处做重复接地。

在 TN 系统中，保护零线每一处重复接地装置的接地电阻值不应大于 10Ω。在工作接地电阻值允许达到 10Ω 的电力系统中，所有重复接地的等效电阻值不应大于 10Ω。

5.4.7　做防雷接地机械上的电气设备，所连接的 PE 线必须同时做重复接地，同一台机械电气设备的重复接地和机械的防雷接地可共用同一接地体，但接地电阻应符合重复接地电阻值的要求。

6.1.6　配电柜应装设电源隔离开关及短路、过载、漏电保护电器。电源隔离开关分断时应有明显可见分断点。

6.1.8　配电柜或配电线路停电维修时，应挂接地线，并应悬挂"禁止合闸、有人工作"停电标志牌。停送电必须由专人负责。

6.2.3　发电机组电源必须与外电线路电源连锁，严禁并列运行。

6.2.7　发电机组并列运行时，必须装设同期装置，并在机组同步运行后再向负载供电。

7.2.1　电缆中必须包含全部工作芯线和用作保护零线或保护线的芯线。需要三相四线制配电的电缆线路必须采用五芯电缆。

五芯电缆必须包含淡蓝、绿/黄二种颜色绝缘芯线。淡蓝色芯线必须用作 N 线；绿/黄双色芯线必须用作 PE 线，严禁混用。

7.2.3　电缆线路应采用埋地或架空敷设，严禁沿地面明设，并应避免机械损伤和介质腐蚀。埋地电缆路径应设方位标志。

8.1.3　每台用电设备必须有各自专用的开关箱，严禁用同一个开关箱直接控制 2 台及 2 台以上用电设备（含插座）。

8.1.11　配电箱的电器安装板上必须分设 N 线端子板和 PE 线端子板。N 线端子板必须与金属电器安装板绝缘；PE 线端子板必须与金属电器安装板做电气连接。

进出线中的 N 线必须通过 N 线端子板连接；PE 线必须通过 PE 线端子板连接。

8.2.10　开关箱中漏电保护器的额定漏电动作电流不应大于 30mA，额定漏电动作时间不应大于 0.1s。

使用于潮湿或有腐蚀介质场所的漏电保护器应采用防溅型产品，其额定漏电动作电流不应大于 15mA，额定漏电动作时间不应大于 0.1s。

8.2.11 总配电箱中漏电保护器的额定漏电动作电流应大于 30mA，额定漏电动作时间应大于 0.1s，但其额定漏电动作电流与额定漏电动作时间的乘积不应大于 30mA·s。

8.2.15 配电箱、开关箱的电源进线端严禁采用插头和插座做活动连接。

8.3.4 对配电箱、开关箱进行定期维修、检查时，必须将其前一级相应的电源隔离开关分闸断电，并悬挂"禁止合闸、有人工作"停电标志牌，严禁带电作业。

9.7.3 对混凝土搅拌机、钢筋加工机械、木工机械、盾构机械等设备进行清理、检查、维修时，必须首先将其开关箱分闸断电，呈现可见电源分断点，并关门上锁。

10.2.2 下列特殊场所应使用安全特低电压照明器：

1 隧道、人防工程、高温、有导电灰尘、比较潮湿或灯具离地面高度低于 2.5m 等场所的照明，电源电压不应大于 36V；

2 潮湿和易触及带电体场所的照明，电源电压不得大于 24V；

3 特别潮湿场所、导电良好的地面、锅炉或金属容器内的照明，电源电压不得大于 12V。

10.2.5 照明变压器必须使用双绕组型安全隔离变压器，严禁使用自耦变压器。

10.3.11 对夜间影响飞机或车辆通行的在建工程及机械设备，必须设置醒目的红色信号灯，其电源应设在施工现场总电源开关的前侧，并应设置外电线路停止供电时的应急自备电源。

2. 高处施工作业

《建筑施工高处作业安全技术规范》JGJ 80—2016

4.1.1 坠落高度基准面 2m 及以上进行临边作业时，应在临空一侧设置防护栏杆，并应采用密目式安全立网或工具式栏板封闭。

4.2.1 洞口作业时，应采取防坠落措施，并应符合下列规定：

1 当竖向洞口短边边长小于 500mm 时，应采取封堵措施；当垂直洞口短边边长大于或等于 500mm 时，应在临空一侧设置高度不小于 1.2m 的防护栏杆，并应采用密目式安全立网或工具式栏板封闭，设置挡脚板；

2 当非竖向洞口短边边长为 25mm～500mm 时，应采用承载力满足使用要求的盖板覆盖，盖板四周搁置应均衡，且应防止盖板移位；

3 当非竖向洞口短边边长为 500mm～1500mm 时，应采用盖板覆盖或防护栏杆等措施，并应固定牢固；

4 当非竖向洞口短边边长大于或等于 1500mm 时，应在洞口作业侧设置高度不小于 1.2m 的防护栏杆，洞口应采用安全平网封闭。

5.2.3 严禁在未固定、无防护设施的构件及管道上进行作业或通行。

6.4.1 悬挑式操作平台设置应符合下列规定：

1 操作平台的搁置点、拉结点、支撑点应设置在稳定的主体结构上，且应可靠连接；

2 严禁将操作平台设置在临时设施上；

3 操作平台的结构应稳定可靠，承载力应符合设计要求。

8.1.2 本条是强制性条文。密目式安全立网安装平面垂直水平面，冲击高度为 1.5m，主要是用来防止人和物坠落的安全网。平网安装平面不垂直水平面，冲击高度为 10m，主要是用来挡住人和物坠落的安全网，它们承受冲击荷载作用的能力相差 5 倍，故不允许做平网使用。

3. 施工现场消防

《建设工程施工现场消防安全技术规范》GB 50720—2011

3.2.1 易燃易爆危险品库房与在建工程的防火间距不应小于15m，可燃材料堆场及其加工场、固定动火作业场与在建工程的防火间距不应小于10m，其他临时用房、临时设施与在建工程的防火间距不应小于6m。

4.2.1 宿舍、办公用房的防火设计应符合下列规定：

1 建筑构件的燃烧性能等级应为A级。当采用金属夹芯板材时，其芯材的燃烧性能等级应为A级。

4.2.2 发电机房、变配电房、厨房操作间、锅炉房、可燃材料库房及易燃易爆危险品库房的防火设计应符合下列规定：

1 建筑构件的燃烧性能等级应为A级。

4.3.3 既有建筑进行扩建、改建施工时，必须明确划分施工区和非施工区。施工区不得营业、使用和居住；非施工区继续营业、使用和居住时，应符合下列规定：

1 施工区和非施工区之间应采用不开设门、窗、洞口的耐火极限不低于3.0h的不燃烧体隔墙进行防火分隔。

2 非施工区内的消防设施应完好和有效，疏散通道应保持畅通，并应落实日常值班及消防安全管理制度。

3 施工区的消防安全应配有专人值守，发生火情应能立即处置。

4 施工单位应向居住和使用者进行消防宣传教育，告知建筑消防设施、疏散通道的位置及使用方法，同时应组织疏散演练。

5 外脚手架搭设不应影响安全疏散、消防车正常通行及灭火救援操作，外脚手架搭设长度不应超过该建筑物外立面周长的1/2。

5.1.4 施工现场的消火栓泵应采用专用消防配电线路。专用消防配电线路应自施工现场总配电箱的总断路器上端接入，且应保持不间断供电。

5.3.5 临时用房的临时室外消防用水量不应小于表5.3.5的规定。

临时用房的临时室外消防用水量　　　　　　　　　　　　　　表 5.3.5

临时用房的建筑面积之和	火灾延续时间（h）	消火栓用水量（L/s）	每支水枪最小流量（L/s）
1000m²＜面积≤5000m²	1	10	5
面积＞5000m²		15	5

5.3.6 在建工程的临时室外消防用水量不应小于表5.3.6的规定。

在建工程的临时室外消防用水量　　　　　　　　　　　　　　表 5.3.6

在建工程（单体）体积	火灾延续时间（h）	消火栓用水量（L/s）	每支水枪最小流量（L/s）
10000m³＜体积≤30000m³	1	15	5
体积＞30000m²	2	20	5

5.3.9 在建工程的临时室内消防用水量不应小于表5.3.9的规定。

在建工程的临时室内消防用水量　　　　　　　　表 5.3.9

建筑高度、在建工程体积（单体）	火灾延续时间（h）	消火栓用水量（L/s）	每支水枪最小流量（L/s）
24m＜建筑高度≤50m 或 30000m³＜体积≤50000m³	1	10	5
建筑高度＞50m 或体积＞50000m³	1	15	5

6.2.1　用于在建工程的保温、防水、装饰及防腐等材料的燃烧性能等级应符合设计要求。

6.2.3　室内使用油漆及其有机溶剂、乙二胺、冷底子油等易挥发产生易燃气体的物资作业时，应保持良好通风，作业场所严禁明火，并应避免产生静电。

6.3.1　施工现场用火应符合下列规定：

3　焊接、切割、烘烤或加热等动火作业前，应对作业现场的可燃物进行清理；作业现场及其附近无法移走的可燃物应采用不燃材料对其覆盖或隔离。

5　裸露的可燃材料上严禁直接进行动火作业。

9　具有火灾、爆炸危险的场所严禁明火。

6.3.3　施工现场用气应符合下列规定：

1　储装气体的罐瓶及其附件应合格、完好和有效；严禁使用减压器及其他附件缺损的氧气瓶，严禁使用乙炔专用减压器、回火防止器及其他附件缺损的乙炔瓶。

4. 施工机械

(1)《建筑机械使用安全技术规程》JGJ 33—2012

2.0.1　特种设备操作人员应经过专业培训、考核合格取得建设行政主管部门颁发的操作证，并应经过安全技术交底后持证上岗。

2.0.2　机械必须按出厂使用说明书规定的技术性能、承载能力和使用条件，正确操作，合理使用，严禁超载、超速作业或任意扩大使用范围。

2.0.3　机械上的各种安全防护和保险装置及各种安全信息装置必须齐全有效。

2.0.21　清洁、保养、维修机械或电气装置前，必须先切断电源，等机械停稳后再进行操作。严禁带电或采用预约停送电时间的方式进行检修。

4.1.11　建筑起重机械的变幅限位器、力矩限制器、起重量限制器、防坠安全器、钢丝绳防脱装置、防脱钩装置以及各种行程限位开关等安全保护装置，必须齐全有效，严禁随意调整或拆除。严禁利用限制器和限位装置代替操纵机构。

4.1.14　在风速达到 9.0m/s 及以上或大雨、大雪、大雾等恶劣天气时，严禁进行建筑起重机械的安装拆卸作业。

4.5.2　桅杆式起重机专项方案必须按规定程序审批，并应经专家论证后实施。施工单位必须指定安全技术人员对桅杆式起重机的安装、使用和拆卸进行现场监督和监测。

5.1.4　作业前，必须查明施工场地内明、暗铺设的各类管线等设施，并应采用明显记号标识。严禁在离地下管线、承压管道 1m 距离以内进行大型机械作业。

5.1.10　机械回转作业时，配合人员必须在机械回转半径以外工作。当需在回转半径以内工作时，必须将机械停止回转并制动。

5.5.6　作业中，严禁人员上下机械，传递物件，以及在铲斗内、拖把或机架上坐立。

5.10.20　装载机转向架未锁闭时，严禁站在前后车架之间进行检修保养。

5.13.7　夯锤下落后，在吊钩尚未降至夯锤吊环附近前，操作人员严禁提前下坑挂钩。从坑中提锤时，严禁挂钩人员站在锤上随锤提升。

7.1.23　桩孔成型后，当暂不浇注混凝土时，孔口必须及时封盖。

8.2.7　料斗提升时，人员严禁在料斗下停留或通过；当需在料斗下方进行清理或检修时，应将料斗提升至上止点，并必须用保险销锁牢或用保险链挂牢。

10.3.1　木工圆锯机上的旋转锯片必须设置防护罩。

12.1.4　焊割现场及高空焊割作业下方，严禁堆放油类、木材、氧气瓶、乙炔瓶、保温材料等易燃、易爆物品。

12.1.9　对承压状态的压力容器和装有剧毒、易燃、易爆物品的容器，严禁进行焊接或切割作业。

（2）《建筑施工塔式起重机安装、使用、拆卸安全技术规程》JGJ 196—2010

2.0.3　塔式起重机安装、拆卸作业应配备下列人员：

1　持有安全生产考核合格证书的项目负责人和安全负责人、机械管理人员；

2　具有建筑施工特种作业操作资格证书的建筑起重机械安装拆卸工、起重司机、起重信号工、司索工等特种作业操作人员。

2.0.9　有下列情况之一的塔式起重机严禁使用：

1　国家明令淘汰的产品；

2　超过规定使用年限经评估不合格的产品；

3　不符合国家现行相关标准的产品；

4　没有完整安全技术档案的产品。

2.0.14　当多台塔式起重机在同一施工现场交叉作业时，应编制专项方案，并应采取防碰撞的安全措施。任意两台塔式起重机之间的最小架设距离应符合下列规定：

1　低位塔式起重机的起重臂端部与另一台塔式起重机的塔身之间的距离不得小于2m；

2　高位塔式起重机的最低位置的部件（或吊钩升至最高点或平衡重的最低部位）与低位塔式起重机中处于最高位置部件之间的垂直距离不得小于2m。

2.0.16　塔式起重机在安装前和使用过程中，发现有下列情况之一的，不得安装和使用：

1　结构件上有可见裂纹和严重锈蚀的；

2　主要受力构件存在塑性变形的；

3　连接件存在严重磨损和塑性变形的；

4　钢丝绳达到报废标准的；

5　安全装置不齐全或失效的。

3.4.12　塔式起重机的安全装置必须齐全，并应按程序进行调试合格。

3.4.13　连接件及其防松防脱件严禁用其他代用品代用。连接件及其防松防脱件应使用力矩扳手或专用工具紧固连接螺栓。

4.0.2　塔式起重机使用前，应对起重司机、起重信号工、司索工等作业人员进行安全技术交底。

4.0.3 塔式起重机的力矩限制器、重量限制器、变幅限位器、行走限位器、高度限位器等安全保护装置不得随意调整和拆除，严禁用限位装置代替操纵机构。

5.0.7 拆卸时应先降节、后拆除附着装置。

(3)《建筑施工升降机安装、使用、拆卸安全技术规程》JGJ 215—2010

4.1.6 有下列情况之一的施工升降机不得安装使用：

1 属国家明令淘汰或禁止使用的；

2 超过由安全技术标准或制造厂家规定使用年限的；

3 经检验达不到安全技术标准规定的；

4 无完整安全技术档案的；

5 无齐全有效的安全保护装置的。

4.2.10 安装作业时必须将按钮盒或操作盒移至吊笼顶部操作。当导轨架或附墙架上有人员作业时，严禁开动施工升降机。

5.2.2 严禁施工升降机使用超过有效标定期的防坠安全器。

5.2.10 严禁用行程限位开关作为停止运行的控制开关。

5.3.9 严禁在施工升降机运行中进行保养、维修作业。

5. 施工脚手架

(1)《建筑施工扣件式钢管脚手架安全技术规范》JGJ 130—2011

3.4.3 可调托撑受压承载力设计值不应小于 40kN，支托板厚不应小于 5mm。

6.2.3 主节点处必须设置一根横向水平杆，用直角扣件扣接且严禁拆除。

6.3.3 脚手架立杆基础不在同一高度上时，必须将高处的纵向扫地杆向低处延长两跨与立杆固定，高低差不应大于 1m。靠边坡上方的立杆轴线到边坡的距离不应小于 500mm（图 6.3.3）。

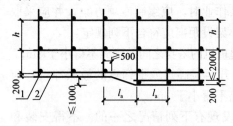

图 6.3.3 纵、横向扫地杆构造
1—横向扫地杆；2—纵向扫地杆

6.3.5 单排、双排与满堂脚手架立杆接长除顶层顶步外，其余各层各步接头必须采用对接扣件连接。

6.4.4 开口型脚手架的两端必须设置连墙件，连墙件的垂直间距不应大于建筑物的层高，并且不应大于 4m。

6.6.3 高度在 24m 及以上的双排脚手架应在外侧全立面连续设置剪刀撑；高度在 24m 以下的单、双排脚手架，均必须在外侧两端、转角及中间间隔不超过 15m 的立面上，各设置一道剪刀撑，并应由底至顶连续设置（图 6.6.3）。

6.6.5 开口型双排脚手架的两端均必须设置横向斜撑。

7.4.2 单、双排脚手架拆除作业必须由上而下逐层进行，严禁上下同时作业；连墙件必须随脚手架逐层拆除，严禁先将连墙件整层或数层拆除后再拆脚手架；分段拆除高差大于两步时，应增设连墙件加固。

7.4.5 卸料时各构配件严禁抛掷至地面。

8.1.4 扣件进入施工现场应检查产品合格证，并应进行抽样复试，技术性能应符合现行国家标准《钢管脚手架扣件》GB 15831 的规定。扣件在使用前应逐个挑选，有裂缝、

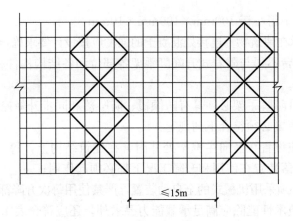

图 6.6.3　高度 24m 以下剪刀撑布置

变形、螺栓出现滑丝的严禁使用。

9.0.1　扣件式钢管脚手架安装与拆除人员必须是经考核合格的专业架子工。架子工应持证上岗。

9.0.4　钢管上严禁打孔。

9.0.5　作业层上的施工荷载应符合设计要求，不得超载。不得将模板支架、缆风绳、泵送混凝土和砂浆的输送管等固定在架体上；严禁悬挂起重设备，严禁拆除或移动架体上安全防护设施。

9.0.7　满堂支撑架顶部的实际荷载不得超过设计规定。

9.0.13　在脚手架使用期间，严禁拆除下列杆件：

1　主节点处的纵、横向水平杆，纵、横向扫地杆；

2　连墙件。

9.0.14　当在脚手架使用过程中开挖脚手架基础下的设备基础或管沟时，必须对脚手架采取加固措施。

(2)《建筑施工工具式脚手架安全技术规范》JGJ 202—2010

4.4.2　附着式升降脚手架结构构造的尺寸应符合下列规定：

1　架体高度不得大于 5 倍楼层高；

2　架体宽度不得大于 1.2m；

3　直线布置的架体支承跨度不得大于 7m，折线或曲线布置的架体，相邻两主框架支撑点处的架体外侧距离不得大于 5.4m；

4　架体的水平悬挑长度不得大于 2m，且不得大于跨度的 1/2；

5　架体全高与支承跨度的乘积不得大于 110m²。

4.4.5　附着支承结构应包括附墙支座、悬臂梁及斜拉杆，其构造应符合下列规定：

1　竖向主框架所覆盖的每个楼层处应设置一道附墙支座；

2　在使用工况时，应将竖向主框架固定于附墙支座上；

3　在升降工况时，附墙支座上应设有防倾、导向的结构装置；

4　附墙支座应采用锚固螺栓与建筑物连接，受拉螺栓的螺母不得少于两个或应采用弹簧垫圈加单螺母，螺杆露出螺母端部的长度不应少于 3 扣，并不得小于 10mm，垫板尺寸应由设计确定，且不得小于 100mm×100mm×10mm；

　　5　附墙支座支承在建筑物上连接处混凝土的强度应按设计要求确定，且不得小于 C10。

　　4.4.10　物料平台不得与附着式升降脚手架各部位和各结构构件相连，其荷载应直接传递给建筑工程结构。

　　4.5.1　附着式升降脚手架必须具有防倾覆、防坠落和同步升降控制的安全装置。

　　4.5.3　防坠落装置必须符合下列规定：

　　1　防坠落装置应设置在竖向主框架处并附着在建筑结构上，每一升降点不得少于一个防坠落装置，防坠落装置在使用和升降工况下都必须起作用；

　　2　防坠落装置必须采用机械式的全自动装置，严禁使用每次升降都需重组的手动装置；

　　3　防坠落装置技术性能除应满足承载能力要求外，还应符合表 4.5.3 的规定。

　　4　防坠落装置应具有防尘、防污染的措施，并应灵敏可靠和运转自如；

　　5　防坠落装置与升降设备必须分别独立固定在建筑结构上；

　　6　钢吊杆式防坠落装置，钢吊杆规格应由计算确定，且不应小于 $\phi 25$mm。

防坠落装置技术性能　　　　　　　　　　　表 4.5.3

脚手架类别	制动距离（mm）
整体式升降脚手架	≤80
单片式升降脚手架	≤150

　　5.2.11　悬挂吊篮的支架支撑点处结构的承载能力，应大于所选择吊篮各工况的荷载最大值。

　　5.4.7　悬挂机构前支架严禁支撑在女儿墙上、女儿墙外或建筑物挑檐边缘。

　　5.4.10　配重件应稳定可靠地安放在配重架上，并应有防止随意移动的措施。严禁使用破损的配重件或其他替代物。配重件的重量应符合设计规定。

　　5.4.13　悬挂机构前支架应与支撑面保持垂直，脚轮不得受力。

　　5.5.8　吊篮内的作业人员不应超过 2 个。

　　6.3.1　在提升状况下，三角臂应能绕竖向桁架自由转动；在工作状况下，三角臂与竖向桁架之间应采用定位装置防止三角臂转动。

　　6.3.4　每一处连墙件应至少有 2 套杆件，每一套杆件应能够独立承受架体上的全部荷载。

　　6.5.1　防护架的提升索具应使用现行国家标《重要用途钢丝绳》GB 8918 规定的钢丝绳。钢丝绳直径不应小于 12.5mm。

　　6.5.7　当防护架提升、下降时，操作人员必须站在建筑物内或相邻的架体上，严禁站在防护架上操作；架体安装完毕前，严禁上人。

　　6.5.10　防护架在提升时，必须按照"提升一片、固定一片、封闭一片"的原则进行，严禁提前拆除两片以上的架体、分片处的连接杆、立面及底部封闭设施。

　　6.5.11　在每次防护架提升后，必须逐一检查扣件紧固程度；所有连接扣件拧紧力矩必须达到 40N·m～65N·m。

　　7.0.1　工具式脚手架安装前，应根据工程结构、施工环境等特点编制专项施工方案，并应经总承包单位技术负责人审批、项目总监理工程师审核后实施。

7.0.3　总承包单位必须将工具式脚手架专业工程发包给具有相应资质等级的专业队伍，并应签订专业承包合同，明确总包、分包或租赁等各方的安全生产责任。

8.2.1　高处作业吊篮在使用前必须经过施工、安装、监理等单位的验收，未经验收或验收不合格的吊篮不得使用。

6. 环境与卫生

（1）《建筑施工现场环境与卫生标准》JGJ 146—2013

4.2.1　施工现场的主要道路要进行硬化处理。裸露的场地和堆放的土方应采取覆盖、固化或绿化等措施。

4.2.5　建筑物内垃圾应采用容器或搭设专用封闭式垃圾道的方式清运，严禁凌空抛掷。

4.2.6　施工现场严禁焚烧各类废弃物。

5.1.6　施工现场生活区宿舍、休息室必须设置可开启式外窗，床铺不得超过 2 层，不得使用通铺。

（2）《民用建筑工程室内环境污染控制规范（2013 版）》GB 50325—2010

1.0.5　民用建筑工程所选用的建筑材料和装修材料必须符合本规范的有关规定。

3.1.1　民用建筑工程所使用的砂、石、砖、砌块、水泥、混凝土、混凝土预制构件等无机非金属建筑主体材料的放射性限量，应符合表 3.1.1 的规定。

无机非金属建筑主体材料的放射性限量　　　　　　　　　　表 3.1.1

测定项目	限量
内照射指数 I_{Ra}	≤1.0
外照射指数 I_y	≤1.0

3.1.2　民用建筑工程所使用的无机非金属装修材料，包括石材、建筑卫生陶瓷、石膏板、吊顶材料、无机瓷质砖粘结材料等，进行分类时，其放射性限量应符合表 3.1.2 的规定。

3.2.1　民用建筑工程室内用人造木板及饰面人造木板，必须测定游离甲醛含量或游离甲醛释放量。

3.6.1　民用建筑工程中所使用的能释放氨的阻燃剂、混凝土外加剂，氨的释放量不应大于 0.10%，测定方法应符合现行国家标准《混凝土外加剂中释放氨的限量》GB 18588 的有关规定。

无机非金属装修材料放射性限量　　　　　　　　　　表 3.1.2

测定项目	限量	
	A	B
内照射指数 I_{Ra}	≤1.0	≤1.3
外照射指数 I_y	≤1.3	≤1.9

4.1.1　新建、扩建的民用建筑工程设计前，应进行建筑工程所在城市区域土壤中氡浓度或土壤表面氡析出率调查，并提交相应的调查报告。未进行过区域土壤中氡浓度或土壤表面氡析出率测定的，应进行建筑场地土壤中氡浓度或土壤氡析出率测定，并提供相应的检测报告。

4.2.4 当民用建筑工程场地土壤氡浓度测定结果大于 20000Bq/m³，且小于 30000Bq/m³，或土壤表面氡析出率大于 0.05Bq/(m² · s) 且小于 0.1Bq/(m² · s) 时，应采取建筑物底层地面抗开裂措施。

4.2.5 当民用建筑工程场地土壤氡浓度测定结果大于或等于 30000Bq/m³，且小于 50000Bq/m³，或土壤表面氡析出率大于或等于 0.1Bq/(m² · s) 且小于 0.3Bq/(m² · s) 时，除采取建筑物底层地面抗开裂措施外，还必须按现行国家标准《地下工程防水技术规范》GB 50108 中的一级防水要求，对基础进行处理。

4.2.6 当民用建筑工程场地土壤氡浓度大于或等于 50000Bq/m³ 或土壤表面氡析出率平均值大于或等于 0.3Bq/(m² · s) 时，应采取建筑物综合防氡措施。

4.3.1 民用建筑工程室内不得使用国家禁止使用、限制使用的建筑材料。

4.3.2 Ⅰ类民用建筑工程室内装修采用的无机非金属装修材料必须为 A 类。

4.3.4 Ⅰ类民用建筑工程的室内装修，采用的人造木板及饰面人造木板必须达到 E_1 级要求。

4.3.9 民用建筑工程室内装修中所使用的木地板及其他木质材料，严禁采用沥青、煤焦油类防腐、防潮处理剂。

5.1.2 当建筑材料和装修材料进场检验，发现不符合设计要求及本规范的有关规定时，严禁使用。

5.2.1 民用建筑工程中，建筑主体采用的无机非金属材料和建筑装修采用的花岗岩、瓷质砖、磷石膏制品必须有放射性指标检测报告，并应符合本规范第 3 章、第 4 章要求。

5.2.3 民用建筑工程室内装修中所采用的人造木板及饰面人造木板，必须有游离甲醛含量或游离甲醛释放量检测报告，并应符合设计要求和本规范的有关规定。

5.2.5 民用建筑工程室内装修中所采用的水性涂料、水性胶粘剂、水性处理剂必须有同批次产品的挥发性有机化合物（VOC）和游离甲醛含量检测报告；溶剂型涂料、溶剂型胶粘剂必须有同批次产品的挥发性有机化合物（VOC）、苯、甲苯＋二甲苯、游离甲苯二异氰酸酯（TDI）含量检测报告，并应符合设计要求和本规范的有关规定。

5.3.3 民用建筑工程室内装修时，严禁使用苯、工业苯、石油苯、重质苯及混苯作为稀释剂和溶剂。

5.3.6 民用建筑工程室内严禁使用有机溶剂清洗施工用具。

6.0.19 当室内环境污染物浓度的全部检测结果符合本规范表 6.0.4 的规定时，应判定该工程室内环境质量合格。

6.0.21 室内环境质量验收不合格的民用建筑工程，严禁投入使用。

7. 基坑工程

《地下建筑工程逆作法技术规程》JGJ 165—2010

3.0.4 地下建筑工程逆作法施工必须设围护结构，其主体结构的水平构件应作为围护结构的水平支撑；当围护结构为永久性承重外墙时，应选择与主体结构沉降相适应的岩土层作为排桩或地下连续墙的持力层。

3.0.5 逆作法施工应全过程监测。

5.1.3 地下建筑工程逆作法结构设计应根据结构破坏可能产生的后果，采用不同的安全等级及结构的重要性系数，并应符合下列规定：

1 施工期间临时结构的安全等级和重要性系数应符合表 5.1.3 的规定。

临时结构的安全等级和重要性系数　　　　　表 5.1.3

安全等级	破坏后果	γ_0
一级	支护结构破坏、土体变形对基坑周边环境及地下结构施工影响严重	1.1
二级	支护结构破坏、土体变形对基坑周边环境及地下结构施工影响一般	1.0
三级	支护结构破坏、土体变形对基坑周边环境及地下结构施工影响不严重	0.9

2 当支撑结构作为永久结构时，其结构安全等级和重要性系数不得小于地下结构安全等级和重要性系数。

3 支撑结构安全等级和重要性系数应按施工与使用两个阶段选用较高的结构安全等级和重要性系数。

4 当地下逆作结构的部分构件只作为临时结构构件的一部分时，应按临时结构的安全等级及结构的重要性系数取用。当形成最终永久结构的构件时，应按永久结构的安全等级及结构的重要性系数取用。

6.6.3 当水平结构作为周边围护结构的水平支承时，其后浇带处应按设计要求设置传力构件。

5.6　城镇建设、建筑工业产品标准

5.6.1　概念

产品是过程的结果，从广义上说，产品可分为四类：硬件、软件、服务、流程性材料。许多产品是由不同类别的产品构成，判断产品是硬件、软件、还是服务，主要取决于主导成分。这里所提到的产品，主要是指生产企业向顾客或市场以商品形式提供的制成品。在工程建设中，产品是指应用到工程中的材料、制品、配件等，构成建设工程的一部分。

产品标准是对产品结构、规格、质量和检验方法所做的技术规定，是保证产品适用性的依据，也是产品质量的衡量依据。在目前工程建设中所用产品数量、品种、规格较多，针对建筑产品管理常用的标准包括产品标准和产品检验标准。

这类标准规定了产品的品种，对产品的种类及其参数系列做出统一规定；另外，规定了产品的质量，既对产品的主要质量要素（项目）做出合理规定，同时对这些质量要素的检测（试验方法）以及对产品是否合格的判定规则做出规定。

5.6.2　重要标准示例

（1）《预拌混凝土》GB 14902

该标准规定了预拌混凝土的定义、分类、标记、技术要求、供货量、试验方法、检验规则及订货与交货。本标准适用于集中搅拌站生产的预拌混凝土。本标准不包括运送货到交货地点后混凝土的浇筑、振捣及养护。

（2）《预拌砂浆》GB/T 25181

主要内容包括两大类 18 个品种砂浆，规范了预拌砂浆尤其是普通预拌砂浆的技术要求，以及原材料、制备、供应、运输、验收等要求。

5.6.3 重要城镇建设、建筑工业产品标准列表

重要城镇建设、建筑工业产品标准列表 表 5-5

序号	标准名称	标准编号
1	预拌混凝土	GB/T 14902—2012
2	聚羧酸系高性能减水剂	JG/T 223—2007
3	钢纤维混凝土	JG/T 472—2015
4	预应力混凝土空心方桩	JG 197—2006
5	冷轧扭钢筋	JG 190—2006
6	建筑用不锈钢绞线	JG/T 200—2007
7	混凝土结构用成型钢筋	JG/T 226—2008
8	钢筋机械连接用套筒	JG/T 163—2013
9	结构用高频焊接薄壁 H 型钢	JG/T 137—2007
10	冷弯钢板桩	JG/T 196—2007

第 6 章　工程质量控制与工程检测

6.1　认识工程质量

6.1.1　质量的概念

美·朱兰（J. M. Juran）博士从顾客的角度出发，提出了产品质量就是产品的适用性。即"产品在使用时能成功地满足用户需要的程度"；

美·克劳斯比从生产者的角度出发，曾把质量概括为"产品符合规定要求的程度"；

美·德鲁克认为"质量就是满足需要"；

全面质量控制的创始人菲根堡姆认为，产品或服务质量是指营销、设计、制造、维修中各种特性的综合体。

用户对产品的使用要求的满足程度，反映在对产品的性能、经济特性、服务特性、环境特性和心理特性等方面。

ISO 定义为"反映产品或服务满足明确或隐含需要能力的特征和特性的总和"。

第一层次是产品或服务必须满足规定或潜在的需要，这种"需要"可以是技术规范中规定的要求，也可能是在技术规范中未注明，但用户在使用过程中实际存在的需要。它是动态的、变化的、发展的和相对的，"需要"随时间、地点、使用对象和社会环境的变化而变化。即"需要"＝"适用性"；第二层次是在第一层次的前提下质量是产品特征和特性的总和。需要加以表征，必须转化成有指标的特征和特性，即是可以衡量的，"需要"＝"符合性"。

在质量管理过程中，"质量"的含义是广义的，除了产品质量之外，还包括工作质量。质量管理不仅要管好产品本身的质量，还要管好质量赖以产生和形成的工作质量，并以工作质量为重点。

2005 年颁布的《质量管理体系基础和术语》ISO 9000：2005 中对质量的定义是：一组固有特性满足要求的程度。

固有特性是事物本来就有的，例如：物质特性（如机械、电气、化学或生物特性）、官感特性（如用嗅觉、触觉、味觉、视觉等感觉控测的特性）、行为特性（如礼貌、诚实、正直）、时间特性（如准时性、可靠性、可用性）、人体工效特性（如语言或生理特性、人身安全特性）、功能特性（如飞机最高速度）等。

满足要求就是应满足明示的（如明确规定的）、通常隐含的（如组织的惯例、一般习惯）或必须履行的（如法律法规、行业规则）的需要和期望。

顾客和其他相关方对产品、体系或过程的质量要求是动态的、发展的和相对的。它将随着时间、地点、环境的变化而变化。

6.1.2 工程质量

建筑工程质量简称工程质量。工程质量是指工程项目满足建设单位需要，符合法律法规、技术标准、设计文件及合同规定的综合特性。

从产品功能或使用价值看，工程项目的质量特性通常体现在可用性、可靠性、经济性、与环境的协调性及建设单位所要求的其他特殊功能等方面，如图 6-1 所示。

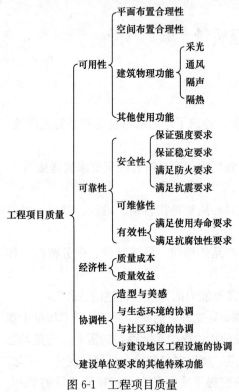

图 6-1　工程项目质量

6.1.3 工程质量的主要特点

（1）影响因素多。工程质量受到各种自然因素、技术因素和管理因素的影响，如：地形、地质、水文、气象等条件，规划、决策、设计、施工等程序，材料、机械、施工方法、人员素质、管理制度和措施等因素，这些都直接或间接地影响到工程质量。

（2）波动大。由于工程项目具有单件性，影响因素多，因此，工程项目质量容易产生波动，而且波动比较大。

（3）隐蔽性强。在工程项目施工中，由于工序交接较多，中间产品、隐蔽工程多，质量存在较强的隐蔽性。如果不进行严格的检查监督，不及时发现不合格项并进行处理，完工后仅从表面进行检查，很难发现内在质量问题。

（4）终检的局限性。由于工程项目建成后不能拆解，因此在终检时无法对隐蔽的内在质量进行检查和检测，工程项目的终检存在一定的局限性。

6.1.4 影响工程质量因素

影响工程质量的因素很多，但归纳起来主要有五个方面，即人（Man）、材料（Material）、机械（Machine）、方法（Method）和环境（Environment），简称为 4M1E 因素。如图 6-2 所示。

（1）人员素质。人是生产经营活动的主体，也是工程项目建设的决策者、管理者、操作者，人员的素质，都将直接和间接地对规划、决策、勘察、设计和施工的质量产生影响。

因此，建筑行业实行经营资质管理和各类专业从业人员持证上岗制度是保证人员素质的重要管理措施。

（2）工程材料。工程材料选用是否合理、产品是否合格、材质是否经过检验、保管使用是否得当等等，都将直接影响建设工程的结构刚度和强度，影响工程外表及观感，影响工程的使用功能，影响工程的使用安全。

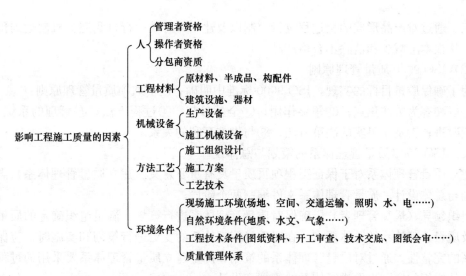

图 6-2 影响工程质量的因素

（3）机械设备。机械设备可分为两类：一是指组成工程实体及配套的工艺设备和各类机具，它们构成了建筑设备安装工程或工业设备安装工程，形成完整的使用功能。二是指施工过程中使用的各类机具设备，简称施工机具设备，它们是施工生产的手段。机具设备对工程质量也有重要的影响。工程用机具设备其产品质量优劣，直接影响工程使用功能质量。施工机具设备的类型是否符合工程施工特点，性能是否先进稳定，操作是否方便安全等，都将会影响工程项目的质量。

（4）工艺方法。在工程施工中，施工方案是否合理，施工工艺是否先进，施工操作是否正确，都将对工程质量产生重大的影响。大力推进采用新技术、新工艺、新方法，不断提高工艺技术水平，是保证工程质量稳定提高的重要因素。

（5）环境条件。环境条件是指对工程质量特性起重要作用的环境因素，主要包括：工程技术环境、工程作业环境、工程管理环境、周边环境等 4 个条件。环境条件往往对工程质量产生特定的影响。加强环境管理，改进作业条件，把握好技术环境，辅以必要的措施，是控制环境对质量影响的重要保证。

6.2 工程质量管理体系

6.2.1 ISO 9000 质量管理体系

（1）ISO 9000 质量管理体系

ISO 9000 质量管理标准是由 ISO（国际标准化组织）TCl76（质量管理体系技术委员会）制定的质量管理国际标准。该标准包括 4 项核心内容：《质量管理体系基础和术语》ISO 9000—2008；《质量管理体系要求》ISO 9001—2008；《质量管理体系业绩改进指南》ISO 9004—2008；《质量和（或）环境管理体系审核指南》ISO 19011—2008。

ISO 9000 质量管理标准的基本思想主要有两条：其一是控制的思想，即对产品形成的全过程——从采购原材料、加工制造到最终产品的销售、售后服务进行控制。其二是预防的思想。通过对产品形成的全过程进行控制以及建立并有效运行自我完善机制达到预防不合格，从根本上减少和消除不合格产品。

（2）ISO 9000 质量管理原则

为了确保质量目标的实现，ISO 9000 标准中明确了以下八项质量管理原则：

①以顾客为关注焦点；②领导作用；③全员参与；④过程方法；⑤管理的系统方法；⑥持续改进；⑦基于事实的决策方法；⑧与供方互利的关系。

（3）ISO 9000 质量管理体系的策划与总体设计

建立质量管理体系对于保证工程项目质量具有重要意义。建立质量管理体系，需要经历策划与总体设计、质量管理体系文件编制两个阶段。

组织领导（最高管理者）应确保对质量管理体系进行策划，满足组织确定的质量目标要求及质量管理体系的总体要求，在对质量管理体系的变更进行策划和实施时，应保持管理体系的完整性。通过对质量管理体系的策划，确定建立质量管理体系要采用的过程方法模式，从组织的实际出发进行体系的策划和设计。

6.2.2 企业质量管理体系文件的编制

应在满足标准要求、确保控制质量、提高组织全面管理水平的情况下，建立一套高效、简单、实用的质量管理体系文件。质量管理体系文件包括质量手册、质量管理体系程序文件、质量计划、质量记录等。

（1）质量手册。质量手册是组织质量工作的"基本法"，是组织最重要的质量法规性文件。质量手册应阐述组织的质量方针，概述质量管理体系的文件结构并能反映组织质量管理体系的总貌，起到总体规划和加强各职能部门之间协调的作用。

（2）质量管理体系程序文件。是质量管理体系的重要组成部分，是质量手册的具体展开和有力支撑。质量管理体系程序文件的范围和详略程度取决于组织的规模、产品类型、过程的复杂程度、方法和相互作用以及人员素质等因素。对每个质量管理程序来说，都应视需要明确何时、何地、何人、做什么、为什么、怎么做（即 5W1H），应保留什么记录。

质量管理程序应至少包括 6 个程序，即：文件控制程序、质量记录控制程序、内部质量审核程序、不合格控制程序、纠正措施程序、预防措施程序。

（3）质量计划。是对特定的项目、产品、过程或合同，规定由谁及何时应使用哪些程序相关资源的文件。质量手册和质量管理体系程序所规定的是各种产品都适用的通用要求和方法。但各种特定产品都有其特殊性，质量计划是一种工具，将某产品、项目或合同的特定要求与现行的通用的质量管理体系程序相连接。

质量计划在组织内部作为一种管理方法，使产品的特殊质量要求能通过有效措施得以满足。在合同情况下，组织使用质量计划向顾客证明其如何满足特定合同的特殊质量要求，并作为顾客实施质量监督的依据。产品（或项目）的质量计划是针对具体产品（或项目）的特殊要求，以及应重点控制的环节所编制的对设计、采购、制造、检验、包装、运输等的质量控制方案。

（4）质量记录。是阐明所取得的结果或提供所完成活动的证据文件。质量记录是产品质量水平和组织质量管理体系中各项质量活动结果的客观反映，应如实加以记录，用以证明达到了合同所要求的产品质量，并证明对合同中提出的质量保证要求予以满足的程度。

如果出现偏差，质量记录应反映针对不足之处采取了哪些纠正措施。质量记录应字迹清晰、内容完整，并按所记录的产品和项目进行标识，记录应注明日期并经授权人员签字、盖章或作其他审定后方能生效。

为保证质量管理体系的有效运行，要做到两个到位：一是认识到位；二是管理考核到位。

6.2.3 质量保证体系的建立

质量保证体系通过对那些影响设计的或是使用规范性的要素进行连续评价，并对建筑、安装、检验等工作进行检查，以取得用户的信任，并提供证据。

建立完善的质量体系并使之有效的运行，是企业质量管理的核心，也是贯彻质量管理和质量保证标准的关键。质量管理体系的建立和运行一般可分为三个阶段，即质量管理体系的建立、质量管理体系文件的编制和质量管理体系的实施运行。

质量管理体系的建立是企业根据质量管理八项原则，在确定市场及顾客需求的前提下，将质量目标落实到相关层次、相关岗位的职能和职责中，形成企业质量管理体系执行系统的一系列工作。其内容如下：

（1）项目施工质量目标

必须有明确的质量目标，以工程承包合同为基本依据，逐级分解目标以形成在合同环境下的项目施工质量保证体系的各级质量目标。一是从时间角度展开，实施全过程的控制；二是从空间角度展开，实现全方位和全员的质量目标管理。

（2）项目施工质量计划

项目施工质量保证体系应有可行的质量计划，按内容分为施工质量工作计划和施工质量成本计划。

（3）思想保证体系

全体人员真正树立起强烈的质量意识，贯彻"一切为用户服务"的思想，以达到提高施工质量的目的。

（4）组织保证体系

必须建立健全各级质量管理组织，分工负责，形成一个有明确任务、职责、权限、互相协调和互相促进的有机整体。内容包括：成立质量管理小组（QC小组）；健全各种规章制度；明确规定各职能部门主管人员和参与施工人员在保证和提高工程质量中所承担的任务、职责和权限；建立质量信息系统等内容构成。

（5）工作保证体系

明确工作任务和建立工作制度，要落实在以下三个阶段：

1）施工准备阶段的质量控制是确保施工质量的首要工作，不仅直接关系到工程建设能否高速、优质地完成，而且也决定了能否对工程质量事故起到一定的预防、预控作用。

2）施工阶段的质量控制是确保施工质量的关键。加强工序管理，建立质量检查制度，严格实行自检、互检和专检，开展群众性的QC活动，强化过程控制，以确保施工阶段的工作质量。

3）竣工验收阶段的质量控制应做好成品保护，严格按规范标准进行检查验收和必要的处置，不让不合格工程进入下一道工序或进入市场，并做好相关资料的收集整理和移交，建立回访制度等。

6.2.4 施工企业质量保证体系的运行

应以质量计划为主线，以过程管理为重心，按照 PDCA 循环的原理，通过计划、实施、检查和处理的步骤展开控制。

（1）计划（Plan）是质量管理的首要环节，主要确定质量管理的方针、目标，以及实现方针、目标的措施和行动方案。"计划"的职能包括确定或明确质量管理目标和制定实现质量目标的行动方案（质量保证工作计划）两个方面。

质量管理目标的确定，就是根据项目自身可能存在的质量问题、质量通病以及与国家规范规定的质量标准对比的差距，或者用户提出的更新、更高的质量要求所确定的项目在计划期应达到的质量标准。

质量保证工作计划，就是为实现上述质量管理目标所采用的具体措施的计划。质量保证工作计划应做到材料、技术、组织三落实。

（2）实施（Do）包含两个环节，即计划行动方案的交底和按计划规定的方法及要求展开的施工作业技术活动。

首先，要做好计划的交底和落实。落实包括组织落实、技术和物资材料的落实。有关人员要经过培训、实习并经过考核合格再执行。

其次，计划的执行，要依靠质量保证工作体系、依靠组织体系、依靠产品形成过程的质量控制体系。

实施的职能就是将质量的目标值，通过生产要素的投入、作业技术活动和产出过程转换为质量实际值。

（3）检查（Check）就是对照计划，检查执行的情况和效果，及时发现计划执行过程的偏差和问题。一般包括两个方面：一是检查是否严格执行了计划的行动方案，检查实际条件是否发生了变化，总结成功执行的经验，查明没按计划执行的原因；二是检查计划执行的结果，即施工质量是否达到标准的要求，并对此进行评价和确认。

（4）处理（Action）是在检查的基础上，把成功的经验加以肯定，形成标准，以利于在今后的工作中以此作为处理的依据，巩固成果；同时采取措施，克服缺点，吸取教训，避免重犯错误，对于尚未解决的问题，则留到下一次循环再加以解决。

质量管理的全过程是反复按照 PDCA 的循环周而复始地运转，每运转一次，工程质量就提高一步。PDCA 循环具有大环套小环、互相衔接、互相促进、螺旋式上升，形成完整的循环和不断推进等特点。

6.2.5 《工程建设施工企业质量管理规范》GB/T 50430—2007

《工程建设施工企业质量管理规范》GB/T50430—2007 是住房和城乡建设部为了加强工程建设施工企业的质量管理工作，规范施工企业从工程投标、施工合同的签订、施工现场勘测、施工图纸设计、编制施工相关作业指导书、人机料进场、施工过程管理及施工过程检验、内部竣工验收、竣工交付验收、档案移交人员离场、保修服务等一系列流程而起草的标准，其目的就是进一步强化和落实质量责任，提高企业自律和质量管理水平，促进施工企业质量管理的科学化、规范化和法制化。

作为施工企业质量管理的第一个管理性规范，具有先进性、指导性、灵活性等特点，具体表现在以下几方面：

（1）基本思想与 ISO 9000 系列标准保持一致，在内容上全面涵盖了 ISO 9001 标准的要求。

（2）在条文结构安排上充分体现了施工企业管理活动特点，突出了过程方法和 PDCA 思想。

（3）结合施工行业管理特点，在 ISO 9001 标准基础上又提出了诸多进一步要求。

（4）本土化、行业化特点突出，语言简洁明了，便于企业贯彻实施。

（5）与我国施工行业现行管理模式保持一致，施工企业在贯彻时不仅不会增加负担，反而因减少了由于企业对 ISO 9000 标准的误解产生的形式化操作，而减轻负担。

（6）紧密结合当前我国已发布的建设管理各项法律法规的要求，以便通过该规范的实施推动工程建设管理法制化的进程。

（7）标准的编制从与工程质量有关的所有质量行为的角度即"大质量"的概念出发，全面覆盖企业所有质量管理活动。

（8）是对施工企业质量管理的基本要求，并不是企业质量管理的最高水平。鼓励企业根据自身发展的需要进行管理创新，如实施卓越绩效模式等，提升企业的竞争能力。

6.3　工程质量控制的基本知识

6.3.1　工程质量控制的主体

工程质量按其实施主体不同，分为自控主体和监控主体。前者是指直接从事质量职能的活动者，后者是指对他人质量能力和效果的监控者，主要包括以下 4 个方面：

（1）政府的工程质量控制。政府属于监控主体，它主要是以法律法规为依据，通过抓工程报建、施工图设计文件审查、施工许可、材料和设备准用、工程质量监督、重大工程竣工验收备案等主要环节进行的。

（2）工程监理单位的质量控制。工程监理单位属于监控主体，它主要是受建设单位的委托，代表建设单位对工程建设全过程进行的质量监督和控制，包括勘察设计阶段质量控制、施工阶段质量控制，以满足建设单位对工程质量的要求。

（3）勘察设计单位的质量控制。勘察设计单位属于自控主体，它是以法律、法规及合同为依据，对勘察设计的整个过程进行控制，包括工作程序、工作进度、费用及成果文件所包含的功能和使用价值，以满足建设单位对勘察设计质量的要求。

（4）施工单位的质量控制。施工单位属于自控主体，它是以工程合同、设计图纸和技术规范为依据，对施工准备阶段、施工阶段、竣工验收交付阶段等施工全过程的工作质量和工程质量进行的控制，以达到合同文件规定的质量要求。

6.3.2　建设工程项目质量控制体系

（1）建设工程项目质量控制体系与质量管理体系的不同点

1）建立的目的不同

建设工程项目质量控制体系只用于特定的建设工程项目质量控制，而不是用于建筑企业或组织的质量管理，其建立的目的不同。

2）服务的范围不同

建设工程项目质量控制体系涉及建设工程项目实施过程所有的质量责任主体，而不只是某一个承包企业或组织机构，其服务的范围不同。

3）控制的目标不同

建设工程项目质量控制体系的控制目标是建设工程项目的质量目标，并非某一具体建筑企业或组织的质量管理目标，其控制的目标不同。

4）作用的时效不同

建设工程项目质量控制体系与建设工程项目管理组织系统相融合，是一次性的质量工作体系，并非永久性的质量管理体系，其作用的时效不同。

5）评价的方式不同

建设工程项目质量控制体系的有效性一般由建设工程项目管理的总组织者进行自我评价与诊断，不需进行第三方认证，其评价的方式不同。

（2）工程项目质量控制体系的结构

建设工程项目质量控制体系，一般形成多层次、多单元的结构形态，这是由其实施任务的委托方式和合同结构所决定的。

1）多层次结构是对应于建设工程项目工程系统纵向垂直分解的单项、单位工程项目的质量控制体系。

第一层次的质量控制体系应由建设单位的工程项目管理机构负责建立；在委托代建、委托项目管理或实行交钥匙式工程总承包的情况下，应由相应的代建方项目管理机构、受托项目管理机构或工程总承包企业项目管理机构负责建立。

第二层次的质量控制体系，通常是指分别由建设工程项目的设计总负责单位、施工总承包单位等建立的相应管理范围内的质量控制体系。

第三层次及其以下，是承担工程设计、施工安装、材料设备供应等各承包单位的现场质量自控体系，或称各自的施工质量保证体系。系统纵向层次机构的合理性是建设工程项目质量目标、控制责任和措施分解落实的重要保证。

2）多单元结构是指在建设工程项目质量控制总体系下，第二层次的质量控制体系及其以下的质量自控或保证体系可能有多个。这是项目质量目标、责任和措施分解的必然结果。

（3）建立的程序

工程项目质量控制体系的建立过程，一般可按以下环节依次展开工作。

1）确立系统质量控制网络

首先明确系统各层面的建设工程质量控制负责人。一般应包括承担项目实施任务的项目经理（或工程负责人）、总工程师，项目监理机构的总监理工程师、专业监理工程师等，以形成明确的项目质量控制责任者的关系网络架构。

2）制定质量控制制度

包括质量控制例会制度、协调制度、报告审批制度、质量验收制度和质量信息管理制度等。形成建设工程项目质量控制体系的管理文件或手册，作为承担建设工程项目实施任务各方主体共同遵循的管理依据。

3）分析质量控制界面

建设工程项目质量控制体系的质量责任界面，包括静态界面和动态界面。一般说静态界面根据法律法规、合同条件、组织内部职能分工来确定。动态界面主要是指项目实施过程中设计单位之间、施工单位之间、设计与施工单位之间的衔接配合关系及其责任划分，必须通过分析研究，确定管理原则与协调方式。

4）编制质量控制计划

建设工程项目管理总组织者，负责主持编制建设工程项目总质量计划，并根据质量控制体系的要求，部署各质量责任主体编制与其承担任务范围相符合的质量计划，并按规定程序完成质量计划的审批，作为其实施自身工程质量控制的依据。

（4）建立质量控制体系的责任主体

根据建设工程项目质量控制体系的性质、特点和结构，一般情况下，建设工程项目质量控制体系应由建设单位或工程项目总承包企业的工程项目管理机构负责建立；在分阶段依次对勘察、设计、施工、安装等任务进行分别招标发包的情况下，该体系通常应由建设单位或其委托的工程项目管理企业负责建立，并由各承包企业根据项目质量控制体系的要求，建立隶属于总的项目质量控制体系的设计项目、施工项目、采购供应项目等分质量保证体系（可称相应的质量控制子系统），以具体实施其质量责任范围内的质量管理和目标控制。

6.3.3　工程质量控制的阶段划分

从工程项目的质量形成过程来看，要控制工程项目质量，就要按照建设过程的顺序依法控制各阶段的质量。

1）项目决策阶段的质量控制。选择合理的建设场地，使项目的质量要求和标准符合投资者的意图，并与投资目标相协调；使建设项目与所在的地区环境相协调，为项目的长期使用创造良好的运行环境和条件。

2）项目勘察设计阶段的质量控制。勘察设计是将项目策划决策阶段所确定的质量目标和水平具体化的过程，会直接影响整个工程项目造价和进度目标的实现。在工程勘察设计工作中，勘察是工程设计的重要前提和基础，勘察资料不准确，会导致采用不适当的地基处理或基础设计，不仅会造成工程造价的增加，还会使基础存在隐患。工程设计是整个工程项目的灵魂，是工程施工的依据，工程设计中的技术是否可行、工艺是否先进、经济是否合理、结构是否安全可靠等，决定了工程项目的适用性、安全性、可靠性、经济性和对环境的影响。由此可见，工程勘察设计质量管理，是实现建设工程项目目标的有力保障。

3）工程施工阶段的质量控制。工程施工阶段是工程实体最终形成的阶段，也是最终形成工程产品质量和工程项目使用价值的阶段。因此，施工阶段质量管理是工程项目质量管理的重点。

6.4　工程施工阶段质量控制

6.4.1　工程施工阶段质量控制的系统过程

工程施工阶段质量管理根据施工阶段工程实体质量形成的时间段可划分为施工准备控

制（事前控制）、施工过程控制（事中控制）、竣工验收控制（事后控制）。

施工准备质量控制是指在各工程对象正式施工活动开始前，对各项准备工作及影响质量的各因素和有关方面进行的质量管理。施工过程质量控制是指对施工过程中进行的所有与施工过程有关各方面的质量管理，也包括对施工过程中的中间产品（工序或分部工程、分项工程）的质量管理。竣工验收控制是指对通过施工过程所完成的具有独立功能和使用价值的最终产品（单位工程、单项工程或整个工程项目）及其有关方面（如工程文件等）的质量管理。如图 6-3 所示。

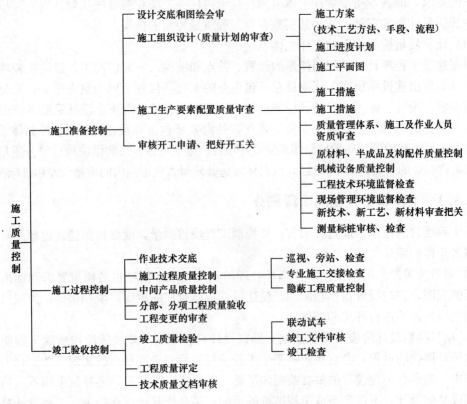

图 6-3　工程质量控制体系

6.4.2　工程施工阶段质量控制流程

工程施工阶段质量控制分为两个阶段：施工准备阶段和施工阶段。

（1）施工准备阶段的质量控制主要包括：图纸会审和技术交底、施工组织设计（质量计划）的审查、施工生产要素配置质量审查和开工申请审查。

施工阶段的质量控制主要包括：作业技术交底，施工过程质量控制，中间产品质量控制，分部分项、隐蔽工程质量检查和工程变更审查。工程施工质量控制流程如图 6-4 所示。

（2）施工现场质量管理应有相应的施工技术标准、健全的质量管理体系、施工质量检验制度和综合施工质量水平考核制度。建筑工程施工单位应建立必要的质量责任制度，建筑工程的质量控制应为全过程的控制。

（3）建筑工程应按下列规定进行施工质量控制：

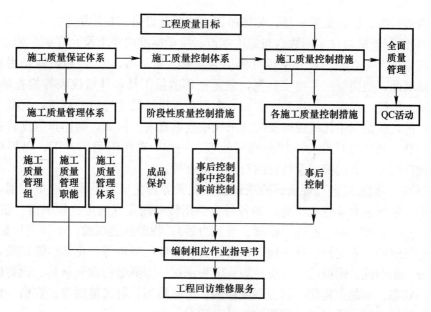

图 6-4　工程质量控制流程

1）建筑工程采用的主要材料、建筑构配件、器具和设备应进场验收。凡涉及安全、功能、节能的重要材料、产品，应按各专业工程施工规范、质量验收规范和设计要求的规定进行复检，并应经监理工程师或建设单位专业技术负责人检查认可。

2）各施工工序应按施工技术标准进行质量控制，每道施工工序完成后，应进行检验。未经监理工程师或建设单位专业技术负责人检查认可，不得进行下道工序施工。

3）各专业工种之间的相关工序应进行交接检验，并形成记录。

6.4.3　工程质量控制的依据

工程质量控制的依据有工程合同文件，设计文件，国家及政府有关部门颁布的有关质量管理方面的法律、法规性文件以及专门技术法规。

6.4.4　施工过程质量控制的方法

（1）施工质量控制的技术活动

施工质量控制的技术活动包括：确定控制对象、规定控制标准、制定控制方法、明确检验方法和手段、实际进行检验、分析说明差异原因、解决差异问题。

（2）施工现场质量检查方法

施工现场质量检查的方法主要有目测法、实测法和试验法等。

1）目测法。凭借感官进行检查，也称观感质量检验。其手段可概括为"看、摸、敲、照"。看，就是根据质量标准要求进行外观检查，例如，清水墙面是否洁净，喷涂的密实度和颜色是否良好、均匀，工人的操作是否正常，混凝土外观是否符合要求等；摸，就是通过触摸手感进行检查、鉴别。例如油漆的光滑度等；敲，就是运用敲击工具进行音感检查，例如，对地面工程、装饰工程中的水磨石、面砖、石材饰面等，均应进行敲击检查；照，就是通过人工光源或反射光照射，检查难以看到或光线较暗的部位，例如，管道井、电梯井等内的管线、设备安装质量，装饰吊顶内连接及设备安装质量等。

2）实测法。就是通过实测数据与施工规范、质量标准的要求及允许偏差值进行对照，以此判断质量是否符合要求。其手段可概括为"靠、量、吊、套"。靠，就是用直尺、塞尺检查诸如墙面、地面等的平整度；量，就是指用测量工具和计量仪表等检查断面尺寸、轴线、标高、湿度、温度等的偏差，例如，大理石板拼缝尺寸与超差数量，混凝土坍落度的检测等；吊，就是利用托线板以及线锤吊线检查垂直度，例如，砌体垂直度检查、门窗的安装等；套，是以方尺套方，辅以塞尺检查，例如，对阴阳角的方正、踢脚线的垂直度、预制构件的方正、门窗口及构件的对角线检查等。

3）试验法。指通过进行现场试验或试验室试验等理化试验手段，取得数据，分析判断质量情况。包括：力学性能试验，如各种力学指标的测定（测定抗拉强度、抗压强度、抗弯强度、抗折强度、冲击韧性、硬度、承载力等）；物理性能试验，如测定比重、密度、含水量、凝结时间、安定性、抗渗性、耐磨性、耐热性、隔声等；化学性能试验，如材料的化学成分、耐酸性、耐碱性、抗腐蚀等；无损测试，探测结构物或材料、设备内部组织结构或损伤状态。如超声检测、回弹强度检测、电磁检测、射线检测等。它们一般可以在不损伤被探测物的情况下了解被探测物的质量情况。

此外，必要时还可在现场通过诸如对桩或地基的现场静载试验或打试桩，确定其承载力；对混凝土现场取样，通过试验室的抗压强度试验，确定混凝土达到的强度等级；以及通过管道压力试验判断其耐压及渗漏情况等。

6.4.5 施工过程质量控制点的确定

质量控制点是指为了保证作业过程质量而确定的重点控制对象、关键部位或薄弱环节。设置质量控制点是保证达到施工质量要求的必要前提，在拟定质量控制工作计划时，应予以详细地考虑，并以制度来保证落实。对于质量控制点，一般要事先分析可能造成质量问题的原因，再针对原因制定对策和措施进行预控。

（1）选择质量控制点的一般原则

是否设置为质量控制点，主要是视其对质量特性影响的大小、危害程度以及其质量保证的难度大小而定。应当选择那些保证质量难度大、对质量影响大或者发生质量问题时危害大的对象作为质量控制点：

1）施工过程中的关键工序或环节以及隐蔽工程；

2）施工中的薄弱环节，或质量不稳定的工序、部位或对象；

3）对后续工程施工或对后续工序质量或安全有重大影响的工序、部位或对象；

4）使用新技术、新工艺、新材料的部位或环节；

5）施工上无足够把握的、施工条件困难的或技术难度大的工序或环节；

质量控制点的选择要准确、有效。为此，一方面需要有经验的工程技术人员来进行选择，另一方面也要集思广益，集中群体智慧由有关人员充分讨论，在此基础上进行选择。选择时要根据对重要的质量特性进行重点控制的要求，选择质量控制的重点部位、重点工序和重点的质量因素作为质量控制点，进行重点控制和预控，这是进行质量控制的有效方法。

（2）建筑工程质量控制点的位置

根据质量控制点选择的原则，建筑工程质量控制点的位置可以参考表6-1。

分项工程	质量控制点
工程测量定位	标准轴线桩、水平桩、龙门板、定位轴线、标高
地基、基础（含设备基础）	基坑尺寸、标高、土质、地基承载力、基础垫层标高、基础位置、尺寸、标高，预埋件、预留孔洞的位置、标高、规格、数量，基础杯口弹线
砌体	砌体轴线，皮数杆，砂浆配合比，预留孔洞，预埋件的位置、数量，砌块排列
模板	位置、标高、尺寸，预留孔洞位置、尺寸，预埋件的位置，模板的强度、刚度和稳定性，模板内部清理及湿润情况
钢筋混凝土	水泥品种、强度等级，砂石质量，混凝土配合比，外加剂比例，混凝土振捣，钢筋品种、规格、尺寸、搭接长度，钢筋焊接、机械连接，预留孔洞及预埋件规格、位置、尺寸、数量，预制构件吊装或出厂（脱模）强度，吊装位置、标高、支撑长度、焊缝长度
吊装	吊装设备的起重能力、吊具、索具、地锚
钢结构	翻样图、放大样
焊接	焊接条件、焊接工艺
装修	视具体情况而定

（3）重点控制的对象

质量控制点的选择要准确、有效，要根据对重要质量特性进行重点控制的要求，可作为质量控制点中重点控制的对象主要包括以下几个方面：

1）人的行为

对某些作业或操作，应以人为重点进行控制，例如高空作业等，对人的身体素质或心理应有相应的要求；技术难度大或精度要求高的作业，如复杂模板放样、复杂的设备安装等对人的技术水平均有相应的较高要求。

2）物的质量与性能

施工设备和材料是直接影响工程质量和安全的主要因素，常作为控制的重点。例如作业设备的质量、计量仪器的质量都是主要的直接影响因素；又如钢结构工程中使用的高强螺栓、某些特殊焊接使用的焊条，都应作为重点控制其材质与性能；还有水泥的质量是直接影响混凝土工程质量的关键因素，施工中应对进场的水泥质量进行重点控制，必须检查核对其出厂合格证，并按要求进行强度和安定性的复试等。

3）关键的操作与施工方法

某些直接影响工程质量的关键操作应作为控制的重点，如预应力钢筋的张拉工艺操作过程及张拉力的控制，是可靠地建立预应力值和保证预应力构件质量的关键过程。同时，那些易对工程质量产生重大影响的施工方法，也应列为控制的重点，如大模板施工中模板的稳定和组装问题、液压滑模施工时支承杆稳定问题、升板法施工中提升差的控制等。

4）施工技术参数

例如混凝土的外加剂掺量、水灰比，回填土的含水量，砌体的砂浆饱满度，防水混凝土的抗渗等级，冬期施工混凝土受冻临界强度等技术参数是质量控制的重要指标。

5）施工顺序

某些工作必须严格控制作业之间的顺序，例如对于屋架固定一般应采取对角同时施焊，以免焊接应力使已校正的屋架发生变位，再如对冷拉的钢筋应当先焊接后冷拉，否则会失去冷强等。

6) 技术间歇

有些作业之间需要必要的技术间歇时间，例如混凝土浇筑后至拆模之间也应保持一定的间歇时间；砌筑与抹灰之间，应在墙体砌筑后留 6~10d 时间，让墙体充分沉陷、稳定、干燥，再抹灰，抹灰层干燥后，才能喷白、刷浆等。

7) 易发生或常见的质量通病

例如：混凝土工程的蜂窝、麻面、空洞，墙、地面、屋面防水工程渗水、漏水、空鼓、起砂、裂缝等，都与工序操作有关，均应事先研究对策，提出预防措施。

8) 新工艺、新技术、新材料的应用

由于缺乏经验，施工时可作为重点进行严格控制。

9) 易发生质量通病的工序

产品质量不稳定、不合格率较高及易发生质量通病的工序应列为重点，仔细分析、严格控制。

10) 特殊地基或特种结构

如大孔性湿陷性黄土、膨胀土等特殊土地基的处理、大跨度和超高结构等难度大的施工环节和重要部位等都应予以特别重视。

6.5 工程质量验收

6.5.1 工程质量验收的层次

建筑工程质量验收应划分为单位（子单位）工程、分部（子分部）工程、分项工程和检验批。

(1) 单位（子单位）工程的划分应按下列原则确定：

1) 具备独立施工条件并能形成独立使用功能的建筑物及构筑物为一个单位工程。

2) 建筑规模较大的单位工程，可将其能形成独立使用功能的部分为一个子单位工程。

(2) 分部工程是单位工程的组成部分，应按下列原则划分：

1) 分部工程的划分可按专业性质、工程部位或特点、功能、工程量确定。

2) 当分部工程较大或较复杂时，可按材料种类、工艺特点、施工程序、专业系统及类别等将分部工程划分为若干子分部工程。

分项工程是分部工程的组成部分，由一个或若干个检验批组成，按主要工种、材料、施工工艺、设备类别等进行划分。

检验批可根据施工、质量控制和专业验收的需要，按楼层、施工段、变形缝等进行划分。

施工单位应会同监理单位（建设单位）根据《建筑工程施工质量验收统一标准》GB 50300—2013 的要求划分分部工程、分项工程和检验批。

6.5.2 建筑工程施工质量程序及内容

应按下列要求进行验收：

1) 检验批的质量应按主控项目和一般项目验收。

2) 工程质量的验收均应在施工单位自检合格的基础上进行。

3）隐蔽工程在隐蔽前应由施工单位通知监理工程师或建设单位专业技术负责人进行验收，并应形成验收文件，验收合格后方可继续施工。

4）参加工程施工质量验收的各方人员应具备规定的资格。单位工程的验收人员应具备工程建设相关专业的中级以上技术职称并具有5年以上从事工程建设相关专业的工作经历，参加单位工程验收的签字人员应为各方项目负责人。

5）涉及结构安全的试块、试件以及有关材料，应按规定进行见证取样检测。对涉及结构安全、使用功能、节能、环境保护等重要分部工程应进行抽样检测。

6）承担见证取样检测及有关结构安全、使用功能等项目的检测单位应具备相应资质。

7）工程的观感质量应由验收人员现场检查，并应共同确认。

6.5.3 建筑工程施工质量验收合格条件

应符合下列要求：

1）符合《建筑工程施工质量验收统一标准》GB 50300—2013和相关专业验收规范的规定。

2）符合工程勘察、设计文件的要求。

3）符合合同约定。

6.5.4 工程质量验收规范体系

建筑工程施工质量验收规范体系由《建筑工程施工质量验收统一标准》GB 50300—2013等规范组成，在使用过程中它们必须配套使用。各专业施工质量验收规范有：

《建筑地基基础工程施工质量验收规范》GB 50202—2002；

《砌体结构工程施工质量验收规范》GB 50203—2011；

《混凝土结构工程施工质量验收规范》GB 50204—2015；

《钢结构工程施工质量验收规范》GB 50205—2001；

《木结构工程施工质量验收规范》GB 50206—2012；

《屋面工程质量验收规范》GB 50207—2012；

《地下防水工程质量验收规范》GB 50208—2011；

《建筑地面工程施工质量验收规范》GB 50209—2010；

《建筑装饰装修工程质量验收规范》GB 502010—2001；

《建筑给水排水及采暖工程施工质量验收规范》GB 50242—2002；

《通风与空调工程施工质量验收规范》GB 50243—2002；

《建筑电气工程施工质量验收规范》GB 50303—2002；

《电梯工程施工质量验收规范》GB 50310—2002；

《智能建筑工程质量验收规范》GB 50339—2013。

6.6 工程质量问题分析

6.6.1 基本概念

6.6.1.1 缺陷

（1）瑕疵；缺点；欠缺。质量缺陷是指产品质量"未满足与预期或规定用途有关的要求"。在产品质量形成过程中，质量缺陷是客观存在的，按其出现的形态的不同可分为以下两种类型：

1）偶发性的质量缺陷。偶发性的质量缺陷又称急性质量缺陷，它是由系统因素引起的质量失控所出现的质量异常波动。

2）经常性的质量缺陷。经常性的质量缺陷又称慢性质量缺陷，它是由随机性的因素引起的质量正常波动所造成的质量缺陷。

两种质量缺陷的性质、区别见表 6-2。

两种质量缺陷的性质、区别

表 6-2

项目	偶发性的质量缺陷	经常性的质量缺陷
特点	缺陷原因明显、易于发现；对产品质量的影响大，要求严肃采取有力措施，予以纠正，以恢复原来的质量状态	质量长期处于"不良"状态，被视为正常缺陷、不明显，原因不明或较复杂，一时难以解决，需要进行质量改进，使产品质量提高到一个新的水平
造成的经济损失	较大	较小
引起重视的程度	相当大，会惊动负责人员	微小的，认为是不可避免的
解决的目标	恢复原状	改变原状
所需资料形式	影响质量的个别因素及有关资料	关系复杂的多个因素和有关资料
收集资料的计划	日常工作中	特别设计的
资料的收集	日常工作中	常通过特殊的试验或收集
分析的次数	频繁，可能需每小时（或每批）进行审核	不频繁，要积累几个月的资料再分析
分析者	车间人员	技术人员
分析方式	通常是简单的	可能错综复杂，需用相关、回归、方差、正交试验等方法
执行者	车间人员	通常为车间外有关部门

（2）消除和减少质量缺陷的对策

1）偶发性的质量缺陷的消除和减少。质量控制活动是对现有的质量水平进行控制，使之保持原有的质量状态和质量水平，其主要任务是消除偶发性的质量缺陷及其产生的原因，使影响质量的各种因素处于受控状态。从质量控制的性质上看，它是一种质量的维持活动，其控制的对象是质量缺陷产生的各种因素，依据是原有的质量标准，例如产品技术标准、工艺文件、操作规程、作业指导书等。

2）经常性的质量缺陷的消除和减少。质量改进活动是对现有的质量水平在控制、维持的基础上，加以突破和提高，其主要任务是消除经常性的质量缺陷。

3）土木工程中的缺陷——泛指出现影响正常使用、承载能力、耐久性、整体稳定性的种种不足，统称为工程缺陷。按照其严重程度不同可分为三类：

① 轻微缺陷——它不影响结构承载能力、刚度及其完整性，但却有碍观瞻或影响耐久性。例如墙面不平整，裂缝等。

② 使用缺陷——不影响承载能力、还能保持完整性，但却影响使用功能或使结构使用性能下降，有时还会使人有不舒适感和不安全感。如梁的挠度过大、梁下部中间出现裂缝，墙体出现较长的斜向或竖向裂缝，屋面漏水等。

③ 危机承载力缺陷——材料强度不足、构件截面尺寸不够、构件连接质量低劣，如钢结构焊接裂缝、咬边，地基沉降过大等。

一般来说质量通病是属于惯性，由于经常发生，犹如"多发病"、"常见病"一样，而成为质量通病。

6.6.1.2 破坏

结构构件或构件截面在荷载、变形作用下承载能力和使用性能失效的协议标志。例如钢筋混凝土梁正截面受弯破坏，受拉区的裂缝宽度在 0.3~1.5mm 之间，正好介于设计规范允许值和协议破坏标志之间的状态，这是破坏的前兆，也称之为延性破坏，否则是脆性破坏。

6.6.1.3 倒塌

倒塌是稳定性和整体性完全丧失的表现。倒塌具有突发性，是不可修复的，既造成财产损失，还往往伴随有人员伤亡——即安全事故。建筑结构倒塌一般都要经历以下几种规律性阶段：

① 结构的承载力减弱；

② 结构超越所能承受的极限内力或极限变形；

③ 结构的稳定性和整体稳定性丧失；

④ 结构的薄弱部位先行突然破坏、倾倒；

⑤ 局部结构或整个结构倒塌。

6.6.1.4 质量链

土木工程质量问题表现为结构质量和使用质量两类技术现象中的缺陷和事故，其主要原因，一是由于设计、施工技术水平低下，二是工程管理中存在弊端。人的质量素质分析如图 6-5 所示。

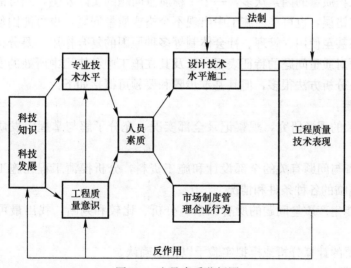

图 6-5　人员素质分析图

6.6.2　质量问题

建设工程质量问题通常分：质量不合格、质量问题与工程质量事故三类。

（1）质量不合格根据我国标准的规定，凡工程没有满足某个规定的要求，就称之为质量不合格；而没有满足某个预期使用要求或合理期望的要求，称为质量缺陷。

（2）质量问题凡是工程质量不合格，必须进行返修，加固或报废处理，由此造成直接经济损失低于 5000 元的称为质量问题。

（3）质量事故凡是工程质量不合格，必须进行返修，加固或报废处理，由此造成直接经济损失在 5000 元以上的成为质量事故。

6.6.3　工程质量问题成因

（1）由于建筑工程工期较长，所用材料品种复杂；在施工过程中，受社会环境和自然条件方面异常因素的影响；使生产的工程质量问题表现形式千差万别，类型多种多样。这使得引起工程质量问题的成因也错综复杂，往往一项质量问题是由于多种原因引起。虽然每次发生质量问题的类型各不相同，但是通过对大量质量问题调查与分析发现，其发生的原因有不少相同之处，归纳其最基本的因素主要有以下几方面：

1）违背建设程序；
2）违反法规行为；
3）地质勘察失真；
4）设计差错；
5）施工与管理不到位；
6）不合格的原材料、制品及设备；
7）自然环境因素；
8）使用不当。

（2）成因分析方法：

由于影响工程质量的因素众多，一个工程质量问题的实际发生，既可能因设计计算和施工图纸中存在错误，也可能因施工中出现不合格或质量问题，也可能因使用不当，或者由于设计、施工甚至使用、管理、社会体制等多种原因的复合作用。要分析究竟是哪种原因所引起，必须对质量问题的特征表现，以及其在施工中和使用中所处的实际情况和条件进行具体分析。分析方法很多，但其基本步骤和要领可概括如下：

1）基本步骤：

① 进行细致的现场研究，观察记录全部实况，充分了解与掌握引发质量问题的现象和特征。

② 收集调查与问题有关的全部设计和施工资料，分析摸清工程在施工或使用过程中所处的环境及面临的各种条件和情况。

③ 找出可能生产质量问题的所有因素。分析、比较和判断，找出最可能造成质量问题的原因。

④ 进行必要的计算分析或模拟实验予以论证确认。

2）分析要领：

分析的要领是逻辑推理法，其基本原理是：

① 确定质量问题的初始点，即所谓原点，它是一系列独立原因集合起来形成的爆发点。因其反映出质量问题的直接原因，而在分析过程中具有关键性作用。

② 围绕原点对现场各种现象和特征进行分析，区别导致同类质量问题的不同原因，逐步揭示质量问题萌生、发展和最终形成的过程。

③ 综合考虑原因复杂性，确定诱发质量问题的起源点即真正原因。工程质量问题原因分析是对一堆模糊不清的事物和现象客观属性和联系的反映，它的准确性和管理人员的能力学识、经验和态度有极大关系，其结果不单是简单的信息描述，而是逻辑推理的产

物，其推理可用于工程质量的事前控制。

6.6.4 工程质量问题的处理

在工程施工过程中，项目监理机构如发现工程项目存在不合格项或质量问题，应根据其性质和严重程度按如下方式处理：

（1）当施工而引起的质量问题在萌芽状态时应及时制止，并要求施工单位立即更换不合格材料、设备或不称职人员，或要求施工单位立即改变不正确的施工方法和操作工艺；

（2）当因施工而引起的质量问题已出现时，应立即要求施工单位对质量问题进行补救处理，并采取足以保证施工质量的有效措施后，报告项目监理机构；

（3）当某道工序或分项工程完工以后出现不合格项时，应要求施工单位及时采取补救措施予以整改。

项目监理机构应对其补救方案进行确认，跟踪处理过程，对处理结果进行验收，否则，不允许进行下道工序或分项工程的施工。工程质量处理的程序见图6-6。

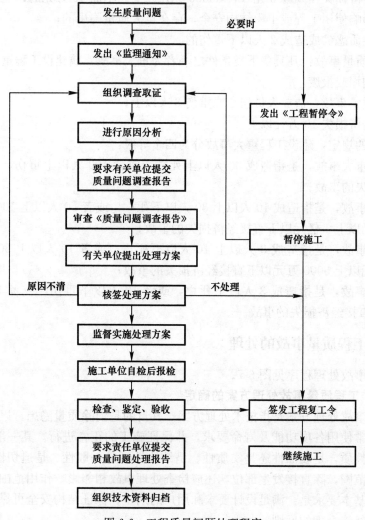

图 6-6　工程质量问题处理程序

6.7 工程质量事故与处理

工程质量事故，是指由于建设管理、监理、勘测、设计、咨询、施工、材料、设备等原因造成工程质量不符合规程、规范和合同规定的质量标准，影响使用寿命和对工程安全运行造成隐患及危害的事件。

6.7.1 工程质量事故分类

工程质量事故按损失程度进行分类，其基本分类如下：

（1）一般质量事故：凡具备下列条件之一者为一般质量事故。

1）直接经济损失在5000元（含5000元）以上，不满50000元的；

2）影响使用功能和工程结构安全，造成永久质量缺陷的。

（2）严重质量事故：凡具备下列条件之一者为严重事故。

1）直接经济损失在50000元（含50000元）以上，不满10万元的；

2）严重影响使用工程或工程结构安全，存在重大质量隐患的；

3）事故性质恶劣或造成2人以下重伤的。

（3）重大质量事故：凡具备下类条件之一者为重大事故，属建设工程重大事故范畴。

1）工程倒塌或报废；

2）由于质量事故，造成人员伤亡或重伤3人以上；

3）直接经济损失10万元以上。

按照国家的规定，建设工程重大事故分为四个等级：

（1）特别重大事故，是指造成30人以上死亡，或者100人以上重伤，或者1亿元以上直接经济损失的事故；

（2）重大事故，是指造成10人以上30人以下死亡，或者50人以上100人以下重伤，或者5000万元以上1亿元以下直接经济损失的事故；

（3）较大事故，是指造成3人以上10人以下死亡，或者10人以上50人以下重伤，或者1000万元以上5000万元以下直接经济损失的事故；

（4）一般事故，是指造成3人以下死亡，或者10人以下重伤，或者1000万元以下100万元以上直接经济损失的事故。

6.7.2 工程质量事故的处理

工程质量事故处理程序见图6-7。

6.7.2.1 工程质量事故处理方案的确定

工程质量事故处理方案是指技术处理方案，其目的是消除质量隐患，以达到建筑物的安全可靠和正常使用各项功能及寿命要求，并保证施工的正常进行。其一般处理原则是：正确确定事故性质，是表面性还是实质性、是结构性还是一般性、是迫切性还是可缓性；正确确定处理范围，除直接发生部位，还应检查处理事故相邻影响作用范围的结构部位或构件。其处理基本要求是：满足设计要求和用户的期望；保证结构安全可靠，不留任何质量隐患；符合经济合理的原则。

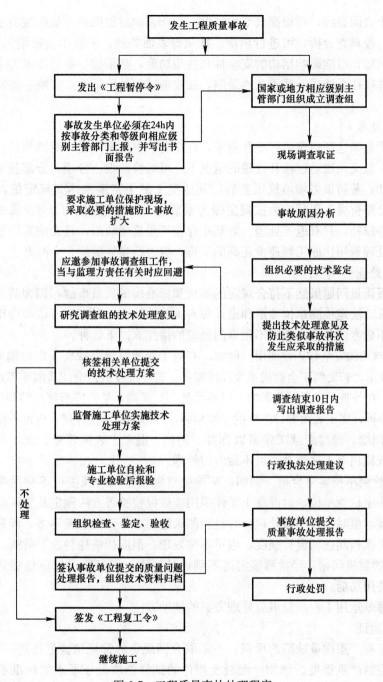

图 6-7　工程质量事故处理程序

（1）质量事故处理方案类型

1）修补处理

这是最常用的一类处理方案。通常当工程的某个检验批、分项或分部的质量虽未达到规定的规范、标准或设计要求存在一定缺陷，但通过修补或更换器具、设备后还可达到要求的标准，又不影响使用功能和外观要求，在此情况下，可以进行修补处理。属于修补处理这类具体方案很多，诸如封闭保护、复位纠偏、结构补强、表面处理等，某些事故造成的结构混凝土表面裂缝，可根据其受力情况，仅作表面封闭保护。某些混凝土结构表面的蜂窝、麻面，经调查分析，可进行剔凿、抹灰等表面处理，一般不会影响其使用和外观。对较严重的问题，可能影响结构的安全性和使用功能，必须按一定的技术方案进行加固补强处理，这样往往会造成一些永久性缺陷，如改变结构外形尺寸，影响一些次要的使用功能等。

2）返工处理

当工程质量未达到规定的标准和要求，存在着严重质量问题，对结构的使用和安全构成重大影响，且又无法通过修补处理的情况下，可对检验批、分项、分部甚至整个工程返工处理。例如，某防洪堤坝填筑压实后，其压实土的干密度未达到规定值，进行返工处理。又如某公路桥梁工程预应力按规定张力系数为1.3，实际仅为0.8，属于严重的质量缺陷，也无法修补，只有返工处理。对某些存在严重质量缺陷，且无法采用加固补强修补处理或修补处理费用比原工程造价还高的工程，应进行整体拆除，全面返工。

3）不做处理

某些工程质量问题虽然不符合规定的要求和标准构成质量事故，但视其严重情况，经过分析、论证、法定检测单位鉴定和设计等有关单位认可，对工程或结构使用及安全影响不大，也可不做专门处理。通常不用专门处理的情况有以下几种：

① 不影响结构安全和正常使用。例如，有的工业建筑物出现放线定位偏差，且严重超过规范标准规定，若要纠正会造成重大经济损失，若经过分析、论证其偏差不影响产生工艺和正常使用，在外观上也无明显影响，可不做处理。又如，某些隐蔽部位结构混凝土表面裂缝，经检查分析，属于表面养护不够的干缩微裂，不影响使用及外观，也可不做处理。

② 质量问题，经过后续工序可以弥补。例如，混凝土表面轻微麻面，可通过后续的抹灰、喷涂或刷白等工序弥补，可不做专门处理。

③ 法定检测单位鉴定合格。例如，某检验批混凝土试块强度值不满足规范要求，强度不足，在法定检测单位，对混凝土实体采用非破损检验等方法测定其实际强度已达规范允许和设计要求值时，可不做处理。对经检测未达要求值，但相差不多，经分析论证，只要使用前经再次检测达到设计强度，也可不做处理，但应严格控制施工荷载。

④ 出现的质量问题，经检测鉴定达不到设计要求，但经原设计单位核算，仍能满足结构安全和使用功能。

（2）选择最适用工程质量事故处理方案的辅助方法

1）实验验证

即对某些有严重质量缺陷的项目，可采取合同规定的常规试验方法进一步进行验证，以便确定缺陷的严重程度。例如，混凝土构件的试件强度低于要求的标准不太大（例如10％以下）时，可进行加载实验，以证明其是否满足使用要求。又如，公路工程的沥青面层厚度误差超过了规范允许的范围，可采用弯沉实验，检查路面的整体强度等。

2）定期观测

有些工程，在发现其质量缺陷时其状态可能尚未达到稳定仍会继续发展，在这种情况下一般不宜过早做出决定，可以对其进行一段时间的观测，然后再根据情况做出决定。属于这类的质量问题如桥墩或其他工程的基础在施工期间发生沉降超过预计的或规定的标准；混凝土表面发生裂缝，并处于发展状态等。有些有缺陷的工程，短期内其影响可能不十分明显，需要较长时间的观测才能得出结论。

　　3）专家论证

　　对于某些工程质量问题，可能涉及的技术领域比较广泛，或问题很复杂，有时仅根据合同规定难以决策，这时可提请专家论证。采用这种方法时，应事先做好充分准备，尽早为专家提供尽可能详尽的情况和资料，以便使专家能够进行较充分、全面和细致的分析、研究，提出切实的意见与建议。

　　4）方案比较

　　这是比较常用的一种方法。同类型和同一性质的事故可先设计多种处理方案，然后结合当地的资源情况、施工条件等逐项给出权重，做出对比，从而选择具有较高处理效果又便于施工的处理方案。例如，结构构件承载力达不到设计要求，可采用改变结构构造来减少结构内力、结构卸荷或结构补强等不同处理方案，可将其每一方案按经济、工期、效果等指标列项并分配相应权重值，进行对比，辅助决策。

6.7.2.2　工程质量事故处理的鉴定验收

　　（1）检查验收

　　工程质量事故处理完成后，应严格按施工验收标准及有关规范的规定进行，依据质量事故技术处理方案设计要求，通过实际量测，检查各种资料数据进行验收，并应办理交工验收文件，组织各有关单位会签。

　　（2）必要的鉴定

　　为确定工程质量事故的处理效果，凡涉及结构承载力等使用安全和其他重要性能的处理工作，常需做必要的实验和检验鉴定工作。或质量事故处理施工过程中建筑材料及构配件保证资料严重缺乏，或对检查密实性和裂缝修补效果，或检测实际强度；结构荷载实验，确定其实际承载力；超声波检测焊接或结构内部质量；池、罐、箱柜工程的渗漏检验等。检测鉴定必须委托政府批准的有资质的法定检测单位进行。

　　（3）验收结论

　　对所有的质量事故无论经过技术处理，通过检查鉴定验收还是不需专门处理的，均应有明确的书面结论。若对后续工程施工有特定要求，或对建筑物使用有一定限制条件，应在结论中提出。

　　验收结论通常有以下几种：

　　① 事故已排除，可以继续施工。

　　② 隐患已消除，结构安全有保证。

　　③ 经修补处理后，完全能够满足使用要求。

　　④ 基本上满足使用要求，但使用时有附加限制条件，例如限制荷载等。

　　⑤ 对耐久性的结论。

　　⑥ 对建筑物外观的结论。

　　⑦ 对短期内难以作出结论的，可提出进一步观测检验意见。

　　质量问题处理方案应以原因分析为基础，如果某些问题一时认识不清，且一时不致产生严重恶化，可以继续进行调查、观测，以便掌握更充分的资料和数据，做进一步分析，找出起源点，方可确认处理方案，避免急于求成造成反复处理的不良后果。审核确认处理方案应牢记：安全可靠，不留隐患，满足建筑物的功能和使用要求，技术可行，经济合理原则。针对确认不需专门处理的质量问题，应能保证它不构成对工程安全的危害，且满足安全和使用要求。因此，总结经验，吸取教训，采取有效措施予以预防。

6.8 工 程 检 测

6.8.1 抽样检验的基本理论

（1）总体与个体

总体也称母体，是所研究对象的全体；个体，是组成总体的基本元素。总体分为有限总体和无限总体。总体中可含有多个个体，其数目通常用 N 表示。当对一批产品质量进行检验时，该批产品是总体，其中的每件产品是个体，这时 N 是有限的数值，则称之为有限总体。当对生产过程进行检测时，应该把整个生产过程的过去、现在以及将来的产品视为总体，随着生产的进行 N 是无限的，称之为无限总体。实际进行质量统计中一般把从每件产品检测得到的某一质量数据（如强度、几何尺寸、重量等质量特性值）视为个体，产品的全部质量数据的集合则称为总体。

（2）样本

样本也称子样，是从总体中随机抽取出来，并能根据对其研究结果推断出总体质量特征的那部分个体。被抽中的个体称为样品，样品的数目称样本容量，用 n 表示。

（3）全数检验

全数检验是对总体中的全部个体逐一观察、测量、计数、登记，从而获得对总体质量水平评价结论的方法。采取全数检验的方法，对总体质量水平评价结论一般比较可靠，能提供大量的质量信息，但要消耗很多人力、物力、财力和时间，特别是不能用于具有破坏性的检验和过程的质量统计数据的收集，应用上具有局限性；在有限总体中，对重要的检测项目，当可采用简易快速的不破损检验方法时，可选用全数检验方案。

（4）随机抽样检验

随机抽样检验是按照随机抽样的原理，从总体中抽取部分个体组成样本，根据对样品进行检测的结果，推断总体质量水平的方法。随机抽样检验抽取样品应不受检验人员主观意愿的支配，每个个体被抽中的概率都相同，从而保证样本在总体中的分布比较均匀，有充分的代表性。抽样的具体方法有：

1）简单随机抽样

简单随机抽样又称纯随机抽样、完全随机抽样，是对总体不进行任何加工，直接在全体个体中进行随机抽样获取样本的方法。其方法是对全部个体编号，然后采用抽签、摇号、随机数字表等方法确定中选号码，对应的个体即为样品。这种方法常用于总体差异不大或对总体了解甚少的情况。

2）分层抽样

分层抽样又称分类或分组抽样，是将总体按与研究目的有关的某一特性分为若干组，然后在每组内随机抽取样品组成样本的方法。由于这种方法对每组都要抽取样品，样品在总体中分布均匀，更具代表性，特别适用于总体比较复杂的情况。如研究混凝土浇筑质量时，可以按生产班组分组，或按浇筑时间（白天、黑夜或季节）分组或按原材料供应商分组后，再在每组内随机抽取个体。

3）等距抽样

等距抽样又称机械抽样、系统抽样，是将个体按某一特性排队编号后均分为 n 组，这时每组有 $K=N/n$ 个个体，然后在第一组内随机抽取第一件样品，以后每隔一定距离（K 值）抽选出其余样品组成样本的方法。如在流水作业线上每生产 100 件产品抽出一件产品做样品，直到抽出 n 件产品组成样本。

进行等距抽样时要注意所采用的距离（K 值）不要与总体质量特性值的变动周期一致。如对于连续生产的产品按时间距离抽样时，间隔的时间不要是每班作业时间 8h 的约数或倍数，以避免产生系统偏差。

4）整群抽样

整群抽样一般是将总体按自然存在的状态分为若干群，并从中抽取样品群组成样本，然后在中选群内进行全数检验的方法。如对原材料质量进行检测，可按原包装的箱、盒为群随机抽取，对中选的箱、盒做全数检验；每隔一定时间抽出一批样本进行全数检验等。

由于随机性表现在群间，样品集中，分布不均匀，代表性差，产生的抽样误差也大，同时在有周期性变动时，应注意避免系统偏差。

5）多阶段抽样

多阶段抽样又称多级抽样。前述抽样方法的共同特点是整个过程中只有一次随机抽样，因而统称为单阶段抽样。但是当总体很大时，很难一次抽样完成预定的目标。多阶段抽样是将各种单阶段抽样方法结合使用，通过多次随机抽样来实现的抽样方法。如检验钢材、水泥等质量时，可以对总体按不同批次分为 R 群，从中随机抽取 r 群，而后在中选的 r 群中的 M 个个体中随机抽取 m 个个体，这就是整群抽样与分层抽样相结合的二阶段抽样，它的随机性表现在群间和群内有两次。

（5）质量统计推断

质量统计推断工作是运用质量统计方法在一批产品中或生产过程中，随机抽取样本，通过对样品进行检测和整理加工，从中获得样本质量数据信息，并以此为依据，以概率论为理论基础，对总体的质量状况作出分析和判断。

（6）质量数据的特征值

样本数据特征值是由样本数据计算的描述样本质量数据波动规律的指标。统计推断就是根据这些样本数据特征值来分析、判断总体的质量状况。常用的有描述数据分布集中趋势的算术平均数、中位数和描述数据分布离中趋势的极差、标准偏差、变异系数等。

（7）抽样检验方案

抽样检验方案是根据检验项目特性而确定的抽样数量、接受标准和方法。如在简单的计数值抽样检验方案中，主要是确定样本容量 n 和合格判定数，即允许不合格品件数 c，记为方案（n，c）。

《建筑工程施工质量验收统一标准》GB 50300—2013 规定检验批的质量验收应采用随机抽样的方法，抽样应满足分布均匀、具有代表性的要求，抽样数量不应低于有关专业验收规范及表 6-2 的规定。明显不合格的样本不纳入检验批，但必须进行处理，使其满足有关专业验收规范的规定，并对处理情况予以记录。

检验批的质量检验，应根据检验项目的特点在下列抽样方案中进行选择：

1）计量、计数或计量—计数等抽样方案；

2）一次、二次或多次抽样方案；

3）根据生产连续性和生产控制稳定性情况，尚可采用调整型抽样方案；

4）对重要的检验项目当可采用简易快速的检验方法时，应选用全数检验方案；

5）经实践检验有效的抽样方案。

对于计数抽样方案，一般项目正常检验一次、二次抽样可按《建筑工程施工质量验收统一标准》GB 50300—2013 附录 8 判定。

对于计量抽样方案，α（生产方风险或错判概率）、β（使用方风险或漏判概率）可按下列规定采取：

① 主控项目：对应于合格质量水平的 α 和 β 均不宜超过 5%。

② 一般项目：对应于合格质量水平的 α 不宜超过 5%，β 不宜超过 10%。

检验批的最小抽样数量（GB 50300—2013）   表 6-3

检验批的容量	最小抽样数量	检验批的容量	最小抽样数量
2～15	2	151～280	13
16～25	3	281～500	20
26～90	5	501～1200	32
91～150	8	1201～3200	50

6.8.2　工程检测的基本方法

（1）工程检测的程序

建筑施工检测工作包括制订检测计划、取样（含制样）、现场检测、台账登记、委托检测及检测资料管理等。建筑施工检测工作应符合下列规定：

1）法律、法规、标准及设计要求或合同约定应由具备相应资质的检测机构检测的项目，应委托检测机构进行检测；

2）以上 1）规定之外的检测项目，当施工单位具备检测能力时可自行检测，也可委托检测机构检测；

3）参建各方对工程物资质量、施工质量或实体质量有疑义时，应委托检测机构检测。

施工单位负责施工现场检测工作的组织管理和实施。总包单位应负责施工现场检测工作的整体组织管理和实施，分包单位负责其合同范围内施工现场检测工作的实施。

施工单位除应建立施工现场检测管理制度。工程施工前，施工单位应编制检测计划，经监理（建设）单位审批后组织实施。

施工单位应对试件的代表性、真实性负责，按照规范和标准规定的取样标准进行取样，能够确保试件真实反映工程质量。需要委托检测的项目，施工单位负责办理委托检测并及时获取检测报告；自行检测的项目，施工单位应对检测结果进行评定。施工单位应及时通知见证人员对见证试件的取样（含制样）、送检过程进行见证，会同相关单位对不合格的检测项目，查找原因，依据有关规定进行处置。

（2）施工现场检测项目

1）工程物资检测

进场工程物资的检测项目，应依据相关标准的规定及设计要求确定。进场工程物资检测主要包括进场材料复验和设备性能测试。不能现场制取试件或实施进场检测的物资、设备等，可由监理（建设）单位和施工单位协商进行非现场检测或检验。工程物资检测项目可按照相关规范确定。

2）施工过程质量检测

施工过程质量检测内容主要包括：施工工艺参数确定、土工、桩基承载力、钢筋连接性能、混凝土性能、砂浆性能、锚栓（植筋）拉拔、钢结构焊缝探伤、闭水试验等各专业施工过程中的检验。施工过程质量检测项目除应符合相关标准及设计要求外，尚应根据施工质量控制的需要确定。土建工程施工过程质量检测项目可按照表6-4确定。

3）工程实体检测

工程实体检测内容主要包括：桩基工程载荷检测、桩身完整性检测、钢筋保护层检测、结构实体检验用同条件养护试件检测、结构混凝土检测、建筑节能检测、饰面砖粘结强度检测、各专业结构实体（系统）检测、室内空气检测等。工程实体检测的项目应依据相关标准、设计及施工质量控制的需要确定。土建施工实体检测项目可按照表6-5确定。

土建工程施工过程质量检测项目及相关标准一览表　　　　表6-4

序号	分类	施工过程名称		试验项目	取样标准	试验标准	评定标准
1	回填	压实回填		含水率*	《建筑地基基础设计规范》GB 50007	《土工试验方法标准》GB/T 50123	《建筑地基基础工程施工质量验收规范》GB 50202
				密实度*	GB 50202		《土工试验方法标准》GB/T 50123
2	基坑工程	锚杆（索）		抗拔	《岩土锚杆（索）技术规程》CECS 22	《建筑基坑支护技术规程》JGJ 120；《建筑地基基础工程施工质量验收规范》GB 50202	《岩土锚杆（索）技术规程》CECS 22；《建筑地基基础工程施工质量验收规范》GB 50202
				蠕变试验			
		土钉		极限抗拔力	《建筑基坑支护技术规程》JGJ 120；《基坑土钉支护技术规程》CECS 96	《基坑土钉支护技术规程》CECS 96	《建筑基坑支护技术规程》JGJ 120；《基坑土钉支护技术规程》CECS 96
3	地基工程	地基处理	垫层法	密实度*	《建筑地基处理技术规范》JGJ 79	《土工试验方法标准》GB/T 50123；《岩土工程勘察规范》GB 50021；《建筑地基处理技术规范》JGJ 79	《建筑地基基础工程施工质量验收规范》GB 50202；《岩土工程勘察规范》GB 50021；《土工试验方法标准》GB/T 50123；《建筑地基处理技术规范》JGJ79
				原位测试			
			预压法	塑料排水带性能指标测试		《土工试验方法标准》GB/T 50123	《建筑地基基础工程施工质量验收规范》GB 50202；《岩土工程勘察规范》GB 50021；《土工试验方法标准》GB/T 50123；《建筑地基处理技术规范》JGJ 79
				砂料颗粒渗透试验	《建筑地基处理技术规范》JGJ 79	《岩土工程勘察规范》GB 50021《建筑地基处理技术规范》JGJ 79	
				十字板剪切试验			
				室内土工试验			

序号	分类	施工过程名称	试验项目	取样标准	试验标准	评定标准
4	钢筋连接	锥螺纹连接 套筒挤压接头 镦粗直螺纹钢筋接头	抗拉强度	《钢筋机械连接通用技术规程》JGJ 107	《钢筋焊接接头试验方法标准》JGJ/T 27	《钢筋机械连接通用技术规程》JGJ 107
		电阻点焊	抗拉强度	《钢筋焊接及验收规程》JGJ 18	《钢筋焊接接头试验方法标准》JGJ/T 27；《复合钢板 焊接接头力学性能试验方法》GB/T 16957；《焊接接头拉伸试验方法》GB 2651；《焊缝及熔敷金属拉伸试验方法》GB 2652；《焊接接头弯曲及压扁试验方法》GB 2653	《钢筋焊接及验收规程》JGJ 18
			抗剪强度			
			弯曲			
		电弧焊接头	抗拉强度			
		闪光对焊	抗拉强度			
			弯曲			
		电渣压力焊接头	抗拉强度			
		气压焊接头	抗拉强度			
			弯曲（梁、板的水平筋连接）			
		预埋件钢筋T型接头	抗拉强度			
5	钢结构工程	紧固件连接	高强度大六角头螺栓连接副	扭矩*	《钢结构工程施工质量验收规范》GB 50205	《钢结构工程施工质量验收规范》GB 50205	《钢结构工程施工质量验收规范》GB 50205
			高强度螺栓连接摩擦面的	抗滑移系数	《钢结构工程施工质量验收规范》GB 50205；《钢结构高强度螺栓连接技术规程》JGJ 82	《钢结构工程施工质量验收规范》GB 50205；《钢结构高强度螺栓连接规程》JGJ 82	《钢结构工程施工质量验收规范》GB 50205；《钢结构高强度螺栓连接技术规程》JGJ 82
		焊接工程	焊接工艺评定	抗拉、弯曲、冲击*	《钢结构工程施工质量验收规范》GB 50205；《钢结构焊接规范》GB 50661	《钢结构工程施工质量验收规范》GB 50205；《钢结构焊接规范》GB 50661	《钢结构工程施工质量验收规范》GB 50205；《钢结构焊接规范》GB 50661
				外观质量检测*			
			焊缝	内部质量检测		《钢焊缝手工超声波探伤方法和探伤结果分级》GB 11345；《钢熔化焊对接接头射线照相和质量分级》GB 3323；《焊接球节点钢网架焊缝超声波探伤及质量分级方法》JG/T 3034.1；《螺栓球节点钢网架焊缝超声波探伤及质量分级法》JG/T 3034.2《建筑钢结构焊接技术规程》JGJ 81	

序号	分类	施工过程名称	试验项目	取样标准	试验标准	评定标准
5	钢结构工程	焊接工程 焊钉（栓钉）	弯曲*	《钢结构焊接规范》GB 50661；《钢结构工程施工质量验收规范》GB 50205	《钢结构焊接规范》GB 50661；《钢结构工程施工质量验收规范》GB 50205	《钢结构焊接规范》GB 50661；《钢结构工程施工质量验收规范》GB 50205
		网架安装	节点承载力	《钢结构工程施工质量验收规范》GB 50205		
		防腐涂装 表面除锈	等级检测*	《钢结构工程施工质量验收规范》GB 50205	《钢结构工程施工质量验收规范》GB 50205；《涂覆涂料前钢材表面处理表面清洁度的目视评定》GB 8923	《钢结构工程施工质量验收规范》GB 50205
		防腐涂装 涂层	干膜厚度*		《钢结构工程施工质量验收规范》GB 50205	
		防腐涂装 涂层	附着力*		《漆膜附着力测定方法》GB 1720；《色漆和清漆漆膜的划格试验》GB 9286	
		防火涂装 涂装前	表面检测*	《钢结构下程施工质量验收规范》GB 50205	《钢结构工程施工质量验收规范》GB 50205；《涂覆涂料前钢材表面处理 表面清洁度的目视评定》GB 8923	《钢结构工程施工质量验收规范》GB 50205
		涂层	厚度*		《钢结构防火涂料应用技术规程》CECS 24；《钢结构工程施工质量验收规范》GB 50205	《钢结构工程施工质量验收规范》GB 50205
			表面裂纹宽度*	《钢结构工程施工质量验收规范》GB 50205	《钢结构工程施工质量验收规范》GB 5020	《钢结构工程施工质量验收规范》GB 50205

注：标"*"项目为施工单位可自行检测项目，其余项目均应由有资质的检测单位进行检测。

土建施工实体检测项目及相关标准一览表　　　　　　　　　　　　表 6-5

序号	分类	实体名称	试验项目	取样标准	试验标准	评定标准
1	土方回填	压实填土（回填结束后）	压实系数	《建筑地基基础设计规范》GB 50007；《建筑地基基础工程施工质量验收规范》GB 50202	《土工试验方法标准》GB/T 50123	《建筑地基基础工程施工质量验收规范》GB 50202；《土工试验方法标准》GB/T 50123

序号	分类	实体名称	试验项目	取样标准	试验标准	评定标准
2	基坑工程	混凝土灌注桩桩身质量检测	低应变动测法检测	《建筑基坑支护技术规程》JGJ 120	《建筑基桩检测技术规范》JGJ 106	《建筑基桩检测技术规范》JGJ 106；《岩土工程勘察规范》GB 50021；《建筑地基基础工程施工质量验收规范》GB 50202
			钻芯法检测			
		地下连续墙质量检测	钻孔抽芯检测	《建筑基坑支护技术规程》JGJ 120；《建筑地基基础设计规范》GB 50007	《建筑基桩检测技术规范》JGJ 106	《建筑基桩检测技术规范》JGJ 106；《岩土工程勘察规范》GB 50021；《建筑地基基础工程施工质量验收规范》GB 50202
			声波透射法检测			
		钢支撑构件焊接质量检测	超声探伤法检测	《建筑基坑支护技术规程》JGJ 120	《铸钢件超声检测》GB/T 7233	《建筑地基基础工程施工质量验收规范》GB 50202
		锚杆（索）抗拔力验收试验	锚杆（索）抗拔力	《岩土锚杆（索）技术规程》CECS 22	《岩土锚杆（索）技术规程》CECS 22；《建筑基坑支护技术规程》JGJ 120；《建筑地基基础工程施工质量验收规范》GB 50202	《岩土锚杆（索）技术规程》CEC S22；《建筑地基基础工程施工质量验收规范》GB 50202
		水泥土墙质量检测	钻孔取芯检测	《建筑基坑支护技术规程》JGJ 120	《建筑基桩检测技术规范》JGJ 106；《土工试验方法标准》GB/T 50123	《土工试验方法标准》GB/T 50123；《建筑地基基础工程施工质量验收规范》GB 50202；《岩土工程勘察规范》GB 50021
			试块单轴抗压强度			
		逆作拱墙质量检测	钻孔取芯检测	《建筑基坑支护技术规程》JGJ 120	《建筑基桩检测技术规范》JGJ 106	《土工试验方法标准》GB/T 50123；《建筑地基基础工程施工质量验收规范》GB 50202；《岩土工程勘察规范》GB 50021
		土钉墙质量验收检测	土钉抗拔力	《建筑基坑支护技术规程》JGJ 120；《基坑土钉支护技术规程》CEC S96	《基坑土钉支护技术规程》CEC S96	《建筑基坑支护技术规程》JGJ 120；《基坑土钉支护技术规程》CECS 96
			钻孔检测混凝土面层厚度			
3	地基工程	天然地基持力层检验	原位轻型动力触探试验 *	《建筑地基基础工程施工质量验收规范》CJB 50202	《岩土工程勘察规范》GB 50021	《建筑地基基础工程施工质量验收规范》GB 50202；《本场地的岩土勘察报告》；《岩土工程勘察规范》GB 50021

序号	分类	实体名称	试验项目	取样标准	试验标准	评定标准
3	地基工程	垫层法地基验收试验	原位载荷试验	《建筑地基处理技术规范》JGJ 79	《土工试验方法标准》GB/T 50123；《岩土工程勘察规范》GB 50021；《建筑地基处理技术规范》JGJ 79	《建筑地基基础工程施工质量验收规范》GB 50202；《岩土工程勘察规范》GB 50021；《土工试验方法标准》GB/T 50123；《建筑地基处理技术规范》JGJ 79
		预压法地基验收试验	原位十字板剪切试验		《土工试验方法标准》GB/T 50123；《岩土工程勘察规范》GB 50021；《建筑地基处理技术规范》JGJ 79	《建筑地基基础工程施工质量验收规范》GB 50202；《岩土工程勘察规范》GB 50021；《土工试验方法标准》GB/T 50123；《建筑地基处理技术规范》JGJ 79
			室内土工试验			
			载荷试验			
		强夯法地基验收试验	室内土工试验		《土工试验方法标准》GB/T 50123；《岩土工程勘察规范》GB 50021；《建筑地基处理技术规范》JGJ 79	《建筑地基基础工程施工质量验收规范》GB 50202；《岩土工程勘察规范》GB 50021；《土工试验方法标准》GB/T 50123；《建筑地基处理技术规范》JGJ 79
			原位测试试验			
			原位载荷试验			
		振冲桩复合地基验收试验	原位测试试验	《建筑地基处理技术规范》JGJ 79	《岩土工程勘察规范》GB 50021；《建筑地基处理技术规范》JGJ 79	《建筑地基基础工程施工质量验收规范》GB 50202；《建筑地基处理技术规范》JGJ 79；《岩土工程勘察规范》GB 50021
			原位复合地基载荷试验			
		砂石桩复合地基验收试验	单桩载荷试验			
			原位测试试验			
			原位复合地基载荷试验			
		CFG桩复合地基验收试验	低应变动力测试		《建筑基桩检测技术规范》JGJ 106；《建筑地基处理技术规范》JGJ 79	《建筑地基基础下程施工质量验收规范》GB 50202；《岩土工程勘察规范》GB 50021；《建筑基桩检测技术规范》JGJ 106；《建筑地基处理技术规范》JGJ 79
			复合地基载荷试验			

序号	分类	实体名称	试验项目	取样标准	试验标准	评定标准
3	地基工程	夯实水泥土桩复合地基收试验	桩身干密度测定		《土工试验方法标准》GB/T 50123；《岩土工程勘察规范》GB 50021；《建筑地基处理技术规范》JGJ 79	《建筑地基基础工程施工质量验收规范》GB 50202；《岩土工程勘察规范》GB 50021；《土工试验方法标准》GB/T 50123；《建筑地基处理技术规范》JGJ 79
			桩身原位轻型动力触探试验 *			
			原位复合地基载荷试验			
		水泥土搅拌桩复合地基验收试验	桩身原位轻型动力触探试验 *		《土工试验方法标准》GB/T 50123；《岩土工程勘察规范》GB 50021；《建筑地基处理技术规范》JGJ 79	《建筑地基基础工程施工质量验收规范》GB 50202；《岩土工程勘察规范》GB 50021；《土工试验方法标准》GB/T 50123；《建筑地基处理技术规范》JGJ 79
			原位复合地基和单桩载荷试验			
			桩身芯样的抗压强度试验			
		高压旋喷桩复合地基验收试验	桩身原位标准贯入试验	《建筑地基处理技术规范》JGJ 79	《岩土工程勘察规范》GB 50021；《建筑地基处理技术规范》JGJ 79	《建筑地基基础工程施工质量验收规范》GB 50202；《岩土工程勘察规范》GB 50021；《建筑地基处理技术规范》JGJ 79
			桩身取芯试验			
			桩身原位围井注水试验			
			原位复合地基和单桩载荷试验			
		石灰桩复合地基验收试验	桩身及桩间土原位测试试验		《岩土工程勘察规范》GB 50021；《建筑地基处理技术规范》JGJ 79	《建筑地基基础工程施工质量验收规范》GB 50202；《岩土工程勘察规范》GB 50021；《建筑地基处理技术规范》JGJ 79
			原位复合地基载荷D试验			
		土（灰土）挤密桩复合地基验收试验	桩身及桩间土干密度测定		《土工试验方法标准》GB/T 50123；《建筑地基处理技术规范》JGJ 79	《土工试验方法标准》GB/T 50123；《建筑地基处理技术规范》JGJ 79；《岩土工程勘察规范》GB 50021
			原位复合地基载荷试验			
			桩间土的室内土工试验			

序号	分类	实体名称	试验项目	取样标准	试验标准	评定标准
3	地基工程	柱锤冲扩桩复合	桩身及桩间土的原位重型动力触探试验	《建筑地基处理技术规范》JGJ 79	《岩土工程勘察规范》GB 50021；《建筑地基处理技术规范》JGJ 79	《建筑地基处理技术规范》JGJ 79；《岩土工程勘察规范》GB 50021
		地基验收试验	原位复合地基载荷试验			
		单液硅化和碱液法地基验收试验	原位测试试验		《土工试验方法标准》GB/T 50123；《岩土工程勘察规范》CJB 50021	《土工试验方法标准》GB/T 50123；《建筑地基处理技术规范》JGJ 79；《岩土工程勘察规范》GB 50021
			试样无侧限抗压强度试验			
			试样水稳性试验			
		注浆法地基验收试验	原位测试试验	《既有建筑地基基础加固技术规范》JGJ 123	《岩土工程勘察规范》GB 50021；《建筑地基处理技术规范》JGJ 79	《建筑地基处理技术规范》JGJ 79；《岩土工程勘察规范》GB 50021
			原位地基载荷试验			
4	桩基工程	树根桩验收试验	原位动测法试验	《既有建筑地基基础加固技术规范》JGJ 123	《建筑基桩检测技术规范》JGJ 106	《建筑基桩检测技术规范》JGJ 106
			单桩竖向原位载荷试验			
		灌注桩验收试验	单桩竖向原位载荷试验	《建筑桩基技术规范》JGJ 94《建筑基桩检测技术规范》JGJ 106	《建筑基桩检测技术规范》JGJ 106	《建筑基桩检测技术规范》JGJ 106
			原位动测法试验			
			钻芯法检测			
			声波透射法检测			
5	结构工程	混凝土结构锚固	承载力	《混凝土结构后锚固技术规程》JGJ 145；《建筑装饰装修工程质量验收规范》GB 50210	《混凝土结构后锚固技术规程》JGJ 145	《混凝土结构后锚固技术规程》JGJ 145
		砌体工程	砌体强度	《砌体工程现场检测技术标准》GB/T 50315	《砌体工程现场检测技术标准》GB/T 50315	《砌体工程现场检测技术标准》GB/T 50315
			砂浆强度			

序号	分类	实体名称	试验项目		取样标准	试验标准	评定标准
5	结构工程	外墙饰面砖	粘结强度		《建筑工程饰面砖粘结强度检验标准》JGJ 110；《外墙饰面砖工程施工及验收规程》JGJ 126	《建筑工程饰面砖粘结强度检验标准》JGJ 110	《建筑工程饰面砖粘结强度检验标准》JGJ 110；《建筑装饰装修工程质量验收规范》GB 50210
		混凝土	强度	回弹法	《回弹法检测混凝土抗压强度》JGJ/T 23	《回弹法检测混凝土抗压强度》JGJ/T 23	《回弹法检测混凝土抗压强度》JGJ/T 23
				钻芯法	《钻芯法检测混凝土强度技术规程》CECS 03	《钻芯法检测混凝土强度技术规程》CECS 03	《钻芯法检测混凝土强度技术规程》CECS 03
			结构实体钢筋保护层厚度		《混凝土结构工程施工质量验收规范》GB 50204	《电磁感应法检测钢筋间距和钢筋保护层厚度技术规程》DB35/T 1114	《混凝土结构工程施工质量验收规范》GB 50204
			结构实体检验用同条件养护试件强度		《混凝土结构工程施工质量验收规范》GB 50204；《普通混凝土力学性能试验方法标准》GB 50081	《普通混凝土力学性能试验方法标准》GB 50081	《混凝土结构工程施工质量验收规范》GB 50204；《混凝土强度检验评定标准》GB/T 107
		双组分硅酮结构胶	混匀性、拉断		《建筑装饰装修工程质量验收规范》GB 50210	《建筑用硅酮结构密封胶》GB 16776	《建筑用硅酮结构密封胶》GB 16776
6	室内环境	室内空气质量	氡		《环境空气中氡的标准测量方法》GB/T 14582	《环境空气中氡的标准测量方法》GB/T 14582	《民用建筑工程室内环境污染控制规范》GB 50325
			甲醛		《公共场所卫生检验方法 第2部分 化学污染》GB/T 18204.2	《公共场所卫生检验方法 第2部分 化学污染》GB/T 18204.2	
			苯		《居住区大气中苯、甲苯和二甲苯卫生检验标准方法气相色谱法》GB/T 11737	《居住区大气中苯、甲苯和二甲苯卫生检验标准方法气相色谱法》GB/T 11737	
			氨		《公共场所卫生检验方法 第2部分：化学污染物》GB/T 18204.2—2014	《公共场所卫生检验方法 第2部分：化学污染物》GB/T 18204.2—2014	
			TVOC		《居住区大气中苯、甲苯和二甲苯卫生检验标准方法气相色谱法》GB/T 1173	《居住区大气中苯、甲苯和二甲苯卫生检验标准方法气相色谱法》GB/T 11737	

注：标"＊"项目为施工单位可自行检测项目，其余项目均应由有资质的检测单位进行检测。

第 7 章　工程安全管理与事故分析处理

7.1　职业健康安全管理体系

7.1.1　职业健康安全管理体系的建立步骤

（1）领导决策

最高管理者亲自决策。以便获得各方面的支持和在体系建立过程中所需的资源保证。

（2）成立工作组

最高管理者或授权管理者代表成立工作小组负责建立体系。工作小组的成员要覆盖组织的主要职能部门，组长最好由管理者代表担任，以保证小组对人力、资金、信息的获取。

（3）人员培训

培训的目的是使有关人员了解建立体系的重要性，了解标准的主要思想和内容。

（4）初始状态评审

初始状态评审是对组织过去和现在的职业健康安全与环境的信息、状态进行收集、调查分析、识别和获取现有的适用的法律法规和其他要求，进行危险源辨识和风险评价、环境因素识别和重要环境因素评价。评审的结果将作为确定职业健康安全与环境方针、制定管理方案、编制体系文件的基础。初始状态评审的内容包括：

1）辨识工作场所中的危险源和环境因素；

2）明确适用的有关职业健康安全与环境法律、法规和其他要求；

3）评审组织现有的管理制度，并与标准进行对比；

4）评审过去的事故，进行分析评价，以及检查组织是否建立了处罚和预防措施；

5）了解相关方对组织在职业健康安全与环境管理工作的看法和要求。

（5）制定方针、目标、指标和管理方案

方针是组织对其职业健康安全与环境行为的原则和意图的声明，也是组织自觉承担其责任和义务的承诺。方针不仅为组织确定了总的指导方向和行动准则，而且是评价一切后续活动的依据，并为制定更加具体的目标和指标提供一个框架。

职业健康安全及环境目标、指标的制定是组织为了实现其在职业健康安全及环境方针中所体现出的管理理念及其对整体绩效的期许与原则，与企业的总目标相一致，目标和指标制定的依据和准则为：

1）依据并符合方针；

2）考虑法律、法规和其他要求；

3）考虑自身潜在的危险和重要环境因素；

4）考虑商业机会和竞争机遇；

5）考虑可实施性；

6）考虑监测考评的现实性；

7）考虑相关方的观点。

管理方案是实现目标、指标的行动方案。为保证职业健康安全和环境管理体系目标的实现，需结合年度管理目标和企业客观实际情况，策划制定职业健康安全和环境管理方案，方案中应明确旨在实现目标指标的相关部门的职责、方法、时间表以及资源的要求。

（6）管理体系策划与设计

体系策划与设计是依据制定的方针、目标和指标、管理方案确定组织机构职责和筹划各种运行程序。文件策划的主要工作有：

1）确定文件结构；

2）确定文件编写格式；

3）确定各层文件名称及编号；

4）制定文件编写计划；

5）安排文件的审查、审批和发布工作。

（7）体系文件编写

体系文件包括管理手册、程序文件、作业文件三个层次。

1）体系文件编写的原则

职业健康安全与环境管理体系是系统化、结构化、程序化的管理体系，是遵循 PDCA 管理模式并以文件支持的管理制度和管理办法。

体系文件编写应遵循三个原则：标准要求的要写到、文件写到的要做到、做到的要有有效记录。

2）管理手册的编写

管理手册是对组织整个管理体系的整体性描述，它为体系的进一步展开以及后续程序文件的制定提供了框架要求和原则规定，是管理体系的纲领性文件。手册可使组织的各级管理者明确体系概况，了解各部门的职责权限和相互关系，以便统一分工和协调管理。

管理手册除了反映了组织管理体系需要解决的问题所在，也反映出了组织的管理思路和理念。同时也向组织内外部人员提供了查询所需文件和记录的途径，相当于体系文件的索引。

其主要内容包括：

① 方针、目标、指标、管理方案；

② 管理、运行、审核和评审工作人员的主要职责、权限和相互关系；

③ 关于程序文件的说明和查询途径；

④ 关于管理手册的管理、评审和修订工作的规定。

3）程序文件的编写

程序文件的编写应符合以下要求：

① 程序文件要针对需要编制程序文件体系的管理要素；

② 程序文件的内容可按"4W1H"的顺序和内容来编写，即明确程序中管理要素由谁做（who），什么时间做（when），在什么地点做（where），做什么（what），怎么做（how）；

③ 程序文件一般格式可按照目的和适用范围、引用的标准及文件、术语和定义、职责、工作程序、报告和记录的格式以及相关文件等的顺序来编写。

4) 作业文件的编制

作业文件是指管理手册、程序文件之外的文件，一般包括作业指导书（操作规程）、管理规定、监测活动准则及程序文件引用的表格。其编写的内容和格式与程序文件的要求基本相同。在编写之前应对原有的作业文件进行清理，摘其有用，删除无关。

（8）文件的审查、审批和发布

文件编写完成后应进行审查，经审查、修改、汇总后进行审批，然后发布。

7.1.2 职业健康安全管理体系的运行

运行模式（图 7-1）由"策划、实施、检查、评审和改进"构成的动态循环过程，与戴明的 PDCA 循环模式是一致的。

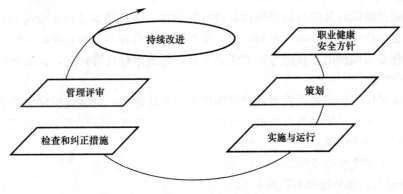

图 7-1 运行模式

（1）管理体系的运行

体系运行是指按照已建立体系的要求实施，其实施的重点围绕培训意识和能力，信息交流，文件管理，执行控制程序，监测，不符合、纠正和预防措施，记录等活动推进体系的运行工作。上述运行活动简述如下。

1) 培训意识和能力

由主管培训的部门根据体系、体系文件（培训意识和能力程序文件）的要求，制定详细的培训计划，明确培训的组织部门、时间、内容、方法和考核要求。

2) 信息交流

信息交流是确保各要素构成一个完整的、动态的、持续改进的体系和基础，应关注信息交流的内容和方式。

3) 文件管理

① 对现有有效文件进行整理编号，方便查询索引；

② 对适用的规范、规程等行业标准应及时购买补充，对适用的表格要及时发放；

③ 对在内容上有抵触的文件和过期的文件要及时作废并妥善处理。

4）执行控制程序文件的规定

体系的运行离不开程序文件的指导，程序文件及其相关的作业文件在组织内部都具有法定效力，必须严格执行，才能保证体系正确运行。

5）监测

为保证体系正确有效地运行，必须严格监测体系的运行情况。监测中应明确监测的对象和监测的方法。

6）不符合、纠正和预防措施

体系在运行过程中，不符合的出现是不可避免的，包括事故也难免要发生，关键是相应的纠正与预防措施是否及时有效。

7）记录

在体系运行过程中及时按文件要求进行记录，如实反映体系运行情况。

（2）管理体系的维持

1）内部审核

内部审核是组织对其自身的管理体系进行的审核，是对体系是否正常进行以及是否达到了规定的目标所作的独立的检查和评价，是管理体系自我保证和自我监督的一种机制。

内部审核要明确提出审核的方式方法和步骤，形成审核日程计划，并发至相关部门。

2）管理评审

管理评审是由组织的最高管理者对管理体系的系统评价，判断组织的管理体系面对内部情况的变化和外部环境是否充分适应有效，由此决定是否对管理体系作出调整，包括方针、目标、机构和程序等。

管理评审中应注意以下问题：

① 信息输入的充分性和有效性；

② 评审过程充分严谨，应明确评审的内容和对相关信息的收集、整理，并进行充分的讨论和分析；

③ 评审结论应该清楚明了，表述准确；

④ 评审中提出的问题应认真进行整改，不断持续改进。

3）合规性评价

为了履行对合规性承诺，合规性评价分公司级和项目组级评价两个层次进行。

项目组级评价，由项目经理组织有关人员对施工中应遵守的法律法规和其他要求的执行情况进行一次合规性评价。当某个阶段施工时间超过半年时，合规性评价不少于一次。项目工程结束时应针对整个项目工程进行系统的合规性评价。

公司级评价每年进行一次，制定计划后由管理者代表组织企业相关部门和项目组，对公司应遵守的法律法规和其他要求的执行情况进行合规性评价。

各级合规性评价后，对不能充分满足要求的相关活动或行为，通过管理方案或纠正措施等方式进行逐步改进。上述评价和改进的结果，应形成必要的记录和证据，作为管理评审的输入。

管理评审时，最高管理者应结合上述合规性评价的结果、企业的客观管理实际、相关法律法规和其他要求，系统评价体系运行过程中对适用法律法规和其他要求的遵守执行情况，并由相关部门或最高管理者提出改进要求。

7.2 施工安全管理与保证体系

7.2.1 施工安全管理体系

施工安全管理体系是项目管理的子系统，是一个动态的、自我调整和完善的管理系统，它是根据 PDCA 循环模式的运行方式，以逐步提高、持续改进的思想指导企业系统地实现安全管理的既定目标。

建立施工安全管理体系的原则

（1）贯彻"安全第一、预防为主"的方针，企业必须建立健全安全生产责任制和群防群治制度，确保工程施工劳动者的人身和财产安全。

（2）施工安全管理体系的建立，必须适用于工程施工全过程的安全管理和控制。

（3）施工安全管理体系文件的编制，必须符合《中华人民共和国建筑法》、《中华人民共和国安全生产法》、《建设工程安全生产管理条例》、《职业安全卫生管理体系标准》和国际劳工组织（ILO）167 号公约等法律、行政法规及规程的要求。

（4）项目经理部应根据本企业的安全管理体系标准，结合各项目的实际加以充实，确保工程项目的施工安全。

（5）企业应加强对施工项目的安全管理，指导、帮助项目经理部建立和实施安全管理体系。

7.2.2 施工安全保证体系

施工安全管理的工作目标，主要是避免或减少一般安全事故和轻伤事故，杜绝重大、特大安全事故和伤亡事故的发生，最大限度地确保施工中劳动者的人身和财产安全。能否达到这一施工安全管理的工作目标，关键问题是需要安全管理和安全技术来保证。主要由以下内容构成：

（1）施工安全的组织保证体系

施工安全的组织保证体系是负责施工安全工作的组织管理系统，一般包括最高权力机构、专职管理机构的设置和专兼职安全管理人员的配备（如企业的主要负责人、专职安全管理人员，企业、项目部主管安全的管理人员以及班组长、班组安全员）。

（2）施工安全的制度保证体系

施工安全的制度保证体系是为贯彻执行安全生产法律、法规、强制性标准、工程施工设计和安全技术措施，确保施工安全而提供制度的支持与保证体系。制度保证体系的制度项目组成见表 7-1。

制度保证体系的制度项目组成　　　　　　　　　　　　　　　　表 7-1

次序	类别	制度名称
1		安全生产组织制度（即组织保证体系的人员设置构成）
2	岗位管理	安全生产责任制度
3		安全生产教育培训制度

次序	类别	制度名称
4	岗位管理	安全生产岗位认证制度
5		安全生产值班制度
6		特种作业人员管理制度
7		外协单位和外协人员安全管理制度
8		专、兼职安全管理人员管理制度
9		安全生产奖惩制度
10	措施管理	安全作业环境和条件管理制度
11		安全施工技术措施的编制和审批制度
12		安全技术措施实施的管理制度
13		安全技术措施的总结和评价制度
14	投入和物资管理	安全作业环境和安全施工措施费用编制、审核、办理及使用管理制度
15		劳动保护用品的购入、发放与管理制度
16		特种劳动防护用品使用管理制度
17		应急救援设备和物资管理制度
18		机械、设备、工具和设施的供应、维修、报废管理制度
19	日常管理	安全生产检查制度
20		安全生产验收制度
21		安全生产交接班制度
22		安全隐患处理和安全整改工作的备案制度
23		异常情况、事故征兆、突然事态报告、处置和备案管理制度
24		安全生产事故报告、处置、分析和备案制度
25		安全生产信息资料收集和归档管理制度

（3）施工安全的技术保证体系

施工安全是为了达到工程施工的作业环境和条件安全、施工技术安全、施工状态安全、施工行为安全以及安全生产管理到位的安全目的。施工安全的技术保证，就是为上述五个方面的安全要求提供安全技术的保证，确保在施工中准确判断其安全的可靠性，对避免出现危险状况、事态做出限制和控制规定，对施工安全保险与排险措施给予规定以及对一切施工生产给予安全保证。

施工安全技术保证由专项工程、专项技术、专项管理、专项治理四种类别构成，每种类别又有若干项目，每个项目都包括安全可靠性技术、安全限控技术、安全保险与排险技术和安全保护技术等四种技术，建立并形成如图7-2所示的安全技术保证体系。

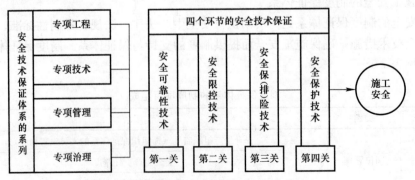

图7-2 施工安全技术保证体系的系列

（4）施工安全投入保证体系

施工安全投入保证体系是确保施工安全应有与其要求相适应的人力、物力和财力投入，并发挥其投入效果的保证体系。其中，人力投入可在施工安全组织保证体系中解决，而物力和财力的投入则需要解决相应的资金问题。其资金来源为工程费用中的机械装备费、措施费（如脚手架费、环境保护费、安全文明施工费、临时设施费等）、管理费和劳动保险支出等。

（5）施工安全信息保证体系

施工安全工作中的信息主要有文件信息、标准信息、管理信息．技术信息、安全施工状况信息及事故信息等，这些信息对于企业搞好安全施工工作具有重要的指导和参考作用。因此，企业应把这些信息作为安全施工的基础资料保存，建立起施工安全的信息保证体系，以便为施工安全工作提供有力的安全信息支持。

施工安全信息保证体系由信息工作条件、信息收集、信息处理和信息服务等四部分工作内容组成，如图7-3所示。

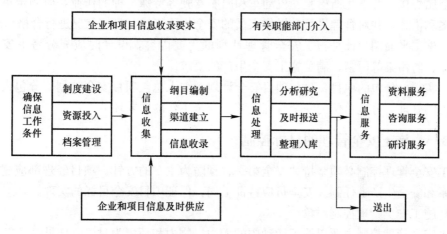

图 7-3　施工安全信息保证体系

7.3　施工安全管理的任务

7.3.1　设置施工安全管理机构

（1）公司应设置以法定代表人为第一责任人的安全管理机构，并根据企业的施工规模及职工人数设置专门的安全生产管理机构部门并配备专职安全管理人员。

（2）项目经理部是施工现场第一线管理机构，应根据工程特点和规模，设置以项目经理为第一责任人的安全管理领导小组，其成员由项目经理、技术负责人、专职安全员、工长及各工种班组长组成。

（3）施工班组要设置不脱产的兼职安全员，协助班组长搞好班组的安全生产管理。班组要坚持班前班后岗位安全检查、安全值日和安全日活动制度，并要认真做好班组的安全记录。

7.3.2　制定施工安全管理计划

（1）项目经理部应根据项目施工安全目标的要求配置必要的资源，保证安全目标的实现。专业性较强的施工项目，应编制专项安全施工组织设计或安全技术措施。

（2）施工安全管理计划应在项目开工前编制，经项目经理批准后实施。

（3）施工安全管理计划的内容应包括：工程概况，控制程序，控制目标，组织结构，职责权限，规章制度，资源配置，安全措施，检查评价，奖惩制度。

（4）施工安全管理计划的制定，应根据工程特点、施工方法、施工程序、安全法规和标准的要求，采取可靠的技术措施，消除安全隐患，保证施工安全。

（5）对结构复杂、施工难度大、专业性强的项目，除制定项目总体安全技术保证计划外，还必须制定单位工程或分部、分项工程的安全施工措施。

（6）对高空作业、井下作业、水上和水下作业、深基础开挖、爆破作业、脚手架上作业、有毒有害作业、特种机械作业等专业性强的施工作业，以及从事电气、压力容器、起重机、金属焊接、井下瓦斯检验、机动车和船舶驾驶等特殊工种的作业，应制定单项安全技术方案和措施，并对管理人员和操作人员的安全作业资格、身体状况进行合格审查。

（7）施工平面图设计是施工安全管理计划的主要内容，设计时应充分考虑安全、防火、防爆、防污染等因素，满足施工安全生产的要求。

（8）实行总分包的项目，分包项目安全计划应纳入总包项目安全计划，分包人应服从总承包人的管理。分包单位的安全管理是整个安全工作的薄弱环节。

7.3.3　施工安全管理的目标控制

施工安全管理控制必须坚持"安全第一、预防为主"的方针。项目经理部应建立安全管理体系和安全生产责任制。安全员应持证上岗，保证项目安全目标的实现。

（1）施工安全管理控制对象

施工安全管理控制主要以施工活动中的人力、物力和环境为对象，详见表7-2。

施工安全管理控制对象　　　　　　　　　　　　　　　　表 7-2

控制对象	措施	目的
劳动者	依法制定有关安全的政策、法规、条例，给予劳动者的人身安全、健康及法律保障的措施	约束控制劳动者的不安全行为，消除或减少主观上的安全隐患
劳动手段劳动对象	改善施工工艺、改进设备性能。以消除和控制生产过程中可能出现的危险因素，避免损失扩大的安全技术保证措施	规范物的状态，以消除和减轻其对劳动者的威胁和造成财产损失
劳动条件劳动环境	防止和控制施工中高温、严寒、粉尘、噪声、振动、毒气、毒物等对劳动者安全与健康影响的医疗、保健、防护措施及对环境的保护措施	改善和创造良好的劳动条件，防止职业伤害，保护劳动者身体健康和生命安全

（2）抓薄弱环节和关键部位，控制伤亡事故

分包单位的安全管理，是整个安全工作的薄弱环节。总包单位要建立健全分包单位的安全教育、安全检查、安全交底等制度。

伤亡事故大多发生在高处坠落、物体打击、触电、坍塌、机械和起重伤害等方面，关键部位集中在脚手架、洞口、临边、起重设备、施工用电等。

（3）施工安全管理目标实施的主要内容

六杜绝：杜绝因公受伤、死亡事故；杜绝坍塌伤害事故；杜绝物体打击事故；杜绝高处坠落事故；杜绝机械伤害事故；杜绝触电事故。

三消灭：消灭违章指挥；消灭违章作业；消灭"惯性事故"。

二控制：控制年负伤率，负轻伤频率控制在6‰以内；控制年安全事故率。

一创建：创建安全文明示范工地。

（4）施工安全目标管理控制程序（图7-4）

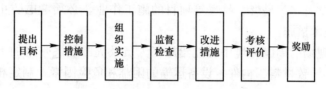

图 7-4 施工安全管理目标实施程序

（5）基本要求

1）必须取得《安全生产许可证》后方可施工；

2）必须建立健全安全管理保障制度；

3）各类施工人员必须具备相应的安全生产资格方可上岗；

4）所有新工人（包括新招收的合同工、临时工、农民工及实习和代培人员）必须经过三级安全教育，即：施工人员进场作业前进行公司、项目部、作业班组的安全教育；

5）特种作业（指对操作者本人和其他工种作业人员以及对周围设施的安全有重大危险因素的作业）人员，必须经过专门培训，并取得特种作业资格；

6）对查出的事故隐患要做到整改"五定"（定项目、定人员、定时限、定措施、定考核）的要求；

7）必须把好安全生产的"七关"（教育关、措施关、交底关、防护关、文明关、验收关、检查关）标准；

8）必须建立安全生产值班制度，并有现场领导带班。

7.3.4 施工安全技术措施

施工安全技术，就是研究建筑施工中各种特定工程项目的不安全因素和安全保证要求，相应采取消除隐患以及警示、限控、保险、保护、排险和救助措施，以预防和控制安全意外事故的发生及减少其危害的技术。施工安全技术由母体技术、安全影响因素、安全保证技术和安全保证管理等4个基本部分组成。

施工安全技术措施是在施工项目生产活动中，根据工程特点、规模、结构复杂程度、工期、施工现场环境、劳动组织、施工方法、施工机械设备、变配电设施、架设工具以及各项安全防护设施等，针对施工中存在的不安全因素进行预测和分析，找出危险点，为消除和控制危险隐患，从技术和管理上采取措施加以防范，消除不安全因素，防止事故发生，确保施工项目安全施工。

（1）施工安全技术措施的编制要求

1）施工安全技术措施在施工前必须由项目技术负责人组织编制好，并且经过企业技术负责人审批后正式下达项目部指导施工。设计和施工发生变更时，安全技术措施必须及时变更或作补充。

2）主要的分部分项工程，如土石方工程、基础工程（含桩基础）、砌筑工程、钢筋混凝土工程、钢门窗工程、结构吊装工程及脚手架工程等都必须编制单独的分部分项工程施工安全技术措施。如果使用新技术、新工艺、新设备、新材料，必须同时考虑相应的施工安全技术措施。

3）编制各种机械动力设备、用电设备的安全技术措施。

4）对于有毒、有害、易燃、易爆等项目的施工作业，必须考虑防止可能给施工人员造成危害的安全技术措施。

5）对于施工现场的周围环境中可能给施工人员及周围居民带来的不安全因素，以及由于施工现场狭小导致材料、构件、设备运输的困难和危险因素，制定相应的施工安全技术措施。

6）针对季节性施工的特点，必须制定相应的安全技术措施。夏季要制定防暑降温措施；雨期施工要制定防触电、防雷、防坍塌措施；冬期施工要制定防风、防火、防滑、防煤气和亚硝酸钠中毒措施。

7）施工安全技术措施中要有施工总平面图，在图中必须对危险的油库、易燃材料库以及材料、构件的堆放位置、垂直运输设备、变电设备、搅拌站的位置等，按照施工需要和安全规程的要求明确定位，并提出具体要求。

8）制定的施工安全技术措施必须符合国家颁发的施工安全技术法规、规范及标准。

（2）施工安全技术措施的主要内容

施工准备阶段的施工安全技术措施内容见表 7-3；施工阶段的施工安全技术措施内容见表 7-4。

施工准备阶段安全技术措施

表 7-3

准备类型	内容
技术准备	1. 了解工程设计对安全施工的要求； 2. 调查工程的自然环境（水文、地质、气候、洪水、雷击等）和施工环境（粉尘、噪声、地下设施、管道和电缆的分布、走向等）对施工安全及施工对周围环境安全的影响； 3. 改扩建工程施工与建设单位使用、生产发生交叉，可能造成双方伤害时，双方应签订安全施工协议，搞好施工与生产的协调，明确双方责任，共同遵守安全事项； 4. 在施工组织设计中，编制切实可行、行之有效的安全技术措施．并严格履行审批手续，送安全部门备案
物资准备	1. 及时供应质量合格的安全防护用品（安全帽、安全带、安全网等），并满足施工需要； 2. 保证特殊工种（电工、焊工、爆破工、起重工等）使用工具、器械质量合格，技术性能良好； 3. 施工机具、设备（起重机、卷扬机、电锯、平面刨、电气设备等）、车辆等，须经安全技术性能检测，鉴定合格，防护装置齐全，制动装置可靠，方可进厂使用； 4. 施工周转材料（脚手杆、扣件、跳板等）须经认真挑选，不符合安全要求禁止使用
施工现场准备	1. 按施工总平面图要求做好现场施工准备； 2. 现场各种临时设施、库房，特别是炸药库、油库的布置，易燃易爆品存放都必须符合安全规定和消防要求，须经公安消防部门批准； 3. 电气线路、配电设备符合安全要求，有安全用电防护措施；

准备类型	内容
施工现场准备	4. 场内道路通畅，设交通标志，危险地带设危险信号及禁止通行标志，保证行人、车辆通行安全； 5. 现场周围和陡坡，沟坑处没围栏、防护板，现场入口处设"无关人员禁止入内"的警示标志； 6. 塔吊等起重设备安置要与输电线路、永久或临设工程间有足够的安全距离，避免碰撞，以保证搭设脚手架、安全网的施工距离； 7. 现场设消火栓，有足够的有效的灭火器材、设施
施工队伍准备	1. 总包单位及分包单位都应持有《施工企业安全资格审查认可证》方可组织施工； 2. 新工人、特殊工种工人须经岗位技术培训、安全教育后，持合格证上岗； 3. 高难险作业工人须经身体检查合格，具有安全生产资格，方可施工作业； 4. 特殊工种作业人员，必须持有《特种作业操作证》方可上岗

施工阶段安全技术措施 表 7-4

工程类型	内容
一般工程	1. 单项工程、单位工程均有安全技术措施，分部分项工程有安全技术具体措施施工前由技术负责人向参加施工的有关人员进行安全技术交底。并应逐级签发和保存"安全交底任务单"； 2. 安全技术应与施工生产技术统一，各项安全技术措施必须在相应的工序施工前落实好。如： （1）根据基坑、基槽、地下室开挖深度、土质类别，选择开挖方法。确定边坡的坡度和采取防止塌方的护坡支撑方案； （2）脚手架、吊篮等选用及设计搭设方案和安全防护措施； （3）高处作业的上下安全通道； （4）安全网（平网、立网）的架设要求、范围（保护区域）、架设层次、段落； （5）对施工电梯、井架（龙门架）等垂直运输设备的位置、搭设要求，稳定性、安全装置等要求； （6）施工洞口的防护方法和主体交叉施工作业区的隔离措施； （7）场内运输道路及人行通道的布置； （8）在建工程与周围人行通道及民房的防护隔离措施； 3. 操作者严格遵守相应的操作规程，实行标准化作业； 4. 针对采用的新工艺、新技术、新设备、新结构制定专门的施工安全技术措施； 5. 在明火作业现场（焊接、切割、熬沥青等）有防火、防爆措施； 6. 考虑不同季节的气候对施工生产带来的不安全因素可能造成的各种突发性事故，从防护上、技术上、管理上有预防自然灾害的专门安全技术措施； （1）夏季进行作业，应有防暑降温措施； （2）雨期进行作业，应有防触电、防雷、防沉陷坍塌、防台风和防洪排水等措施； （3）冬期进行作业，应有防风、防火、防冻、防滑和防煤气中毒等措施
特殊工程	1. 对于结构复杂、危险性大的特殊工程，应编制单项的安全技术措施，如爆破、大型吊装、沉箱、沉井、烟囱、水塔、特殊架设作业、高层脚手架、井架等； 2. 安全技术措施中应注明设计依据，并附有计算、详图和文字说明
拆除工程	1. 详细调查拆除工程的结构特点、结构强度、电线线路、管道设施等现状，制定可靠的安全技术方案； 2. 拆除建筑物、构筑物之前，在工程周围划定危险警戒区域，设立安全围栏，禁止无关人员进入作业现场； 3. 拆除工作开始前。先切断被拆除建筑物、构筑物的电线、供水、供热、供煤气的通道； 4. 拆除工作应自上而下顺序进行，禁止数层同时拆除，必要时要对底层或下部结构进行加固； 5. 栏杆、楼梯、平台应与主体拆除程度配合进行，不能先行拆除； 6. 拆除作业工人应站在脚手架或稳固的结构部分上操作，拆除承重梁、柱之前应拆除其承重的全部结构，并防止其他部分坍塌； 7. 拆下的材料要及时清理运走，不得在旧楼板上集中堆放，以免超负荷； 8. 拆除建筑物、构筑物内需要保留的部分或设备，要事先搭好防护棚； 9. 一般不采用推倒方法拆除建筑物，必须采用推倒方法时，应采取特殊安全措施

273

（3）施工安全技术措施的审批管理

1）一般工程施工安全技术措施在施工前必须编制完成，并经过项目经理部的技术部门负责人审核，项目经理部总工程师审批，报公司项目管理部、安全监督部门备案。

2）对于重要工程或较大专业工程的施工安全技术措施，由项目（或专业公司）总工程师审核，公司项目管理部、安全监督部复核，由公司技术部或公司总工程师委托技术人员审批，并在公司项目管理部、安全监督部备案。

3）大型、特大型工程安全技术措施，由项目经理部总工程师组织编制，报公司技术部、项目管理部、安全监督部审核，由公司总工程师审批，并在上述公司的三个部门备案。

4）分包单位编制的施工安全技术措施，在完成报批手续后报项目经理部的技术部门备案。

（4）施工安全技术措施变更

1）施工过程中若发生设计变更时，原安全技术措施必须及时变更，否则不准施工。

2）施工过程中由于各方面原因所致，确实需要修改原安全技术措施时，必须经原编制人同意，并办理修改审批手续。

7.3.5 施工安全技术交底

施工安全技术交底是在建设工程施工前，项目部的技术人员向施工班组和作业人员进行有关工程安全施工的详细说明，并由双方签字确认。安全技术交底一般由技术管理人员根据分部分项工程的实际情况、特点和危险因素编写，它是操作者的法令性文件。

（1）施工安全技术交底的基本要求

1）施工安全技术交底要充分考虑到各分部分项工程的不安全因素，其内容必须具体、明确、针对性强。

2）施工安全技术交底应优先采用新的安全技术措施。

3）在工程开工前，应将工程概况、施工方法、安全技术措施等情况，向工地负责人、工长及全体职工进行交底。

4）对于有两个以上施工队或工种配合施工时，要根据工程进度情况定期或不定期地向有关施工队或班组进行交叉作业施工的安全技术交底。

5）在每天工作前，工长应向班组长进行安全技术交底。班组长每天也要对工人进行有关施工要求、作业环境等方面的安全技术交底。

6）要以书面形式进行逐级的安全技术交底工作，并且交底的时间、内容及交底人和接受交底人要签名或盖章。

7）安全技术交底书要按单位工程归放一起，以备查验。

（2）施工安全技术交底制度

1）大规模群体性工程，总承包人不是一个单位时，由建设单位向各单项工程的施工总承包单位作建设安全要求及重大安全技术措施交底。

2）大型或特大型工程项目，由总承包公司的总工程师组织有关部门向项目经理部和分包商进行安全技术措施交底。

3）一般工程项目，由项目经理部技术负责人和现场经理向有关施工人员（项目工程部、商务部、物资部、质量和安全总监及专业责任工程师等）和分包商技术负责人进行安全技术措施交底。

4）分包商技术负责人，要对其管辖的施工人员进行详细的安全技术措施交底。

5）项目专业责任工程师，要对所管辖的分包商工长进行专业工程施工安全技术措施交底，对分包工长向操作班组所进行的安全技术交底进行监督、检查。

6）专业责任工程师要对劳务分包方的班组进行分部分项工程安全技术交底，并监督指导其安全操作。

7）施工班组长在每次作业前，应将作业要求和安全事项向作业人员进行交底，并将交底的内容和参加交底的人员名单记入班组的施工日志中。

（3）施工安全技术交底的主要内容

1）建设工程项目、单项工程和分部分项工程的概况、施工特点和施工安全要求。

2）确保施工安全的关键环节、危险部位、安全控制点及采取相应的技术、安全和管理措施。

3）做好"四口"、"五临边"的防护设施，其中"四口"为通道口、楼梯口、电梯井口、预留洞口；"五临边"为未安栏杆的阳台周边、无外架防护的屋面周边、框架工程的楼层周边、卸料平台的外侧边及上下跑道、斜道的两侧边。

4）项目管理人员应做好的安全管理事项和作业人员应注意的安全防范事项。

5）各级管理人员应遵守的安全标准和安全操作规程的规定及注意事项。

6）安全检查要求，注意及时发现和消除的安全隐患。

7）对于出现异常征兆、事态或发生事故的应急救援措施。

8）对于安全技术交底未尽的其他事项的要求（即应按哪些标准、规定和制度执行）。

7.3.6 安全文明施工措施

根据《建设工程施工现场管理规定》中的"文明施工管理"和《建设工程项目管理规范》中"项目现场管理"的规定，以及各省市有关建设工程文明施工管理的要求，施工单位应规范施工现场，创造良好生产、生活环境，保障职工的安全与健康，做到文明施工、安全有序、整洁卫生、不扰民、不损害公众利益。

（1）现场大门和围挡设置

1）施工现场设置钢制大门，大门牢固、美观。高度不宜低于4m，大门上应标有企业标识。

2）施工现场的围挡必须沿工地四周连续设置，不得有缺口。并且围挡要坚固、平稳、严密、整洁、美观。

3）围挡的高度：市区主要路段不宜低于2.5m；一般路段不低于1.8m。

4）围挡材料应选用砌体、金属板材等硬质材料，禁止使用彩条布、竹笆、安全网等易变形材料。

5）建设工程外侧周边使用密目式安全网（2000目/100cm²）进行防护。

（2）现场封闭管理

1）施工现场出入口设专职门卫人员，加强对现场材料、构件、设备的进出监督管理。

2）为加强对出入现场人员的管理，施工人员应佩戴工作卡以示证明。

3）根据工程的性质和特点，出入大门口的形式，各企业各地区可按各自的实际情况确定。

（3）施工场地布置

1）施工现场大门内必须设置明显的五牌一图（即工程概况牌、安全生产制度牌、文明施工制度牌、环境保护制度牌、消防保卫制度牌及施工现场平面布置图），标明工程项目名称、建设单位、设计单位、施工单位、监理单位、工程概况及开工、竣工日期等。

2）对于文明施工、环境保护和易发生伤亡事故（或危险）处，应设置明显的、符合国家标准要求的安全警示标志牌。

3）设置施工现场安全"五标志"，即：指令标志（佩戴安全险帽、系安全带等），禁止标志（禁止通行、严禁抛物等），警告标志（当心落物、小心坠落等），电力安全标志（禁止合闸、当心有电等）和提示标志（安全通道、火警、盗警、急救中心电话等）。

4）现场主要运输道路尽量采用循环方式设置或有车辆调头的位置，保证道路通畅。

5）现场道路有条件的可采用混凝土路面，无条件的可采用其他硬化路面。现场地面也应进行硬化处理，以免现场扬尘，雨后泥泞。

6）施工现场必须有良好的排水设施，保证排水畅通。

7）现场内的施工区、办公区和生活区要分开设置，保持安全距离，并设标志牌。办公区和生活区应根据实际条件进行绿化。

8）各类临时设施必须根据施工总平面图布置，而且要整齐、美观。办公和生活用的临时设施宜采用轻体保温或隔热的活动房，既可多次周转使用，降低暂设成本，又可达到整洁美观的效果。

9）施工现场临时用电线路的布置，必须符合安装规范和安全操作规程的要求，严格按施工组织设计进行架设，严禁任意拉线接电。而且必须设有保证施工要求的夜间照明。

10）工程施工的废水、泥浆应经流水槽或管道流到工地集水池统一沉淀处理，不得随意排放和污染施工区域以外的河道、路面。

（4）现场材料、工具堆放

1）施工现场的材料、构件、工具必须按施工平面图规定的位置堆放，不得侵占场内道路及安全防护等设施。

2）各种材料、构件堆放应按品种、分规格整齐堆放，并设置明显标牌。

3）施工作业区的垃圾不得长期堆放，要随时清理，做到每天工完场清。

4）易燃易爆物品不能混放，要有集中存放的库房。班组使用的零散易燃易爆物品，必须按有关规定存放。

5）对于楼梯间、休息平台、阳台临边等地方不得堆放物料。

（5）施工现场安全防护布置

根据建设部有关建筑工程安全防护的有关规定，项目经理部必须做好施工现场安全防护工作。

1）施工临边、洞口交叉、高处作业及楼板、屋面、阳台等临边防护，必须采用密目式安全立网全封闭，作业层要另加防护栏杆和18cm高的踢脚板。

2）通道口设防护棚，防护棚应为不小于5cm厚的木板或两道相距50cm的竹笆，两侧应沿栏杆架用密目式安全网封闭。

3）预留洞口用木板全封闭防护，对于短边超过 1.5m 长的洞口，除封闭外四周还应设有防护栏杆。

4）电梯井口设置定型化、工具化、标准化的防护门，在电梯井内每隔两层（不大于 10m）设置一道安全平网。

5）楼梯边设 1.2m 高的定型化、工具化、标准化的防护栏杆，18cm 高的踢脚板。

6）垂直方向交叉作业，应设置防护隔离棚或其他设施防护。

7）高空作业施工，必须有悬挂安全带的悬索或其他设施，有操作平台，有上下的梯子或其他形式的通道。

（6）施工现场防火布置

1）施工现场应根据工程实际情况，订立消防制度或消防措施。

2）按照不同作业条件和消防有关规定，合理配备消防器材，符合消防要求。消防器材设置点要有明显标志，夜间设置红色警示灯，消防器材应垫高设置，周围 2m 内不准乱放物品。

3）当建筑施工高度超过 30m（或当地规定）时，为防止单纯依靠消防器材灭火不能满足要求，应配备有足够的消防水源和自救的用水量。扑救电气火灾不得用水，应使用干粉灭火器。

4）在容易发生火灾的区域施工或储存、使用易燃易爆器材时，必须采取特殊的消防安全措施。

5）现场动火，必须经有关部门批准，设专人管理。五级风及以上禁止使用明火。

6）坚决执行现场防火"五不走"的规定，即：交接班不交代不走、用火设备火源不熄灭不走。用电设备不拉闸不走、可燃物不清干净不走、发现险情不报告不走。

（7）施工现场临时用电布置

1）施工现场临时用电配电线路

① 按照 TN-S 系统要求配备五芯电缆、四芯电缆和三芯电缆。

② 按要求架设临时用电线路的电杆、横担、瓷夹、瓷瓶等，或电缆埋地的地沟。

③ 对靠近施工现场的外电线路，设置木质、塑料等绝缘体的防护设施。

2）配电箱、开关箱

① 按三级配电要求，配备总配电箱、分配电箱、开关箱、三类标准电箱。开关箱应符合一机、一箱、一闸、一漏。三类电箱中的各类电器应是合格品。

② 按两级保护的要求，选取符合容量要求和质量合格的总配电箱和开关箱中的漏电保护器。

3）接地保护：装置施工现场保护零线的重复接地应不少于三处。

（8）施工现场生活设施布置

1）职工生活设施要符合卫生、安全、通风、照明等要求。

2）职工的膳食、饮水供应等应符合卫生要求。炊事员必须有卫生防疫部门颁发的体检合格证。生熟食分别存放，炊事员要穿白工作服，食堂卫生要定期清扫检查。

3）施工现场应设置符合卫生要求的厕所，有条件的应设水冲式厕所，并有专人清扫管理。现场应保持卫生，不得随地大小便。

4）生活区应设置满足使用要求的淋浴设施和管理制度。

5）生活垃圾要及时清理，不能与施工垃圾混放，并设专人管理。

6）职工宿舍要考虑到季节性的要求，冬季应有保暖、防煤气中毒措施；夏季应有消暑、防虫叮咬措施，保证施工人员的良好睡眠。

7）宿舍内床铺及各种生活用品放置要整齐，通风良好，并要符合安全疏散的要求。

8）生活设施的周围环境要保持良好的卫生条件，周围道路、院区平整，并要设置垃圾箱和污水池，不得随意乱泼乱倒。

（9）施工现场综合治理

1）项目部应做好施工现场安全保卫工作，建立治安保卫制度和责任分工，并有专人负责管理。

2）施工现场在生活区域内适当设置职工业余生活场所，以便施工人员工作后能劳逸结合。

3）现场不得焚烧有毒有害物质，该类物质必须按有关规定进行处理。

4）现场施工必须采取不扰民措施，要设置防尘和防噪声设施，做到噪声不超标。

5）为适应现场可能发生的意外伤害，现场应配备相应的保健药箱和一般常用药品及应急救援器材，以便保证及时抢救，不扩大伤势。

6）为保障施工作业人员的身心健康，应在流行病发生季节及平时，定期开展卫生防疫的宣传教育工作。

7）施工作业区的垃圾不得长期堆放，要随时清理，做到每天工完场清。

8）施工现场应设置密闭式垃圾站，施工垃圾、生活垃圾应分类存放。施工垃圾必须采用相应容器或管道运输。

7.3.7　施工安全检查

（1）施工安全检查的内容

施工安全检查应根据企业生产的特点，制定检查的项目标准，其主要内容是：查思想、查制度、查安全教育培训、查措施、查隐患、查安全防护、查劳保用品使用、查机械设备、查操作行为、查整改、查伤亡事故处理等主要内容。

（2）施工安全检查的方式

施工安全检查通常采用经常性安全检查、定期和不定期安全检查、专业性安全检查、重点抽查、季节性安全检查、节假日前后安全检查、班组自检、互检、交接检查及复工检查等方式。

（3）施工安全检查的有关要求

1）项目经理部应建立检查制度，并根据施工过程的特点和安全目标的要求，确定安全检查内容。

2）项目经理应组织有关人员定期对安全控制计划的执行情况进行检查考核和评价。

3）项目经理部要严格执行定期安全检查制度，对施工现场的安全施工状况和业绩进行日常的例行检查，每次检查要认真填写记录。

4）项目经理部安全检查应配备必要的设备或器具，确定检查负责人和检查人员，并明确检查内容及要求。

5）项目经理部的各班组日常要开展自检自查，做好日常文明施工和环境保护工作。

项目部每周组织一次施工现场各班组文明施工、环境保护工作的检查评比，并进行奖罚。

6）项目经理部安全检查应采取随机抽样、现场观察、实地检测相结合的方法，并记录检测结果。对现场管理人员的违章指挥和操作人员的违章作业行为应进行纠正。

7）施工现场必须保存上级部门安全检查指令书，对检查中发现的不符合规定要求和存在隐患的设施设备、过程、行为，要进行整改处置。要做到：定整改责任人、定整改措施、定整改完成时间、定整改完成人、定整改验收人的"五定"要求。

8）安全检查人员应对检查结果和整改处置活动进行记录，并通过汇总分析，寻找薄弱环节和安全隐患部位，确定危险程度和需要改进的问题及今后须采取纠正措施或预防措施的要求。

9）施工现场应设职工监督员，监督现场的文明施工、环境保护工作。发挥群防群治作用，保持施工现场文明施工、环境保护的管理，达到持续改进的效果。

7.4　工程安全事故报告

7.4.1　认识安全事故

（1）事故是指人们在进行有目的的活动过程中，发生了违背人们意愿的不幸事件，使其有目的的行动暂时或永久地停止。事故可能造成人员的死亡、疾病、伤害、损坏、财产损失或其他损失。事故通常包含的含义：

① 事故是意外的，它出乎人们的意料和不希望看到的事情；

② 事件是引发事故，或可能引发事故的情况，主要是指活动、过程本身的情况，其结果尚不确定，若造成不良结果则形成事故，若侥幸未造成事故也应引起注意；

③ 事故涵盖的范围是：死亡、疾病、工伤事故；设备、设施破坏事故；环境污染或生态破坏事故。

（2）工程安全事故，是指由于施工过程中由于安全问题，如施工脚手架、平台倒塌、机械伤害、触电、火灾等造成人员伤害和财产损失的事故。

职业健康安全事故分两大类型，即职业伤害事故与职业病。

（3）伤亡事故是指职工在劳动的过程中发生的人身伤害、急性中毒事故。即职工在本岗位劳动，或虽不在本岗位劳动，但由于企业的设备和设施不安全、劳动条件和作业环境不良、管理不善，以及企业领导指派到企业外从事本企业活动，所发生的人身伤害（即轻伤、重伤、死亡）和急性中毒事件。当前伤亡事故统计中除职工以外，还应包括企业雇用的农民工、临时工等。

7.4.2　工程安全事故分类

7.4.2.1　按事故的原因及性质分类

从建筑活动的特点及事故的原因和性质来看，建筑安全事故可以分为四类，即生产事故、质量问题、技术事故和环境事故。

（1）生产事故

生产事故主要是指在建筑产品的生产、维修、拆除过程中，操作人员违反有关施工操作规程等而直接导致的安全事故。这种事故一般都是在施工作业过程中出现的，事故发生的次数比较频繁，是建筑安全事故的主要类型之一。目前我国对建筑安全生产的管理主要是针对生产事故。

（2）质量问题

质量问题主要是指由于设计不符合规范或施工达不到要求等原因而导致建筑结构实体或使用功能存在瑕疵，进而引起安全事故的发生。在设计不符合规范标准方面，主要是一些没有相应资质的单位或个人私自出图和设计本身存在安全隐患。在施工达不到设计要求方面，一是施工过程违反有关操作规程留下的隐患；二是由于有关施工主体偷工减料的行为而导致的安全隐患。质量问题可能发生在施工作业过程中，也可能发生在建筑实体的使用过程中。特别是在建筑实体的使用过程中，质量问题带来的危害是极其严重的。如果在外加灾害（如地震、火灾）发生的情况下，其危害后果是不堪设想的。质量问题也是建筑安全事故的主要类型之一。

（3）技术事故

技术事故主要是指由于工程技术原因而导致的安全事故，技术事故的结果通常是毁灭性的。技术是安全的保证，曾被确信无疑的技术可能会在突然之间出现问题，起初微不足道的瑕疵可能导致灾难性的后果．很多时候正是由于一些不经意的技术失误才导致了严重的事故。在工程技术领域，人类历史上曾发生过多次技术灾难，包括人类和平利用核能过程中的俄罗斯切尔诺贝利核事故、美国宇航史上最严重的一次事故——"挑战者"号爆炸事故等。在工程建设领域，这方面惨痛失败的教训同样也是深刻的，如 1981 年 7 月 17 日美国密苏里州发生的海厄特摄政通道垮塌事故。技术事故的发生，可能发生在施工生产阶段，也可能发生在使用阶段。

（4）环境事故

环境事故主要是指建筑实体在施工或使用的过程中。由于使用环境或周边环境原因而导致的安全事故。使用环境原因主要是对建筑实体的使用不当。比如荷载超标、静荷载设计而动荷载使用以及使用高污染建筑材料或放射性材料等。对于使用高污染建筑材料或放射性材料的建筑物，一是给施工人员造成职业病危害，二是给使用者的身体带来伤害。周边环境原因主要是一些自然灾害方面的，比如山体滑坡等。在一些地质灾害频发的地区，应该特别注意环境事故的发生。环境事故的发生，我们往往归咎于自然灾害，其实是缺乏对环境事故的预判和防治能力。

7.4.2.2 按生产的方式不同对事故分类

根据《企业职工伤亡事故分类标准》GB 6441—1986 规定，职业伤害事故分为 20 类，其中与建筑有关的有 12 类，分别是物体打击、车辆伤害、机械伤害、起重伤害、触电、灼烫、火灾、高处坠落、坍塌、火药爆炸、中毒和窒息、其他伤害（如扭伤、跌伤、冻伤、野兽咬伤等）。其中高处坠落、物体打击、机械伤害、触电、坍塌、中毒、火灾 7 类事故，为建筑业最常发生的事故，近几年来已占到事故总数的 80%～90%，应重点加以防范。

7.4.2.3 按安全事故伤害程度分类

根据《企业职工伤亡事故分类标准》GB 6441—1986 规定，按伤害程度分类为：

（1）轻伤，指损失 1 个工作日至 105 个工作日以下的失能伤害；

（2）重伤，指损失工作日等于和超过 105 个工作日的失能伤害，重伤的损失工作日最多不超过 6000 工日；

（3）死亡，指损失工作日超过 6000 工日，这是根据我国职工的平均退休年龄和平均计算出来的。

7.4.2.4 按照事故发生后果程度分类（安全事故等级划分）

《安全生产法》规定，生产安全一般事故、较大事故、重大事故、特别重大事故的划分标准由国务院规定。

2007 年 4 月国务院颁布的《生产安全事故报告和调查处理条例》规定，根据生产安全事故（以下简称事故）造成的人员伤亡或者直接经济损失，事故一般分为以下等级：

（1）特别重大事故，是指造成 30 人以上死亡，或者 100 人以上重伤（包括急性工业中毒，下同），或者 1 亿元以上直接经济损失的事故；

（2）重大事故，是指造成 10 人以上 30 人以下死亡，或者 50 人以上 100 人以下重伤，或者 5000 万元以上 1 亿元以下直接经济损失的事故；

（3）较大事故，是指造成 3 人以上 10 人以下死亡，或者 10 人以上 50 人以下重伤，或者 1000 万元以上 5000 万元以下直接经济损失的事故；

（4）一般事故，是指造成 3 人以下死亡，或者 10 人以下重伤，或者 1000 万元以下直接经济损失的事故。所称的"以上"包括本数，所称的"以下"不包括本数。

7.4.2.5 事故等级划分的要素

事故等级的划分包括了人身、经济和社会 3 个要素，可以单独适用。

（1）人身要素

人身要素就是人员伤亡的数量。施工生产安全事故危害的最严重后果，就是造成人员的死亡和重伤。因此，人员伤亡数量被列为事故分级的第一要素。

（2）经济要素

经济要素就是直接经济损失的数额。施工生产安全事故不仅会造成人员伤亡，往往还会造成直接经济损失。因此，要保护国家、单位和人民群众的财产权，还应根据造成直接经济损失的多少来划分事故等级。

（3）社会要素

社会要素就是社会影响。在实践中，有些生产安全事故的伤亡人数、直接经济损失数额虽然达不到法定标准，但是造成了恶劣的社会影响、政治影响和国际影响，也应当列为特殊事故进行调查处理。例如，事故严重影响周边单位和居民正常的生产生活，社会反应强烈；造成较大的国际影响；对公众健康构成潜在威胁等。对此《生产安全事故报告和调查处理条例》规定，没有造成人员伤亡，但是社会影响恶劣的事故，国务院或者有关地方人民政府认为需要调查处理的，依照本条例的有关规定执行。

《生产安全事故报告和调查处理条例》规定，国务院安全生产监督管理部门可以会同国务院有关部门，制定事故等级划分的补充性规定。

由于不同行业和领域的事故各有特点，发生事故的原因和损失情况也差异较大，很难用同一标准来划分不同行业或者领域的事故等级，因此授权国务院安全生产监督管理部门可以会同国务院有关部门，针对某些特殊行业或者领域的实际情况来制定事故等级划分的补充性规定，是十分必要的。

7.4.3 施工生产安全事故报告的基本要求

《建筑法》规定，施工中发生事故时，建筑施工企业应当采取紧急措施减少人员伤亡和事故损失，并按照国家有关规定及时向有关部门报告。

《建设工程安全生产管理条例》进一步规定，施工单位发生生产安全事故，应当按照国家有关伤亡事故报告和调查处理的规定，及时、如实地向负责安全生产监督管理的部门、建设行政主管部门或者其他有关部门报告；特种设备发生事故的，还应当同时向特种设备安全监督管理部门报告。实行施工总承包的建设工程，由总承包单位负责上报事故。

《安全生产法》规定，生产经营单位发生生产安全事故后，事故现场有关人员应当立即报告本单位负责人。单位负责人接到事故报告后，应当迅速采取有效措施，组织抢救，防止事故扩大，减少人员伤亡和财产损失，并按照国家有关规定立即如实报告当地负有安全生产监督管理职责的部门，不得隐瞒不报、谎报或者迟报，不得故意破坏事故现场、毁灭有关证据。

（1）事故报告的时间要求

《生产安全事故报告和调查处理条例》规定，事故发生后，事故现场有关人员应当立即向本单位负责人报告；单位负责人接到报告后，应当于1h内向事故发生地县级以上人民政府安全生产监督管理部门和负有安全生产监督管理职责的有关部门报告。情况紧急时，事故现场有关人员可以直接向事故发生地县级以上人民政府安全生产监督管理部门和负有安全生产监督管理职责的有关部门报告。

所谓事故现场，是指事故具体发生地点及事故能够影响和波及的区域，以及该区域内的物品、痕迹等所处的状态。所谓有关人员，主要是指事故发生单位在事故现场的有关工作人员，可以是事故的负伤者，或者是在事故现场的其他工作人员。所谓立即报告，是指在事故发生后的第一时间用最快捷的报告方式进行报告。所谓单位负责人，可以是事故发生单位的主要负责人，也可以是事故发生单位主要负责人以外的其他分管安全生产工作的副职领导或其他负责人。

在一般情况下，事故现场有关人员应当先向本单位负责人报告事故。但是，事故是人命关天的大事，在情况紧急时允许事故现场有关人员直接向安全生产监督管理部门和负有安全生产监督管理职责的有关部门报告。事故报告应当及时、准确、完整。任何单位和个人对事故不得迟报、漏报、谎报或者瞒报。

（2）事故报告的内容要求

《生产安全事故报告和调查处理条例》规定，报告事故应当包括下列内容：

1）事故发生单位概况；

2）事故发生的时间、地点以及事故现场情况；

3）事故的简要经过；

4）事故已经造成或者可能造成的伤亡人数（包括下落不明的人数）和初步估计的直接经济损失；

5）已经采取的措施；

6）其他应当报告的情况。

事故发生单位概况，应当包括单位的全称、所处地理位置、所有制形式和隶属关系、生产经营范围和规模、持有各类证照情况、单位负责人基本情况以及近期生产经营状况等。该部分内容应以全面、简洁为原则。

报告事故发生的时间应当具体；报告事故发生的地点要准确，除事故发生的中心地点外，还应当报告事故所波及的区域；报告事故现场的情况应当全面，包括现场的总体情况、人员伤亡情况和设备设施的毁损情况，以及事故发生前后的现场情况，便于比较分析事故原因。

对于人员伤亡情况的报告，应当遵守实事求是的原则，不作无根据的猜测，更不能隐瞒实际伤亡人数。对直接经济损失的初步估算，主要指事故所导致的建筑物毁损、生产设备设施和仪器仪表损坏等。

已经采取的措施，主要是指事故现场有关人员、事故单位负责人以及已经接到事故报告的安全生产管理部门等，为减少损失、防止事故扩大和便于事故调查所采取的应急救援和现场保护等具体措施。

其他应当报告的情况，则应根据实际情况而定。如较大以上事故，还应当报告事故所造成的社会影响、政府有关领导和部门现场指挥等有关情况。

（3）事故补报的要求

《生产安全事故报告和调查处理条例》规定，事故报告后出现新情况的，应当及时补报。

自事故发生之日起 30 日内，事故造成的伤亡人数发生变化的，应当及时补报。道路交通事故、火灾事故自发生之日起 7 日内，事故造成的伤亡人数发生变化的，应当及时补报。

7.4.4 发生施工生产安全事故后应采取的相应措施

《安全生产法》规定，生产经营单位发生生产安全事故时，单位的主要负责人应当立即组织抢救，并不得在事故调查处理期间擅离职守。

《建设工程安全生产管理条例》进一步规定，发生生产安全事故后，施工单位应当采取措施防止事故扩大，保护事故现场。需要移动现场物品时，应当做出标记和书面记录，妥善保管有关证物。

（1）组织应急抢救工作

《生产安全事故报告和调查处理条例》规定，事故发生单位负责人接到事故报告后，应当立即启动事故相应应急预案，或者采取有效措施，组织抢救，防止事故扩大，减少人员伤亡和财产损失。

例如，对危险化学品泄漏等可能对周边群众和环境产生危害的事故，施工单位应当在向地方政府及有关部门报告的同时，及时向可能受到影响的单位、职工、群众发出预警信息，标明危险区域，组织、协助应急救援队伍救助受害人员，疏散、撤离、安置受到威胁的人员，并采取必要措施防止发生次生、衍生事故。

（2）妥善保护事故现场

《生产安全事故报告和调查处理条例》规定，事故发生后，有关单位和人员应当妥善保护事故现场以及相关证据，任何单位和个人不得破坏事故现场、毁灭相关证据。因抢救人员、防止事故扩大以及疏通交通等原因，需要移动事故现场物件的，应当做出标志，绘制现场简图并做出书面记录，妥善保存现场重要痕迹、物证。

事故现场是追溯判断发生事故原因和事故责任人责任的客观物质基础。从事故发生到事故调查组赶赴现场，往往需要一段时间，而在这段时间里，许多外界因素，如对伤员救护、险情控制、周围群众围观等都会给事故现场造成不同程度的破坏，甚至还有故意破坏事故现场的情况。如果事故现场保护不好，一些与事故有关的证据难于找到，将直接影响到事故现场的勘查，不便于查明事故原因，从而影响事故调查处理的进度和质量。

保护事故现场，就是要根据事故现场的具体情况和周围环境，划定保护区范围，布置警戒，必要时将事故现场封锁起来，维持现场的原始状态，既不要减少任何痕迹、物品，也不能增加任何痕迹、物品。即使是保护现场的人员，也不要无故进入，更不能擅自进行勘查，或者随意触摸、移动事故现场的任何物品。任何单位和个人都不得破坏事故现场，毁灭相关证据。

（3）移动事故现场物件应满足的条件

确因特殊情况需要移动事故现场物件的，须同时满足以下条件：

① 抢救人员、防止事故扩大以及疏通交通的需要；

② 经事故单位负责人或者组织事故调查的安全生产监督管理部门和负有安全生产监督管理职责的有关部门同意；

③ 做出标志，绘制现场简图，拍摄现场照片，对被移动物件贴上标签，并做出书面记录；

④ 尽量使现场少受破坏。

7.5 施工生产安全事故的调查

7.5.1 事故调查组的成立

《安全生产法》规定，事故调查处理应当按照科学严谨、依法依规、实事求是、注重实效的原则，及时、准确地查清事故原因，查明事故性质和责任，总结事故教训，提出整改措施，并对事故责任者提出处理意见。事故调查报告应当依法及时向社会公布。

（1）事故调查的管辖

《生产安全事故报告和调查处理条例》规定，特别重大事故由国务院或者国务院授权有关部门组织事故调查组进行调查。

重大事故、较大事故、一般事故分别由事故发生地省级人民政府、设区的市级人民政府、县级人民政府负责调查。省级人民政府、设区的市级人民政府、县级人民政府可以直接组织事故调查组进行调查，也可以授权或者委托有关部门组织事故调查组进行调查。未造成人员伤亡的一般事故，县级人民政府也可以委托事故发生单位组织事故调查组进行调查。上级人民政府认为必要时，可以调查由下级人民政府负责调查的事故。

自事故发生之日起 30 日内（道路交通事故、火灾事故自发生之日起 7 日内），因事故伤亡人数变化导致事故等级发生变化，依照《生产安全事故报告和调查处理条例》规定应当由上级人民政府负责调查的，上级人民政府可以另行组织事故调查组进行调查。

特别重大事故以下等级事故，事故发生地与事故发生单位不在同一个县级以上行政区域的，由事故发生地人民政府负责调查，事故发生单位所在地人民政府应当派人参加。

（2）事故调查组的组成与职责

事故调查组的组成应当遵循精简、效能的原则。根据事故的具体情况，事故调查组由有关人民政府、安全生产监督管理部门、负有安全生产监督管理职责的有关部门、监察机关、公安机关以及工会派人组成，并应当邀请人民检察院派人参加。事故调查组可以聘请有关专家参与调查。

事故调查组成员应当具有事故调查所需要的知识和专长，并与所调查的事故没有直接利害关系。事故调查组组长由负责事故调查的人民政府指定。事故调查组组长主持事故调查组的工作。

事故调查组履行下列职责：

1）查明事故发生的经过、原因、人员伤亡情况及直接经济损失；

2）认定事故的性质和事故责任；

3）提出对事故责任者的处理建议；

4）总结事故教训，提出防范和整改措施；

5）提交事故调查报告。

（3）事故调查组的权利与纪律

事故调查组有权向有关单位和个人了解与事故有关的情况，并要求其提供相关文件、资料，有关单位和个人不得拒绝。事故发生单位的负责人和有关人员在事故调查期间不得擅离职守，并应当随时接受事故调查组的询问，如实提供有关情况。事故调查中发现涉嫌犯罪的，事故调查组应当及时将有关材料或者其复印件移交司法机关处理。

事故调查中需要进行技术鉴定的，事故调查组应当委托具有国家规定资质的单位进行技术鉴定。必要时，事故调查组可以直接组织专家进行技术鉴定。技术鉴定所需时间不计入事故调查期限。

事故调查组成员在事故调查工作中应当诚信公正、恪尽职守，遵守事故调查组的纪律，保守事故调查的秘密。未经事故调查组组长允许，事故调查组成员不得擅自发布有关事故的信息。

7.5.2　事故原因分析

建筑工程事故的发生，往往是由多种因素构成的，其中最基本的因素有：管理、人、物、自然环境和社会条件。管理的因素是指管理体系不到位，有章不循；人的因素指的是人与人之间存在的差异，这是工程质量优劣最基本的因素；物的因素对工程质量的影响更加复杂、繁多；质量事故的发生也总与某种自然环境、施工条件、各级管理结构状况以及各种社会因素紧密相关。由于工程建设往往涉及施工、建设、使用、监督、监理、管理等许多单位或部门，因此在分析建筑工程质量事故时，必须对以上因素以及它们之间的关系进行具体的分析和探讨，以便采取相应的措施进行处理。

（1）建筑材料方面的因素

建筑材料是构成建筑结构的物质基础，建筑材料的质量好坏，决定着建筑物的质量。但在实践中由于使用不合格的建筑材料造成结构实体质量、安全隐患和使用功能的问题以及质量事故的比比皆是。

（2）施工方面的因素

工程质量与施工安全密不可分，相辅相成，质量隐患往往导致安全事故，而不安全因素又可能为质量事故埋下隐患。虽然相关的法律法规对施工企业对工程的施工质量责任问题做出相应规定，但在实践中由于施工单位在施工过程不按程序操作，导致工程质量事故频发。施工方面的问题主要表现为以下几个方面：

1）建设前期的工作问题。建设前期的某些工作是极其重要的工作，如果不认真按有关规定去做，很可能就决定了建筑工程质量的先天性不足，如项目可行性研究、建设地点的选择等。如果这些前期工作做得不好，很容易造成工程质量事故，有时损失是十分严重的。

2）违反设计程序。从事建设工程勘察设计活动应当坚持先勘察、后设计、再施工原则。但大量的质量事故调查证明，不少工程图纸有的无设计人、无审核人、无批准人，这类图纸交付施工后，因设计考虑不周造成的质量事故屡见不鲜。

3）违反施工要求。不按施工规范标准施工，隐蔽工程流于形式与图纸不符，造成结构性隐患。

（3）工程技术人员方面的因素

建筑产品的优劣，除了建筑材料全部合格外，最根本是人员的素质问题。提高施工一线技能工人的职业技能和基本素质是提高施工企业整体素质、保证施工质量、增强企业竞争力的关键。但在建筑施工领域，农民工已经名副其实地成为工程建设的"主力军"，而这支主力军的素质却令人担忧。农民工的文化程度较低，且大部分没有经过任何培训。

因此，由于缺乏质量意识和基本的操作技能造成质量安全事故的也比较多。另外施工技术人员数量不足也是我国建筑施工企业普遍存在的问题，这些都可能造成技术工作出现漏洞。

建筑管理人才缺乏也是不可忽略的因素。人才相对不足，尤其是高级管理人才和重要行业管理人才严重匮乏，人才结构失调，人才布局不合理、优秀管理人才流失势头不减、管理人才制度、体制和运行机制上存在严重缺陷等问题在一定程度上制约了建筑业的深层次发展。

7.5.3 引发安全事故主要因素

建筑工程安全事故主要因素是人的不安全因素、物的不安全状态、作业环境的不安全因素和管理缺陷。

（1）人的因素控制：人是生产活动的主体，也是工程项目建设的决策者、管理者、操作者，工程建设施工全过程都是通过人来完成的，人的素质，即人的文化水平、技术水平、决策能力、管理能力、组织能力、作业能力、控制能力、身体素质及职业道德等，都将直接或间接地对施工安全生产产生影响。

人员素质是影响工程施工安全的一个重要因素，建筑行业实行企业资质管理、安全生产许可证管理和各类专业从业人员持证上岗制度是施工安全生产保证人员素质的重要管理措施。

（2）物的不安全状态控制：物的控制包括施工机械、设备、安全材料、安全防护用品等安全物资的控制。施工机具、设备是施工生产的手段，对建设工程安全有重要影响，工程施工机具、设备及其产品的质量优劣，直接影响工程施工安全。施工机具设备的类型是否符合工程施工特点，性能是否先进稳定，操作是否方便安全等，都将会影响工程施工安全。

安全材料、防护机具等安全物资的质量是施工安全生产的基础，是工程建设的物资条件，安全生产设计的安全状况，很大程度上取决于所使用的安全物资。为了防止假冒、伪劣或存在质量缺陷的安全物资从不同渠道流入施工现场，造成安全隐患或安全事故，施工单位应对安全物资供应单位进行评价和选择。

（3）环境因素控制：环境的控制指对工程施工安全起重要作用的环境因素控制。这些因素包括：工程技术环境，如工程地质、水文、气象等；工程作业环境，如施工环境作业面大小、防护设施、通风照明和通信条件等；工程管理环境，指工程实施的合同结构与管理关系，组织体制及管理制度等；工程周边环境，如工程毗邻的地下管线、建（构）筑物等。环境条件往往对工程施工安全产生特点的影响，加强环境管理和控制，改进作业条件，把握好安全技术，辅以必要的措施，是控制环境对施工安全影响的重要保证。

（4）管理控制：各参建方责任主体应建立健全安全生产管理制度并严格执行。安全生产规章制度包括安全生产责任制度、安全教育培训制度、安全检查制度、安全技术管理制度等，如：安全技术管理制度中，安全施工专项方案编制是否合理，施工工艺是否先进、施工操作是否正确，是否按照程序组织专家论证，都将对工程施工安全产生重大影响。

7.5.4 事故调查报告的期限与内容

事故调查组应当自事故发生之日起 60 日内提交事故调查报告；特殊情况下，经负责事故调查的人民政府批准，提交事故调查报告的期限可以适当延长，但延长的期限最长不超过 60 日。

事故调查报告应当包括下列内容：

1）事故发生单位概况；

2）事故发生经过和事故救援情况；

3）事故造成的人员伤亡和直接经济损失；

4）事故发生的原因和事故性质；

5）事故责任的认定以及对事故责任者的处理建议；

6）事故防范和整改措施。事故调查报告应当附具有关证据材料。事故调查组成员应当在事故调查报告上签名。

7.6 施工生产安全事故应急救援预案的规定

施工生产安全事故多具有突发性、群体性等特点，如果施工单位事先根据本单位和施工现场的实际情况，针对可能发生事故的类别、性质、特点和范围等，事先制定当事故发生时有关的组织、技术措施和其他应急措施，做好充分的应急救援准备工作，不但可以采用预防技术和管理手段，降低事故发生的可能性，而且一旦发生事故时，还可以在短时间内就组织有效抢救，防止事故扩大，减少人员伤亡和财产损失。

《安全生产法》规定，生产经营单位应当制定本单位生产安全事故应急救援预案，与所在地县级以上地方人民政府组织制定的生产安全事故应急救援预案相衔接，并定期组织演练。……建筑施工单位应当建立应急救援组织；生产经营规模较小的，可以不建立应急救援组织，但应当指定兼职的应急救援人员。……建筑施工单位应当配备必要的应急救援器材、设备和物资，并进行经常性维护、保养，保证正常运转。《建设工程安全生产管理条例》进一步规定，施工单位应当制定本单位生产安全事故应急救援预案，建立应急救援组织或者配备应急救援人员，配备必要的应急救援器材、设备，并定期组织演练。

7.6.1 施工生产安全事故应急救援预案的编制

《安全生产法》规定，生产经营单位对重大危险源应当登记建档＋进行定期检测、评估、监控，并制定应急预案，告知从业人员和相关人员在紧急情况下应当采取的应急措施。生产经营单位应当按照国家有关规定将本单位重大危险源及有关安全措施、应急措施报有关地方人民政府安全生产监督管理部门和有关部门备案。

《建设工程安全生产管理条例》规定，施工单位应当根据建设工程施工的特点、范围，对施工现场易发生重大事故的部位、环节进行监控，制定施工现场生产安全事故应急救援预案。

国家安全生产监督管理总局《生产安全事故应急预案管理办法》进一步规定，生产经营单位的应急预案按照针对情况的不同，分为综合应急预案、专项应急预案和现场处置方案。生产经营单位编制的综合应急预案、专项应急预案和现场处置方案之间应当相互衔接，并与所涉及的其他单位的应急预案相互衔接。

综合应急预案，应当包括本单位的应急组织机构及其职责、预案体系及响应程序、事故预防及应急保障、应急培训及预案演练等主要内容；专项应急预案，应当包括危险性分析、可能发生的事故特征、应急组织机构与职责、预防措施、应急处置程序和应急保障等内容；现场处置方案，应当包括危险性分析、可能发生的事故特征、应急处置程序、应急处置要点和注意事项等内容。

应急预案的编制应当符合下列基本要求：

（1）符合有关法律、法规、规章和标准的规定；

（2）结合本地区、本部门、本单位的安全生产实际情况；

（3）结合本地区、本部门、本单位的危险性分析情况；

（4）应急组织和人员的职责分工明确，并有具体的落实措施；

（5）有明确、具体的事故预防措施和应急程序，并与其应急能力相适应；

（6）有明确的应急保障措施，并能满足本地区、本部门、本单位的应急工作要求；

（7）预案基本要素齐全、完整，预案附件提供的信息准确；

（8）预案内容与相关应急预案相互衔接。应急预案应当包括应急组织机构和人员的联系方式、应急物资储备清单等附件信息。

此外，《消防法》还规定，企业应当履行落实消防安全责任制，制定本单位的消防安全制度、消防安全操作规程，制定灭火和应急疏散预案的消防安全职责。2011年12月经修改后公布的《职业病防治法》规定，用人单位应当建立、健全职业病危害事故应急救援预案。《特种设备安全法》规定，特种设备使用单位应当制定特种设备事故应急专项预案，并定期进行应急演练。2002年5月颁布的《使用有毒物品作业场所劳动保护条例》规定，从事使用高毒物品作业的用人单位，应当配备应急救援人员和必要的应急救援器材、设备，制定事故应急救援预案，并根据实际情况变化对应急救援预案适时进行修订，定期组织演练。

7.6.2 施工生产安全事故应急救援预案的评审和备案

《生产安全事故应急预案管理办法》规定，建筑施工单位应当组织专家对本单位编制的应急预案进行评审。评审应当形成书面纪要并附有专家名单。应急预案的评审应当注重应急预案的实用性、基本要素的完整性、预防措施的针对性、组织体系的科学性、响应程序的操作性、应急保障措施的可行性、应急预案的衔接性等内容。施工单位的应急预案经评审后，由施工单位主要负责人签署公布。

中央管理的总公司（总厂、集团公司、上市公司）的综合应急预案和专项应急预案，报国务院国有资产监督管理部门、国务院安全生产监督管理部门和国务院有关主管部门备案；其所属单位的应急预案分别抄送所在地的省、自治区、直辖市或者设区的市人民政府安全生产监督管理部门和有关主管部门备案。其他生产经营单位中涉及实行安全生产许可的，其综合应急预案和专项应急预案，按照隶属关系报所在地县级以上地方人民政府安全生产监督管理部门和有关主管部门备案。

生产经营单位申请应急预案备案，应当提交以下材料：

（1）应急预案备案申请表；

（2）应急预案评审或者论证意见；

（3）应急预案文本及电子文档。

对于实行安全生产许可的生产经营单位，已经进行应急预案备案登记的，在申请安全生产许可证时，可以不提供相应的应急预案，仅提供应急预案备案登记表。

7.6.3 施工生产安全事故应急预案的培训和演练

《国务院关于坚持科学发展安全发展促进安全生产形势持续稳定好转的意见》规定，定期开展应急预案演练，切实提高事故救援实战能力。企业生产现场带班人员、班组长和调度人员在遇到险情时，要按照预案规定，立即组织停产撤人。

《生产安全事故应急预案管理办法》进一步规定，生产经营单位应当采取多种形式开展应急预案的宣传教育，普及生产安全事故预防、避险、自救和互救知识，提高从业人员安全意识和应急处置技能。生产经营单位应当组织开展本单位的应急预案培训活动，使有关人员了解应急预案内容，熟悉应急职责、应急程序和岗位应急处置方案。应急预案的要点和程序应当张贴在应急地点和应急指挥场所，并设有明显的标志。

生产经营单位应当制定本单位的应急预案演练计划，根据本单位的事故预防重点，每年至少组织一次综合应急预案演练或者专项应急预案演练，每半年至少组织一次现场处置方案演练。应急预案演练结束后，应急预案演练组织单位应当对应急预案演练效果进行评估，撰写应急预案演练评估报告，分析存在的问题，并对应急预案提出修订意见。

7.6.4 施工生产安全事故应急预案的修订

《国务院关于坚持科学发展安全发展促进安全生产形势持续稳定好转的意见》指出，建立健全安全生产应急预案体系，加强动态修订完善。

《生产安全事故应急预案管理办法》规定，生产经营单位制定的应急预案应当至少每3年修订一次，预案修订情况应有记录并归档。有下列情形之一的，应急预案应当及时修订：

(1) 生产经营单位因兼并、重组、转制等导致隶属关系、经营方式、法定代表人发生变化的；

(2) 生产经营单位生产工艺和技术发生变化的；

(3) 周围环境发生变化，形成新的重大危险源的；

(4) 应急组织指挥体系或者职责已经调整的；

(5) 依据的法律、法规、规章和标准发生变化的；

(6) 应急预案演练评估报告要求修订的；

(7) 应急预案管理部门要求修订的。

生产经营单位应当及时向有关部门或者单位报告应急预案的修订情况，并按照有关应急预案报备程序重新备案。生产经营单位应当按照应急预案的要求配备相应的应急物资及装备，建立使用状况档案，定期检测和维护，使其处于良好状态。

7.6.5 施工总分包单位的职责分工

《建设工程安全生产管理条例》规定，实行施工总承包的，由总承包单位统一组织编制建设工程生产安全事故应急救援预案，工程总承包单位和分包单位按照应急救援预案，各自建立应急救援组织或者配备应急救援人员，配备救援器材、设备，并定期组织演练。

7.7 工程安全事故处理

7.7.1 事故处理的原则（"四不放过"原则）

国家对发生事故后的"四不放过"处理原则，其具体内容如下。

(1) 事故原因未查清，不放过。

要求在调查处理伤亡事故时，首先要把事故原因分析清楚，找出导致事故发生的真正原因，未找到真正原因决不轻易放过。并搞清各因素之间的因果关系才算达到事故原因分析的目的，避免今后类似事故的发生。

(2) 事故责任人未受到处理，不放过。

这是安全事故责任追究制的具体体现，对事故责任者要严格按照安全事故责任追究的法律法规的规定进行严肃处理；不仅要追究事故直接责任人的责任，同时要追究有关负责人的领导责任。当然，处理事故责任者必须谨慎，避免事故责任追究的扩大化。

(3) 事故责任人和周围群众没有受到教育，不放过。

使事故责任者和广大群众了解事故发生的原因及所造成的危害，并深刻认识到搞好安全生产的重要性，从事故中吸取教训，提高安全意识，改进安全管理工作。

(4) 事故没有制定切实可行的整改措施，不放过。

必须针对事故发生的原因，提出防止相同或类似事故发生的切实可行的预防措施，并督促事故发生单位加以实施。只有这样，才算达到了事故调查和处理的最终目的。

7.7.2 事故处理时限和落实批复

《生产安全事故报告和调查处理条例》规定，重大事故、较大事故、一般事故，负责事故调查的人民政府应当自收到事故调查报告之日起 15 日内做出批复；特别重大事故，30 日内做出批复，特殊情况下，批复时间可以适当延长，但延长的时间最长不超过 30 日。

有关机关应当按照人民政府的批复，依照法律、行政法规规定的权限和程序，对事故发生单位和有关人员进行行政处罚，对负有事故责任的国家工作人员进行处分。事故发生单位应当按照负责事故调查的人民政府的批复，对本单位负有事故责任的人员进行处理。

住房和城乡建设主管部门应当依据有关人民政府对事故调查报告的批复和有关法律法规的规定，对事故相关责任者实施行政处罚。处罚权限不属本级住房和城乡建设主管部门的，应当在收到事故调查报告批复后 15 个工作日内，将事故调查报告（附具有关证据材料）、结案批复、本级住房和城乡建设主管部门对有关责任者的处理建议等转送有权限的住房和城乡建设主管部门。住房和城乡建设主管部门应当依据有关法律法规的规定，对事故负有责任的建设、勘察、设计、施工、监理等单位和施工图审查、质量检测等有关单位分别给予罚款、停业整顿、降低资质等级、吊销资质证书其中一项或多项处罚，对事故负有责任的注册执业人员分别给予罚款、停止执业、吊销执业资格证书、终身不予注册其中一项或多项处罚。

负有事故责任的人员涉嫌犯罪的，依法追究刑事责任。

7.7.3 事故发生单位的防范和整改措施

事故发生单位应当认真吸取事故教训，落实防范和整改措施，防止事故再次发生。防范和整改措施的落实情况应当接受工会和职工的监督。

安全生产监督管理部门和负有安全生产监督管理职责的有关部门应当对事故发生单位落实防范和整改措施的情况进行监督检查。

7.7.4 处理结果的公布

事故处理的情况由负责事故调查的人民政府或者其授权的有关部门、机构向社会公布，依法应当保密的除外。

7.8 安全事故案例

7.8.1 河南安阳烟囱井架重大倒塌事故

7.8.1.1 事故经过

2004 年 5 月 12 日，安阳开发区某集团二期 C 烟囱工地发生一起上料外井架倾翻的特大事故，死 21 人，伤 9 人。据初步调查，河南省某建筑工程公司于 2003 年 10 月承接了烟囱工程，该烟囱高 60m，工程项目经理马某。2004 年 4 月该公司将烟囱滑模工程分包给北京滑模分公司，项目负责人刘某。4 月 9 日至 12 日搭建了外井架，该外井架高 68m，从顶端至下每 20m 左右拉 4 根缆风绳，共拉 16 根缆风绳。4 月 14 日开始上料滑模，5 月 2

日施工完毕。5月10日为安装烟囱爬梯拆掉了北侧的2根缆风绳。5月12日进行外井架拆卸工作，工程分包方负责人刘某、带班工长邓某等人均在施工现场。参与拆卸的施工人员42人，其中地面8人、顶部6人，其余28人按2.5m间距分布在井架内南侧。档拆除完顶部红旗、吊轮、拔杆后，外井架突然发生倾翻，致使在外井架上施工的工人有的坠落、有的受到变形井架的搅挤，导致21名工人遇难，9名人员受伤。

7.8.1.2 事故原因

施工总承包单位安全生产管理制度不健全、不落实，未能履行安全管理职责，对外包单位资质及从业人员的资格未进行审查，现场安全监督管理薄弱，没有配备专职安全员。

监理单位未对施工方案进行审核，未组织实施有效的监理，现场监理未尽到监理职责。

分包方不具备滑模工程施工资质。

分包方工人不具备高空作业资格，违章作业。

7.8.1.3 处理结果

河南省对安阳市某工程二期工程"5·12"特大施工伤亡事故处理的情况：

（1）河南省某建筑工程公司未履行职责，未对滑模作业队的资质、从业人员资格进行审查，现场没有配备专职安全员，安全生产责任制不落实，对工程安全管理失控，从而导致事故的发生。对河南省某建筑工程公司给予降低资质等级的处罚，将房屋建筑工程施工总承包资质等级由一级降为二级。

（2）程某，工程项目总监，未对烟囱物料提升架安装拆卸施工方案进行审核，未组织实施有效的监理，对这起事故负主要责任，给予吊销监理工程师注册证书，终身不予注册的处罚。

（3）刘某，烟囱项目滑模作业队负责人，在不具备滑模工程施工资质的情况下承建烟囱工程，自行购买材料加工物料提升架，未按施工方案规定拆卸。作业时，明知物料提升架固定在烟囱上的两处揽风绳被拆除，仍违章指挥，且使用不具备高空作业资格的农民工作业，对这起事故负直接领导责任，由司法机关依法追究其刑事责任。

（4）邓某，烟囱物料提升架拆卸施工现场负责人，明知烟囱物料提升架的两道揽风绳已被拆除，仍违规作业，安排不具备高空作业资格的民工冒险上架拆卸，对这起事故负直接责任，由司法机关依法追究其刑事责任。

（5）马某，河南省某建筑工程公司安阳工程项目部经理，违反国家规定，在没有查处刘某滑模施工资质的情况下，将烟囱项目承包给刘某的滑模施工队，作为项目经理，不履行职责，对这起事故负主要责任，由司法机关依法追究其刑事责任。

（6）郭某，河南省某建筑工程公司工程项目部副经理，违反国家规定，未对所承建工程项目的生产、质量及安全负责，对这起事故负主要责任，由司法机关依法追究其刑事责任。

（7）董某，河南省某建筑工程公司项目部烟囱工程施工员，违反国家规定，未对工程项目的施工尽到安全监督管理职责，对这起事故负主要责任，由司法机关依法追究其刑事责任。

（8）程某，工程项目总监，未对烟囱物料提升架安装拆卸施工方案进行审核，未组织实施有效的监理，对这起事故负主要责任，由司法机关依法追究其刑事责任。

（9）孙某，工程项目的现场监理，未尽到监理职责，没有及时发现烟囱物料提升架存在严重安全隐患，对这起事故负主要责任，由司法机关依法追究其刑事责任。

（10）张某，滑模作业队招募民工负责人，盲目招募缺乏安全意识，不具备高空作业资格的农民工到工地冒险作业，对这起事故负主要责任，由司法机关依法追究其刑事责任。

（11）周某，河南省某建筑工程公司第一项目承包公司经理，按有关规定，对所属工程项目负全面管理责任，但其对信益二期工程未履行安全生产管理职责，对这起事故负直接领导责任，给予行政开除留用察看处分。

（12）冯某，河南省某建筑工程公司安全处处长，负责本单位安全生产管理工作，对二期工程安全生产工作监督检查不力，对这起事故负有主要领导责任，给予行政撤职处分。

（13）岳某，河南省某建筑工程公司副总经理，分管生产、安全工作，对分管部门落实安全生产责任制监督管理不严，对这起事故负有重要领导责任，给予行政降级处分。

（14）路某，河南省某建筑工程公司总经理，公司安全生产第一责任人，没有认真履行安全生产领导责任制，对安全生产管理不严，对这起事故负有重要领导责任，给予行政撤职处分和党内严重警告处分。

（15）蔡某，某集团工程工作人员，对负责的工程在质量、安全方面的监督管理弱化，未尽职尽责，对这起事故负重要责任，给予行政降级处分。

（16）王某，某集团工程处副处长、分管质量、安全工作，对现场安全生产工作监督管理不力，对这起事故负有重要领导责任，给予行政记大过处分。

（17）叶某，某集团工程处处长，对现场安全生产工作监督管理不力，对这起事故负有重要领导责任，给予行政记大过处分。

（18）马某，某集团党委副书记、纪委书记、副董事长、信益二期工程指挥部指挥长，对现场质量、安全管理监督不力，对这起事故负有主要领导责任，给予行政记大过处分和党内严重警告处分。

（19）郭某，技术开发区规划建设局施工管理处负责人，对工程放弃安全监督职责，对这起事故负有直接领导责任，给予行政记大过处分。

（20）侯某，新技术开发区管委会副主任、党委委员，分管建设工作，对工程安全生产工作监督管理不力，对这起事故负有重要领导责任，给予行政记过处分。

7.8.2　上海市静安区胶州路公寓大楼"11·15"特别重大火灾事故

7.8.2.1　事故基本情况

上海市静安区胶州路 728 号公寓大楼所在的胶州路教师公寓小区于 2010 年 9 月 24 日开始实施节能综合改造项目施工，建设单位为上海市静安区建设和交通委员会，总承包单位为上海市静安区建设总公司，设计单位为上海静安置业设计有限公司，监理单位为上海市静安建设工程监理有限公司。施工内容主要包括外立面搭设脚手架、外墙喷涂聚氨酯硬泡体保温材料、更换外窗等。

上海市静安区建设总公司承接该工程后，将工程转包给其子公司上海佳艺建筑装饰工程公司（以下简称佳艺公司），佳艺公司又将工程拆分成建筑保温、窗户改建、脚手架搭建、拆除窗户、外墙整修和门厅粉刷、线管整理等，分包给 7 家施工单位。其中上海亮迪化工科技有限公司出借资质给个体人员张利分包外墙保温工程，上海迪姆物业管理有限公司（以下简称迪姆公司）出借资质给个体人员支上邦和沈建丰合伙分包脚手架搭建工程。支上邦和沈建丰合伙借用迪姆公司资质承接脚手架搭建工程后，又进行了内部分工，其中支上邦负责胶州路728号公寓大楼的脚手架搭建，同时支上邦与沈建丰又将胶州路教师公寓小区三栋大楼脚手架搭建的电焊作业分包给个体人员沈建新。

2010年11月15日14时14分，电焊工吴国略和工人王永亮在加固胶州路728号公寓大楼10层脚手架的悬挑支架过程中，违规进行电焊作业引发火灾，造成58人死亡、71人受伤，建筑物过火面积12000m²。

7.8.2.2 事故原因

直接原因：在胶州路728号公寓大楼节能综合改造项目施工过程中，施工人员违规在10层电梯前室北窗外进行电焊作业，电焊溅落的金属熔融物引燃下方9层位置脚手架防护平台上堆积的聚氨酯保温材料碎块、碎屑引发火灾。

间接原因：一是建设单位、投标企业、招标代理机构相互串通、虚假招标和转包、违法分包。二是工程项目施工组织管理混乱。三是设计企业、监理机构工作失职。四是上海市、静安区两级建设主管部门对工程项目监督管理缺失。五是静安区公安消防机构对工程项目监督检查不到位。六是静安区政府对工程项目组织实施工作领导不力。

7.8.2.3 对事故有关责任人员及单位依法依纪进行了严肃处理

根据国务院批复的意见，依照有关规定，对54名事故责任人作出严肃处理，其中26名责任人被移送司法机关依法追究刑事责任，28名责任人受到党纪、政纪处分（具体处理情况见附件）。同时，责成上海市人民政府和市长韩正分别向国务院作出深刻检查。由上海市安全生产监督管理局对事故相关单位按法律规定的上限给予经济处罚。

7.8.2.4 深刻吸取事故教训，有效防范重特大火灾事故的发生

这起特别重大火灾事故给人民生命财产带来了巨大损失，后果严重，造成了很大的社会负面影响，教训十分深刻。为了防止类似事故再次发生，现提出以下要求：

（1）进一步加大工程建设领域突出问题专项治理力度。建设领域相关管理及监督部门要全面排查工程建设领域突出问题，所有改建、扩建的建设工程、城市基础设施的大修、中修、维护工程以及既有建筑的修缮工程，必须严格按照国家基本建设程序规定，根据项目的规模和性质，完善建设管理流程。工程建设应严格履行项目立项、设计、施工许可、施工组织、竣工验收等程序，严禁越权审批和未批先建的行为。坚决查处工程建设领域违纪违法案件，深挖细查事故背后的腐败问题，采取有力措施，维护市场公平竞争。

（2）进一步严格落实建设工程施工现场消防安全责任制。建设工程建设、施工、监理等相关单位要切实增强消防安全主体责任意识，严格遵守国家有关施工现场消防安全管理的相关法律、法规、标准，建立健全并落实各项消防安全管理制度，特别要加强对动火作业的审批和监管，严把进场材料的质量关，进一步规范对进场材料的抽样复验程序，制定切实可行的初期火灾扑救及人员疏散预案，定期组织消防演练，保障施工现场消防安全。施工单位要在施工组织设计中编制消防安全技术措施和专项施工方案，并由专职安全管理人员进行现场监督，施工现场配备必要的消防设施和灭火器材，电焊、气焊、电工等特种作业人员必须持证上岗。

（3）进一步加强建设工程及施工现场的监督管理。各级建设主管部门要进一步加强对建设工程及施工现场的动态监管，督促工程建设各方严格按照有关规定及设计方案进行施

工，严厉查处将工程肢解发包、非法转包、违法分包以及降低施工质量和安全要求的行为，要将消防安全列入施工现场安全监督检查的重要内容，督促企业做好防火工作。各级公安部门消防机构要进一步完善相关规章制度，将施工期间有人员居住、经营或办公的建筑改、扩建工程，特别是规模较大、易发生人员群死群伤的建筑工程，纳入重点消防监管的范围，加强监督检查，对于消防安全责任制不落实、不满足消防安全条件的要依法督促整改。

（4）进一步完善建筑节能保温系统防火技术标准及施工安全措施。各相关部门要进一步研究完善有关建筑节能保温系统防火技术标准，规定不同材料构成的节能保温系统的应用范围以及采用可燃材料构成的节能保温系统的防火构造措施，以从根本上解决建筑节能保温系统的防火安全问题。要认真落实节能保温系统改、扩建工程施工现场消防安全管理的要求，进行节能保温系统改、扩建工程时原建筑原则上应当停止使用，确实无法停止使用的，应采取分段搭建脚手架、严格控制保温材料在外墙上的暴露时间和范围等有效安全措施，并对现场动火作业各环节的消防安全要求作出具体规定。

（5）进一步深入开展消防安全宣传教育培训。各相关部门要重点从检查和消除火灾隐患、扑救初起火灾和组织疏散逃生等方面，继续加强对从业人员的消防安全教育培训，有针对性地组织开展应急预案的演练。要充分利用广播、电视、报纸、互联网等媒体，宣传普及安全用火、用电和逃生自救常识，不断提高社会公众的消防安全意识和技能。

（6）进一步加强消防装备建设。各地要进一步加大对消防装备建设的投入，按照《城市消防站建设标准》的要求，结合本地区实际，增置扑救高层建筑外部火灾的装备，增强城市高层建筑及超高层建筑的扑救和应急救援能力，以适应城市建筑发展趋势的需求。

7.8.3　南京电视台演播中心裙楼较大模板倒塌事故

7.8.3.1　事故经过

2000年10月25日上午10时10分，某有限公司承建的某电视台演播中心裙楼工地发生一起重大安全事故。大演播厅舞台在浇筑顶部混凝土施工中，因模板支撑系统失稳，大演播厅舞台屋盖坍塌，造成正在现场施工的民工和电视台工作人员6人死亡，35人受伤（其中重伤11人），直接经济损失70.7815万元。

某电视台演播中心工程地下2层、地面18层，建筑面积34000m²，采用现浇框架剪力墙结构体系。工程开工日期为2000年4月1日，计划竣工日期为2001年7月31日。

演播中心工程大演播厅总高38m（其中地下8.70m，地上29.30m）。面积6242m²。7月份开始搭设模板支撑系统支架，支架钢管、扣件等总吨位约290t，钢管和扣件分别由甲方、市建工局材料供应处、某物资公司提供或租用。原计划9月底前完成屋面混凝土浇筑，预计10月25日下午4时完成混凝土浇筑。

在大演播厅舞台支撑系统支架搭设前，项目部按搭设顶部模板支撑系统的施工方法，完成了三个演播厅、门厅和观众厅的施工，但都没有施工方案。

2000年1月，编制了"上部结构施工组织设计"，并于1月30日经项目副经理成某和分公司副主任工程师批准实施。

7月22日开始搭设大演播厅舞台顶部模板支撑系统，由于工程需要和材料供应等方面的问题，支架搭设施工时断时续。搭设时没有施工方案，没有图纸，没有进行技术交底。

搭设开始约 15 天后，分公司副总工将"模板工程施工方案"交给施工队负责人，施工队拿到方案后，成某作了汇报，成某答复还按以前的规格搭架子，到最后再加固。

模板支撑系统支架由某公司组织进场的朱某工程队进行搭设，事故发生时朱某工程队共 17 名民工，其中 5 人无特种作业人员操作证，地上 25～29m，最上边一段由木工工长孙某负责指挥木工搭设。10 月 15 日完成搭设，支架总面积约 624m²，高度 38m。搭设支架的全过程中，没有办理自检、互检、交接检、专职检的手续，搭设完毕后未按规定进行整体验收。

10 月 17 日开始进行支撑系统模板安装，10 月 24 日完成。23 日木工工长孙某向项目部副经理成某反映水平杆加固没有到位，成某即安排架子工加固支架，25 日浇筑混凝土时仍有 6 名架子工在加固支架。

10 月 25 日 6 时 55 分开始浇筑混凝土，项目部资料质量员姜某 8 时多才补填混凝土浇捣令，并送监理公司总监韩某签字，韩某将日期签为 24 日。浇筑现场由项目部混凝土工长邢某负责指挥。南京某分公司负责为本工程供应混凝土，为 B 区屋面浇筑 C40 混凝土，坍落度 16～18cm，用两台混凝土泵同时向上输送（输送高度约 40m，泵管长度约 60m×2）。浇筑时，现场有混凝土工工长 1 人，木工 8 人，架子工 8 人，钢筋工 2 人。混凝土工 20 人，自 10 月 25 日 6 时 55 分开始至 10 时 10 分，输送机械设备一直运行正常。到事故发生止，输送至屋面混凝土约 139m³，重约 342t，占原计划输送屋面混凝土总量的 51%。

10 时 10 分，当浇筑混凝土由北向南单向推进，浇至主次梁交叉点区域时，该区域的 1m² 理论钢管支撑杆数为 6 根，由于缺少水平连系杆，实际为 3 根立杆受力，又由于梁底模下木枋呈纵向布置在支架水平钢管上，使梁下中间立杆的受荷过大，个别立杆受荷最大达 4t 多，综合立杆底部无扫地杆、立杆存在初弯曲等因素，以及输送混凝土管有冲击和振动等影响，使节点区域的中间单立杆首先失稳并随之带动相邻立杆失稳，出现大厅内模板支架系统整体倒塌。屋顶模板上正在浇筑混凝土的工人纷纷随塌落的支架和模板坠落，部分工人被塌落的支架、楼板和混凝土浆掩埋。

7.8.3.2　事故原因

（1）直接原因

1）支架搭设不合理，特别是水平连系杆严重不够，三维尺寸过大以及底部未设扫地杆，从而主次梁交叉区域单杆受荷过大，引起立杆局部失稳。

2）梁底模的木枋放置方向不妥，导致大梁的主要荷载传至梁底中央排立杆，且该排立杆的水平连系杆不够，承载力不足，因而加剧了局部失稳。

3）屋盖下模板支架与周围结构固定与连系不足，加大了顶部晃动。

（2）间接原因

1）施工组织管理混乱，安全管理失去有效控制，模板支架搭设无图纸，无专项施工技术交底，施工中无自检、互检等手续，搭设完成后没有组织验收；搭设开始时无施工方案，有施工方案后未按要求进行搭设，支架搭设严重脱离原设计方案要求、致使支架承载力和稳定性不足，空间强度和刚度不足等是造成这起事故的主要原因。

2）施工现场技术管理混乱，对大型或复杂重要的混凝土结构工程的模板施工未按程序进行，支架搭设开始后送交工地的施工方案中有关模板支架设计方案过于简单，缺乏必要的细部构造大样图和相关的详细说明，且无计算书；支架施工方案传递无记录，导致现场支架搭设时无规范可循，是造成这起事故的技术上的重要原因。

3）某监理公司驻工地总监理工程师无监理资质，工程监理组没有对支架搭设过程严格把关，在没有对模板支撑系统的施工方案审查认可的情况下即同意施工，没有监督对模板支撑系统的验收，就签发了浇捣令，工作严重失职，导致工人在存在重大事故隐患的模板支撑系统上进行混凝土浇筑施工，是造成这起事故的重要原因。

4）在上部浇筑屋盖混凝土情况下，民工在模板支撑下部进行支架加固是造成事故伤亡人员扩大的原因之一。

5）南京某公司及上海分公司领导安全生产意识淡薄，个别领导不深入基层，对各项规章制度执行情况监督管理不力，对重点部位的施工技术管理不严，有法有规不依。施工现场用工管理混乱，部分特种作业人员无证上岗作业，对民工未认真进行三级安全教育。

6）施工现场支架钢管和扣件在采购、租赁过程中质量管理把关不严，部分钢管和扣件不符合质量标准。

7）建筑管理部门对该建筑工程执法监督和检查指导不力，建设管理部门对监理公司的监督管理不到位。

7.8.3.3 处理结果

（1）南京某公司项目部副经理成某具体负责大演播厅舞台工程，在未见到施工方案的情况下，决定按常规搭设顶部模板支架，在知道支架三维尺寸与施工方案不符时，不与工程技术人员商量，擅自决定继续按原尺寸施工，盲目自信，对事故的发生应负主要责任，建议司法机关追究其刑事责任。

（2）监理公司驻工地总监韩某，违反"南京市项目监理实施程序"第三条第二款中的规定没有对施工方案进行审查认可，没有监督对模板支撑系统的验收，对施工方的违规行为没有下达停工令，无监理工程师资格证书上岗，对事故的发生应负主要责任，建议司法机关追究其刑事责任。

（3）南京某公司电视台项目部项目施工员丁某，在未见到施工方案的情况下，违章指挥民工搭设支架，对事故的发生应负重要责任，建议司法机关追究其刑事责任。

（4）朱某违反国家关于特种作业人员必须持证上岗的规定，私招乱雇部分无上岗证的民工搭设支架，对事故的发生应负直接责任，建议司法机关追究其刑事责任。

（5）南京某公司经理兼项目部经理史某负责上海分公司和电视台演播中心工程的全面工作，对分公司和该工程项目的安全生产负总责，对工程的模板支撑系统重视不够，未组织有关工程技术人员对施工方案进行认真的审查，对施工现场用工混乱等管理不力，对这起事故的发生应负直接领导责任，建议给予史某行政撤职处分。

（6）某监理公司总经理违反建设部"监理工程师资格考试和注册试行办法"的规定，严重不负责任，委派没有监理工程师资格证书的韩某担任电视台演播中心工程项目总监理工程师；对驻工地监理组监管不力，工作严重失职，应负有监理方的领导责任。建议有关部门按行业管理的规定对某监理公司给予在南京地区停止承接任务一年的处罚和相应的经济处罚。

（7）南京某公司总工程师郎某负责三建公司的技术质量全面工作，并在公司领导内部分工负责电视台演播中心工程，深入工地解决具体的施工和技术问题不够，对大型或复杂重要的混凝土工程施工缺乏技术管理，监督管理不力，对事故的发生应负主要领导责任，建议给予郎某行政记大过处分。

（8）南京某公司安技处处长李某负责三建公司的安全生产具体工作，对施工现场安全监督检查不力，安全管理不到位，对事故的发生应负安全管理上的直接责任，建议给予李某行政记大过处分。

（9）南京某公司上海分公司副总工程师赵某负责上海分公司技术和质量工作，对模板支撑系统的施工方案的审查不严，缺少计算说明书；构造示意图和具体操作步骤，未按正常手续对施工方案进行交接，对事故的发生应负技术上的直接领导责任，建议给予赵某行政记过处分。

（10）项目经理部项目工程师茅某负责工程项目的具体技术工作，未按规定认真编制模板工程施工方案，施工方案中未对"施工组织设计"进行细化，未按规定组织模板支架的验收工作，对事故的发生应负技术上重要责任，建议给予茅某行政记过处分。

（11）南京某公司副总经理万某负责三建公司的施工生产和安全工作，深入基层不够，对现场施工混乱、违反施工程序缺乏管理，对事故的发生应负领导责任，建议给予万某行政记过处分。

（12）南京某公司总经理刘某负责某公司的全面工作，对某公司的安全生产负总责，对施工管理和技术管理力度不够，对事故的发生应负领导责任，建议给予刘某行政警告处分。

7.9 施工安全管理违法行为应承担的法律责任

施工安全事故应急救援与调查处理违法行为应承担的主要法律责任如下：

7.9.1 制定事故应急救援预案违法行为应承担的法律责任

《安全生产法》规定，生产经营单位有下列行为之一的，责令限期改正，可以处 10 万元以下的罚款；逾期未改正的，责令停产停业整顿，并处 10 万元以上 20 万元以下的罚款，对其直接负责的主管人员和其他直接责任人员处 2 万元以上 5 万元以下的罚款；构成犯罪的，依照刑法有关规定追究刑事责任：……对重大危险源未登记建档，或者未进行评估、监控，或者未制定应急预案的；……未建立事故隐患排查治理制度的。

7.9.2 事故报告及采取相应措施违法行为应承担的法律责任

《安全生产法》规定，生产经营单位的主要负责人在本单位发生生产安全事故时，不立即组织抢救或者在事故调查处理期间擅离职守或者逃匿的，给予降级、撤职的处分，并由安全生产监督管理部门处上一年年收入 60%～100%的罚款；对逃匿的处 15 日以下拘留；构成犯罪的，依照刑法有关规定追究刑事责任。生产经营单位的主要负责人对生产安全事故隐瞒不报、谎报或者迟报的，依照前款规定处罚。

《生产安全事故报告和调查处理条例》规定，事故发生单位及其有关人员有下列行为之一的，对事故发生单位处 100 万元以上 500 万元以下的罚款；对主要负责人、直接负责的主管人员和其他直接责任人员处上一年年收入 60%～100%的罚款；属于国家工作人员的，并依法给予处分；构成违反治安管理行为的，由公安机关依法给予治安管理处罚；构成犯罪的，依法追究刑事责任：

（1）谎报或者瞒报事故的；

（2）伪造或者故意破坏事故现场的；

（3）转移、隐匿资金、财产，或者销毁有关证据、资料的；

（4）拒绝接受调查或者拒绝提供有关情况和资料的；

（5）在事故调查中作伪证或者指使他人作伪证的；

（6）事故发生后逃匿的。

《特种设备安全法》规定，发生特种设备事故，有下列情形之一的，对单位处 5 万元以上 20 万元以下罚款；对主要负责人处 1 万元以上 5 万元以下罚款；主要负责人属于国家工作人员的，并依法给予处分：

（1）发生特种设备事故时，不立即组织抢救或者在事故调查处理期间擅离职守或者逃匿的；

（2）对特种设备事故迟报、谎报或者瞒报的。

《职业病防治法》规定，用人单位违反本法规定，有下列行为之一的，由卫生行政部门给予警告，责令限期改正，逾期不改正的，处 5 万元以上 20 万元以下的罚款；情节严重的，责令停止产生职业病危害的作业，或者提请有关人民政府按照国务院规定的权限责令关闭：……发生或者可能发生急性职业病危害事故时，未立即采取应急救援和控制措施或者未按照规定及时报告的……。

《刑法》第 139 条第 2 款规定，在安全事故发生后，负有报告职责的人员不报或者谎报事故情况，贻误事故抢救，情节严重的，处 3 年以下有期徒刑或者拘役；情节特别严重的，处 3 年以上 7 年以下有期徒刑。

7.9.3　事故调查违法行为应承担的法律责任

《生产安全事故报告和调查处理条例》规定，参与事故调查的人员在事故调查中有下列行为之一的，依法给予处分；构成犯罪的，依法追究刑事责任：

（1）对事故调查工作不负责任，致使事故调查工作有重大疏漏的；

（2）包庇、袒护负有事故责任的人员或者借机打击报复的。

7.9.4　事故责任单位及主要负责人应承担的法律责任

《安全生产法》规定，生产经营单位与从业人员订立协议，免除或者减轻其对从业人员因生产安全事故伤亡依法应承担的责任的，该协议无效；对生产经营单位的主要负责人、个人经营的投资人处 2 万元以上 10 万元以下的罚款。

发生生产安全事故，对负有责任的生产经营单位除要求其依法承担相应的赔偿等责任外，由安全生产监督管理部门依照下列规定处以罚款：

（1）发生一般事故的，处 20 万元以上 50 万元以下的罚款；

（2）发生较大事故的，处 50 万元以上 100 万元以下的罚款；

（3）发生重大事故的，处 100 万元以上 500 万元以下的罚款；

（4）发生特别重大事故的，处 500 万元以上 1000 万元以下的罚款；情节特别严重的，处 1000 万元以上 2000 万元以下的罚款。

生产经营单位发生生产安全事故造成人员伤亡、他人财产损失的，应当依法承担赔偿责任；拒不承担或者其负责人逃匿的，由人民法院依法强制执行。生产安全事故的责任人未依法承担赔偿责任，经人民法院依法采取执行措施后，仍不能对受害人给予足额赔偿的，应当继续履行赔偿义务；受害人发现责任人有其他财产的，可以随时请求人民法院执行。

《生产安全事故报告和调查处理条例》规定，事故发生单位主要负责人未依法履行安全生产管理职责，导致事故发生的，依照下列规定处以罚款；属于国家工作人员的，并依法给予处分；构成犯罪的，依法追究刑事责任：

（1）发生一般事故的，处上一年年收入30％的罚款；

（2）发生较大事故的，处上一年年收入40％的罚款；

（3）发生重大事故的，处上一年年收入60％的罚款；

（4）发生特别重大事故的，处上一年年收入80％的罚款。

事故发生单位对事故发生负有责任的，由有关部门依法暂扣或者吊销其有关证照；对事故发生单位负有事故责任的有关人员，依法暂停或者撤销其与安全生产有关的执业资格、岗位证书；事故发生单位主要负责人受到刑事处罚或者撤职处分的，自刑罚执行完毕或者受处分之日起，5年内不得担任任何生产经营单位的主要负责人。

第8章 标准化信息管理

8.1 标准化信息管理的基本要求

8.1.1 范围

标准化信息管理，就是对标准文件及相关的信息资料进行有组织、及时系统的搜集、加工、储存、分析、传递和研究，并提供服务的一系列活动。管理的信息范围主要包括：

（1）国家和地方有关标准化法律、法规、规章和规范性文件；

（2）有关国家标准、行业标准、地方标准，以及国外、国际标准；

（3）企业生产、经营、管理等方面有效的各种标准文本；

（4）相关出版物，包括手册、指南、软件等；

（5）相关资料，包括标准化期刊、管理资料、统计资料。

8.1.2 主要任务

（1）建立广泛而稳定的信息收集渠道

首先要确定本企业所需要的标准化信息的范围和对象，然后再考虑建立收集渠道。目前，标准化信息的发布、出版、发行的部门和单位是明确、固定的，企业可根据标准发布公告，标准目录或出版信息，也可以依据标准化机构的网站信息，掌握标准化的动态信息。同时，标准化管理机构一般都在固定的刊物上公告标准的发布、修订、局部修订的有关信息，标准出版单位也会定期发布各种标准化信息。企业可与标准化管理部门、标准出版单位、标准化社团机构建立标准化信息收集关系。

（2）及时了解并收集有关的标准发布、实施、修订和废止信息

国家标准发布后，会在相关媒体上发布公告，并有半年以上的时间正式实施，对于重要的标准还会举办宣贯培训活动，这段时间企业要注意收集相关信息，及时评估所发布的标准与企业生产经营的关系，对于相关的标准要积极参加相关宣贯培训活动。修订的标准，一般要列入年度标准制修订计划，企业也可从计划中了解相关信息。标准局部修订、废止的信息，标准化管理机构会在相关期刊上刊登，企业要订阅相关的期刊。

（3）对于收集到的信息进行登记、整理、分类，及时传递给有关部门

对标准化信息进行登记、整理、分类、发放等工作要按照以下要求进行：

1）标准资料的登记

企业或项目要建立资料簿，收集来的标准资料首先进行登记，登记时在资料簿上注明资料名称、日期、编号、来源、内容。在标准资料显著位置标注已登记的信息。

2）标准资料整理

对登记后的标准资料要对照企业或项目部实施的标准资料目录进行整理，对于新发布的标准，及时纳入到相关目录当中，对于修订的标准，要在目录中替代原标准，局部修订的公告，要在修订的标准中注明，以确保标准信息及资料信息的完整、准确和有效。其他标准信息资料要按照资料的类别和用途分别整理。

3）标准信息资料要及时发放给有关部门

标准资料整理好后，信息管理人员要及时通知有关部门和人员。企业有相关规定的，要按照相关规定将标准资料发放给相关人员。

（4）实现标准化信息的计算机管理

借助计算机对标准信息资料进行采集、加工、存储、传递和查询，是企业标准化信息管理的进步，可以改进标准化信息的管理水平，方便使用，并能提高利用率。有条件的企业应尽快实现计算机管理。

8.1.3　标准化信息发布的主要网站和期刊

目前刊登工程建设标准信息和相关产品标准信息的网站和期刊主要有：

（1）国家工程建设标准化信息网（www.ccsn.gov.cn）

该网站的信息包括了标准公告、标准制修订年度计划、标准征求意见等等。

（2）《工程建设标准化》期刊

该期刊刊登了标准局部修订公告、标准公告、年度标准发布的汇总目录等等。

（3）国家标准化管理委员会网站（www.sac.gov.cn）

该网站主要是发布产品标准的信息。

此外，还有住房和城乡建设部网站、国务院有关部门的网站、各地住房和城乡建设主管部门网站等政府门户网站，以及中国计划出版社、中国建筑工业出版社、中国质检出版社等出版发行单位的网站。

8.2　标准文献分类

8.2.1　中国标准文献分类法（简称 CCS）

CCS 是由我国标准化管理部门根据我国标准化工作的实际需要，结合标准文献的特点编制的一部专门用于标准文献的分类法。CCS 的分类体系原则上由二级组成，即一级类目和二级类目。一级主类的设置，以专业划分为主，共设 24 个大类，分别用英文大写字母来表示。

24 个大类表示符号及其序列如下：

（1）A 综合；

（2）B 农业、林业；

（3）C 医药、卫生、劳动保护；

（4）D 矿业；

（5）E 石油；

（6）F 能源、核技术；

（7）G 化工；

（8）H 冶金；

（9）J 机械；

（10）K 电工；

（11）L 电子元器件与信息技术；

（12）M 通信、广播；

（13）N 仪器、仪表；

（14）P 工程建设；

（15）Q 建材；

（16）R 公路、水路运输；

（17）S 铁路；

（18）T 车辆；

（19）U 船舶；

（20）V 航空、航天；

（21）W 纺织；

（22）X 食品；

（23）Y 轻工、文化和生活用品；

（24）Z 环境保护。

二级类目采用双位数字表示。每一个一级主类包含有由 00～99 共一百个二级类目。二级类目之间的逻辑划分，用分面标识加以区分。分面标识所概括的二级类目不限于 10 个，这样既限定了二级类目的专业范围，又弥补了由于采用双位数字的编列方法而使类目等级概念不胜枚举的缺点。

分面标识是用来说明一组二级类目的专业范围，不作分类标识，其形式如下：

一级类目标识符号：W 纺织（一级类目名称）

分面标识：W10/19 棉纺织（分面标识名称）

分面标识所属内容：

10　棉纺织综合

11　棉半成品

12　面纱、线

13　棉布

二级类目设置采用非严格的等级制，以便充分利用类号和保持各类文献量的相对平衡。

B 类目的标记符号采用拉丁字母与阿拉伯数字相结合的方式，拉丁字母表示一个大类（专业），用两个数字表示类目。例如：

B　　农业、林业

B00/99　　农业、林业综合

B00　　标准化、质量管理

B01　　技术管理

B02   经济管理

B30/39   经济作物

B30   经济作物综合

8.2.2   国际标准分类法（简称 ICS）

ICS 是由国际标准化组织（ISO/IEC）编制的标准文献分类法，它主要用于国际标准、区域标准和国家标准以及相关标准化文献分类、编目、订购与建库，促进标准以及其他文献在世界范围内传播。

ICS 是一部数字等级制分类法，根据标准化活动与标准文献的特点，类目的设置以专业划分为主，适当结合科学分类。为谋求科学、简便、灵活、适用，分类体系原则上由三级组成。一级类按标准化所涉及的专业领域划分，设 41 个大类。大类采取从总到分、从一般到具体的逻辑序列。

对于类无专属而又具有广泛指导意义的标准文献，如综合性基础标准、名词术语、量与单位、图形符号、通用技术等，设"综合、术语、标准化、文献"大类，列于首位，以解决共性集中的问题。对各类中有关环境保护、卫生、安全方面的标准文献，采取了相对集中列类的方法，设"13 环境保护与卫生、安全"大类。

各级类目的设置和划分以标准文献数量为基础，力求使各类目容纳的标准数量相互间保持相对平衡，并留有适当的发展余地。标准文献量大、涉及面广的类目，采取划分为若干个专业类的办法，如轻工业，按需要划分为"59 纺织与制革技术"、"61 服装工业"、"67 食品技术"、"85 造纸技术"等大类。

按照上述划分原则，将 41 个大类（一级类）再分为 351 个二级类。在 351 个二级类中，有 127 个被进一步细分成三级类。

ICS 各级类目均采用纯阿拉伯数字作为标识符号，即每一大类以两位数字表示；二级类以三位数字表示；三级类以两位数字表示。为了醒目与易读，各级类号之间用一个小圆点隔开。例如：

43   道路车辆工程

43.040   道路车辆系统

43.040.20   照明与信号设备

（一、二、三级）   （一、二、三级）

类目标识符号（类号）   类目名称（类名）

使用 ICS 分类法进行分类标引时，一个标准可以标注一个 ICS 分类号，也有的标准可以注一个、两个或更多的 ICS 类号，就是说，一个标准可以同时分两个或更多的二级类或三级类。例如《聚丙烯管与配件；密度；测定与规范》ISO 3477—1981 可分两个二级类：

23.020.20   塑料管

23.020.45   塑料配件

8.2.3   工程建设标准分类

党的十一届三中全会以后，我国开展了大规模经济建设，每年基本建设投资达数百亿元以上，但是工程建设标准化工作没有跟上实际工作的需要，为此，原国家计委标准定额局于 1983 年决定编制全国工程建设标准体系表，并于 1984 年提出了《全国工程建设体系表》。在编制体系表时，如何对工程建设进行分类，是一个十分重要而复杂的问题。工程建设标准化工作中常用的集中分类方法只是针对某一已存在的工程建设标准，根据其使用对象、作用、性质等进行的分类，对于尚不存在的标准，尤其是需要分析将来可能出现的标准时，那些分类方法则显得过于宏观。因此，对于体系表需要有其独特的分类方法。1984 全国工程建设标准体系表的分类方法可资参考。

在编制 1984 全国工程建设标准体系表初期，就体系表的分类方法主要由两大争论意见，一是国务院有关部门希望全国工程建设标准体系表，分别不同行业，将每个行业所需的工程建设标准，独立地作为一个分体系表，列入全国体系表中，这种分类意见的优点在于全国工程建设标准体系表，可以直接用于指导各行业标准和国家标准的制定、修订和管理工作。缺点很突出表现在全国工程建设标准体系表只是各行业标准的总汇，必然造成标准内容的大量重复。二是打破管理界限，按专业进行分类，例如：房屋建筑专业，不论属于哪个行业的房屋建筑标准均列入一个分体系表中，按照每一项标准的作用、地位等确定其在分体系表中的位置，从而能够比较准确地界定出它的内容，同样，根据专业的内涵，也可以准确地预见出应当制定的标准名称，防止体系表漏项，保证体系表在结构合理、每项标准分工明确的前提下，做到内容完整。第二种分类意见是比较科学合理的，揭示了标准体系表分类的必然规律，对工程建设的行业标准体系表和工程建设的企业标准体系表的编制，无论在内容，还是在方法上，都具有普遍的指导意义。据此工程建设标准体系表共划分出 24 个专业类别，具体专业类别划分如下：

（1）规划类。包括城市建设规划，工业、交通、运输工程建设规划，江河流域建设规划，住宅小区建设规划等；

（2）工程勘察类。包括资源勘探、工程地质、水文地质、工程测量、物理勘探等；

（3）房屋建筑类。包括建筑设计、建筑热工、建筑采光照明、建筑声学和隔振、建筑装修、建筑防水及防护、固定家具及设备等；

（4）岩土工程类。包括岩土工程、土方及爆破工程、地基基础工程等；

（5）工程结构类。包括荷载及房屋结构、水土结构、工业构筑物结构、桥隧结构等；

（6）工程防灾类。包括工程抗震、工程防火、工程防暴、工程防洪等；

（7）工程鉴定与加固类。包括古建筑的鉴定与加固、民用建筑的鉴定与加固、工业建筑的鉴定与加固等；

（8）工程安全类。包括建筑施工安全、工程施工安全、建筑电气安全等；

（9）卫生与环境保护类。它是指结合专业对卫生和环境保护所做的规定，属于大空间、大范围控制的卫生与环境保护标准，不属于工程建设的范畴。一般包括工程防护、"三废治理"、工程防噪、防尘等；

（10）给水排水类。包括给水水源和取水、水的处理，给水输配和废水汇集，水厂和污水处理、建筑给水、市政给水、建筑排水、工程给排水、废水再用等；

（11）供热与供气类。包括采暖、通风、空气调节，煤气、热力、制冷工程等；

（12）广播、电视、通信类。包括广播电视的播控、传送和发送、天线、收信监测、有线广播电视系统等；长途通信、市内通信、邮政和无线通信等；

（13）自动化控制工程类。包括自动化仪表、自动化系统、自动控制设备等；

(14) 总图储运类。包括总图设计、工业运输、索道运输、仓储工程等;

(15) 运输工程类。包括铁道工程、道路工程、水运工程、机场工程、地铁工程等;

(16) 水利工程类。包括水利灌溉工程、防洪工程、水电工程、堤坝工程等;

(17) 电气工程类。包括火力发电、水力发电、风力发电、核力发电等的电力系统、送电、变配电、电力设施等;

(18) 矿业工程类。包括煤炭矿山、冶金矿山、非金属矿山等的建设;

(19) 工业炉窑类。包括冶金、建筑材料等的炉窑建设;

(20) 工业管道类。包括各类工业管道、长距离输送管道等;

(21) 工业设备类。包括各类工业设备,如冶金轧钢设备的安装等;

(22) 工业工艺类。包括各类工艺的生产工艺、工艺系统等;

(23) 工程焊接类。包括工程结构焊接、管道焊接、设备焊接等;

(24) 其他类。包括上述二十三类之外的全部类别。

目前,住房和城乡建设部组织按专业工程领域编制标准体系,与建筑、市政工程相关的是城乡规划、房屋建筑和城镇建设等三个部分的标准体系,每个领域内按专业再进行分类,见表8-1。

标准体系分类   表8-1

专业号	专业名称	专业号	专业名称
[1] 1	城乡规划	[2] 9	城市与工程防灾
[2] 1	城乡工程勘察测量	[3] 1	建筑设计
[2] 2	城镇公共交通	[3] 2	建筑地基基础
[2] 3	城镇道路桥梁	[3] 3	建筑结构
[2] 4	城镇给水排水	[3] 4	建筑施工质量与安全
[2] 5	城镇燃气	[3] 5	建筑维护加固与房地产
[2] 6	城镇供热	[3] 6	建筑室内环境
[2] 7	城镇市容环境卫生	[4] 1	信息技术应用
[2] 8	风景园林		

注: 1. 专业编号中,[1] 为城乡规划部分,[2] 为城镇建设部分,[3] 为房屋建筑部分;[4] 为信息技术应用,为 [1]、[2]、[3] 内容部分共有。

2. 村镇建设的内容包含在各有关专业中。

3. 建筑材料应用、产品检测的内容包含在"建筑施工质量与安全"专业中。

参 考 文 献

[1] 杨瑾峰. 工程建设标准化实用知识问答（第二版）[M]. 北京：中国计划出版社，2004.

[2] 住房和城乡建设部标准定额司，住房和城乡建设部标准定额研究所. 2008 中国工程建设标准化发展研究报告 [R]. 北京：中国建筑工业出版社，2009.

[3] 住房和城乡建设部标准定额司，住房和城乡建设部标准定额研究所. 2009 中国工程建设标准化发展研究报告 [R]. 北京：中国建筑工业出版社，2010.

[4] 住房和城乡建设部标准定额司，住房和城乡建设部标准定额研究所. 2010 中国工程建设标准化发展研究报告 [R]. 北京：中国建筑工业出版社，2011.

[5] 住房和城乡建设部标准定额司，住房和城乡建设部标准定额研究所. 2011 中国工程建设标准化发展研究报告 [R]. 北京：中国建筑工业出版社，2012.

[6] 住房和城乡建设部标准定额司，住房和城乡建设部标准定额研究所. 2012 中国工程建设标准化发展研究报告 [R]. 北京：中国建筑工业出版社，2013.

[7] 住房和城乡建设部标准定额司，工程建设标准编制指南 [M]. 北京：中国建筑工业出版社，2011.

[8] 住房和城乡建设部标准定额司，住房和城乡建设部标准定额研究所. 国家工程建设标准化信息网.

[9] 混凝土结构工程施工规范 GB 50666—2011 [S]. 北京：中国建筑工业出版社.

[10] 通风与空调工程施工规范 GB 50738—2011 [S]. 北京：中国建筑工业出版社.

[11] 建筑工程施工质量验收统一标准 GB 50300—2013 [S]. 北京：中国建筑工业出版社.

[12] 混凝土结构工程施工质量验收规范 GB 50204—2002（2011 版）[S]. 北京：中国建筑工业出版社.

[13] 混凝土强度检验评定标准 GB/T 50107—2010 [S]. 北京：中国建筑工业出版社.

[14] 普通混凝土长期性能和耐久性能试验方法标准 GB/T 50082—2009 [S]. 北京：中国建筑工业出版社.

[15] 建筑施工扣件式钢管脚手架安全技术规范 JGJ 130—2011 [S]. 北京：中国建筑工业出版社.

[16] 住宅建筑规范 GB 50368—2005 [S]. 北京：中国建筑工业出版社.

[17] 混凝土结构工程施工质量验收规范 GB 50204—2002 [S]. 北京：中国建筑工业出版社.

[18] 企业标准体系要求 GB/T 15496—2003 [S]. 北京：中国标准出版社.

[19] 企业标准体系 GB/T 15497—2003 [S]. 北京：中国标准出版社.

[20] 企业标准体系管理标准和工作标准体系 GB/T 15498—2003 [S]. 北京：中国标准出版社.

[21] 企业标准体系评价与改进 GB/T 15273—2003 [S]. 北京.：中国标准出版社.

[22] 企业标准体系表编制原则和要求 GB/T 13016—2009 [S]. 北京：中国标准出版社.